高等学校土木工程本科指导性专业规范配套系列教材
总主编 何若全

混凝土结构设计（第二版）

HUNNINGTU
JIEGOU SHEJI

主 编 樊 江 袁吉星
副主编 陆 琨 何颖成
主 审 苏小卒

重庆大学出版社

内容提要

本书是高等学校土木工程本科指导性专业规范配套系列教材之一，依据新修订的《混凝土结构设计规范》(GB 50010—2010)、《建筑抗震设计规范》(GB 50011—2010)、《建筑结构荷载规范》(GB 50009—2012)编写而成，主要介绍梁板结构设计、单层厂房结构设计、框架结构设计，结合工程实例详细介绍梁板结构、排架结构和框架结构的设计方案、计算方法及构造措施，同时在第3章和第4章中还介绍了工程抗震的设计方法。本书既可作为土木工程专业教材使用，又可作为学生课程设计、毕业设计以及工程技术人员的参考书。

图书在版编目(CIP)数据

混凝土结构设计／樊江，袁吉星主编．—重庆：重庆大学出版社，2013.3(2019.12 重印)
高等学校土木工程本科指导性专业规范配套系列教材
ISBN 978-7-5624-7239-1

Ⅰ.①混… Ⅱ.①樊… ②袁… Ⅲ.①混凝土结构—结构设计—高等学校—教材 Ⅳ.①TU370.4

中国版本图书馆 CIP 数据核字(2013)第 032449 号

高等学校土木工程本科指导性专业规范配套系列教材
混凝土结构设计
(第二版)
主　编　樊　江　袁吉星
副主编　陆　琨　何颖成
主　审　苏小卒
责任编辑：刘颖果　　版式设计：莫　西
责任校对：邬小梅　　责任印制：张　策
*
重庆大学出版社出版发行
出版人：饶帮华
社址：重庆市沙坪坝区大学城西路21号
邮编：401331
电话：(023) 88617190　88617185(中小学)
传真：(023) 88617186　88617166
网址：http://www.cqup.com.cn
邮箱：fxk@cqup.com.cn (营销中心)
全国新华书店经销
重庆升光电力印务有限公司印刷
*
开本：787mm×1092mm　1/16　印张：17　字数：424千
2014年6月第2版　　2019年12月第6次印刷
ISBN 978-7-5624-7239-1　定价：38.00元

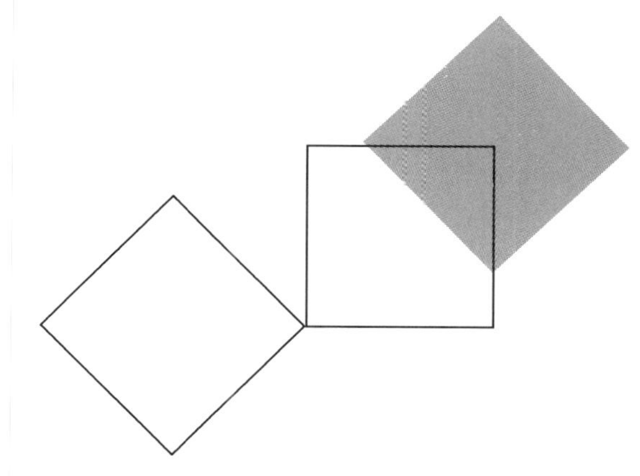

编委会名单

总　序

进入21世纪的第二个十年，土木工程专业教育的背景发生了很大的变化。“国家中长期教育改革和发展规划纲要”正式启动，中国工程院和国家教育部倡导的“卓越工程师教育培养计划”开始实施，这些都为高等工程教育的改革指明了方向。截至2010年底，我国已有300多所大学开设土木工程专业，在校生达30多万人，这无疑是世界上该专业在校大学生最多的国家。如何培养面向产业、面向世界、面向未来的合格工程师，是土木工程界一直在思考的问题。

由住房和城乡建设部土建学科教学指导委员会下达的重点课题“高等学校土木工程本科指导性专业规范”的研制，是落实国家工程教育改革战略的一次尝试。“专业规范”为土木工程本科教育提供了一个重要的指导性文件。

由“高等学校土木工程本科指导性专业规范”研制项目负责人何若全教授担任总主编，重庆大学出版社出版的《高等学校土木工程本科指导性专业规范配套系列教材》力求体现“专业规范”的原则和主要精神，按照土木工程专业本科期间有关知识、能力、素质的要求设计了各教材的内容，同时对大学生增强工程意识、提高实践能力和培养创新精神作了许多有意义的尝试。这套教材的主要特色体现在以下方面：

(1)系列教材的内容覆盖了“专业规范”要求的所有核心知识点，并且教材之间尽量避免了知识的重复；

(2)系列教材更加贴近工程实际，满足培养应用型人才对知识和动手能力的要求，符合工程教育改革的方向；

(3)教材主编们大多具有较为丰富的工程实践能力，他们力图通过教材这个重要手段实现“基于问题、基于项目、基于案例”的研究型学习方式。

据悉，本系列教材编委会的部分成员参加了“专业规范”的研究工作，而大部分成员曾为“专业规范”的研制提供了丰富的背景资料。我相信，这套教材的出版将为“专业规范”的推广实施，为土木工程教育事业的健康发展起到积极的作用！

中国工程院院士　哈尔滨工业大学教授

沈世钊

前　　言（第二版）

《混凝土结构设计》（第一版）于 2013 年 3 月出版以来，深受广大土木工程专业师生和读者的喜爱。编者在第一版交稿之后，正值《建筑结构荷载规范》GB 50009—2012（后称新规范）正式颁布，本着负责任的态度，对教材中涉及新规范的相关条款和内容进行了修改，第 4 章的例题也按新规范进行重做，之后交出版社付印。自第一版出版之后，编者根据多位教师使用该教材中发现的错误，及第一版中还未来得及根据新规范重做的第 2 章例题和第 3 章实例进行了重新修订。本版相对于第一版有如下特点：

（1）改正和修订了第一版中出现的错误。

（2）保留第一版中充分考虑土木工程指导性专业规范对“混凝土结构设计”课程知识领域、知识点对“应用性”人才培养的要求，精选教材中的设计实例，突出概念设计，强调分析问题的能力，理论联系实际，突出重点，讲清难点，强化训练等特点。

（3）按新规范重做了第 2 章现浇钢筋混凝土单向板肋梁楼盖设计例题。

（4）按新规范重做了第 3 章单层厂房排架结构设计实例。

以上例题和实例是土木工程专业本科生在校期间需要完成的两个传统课程设计的重要参考资料。

本次修订分工如下：袁吉星按新规范重做第 2 章现浇钢筋混凝土单向板肋梁楼盖设计例题；陆琨按新规范重做第 3 章单层厂房排架结构设计实例，何颖成也参与了第 3 章部分修订工作。高琼仙老师和毛海涛老师对本书修订提出了许多宝贵意见，在此对他们表示诚挚的感谢。全书由樊江统稿和修改定稿。

由于我们水平有限，错误之处在所难免，欢迎广大读者继续批评指正。

编　者

2014 年 5 月

前　言（第一版）

本书根据新修订的《混凝土结构设计规范》（GB 50010—2010）、《建筑抗震设计规范》（GB 50011—2010）、《建筑结构荷载规范》（GB 50009—2012）进行编写，是土木工程专业建筑工程方向的主干专业课教材。该书的编写是在新形势下国家对“应用型”土木工程专业人才培养要求的指导下进行的，是《高等学校土木工程本科指导性专业规范配套系列教材》之一。该书主要介绍梁板结构设计、单层厂房结构设计、框架结构设计，重点介绍梁板结构、排架结构和框架结构的设计方法，并结合工程实例详细介绍设计方案、计算方法及构造措施。

考虑到我国西部地区大部分城镇位于6度以上抗震设防区域，因此在教材的第3章单层工业厂房结构设计及第4章框架结构设计中增加了工程抗震设计的有关内容。教材的编写人员均为昆明理工大学土木工程系长期为本科土木工程专业讲授《混凝土结构设计》，具有丰富的工程实践经验及教学经验的双师型教师。在编写过程中充分考虑了《高等学校土木工程本科指导性专业规范》对《混凝土结构设计》课程知识领域、知识点对“应用型”人才培养的要求，精选教材中的设计实例，突出概念设计，强调分析问题的能力，理论联系实际，突出重点，讲清难点，强化训练。

本书由樊江编写第1章，袁吉星编写第2章、第4章，陆琨编写第3章6~9节、11节，何颖成编写第3章1~5节、10节，全书由樊江统稿和修改定稿，同济大学苏小卒教授主审。此外研究生杨菁、焦义、魏博参与了全书180余幅插图的绘制工作，高琼仙副教授参与了全书第1章至第4章多媒体教材的编写工作，在此对他们表示诚挚的感谢。

由于我们水平所限，错误之处在所难免，欢迎批评指正。

编　者

2012年12月

目　录

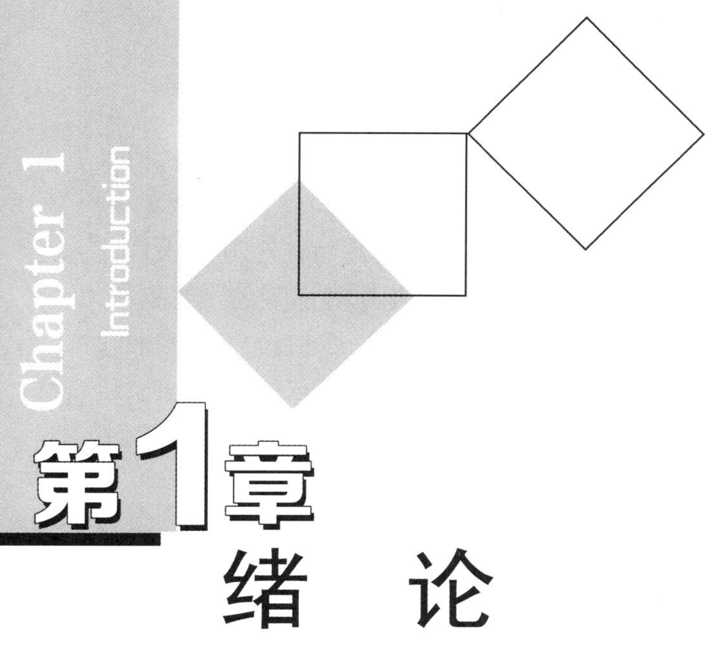

第1章 绪论

1.1 混凝土结构的概念

以混凝土为主要建筑材料制成的结构称为混凝土结构。在房屋建筑或土木工程的建筑物中,起支撑和骨架作用的部分称为结构。房屋建筑包括建筑物和构筑物。根据建筑物的使用功能可分为工业建筑和民用建筑,其中民用建筑又可分为居住建筑和公共建筑两大类。前者是指提供人们生活起居用的建筑,如住宅、宿舍、公寓;后者是指提供人们进行各项社会活动所需的建筑,如商场、体育馆、影剧院、宾馆、车站等。

结构在其使用年限内,要承受各种永久荷载和可变荷载,有些结构还要承受偶然荷载。除此之外,结构在其使用年限内,还将受到温度变化、收缩和徐变、地基不均匀沉降等因素的影响。在沿海地区还可能受到强台风的影响,在地震多发地区还可能受到地震的作用。结构在上述各种因素的作用下应具有足够的承载能力,不发生整体或局部的破坏或失稳。结构还应具有足够的刚度,不产生过大的挠度和侧移。对于混凝土结构而言,还应具有足够的抗裂性,满足对其提出的裂缝控制的要求。此外,结构还应具有足够的耐久性,在其使用年限内,钢材不出现严重锈蚀、混凝土等材料不发生严重劈裂、腐蚀、风化、剥落等现象。

归纳起来,结构在规定的设计使用年限内应满足下列功能要求:

①能承受在施工和使用期间可能出现的各种作用;

②保持良好的使用性能;

③具有足够的耐久性能;

④当发生火灾时,在规定的时间内可保持足够的承载力;

⑤当发生爆炸、撞击、人为错误等偶然事件时,结构能保持必需的整体稳固性,不出现与起因不相称的破坏后果,防止出现结构的连续倒塌。

1824 年英国人阿斯匹丁(J. Aspdin)发明了水泥。1861 年,法国人莫尼埃(J.Monier)取得了制造钢筋混凝土板、管道和拱桥的专利。它们标志着现代混凝土结构的问世。与木结构、砌体结构和钢结构相比,混凝土结构的历史虽然很短,但因其具有承载力高的特点,不仅被广泛用于一般建筑结构,还可以被用于高层和大跨径的土木工程结构。此外,它还具有节省钢材、可模性好、耐久、耐火等一系列其他结构难以相比的优点。因此,它的发展速度最快。当然它也有自身的缺点,如自重大、建筑废弃物难处置等,但这些缺点近期内还不至于影响混凝土结构的广泛应用。目前混凝土结构在我国建筑结构中所占的比例与其他结构(如砌体结构、钢结构、木结构)相比,仍然占到半数以上。

混凝土结构在土木建筑工程中的应用非常广泛,如多层或高层民用建筑、单层或多层工业厂房、桥梁、水工结构等多采用钢筋混凝土结构或预应力混凝土结构。

1.2 混凝土结构的分类

混凝土结构有多种分类方法,按所含钢筋及类型可分为:素混凝土结构、钢筋混凝土结构、预应力混凝土结构、钢管混凝土结构、钢混凝土组合结构。

①素混凝土结构:由无筋或不配置受力钢筋的混凝土制成的结构。

②钢筋混凝土结构:由配置受力的普通钢筋、钢筋网或钢筋骨架的混凝土制成的结构。

③预应力混凝土:由配置受力的预应力钢筋通过张拉或其他方法建立预加应力的混凝土制成的结构。

④钢管混凝土结构:由圆钢管或矩形钢管为骨架周边或中部填充混凝土制成的结构。

⑤钢混凝土组合结构:由型钢为骨架填充混凝土制成的结构。

按承重方式又可分为:水平承重结构、竖向承重结构、底部承重结构。

①水平承重结构:如房屋中的楼盖结构和屋盖结构。

②竖向承重结构:如房屋中的框架、排架、剪力墙、筒体结构等。

③底部承重结构:如房屋中的地基和基础。

以上三类承重结构的荷载传递关系如图 1.1 所示,即水平承重结构将作用在楼盖或屋盖上的荷载传递给竖向承重结构,竖向承重结构再将自身承受的荷载以及水平承重结构传来的荷载一同传递给基础和地基。

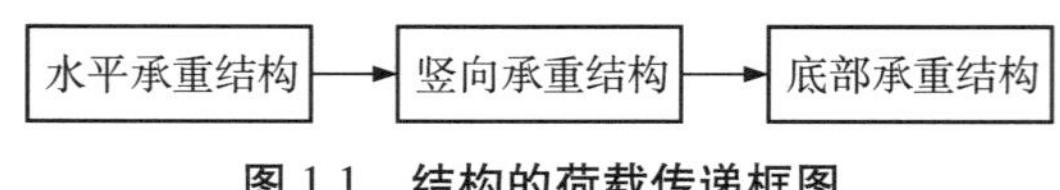

图 1.1 结构的荷载传递框图

按承重方式,混凝土结构还可进一步分类如下:

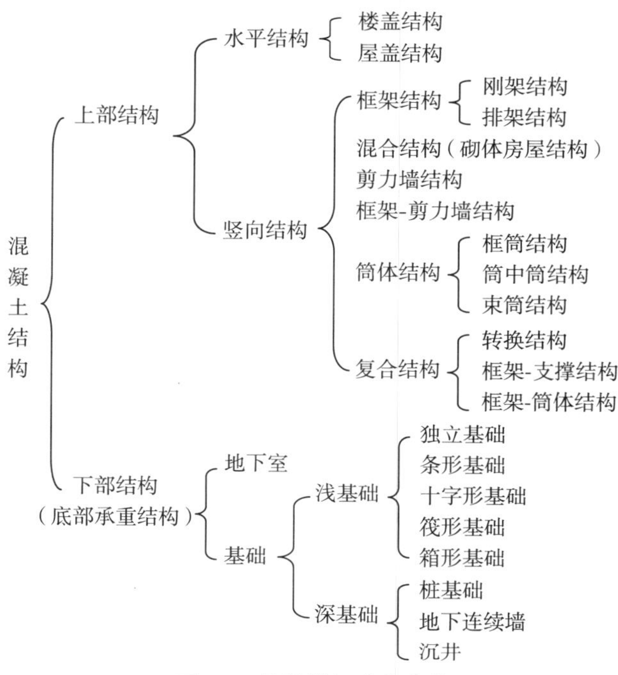

图 1.2 结构的组成和分类

1.3 结构的选型与布置原则

1.3.1 结构选型的原则

水平承重结构、竖向承重结构和底部承重结构都有许多结构形式。水平承重结构有梁板结构和无梁结构体系，其中，屋盖结构还有有檩的屋架或屋面大梁体系和无檩的屋架或屋面大梁体系。竖向承重结构有框架、排架、刚架、剪力墙、框架-剪力墙、筒体等多种体系。底部承重结构有独立基础、条形基础、筏板基础、箱形基础、桩筏基础、桩箱基础等许多基础形式。地基又有天然地基和人工地基之分。

在进行结构设计时，首先根据建筑要求和功能要求选择各类结构的形式。结构选型是否合理，不仅关系到能否满足使用要求和结构受力是否安全可靠，而且也关系到是否经济和是否方便施工等问题。结构选型的基本原则是：

①满足使用要求；

②受力性能好；

③施工简便；

④经济合理。

1.3.2 结构布置的原则

结构形式选定以后,要进行结构布置,即确定哪里设梁、哪里设柱、哪里设墙等问题。结构布置得是否合理,不仅影响使用,而且还影响到受力、施工和造价等。结构布置的基本原则是:

①在满足使用要求的前提下,沿结构的平面和竖向应尽可能地简单、规则、均匀、对称,避免发生突变;

②荷载传递路线明确,结构计算简图简单并易于确定;

③结构的整体性好,受力可靠;

④施工简便;

⑤经济合理。

在平面尺寸较大时,需要考虑是否设置温度伸缩缝、沉降缝等变形缝的问题。当设置温度伸缩缝时,温度伸缩缝的最大间距要满足混凝土结构设计相关规范的要求。在地基不均匀、建筑不同部位的高度有变化、建筑荷载相差较大的房屋中,要考虑设置沉降缝。在地震区,当房屋的刚度不均匀时需设置防震缝将房屋分割为 n 个单体,使各个单体振动特性更好。温度伸缩缝、沉降缝和防震缝统称为变形缝。当房屋中需要同时设置伸缩缝、沉降缝和防震缝时,应尽可能地将三者合并设置在同一位置处,做成两缝合一或三缝合一。

1.4 混凝土结构的分析方法和设计的一般要求

混凝土结构是由钢筋和混凝土组成的结构。钢筋在屈服前,应力与应变之间基本保持线性关系。钢筋屈服后,在应力不增加的情况下,应变可以继续增大,然后发生强化。混凝土只有在应力很小的情况下,应力与应变之间才接近线性关系。在应力增大时,应力与应变呈非线性关系。由于混凝土材料的非线性原因,使得混凝土结构的受力性能和结构分析十分复杂。我国《工程结构可靠性设计统一标准》(GB 50153—2008)和《混凝土结构设计规范》(GB 50010—2010)对混凝土结构分析的基本原则和分析方法作出了明确规定。

1.4.1 基本原则

混凝土结构分析及设计应符合下列基本原则。

(1)整体作用效应分析

混凝土结构应进行整体作用效应分析,必要时还应对结构中受力状态特殊部位进行更详细的分析。

(2)最不利的作用效应组合

当结构在施工和使用期间不同阶段有多种受力状况时,应分别进行结构分析,并确定其最不利的作用效应组合。当结构可能遭遇火灾、爆炸、撞击等偶然作用时,还应按国家现行有关标准的要求进行相应的结构分析。

(3)结构模型的要求

①结构分析采用的计算简图、几何尺寸、计算参数、边界条件、结构材料性能指标以及构造措施等应符合实际工作状况;

②结构上可能的作用及其组合、初始应力和变形状况等,应符合结构的实际状况;

③结构分析中所采用的各种近似假定和简化,应有理论、试验依据或经工程实践验证,计算结果的精度应符合工程设计的要求。

(4)结构分析的要求

①结构分析应满足力学平衡条件;

②结构分析应在不同程度上符合变形协调条件,包括节点和边界的约束条件;

③结构分析应采用合理的材料本构关系或构件单元的受力—变形关系。

(5)结构分析的方法

结构分析时,应根据结构类型、材料性能和受力特点等选择下列分析方法:

①弹性分析方法;

②考虑塑性内力重分布的分析方法;

③弹塑性分析方法;

④塑性极限分析方法;

⑤试验分析方法。

(6)结构分析的验证

结构分析所采用的电算程序应经考核和验证,其技术条件应符合规范和有关标准的要求;应对分析结果进行判断和校核,在确认其合理、有效后方可用于工程设计。

1.4.2 分析方法概述

1)线弹性分析方法

①结构的弹性分析方法可用于正常使用极限状态和承载能力极限状态作用效应的分析。

②结构构件的刚度可按下列原则确定:

a.混凝土的弹性模量可按《混凝土结构设计规范》表4. 1. 5采用;

b.截面惯性矩可按匀质的混凝土全截面计算;

c.端部加腋的杆件,应考虑其截面变化对结构分析的影响;

d.不同受力状态下构件的截面刚度,宜考虑混凝土开裂、徐变等因素的影响予以折减。

③混凝土结构弹性分析宜采用结构力学或弹性力学等分析方法。体型规则的结构,可根据作用的种类和特性,采用适当的简化分析方法。

④当结构的二阶效应可能使作用效应显著增大时,在结构分析中应考虑二阶效应的不利影响。混凝土结构的重力二阶效应可采用有限元分析方法计算,也可采用简化方法计算。当采用有限元分析方法时,宜考虑混凝土构件开裂对构件刚度的影响。

⑤当边界支承位移对双向板的内力及变形有较大影响时,在分析中宜考虑边界支承竖向变形及扭转等的影响。

2）塑性内力重分布分析

①混凝土连续梁和连续单向板，可采用塑性内力重分布方法进行分析。重力荷载作用下的框架、框架-剪力墙结构中的现浇梁以及双向板等，经弹性分析求得内力后，可对支座或节点弯矩进行适度调幅，并确定相应的跨中弯矩。

②按考虑塑性内力重分布分析方法设计的结构和构件，应选用符合《混凝土结构设计规范》第4.2.4条规定的钢筋，并应满足正常使用极限状态要求且采取有效的构造措施。对于直接承受动力荷载的构件，以及要求不出现裂缝或处于三a、三b类环境情况下的结构，不应采用考虑塑性内力重分布的分析方法。

③钢筋混凝土梁支座或节点边缘截面的负弯矩调幅幅度不宜大于25%；弯矩调整后的梁端截面相对受压区高度不应超过0.35，且不宜小于0.10。钢筋混凝土板的负弯矩调幅幅度不宜大于20%。预应力混凝土梁的弯矩调幅幅度应符合《混凝土结构设计规范》第10.1.8条的规定。

④对属于协调扭转的混凝土结构构件，受相邻构件约束的支承梁的扭矩宜考虑内力重分布的影响。考虑内力重分布后的支承梁，应按弯剪扭构件进行承载力计算。

3）弹塑性分析

重要或受力复杂的结构，宜采用弹塑性分析方法对结构整体或局部进行验算。结构的弹塑性分析宜遵循下列原则：

①应预先设定结构的形状、尺寸、边界条件、材料性能和配筋等；

②材料的性能指标宜取平均值，并宜通过试验分析确定，也可按《混凝土结构设计规范》附录C的规定确定；

③宜考虑结构几何非线性的不利影响；

④分析结果用于承载力设计时，宜考虑抗力模型不定性系数对结构的抗力进行适当调整。

混凝土结构的弹塑性分析，可根据实际情况采用静力或动力分析方法。结构的基本构件计算模型宜按下列原则确定：

①梁、柱、杆等杆系构件可简化为一维单元，宜采用纤维束模型或塑性铰模型。

②墙、板等构件可简化为二维单元，宜采用膜单元、板单元或壳单元。

③复杂的混凝土结构、大体积混凝土结构、结构的节点或局部区域需作精细分析时，宜采用三维块体单元。

④构件、截面或各种计算单元的受力—变形本构关系宜符合实际受力情况。某些变形较大的构件或节点进行局部精细分析时，宜考虑钢筋与混凝土间的粘结—滑移本构关系。钢筋、混凝土材料的本构关系宜通过试验分析确定，也可按《混凝土结构设计规范》附录C采用。

4）塑性极限分析

①对不承受多次重复荷载作用的混凝土结构，当有足够的塑性变形能力时，可采用塑性极限理论的分析方法进行结构的承载力计算，同时应满足正常使用的要求。

②整体结构的塑性极限分析计算应符合下列规定：

a.对可预测结构破坏机制的情况，结构的极限承载力可根据设定的结构塑性屈服机制，采用塑性极限理论进行分析；

b.对难于预测结构破坏机制的情况，结构的极限承载力可采用静力或动力弹塑性分析方法确定；

c.对直接承受偶然作用的结构构件或部位，应根据偶然作用的动力特征考虑其动力效应的影响；

d.承受均布荷载的周边支承的双向矩形板，可采用塑性铰线法或条带法等塑性极限分析方法进行承载能力极限状态的分析与设计。

5）间接作用分析

①当混凝土的收缩、徐变以及温度变化等间接作用在结构中产生的作用效应可能危及结构的安全或正常使用时，宜进行间接作用效应的分析，并应采取相应的构造措施和施工措施。

②混凝土结构进行间接作用效应的分析，可采用上述弹塑性分析方法；也可考虑裂缝和徐变对构件刚度的影响，按弹性方法进行近似分析。

1.5 结构设计的一般要求

混凝土结构设计应包含：结构方案设计，包括结构选型、构件布置及传力途径；作用及作用效应分析；结构的极限状态设计；结构及构件的构造、连接措施；耐久性及施工的要求；满足特殊要求结构的专门性设计。

1.5.1 安全等级、设计使用年限与结构重要性系数

1）建筑结构的安全等级

建筑结构设计时，按照安全等级的不同，建筑物的划分如表1.1所示。

表1.1 建筑结构的安全等级

安全等级	破坏结果	建筑物类型
一级	很严重	重要的房屋
二级	严重	一般的房屋
三级	不严重	次要的房屋

注：①对特殊的建筑物，其安全等级应根据具体情况另行确定；

②地基基础设计安全等级及按抗震要求设计时建筑结构的安全等级，尚应符合国家现行有关规范的规定。

对于安全等级为一级的建筑物，其设计要求应相应提高，一般不低于10%；对安全等级为三级的建筑物，设计要求可适当降低，不大于10%。

2）设计使用年限

设计使用年限是指设计规定的结构或构件不需进行大修即可按其预定目的使用的时期。建筑结构的设计使用年限分为4类，如表1.2所示。结构在规定的设计使用年限内应具有足够的可靠度，满足安全性、适用性和耐久性要求。

表 1.2　建筑结构的设计使用年限

类　别	设计使用年限(年)	示　例
1	5	临时性结构
2	25	易于替换的结构构件
3	50	普通房屋和构筑物
4	100	纪念性建筑和特别重要的建筑结构

3)**结构重要性系数**

结构重要性系数 γ_0 是建筑结构的安全等级、结构的设计使用年限不同而对目标可靠指标有不同要求,在极限状态设计表达式中的具体体现。在持久设计状况及短暂设计状况下,对安全等级为一级的结构构件,γ_0 不应小于 1.1;对安全等级为二级的结构构件,γ_0 不应小于 1.0;对于安全等级为三级的结构构件,γ_0 不应小于 0.9;对地震设计状况下,γ_0 不应小于 1.0。

1.5.2　极限状态设计要求及内容

1)**设计要求**

建筑结构进行极限状态设计时,根据结构在施工和使用期间的环境条件和影响,分成 4 种设计状况:持久状况、短暂状况、地震状况和偶然状况。其中,持久状况是指在结构使用过程中一定出现,持续期很长,一般与设计使用年限为同一数量级的状况;短暂状况是指在结构施工和使用过程中出现的概率较大,而与设计年限相比,持续时间很短的状况,如施工和维修;偶然状况是指在结构使用过程中出现的概率很小,且持续时间很短的状况,如火灾、爆炸、撞击等。

对于持久状况和地震状况应进行承载能力极限状态设计和正常使用极限状态设计;对于短暂状况应进行承载能力极限状态设计,正常使用极限状态设计可根据需要决定;对于偶然状况仅进行承载能力极限状态设计。

各种极限状态应采用相应的最不利荷载效应组合。偶然状况的承载能力极限状态设计采用偶然组合,其余状况的承载能力极限状态设计采用基本组合。正常使用极限状态设计,根据不同的设计目的分别采用下列作用效应的组合:当一个极限状态被超过将产生严重的永久性损害时采用标准组合;当一个极限状态被超过将产生局部损害、较大变形或短暂振动时采用频遇组合;当长期效应是决定性因素时采用准永久组合。地基的承载力计算时上部结构的荷载效应采用标准组合;地基变形计算时,上部结构的荷载采用准永久组合。

2)**设计内容**

结构构件进行承载能力极限状态和正常使用极限状态计算包括以下内容:

①所有的结构构件均应进行承载能力计算,必要时还应进行结构的倾覆、滑移和漂浮验算,处于抗震设防区的结构还应进行抗震的承载力计算。

②直接承受动力荷载的构件,应进行疲劳强度验算。

③对使用需要控制变形值的结构构件应进行变形验算,包括水平构件的挠度和竖向结构的侧移。其楼层内最大的弹性层间位移应满足规范要求的限值,见《建筑抗震设计规范》(GB 50011—2010)第5.5.1条。同样受弯构件的挠度也应满足相应规范对挠度的限值,见《混凝土结构设计规范》(GB 50010—2010)第3.4.3条。

④对于可能出现裂缝的结构构件(如混凝土构件),当在要求不出现裂缝的情况下使用时,应进行抗裂验算,当在允许出现裂缝的情况下使用时,应进行裂缝宽度验算。最大裂缝宽度按结构构件的裂缝控制等级应不大于最大裂缝宽度的限值,见《混凝土结构设计规范》(GB 50010—2010)第3.4.5条。

⑤混凝土构件还应进行耐久性设计。

1.5.3 荷载效应组合

对于承载能力极限状态,应按荷载的基本组合或偶然组合计算荷载组合的效应设计值,并应采用下列设计表达式进行设计:

$$\gamma_0 S_d \leqslant R_d \tag{1.1}$$

式中 γ_0——结构重要性系数,应按各有关建筑结构设计规范的规定采用;

S_d——荷载组合的效应设计值;

R_d——结构构件的抗力设计值,应按各有关建筑结构设计规范的规定采用。

1)基本组合

①由可变荷载效应控制的组合设计值,应按式(1.2)进行计算:

$$S_d = \sum_{j=1}^{m} \gamma_{G_j} S_{G_jk} + \gamma_{Q_1}\gamma_{L_1} S_{Q_1k} + \sum_{i=2}^{n} \gamma_{Q_i}\gamma_{L_i}\psi_{c_i} S_{Q_ik} \tag{1.2}$$

②由永久荷载效应控制的组合设计值,应按式(1.3)进行计算:

$$S_d = \sum_{j=1}^{m} \gamma_{G_j} S_{G_jk} + \sum_{i=1}^{n} \gamma_{Q_i}\gamma_{L_i}\psi_{c_i} S_{Q_ik} \tag{1.3}$$

式中 γ_{G_j}——第 j 个永久荷载的分项系数。当永久荷载效应对结构不利时,对由可变荷载效应控制的组合应取1.2,对由永久荷载效应控制的组合应取1.35;当永久荷载效应对结构有利时,不应大于1.0;

γ_{Q_i}——第 i 个可变荷载的分项系数,其中当 $i=1$ 时为主导可变荷载 Q_1 的分项系数,对于标准值大于4 kN/m^2 的工业建筑楼面活荷载应取1.3,其他情况应取1.4;

γ_{L_i}——第 i 个可变荷载考虑设计使用年限的调整系数,其中当 $i=1$ 时为主导可变荷载 Q_1 考虑设计使用年限的调整系数;

S_{G_jk}——按第 j 个永久荷载标准值 G_{jk} 计算的荷载效应值;

S_{Q_ik}——按第 i 个可变荷载标准值 Q_{ik} 计算的荷载效应值,其中 $i=1$ 为诸可变荷载效应中起控制作用者;

ψ_{c_i}——第 i 个可变荷载 Q_i 的组合值系数。

2）标准组合、频遇组合和准永久组合

对于正常使用极限状态，钢筋混凝土构件、预应力混凝土构件应分别按荷载的准永久组合并考虑长期作用的影响或标准组合并考虑长期作用的影响，采用下列极限状态设计表达式进行验算：

$$S_d \leqslant C \tag{1.4}$$

式中　C——结构或结构构件达到正常使用要求的规定限值，例如变形、裂缝、振幅、加速度、应力等的限值，应按各有关建筑结构设计规范的规定采用。

（1）标准组合

$$S_d = \sum_{j=1}^{m} S_{G_jk} + S_{Q_1k} + \sum_{i=2}^{n} \psi_{c_i} S_{Q_ik} \tag{1.5}$$

（2）频遇组合

$$S_d = \sum_{j=1}^{m} S_{G_jk} + \psi_{f_1} S_{Q_1k} + \sum_{i=2}^{n} \psi_{q_i} S_{Q_ik} \tag{1.6}$$

（3）准永久组合

$$S_d = \sum_{j=1}^{m} S_{G_jk} + \sum_{i=1}^{n} \psi_{q_i} S_{Q_ik} \tag{1.7}$$

式中　ψ_{c_i}，ψ_{f_1}，ψ_{q_i}——分别为组合值系数、频遇值系数、准永久值系数。

3）地震组合

对地震设计状况，应采用作用的地震组合。地震作用标准值的效应应根据《建筑抗震设计规范》（GB 50011—2010）第5章的规定，地震作用效应和其他效应的基本组合按下式确定：

$$S = \gamma_G S_{GE} + \gamma_{Eh} S_{Ehk} + \gamma_{Ev} S_{Evk} + \psi_w \gamma_w S_{wk} \tag{1.8}$$

式中　S——结构构件内力组合的设计值，包括组合的弯矩、轴向力和剪力的设计值等；

S_{GE}——重力荷载代表值的效应；

S_{Ehk}，S_{Evk}——水平和竖向地震作用标准值的效应，尚应乘以相应的增大系数或调整系数；

γ_G——重力荷载分项系数，对结构不利时取1.2，有利时取1.0；

γ_{Eh}，γ_{Ev}——水平和竖向地震作用分项系数；

ψ_w——风荷载组合值系数，一般结构取0.0，风荷载起控制作用的建筑应采用0.2；

γ_w——风荷载分项系数，应采用1.4；

S_{wk}——风荷载标准值的效应。

1.5.4　抗震设计

1）抗震设防目标

我国的抗震设防烈度为6~9度，抗震设防区的建筑必须进行抗震设计。抗震设防采用“三个水准”目标。当遭受低于本地区抗震设防烈度的地震影响时，一般不受损坏或不需修理可继续使用;当遭受相当于本地区抗震设防烈度的地震影响时,可能损坏,经一般修理或不需修理仍可继续使用;当遭受高于本地区抗震设防烈度预估的地震影响时,不致倒塌或发生危及生命的严重破坏。即所谓"小震不坏、中震可修、大震不倒"。具体用三个水准烈度体现:第一水准烈度为众值烈度,比基本烈度约低一度半,50 年内超越概率为 63%,称为多遇地震烈度,一般情况下,建筑处于弹性的正常使用状态;第二水准烈度为基本烈度,50 年内超越概率约为 10%,结构进入非弹性工作阶段,但非弹性变形或结构体系的损坏处于可修复范围;第三水准烈度为罕遇地震烈度,50 年内超越概率为 2%~3%,结构有较大的非弹性变形,但控制在不倒塌的范围内。

2)抗震设防标准

建筑物根据使用功能的重要性,划分为 4 个抗震设防类别,即特殊设防类、重点设防类、一般设防类、适度设防类。不同的设防类别采用不同的抗震设防标准。混凝土结构根据抗震设防类别、烈度、结构类型和房屋高度采用不同的抗震等级,一般分为一、二、三、四级,不同的抗震等级有不同的计算和构造要求。

1.6 本书的主要内容及学习重点

1.6.1 课程特点及主要内容

1)本课程的特点及学习时应注意的事项

①混凝土结构是由钢材和混凝土结合而成的一种结构。钢材和混凝土共同工作的必要条件是二者牢固地粘结在一起。钢筋混凝土材料与理论力学中的刚性材料以及材料力学、结构力学中理想弹性材料或理想弹塑性材料有很大的区别,为了对混凝土结构的受力性能与破坏特征有较好的了解,首先要求很好地掌握钢筋混凝土的力学性能。

②混凝土结构是一门试验和统计占有重要地位的科学。

③混凝土结构在裂缝出现以前的抗力行为,与理想弹性结构相近。但是在裂缝出现以后,与理想弹性材料有显著不同。

④混凝土结构的受力性能还与结构的受力状态、配筋方式和配筋数量等多种医素有关,不可能用一种简单的数学、力学模型来描述。因此,目前主要以混凝土结构构件的试验与工程实践经验为基础进行分析,许多计算公式来源于试验统计和工程实践经验。它们虽然不那样严谨,但却能够较好地反映结构的真实受力性能。

⑤明白分析公式与设计公式之间的区别,了解和掌握我国当前有关混凝土结构设计的技术和经济政策。工程实际情况是非常复杂的,建筑结构上的实际荷载和实际材料指标具有随机性,与规范规定的大小会有一定的出入。它们可能高于规范规定的数值,也可能低于规范规定的数值。此外,不同结构的重要性也不一样,它们对结构的安全性、适用性和耐久性的要求不相同。为了使混凝土结构设计满足技术先进、经济合理、安全适用、确保质量的要求,将混凝

土结构各种分析公式用于设计时,要考虑上述各种因素对结构可靠性的影响。

⑥构造措施是非常重要的内容。进行混凝土结构设计时离不开计算,但是现行的计算方法一般只考虑荷载效应的计算方面。其他影响因素,如荷载效应的非计算方面、混凝土收缩、温度影响以及地基不均匀沉陷等,难以用计算公式来表达。《混凝土结构设计规范》(GB 50010—2010)根据长期的工程实践经验,总结出一些构造措施来考虑这些因素的影响。因此,在学习本课程时,除了要了解和掌握各种计算公式以外,对于各种构造措施也必须给予足够的重视。在设计混凝土结构时,除了进行各种计算之外,还必须检查各项构造要求是否得到满足。可以说构造要求在混凝土结构设计中所起的作用不亚于结构计算。

⑦对《混凝土结构设计规范》的掌握、应用及创新的重要性。各国都制定有专门的技术标准和设计规范。在学习混凝土结构时,应该很好地熟悉、掌握和运用,但是也要了解混凝土结构是一门比较年轻和迅速发展的学科,许多计算方法和构造措施还不一定完善,随着经济的发展和科学技术的进步,各国每隔一段时间都要对其结构设计标准或规范进行修订,使之更加完善合理。因此,在很好地学习和运用规范的过程中,也要善于发现问题,灵活运用,并且要勇于探索,与时俱进,不断创新。

2)本书包含的主要内容

①作为水平承重结构,本书介绍了混凝土梁板结构。重点介绍了现浇单向板梁板结构、现浇双向板梁板结构、整体式楼梯和悬臂梁板结构、装配整体式楼盖结构、整体式无梁楼盖的设计计算方法。

②作为竖向承重结构,本书结合单层厂房结构,介绍了排架结构设计。重点介绍了单层厂房的结构类型和结构体系、结构组成和荷载传递、结构布置、构件选型与截面尺寸确定、排架结构内力分析、柱的设计、钢筋混凝土屋架设计要点、吊车梁设计要点,以及单层厂房抗震设计要点等内容,并且给出了一个单层厂房排架结构的设计实例。

③作为竖向承重结构,本书还介绍了广泛应用的框架结构设计。重点介绍了框架结构的布置、梁柱构件选型、计算简图的确定、框架上荷载的计算、内力计算、内力组合、结构侧移的控制和验算、框架结构配筋计算及构造要求、多层框架结构的抗震设计要点等内容,并且给出了一个多层框架结构的设计实例。

1.6.2 学习重点

本课程的学习重点如下:

①了解各类结构的特性,能够正确进行选用;

②熟悉结构的平面和竖向的布置方法,确保结构的荷载传递路线明确、受力可靠、经济合理、整体性好;

③掌握结构计算简图的确定方法及各构件截面尺寸的估算方法;

④熟悉各种荷载的计算方法;

⑤熟练掌握结构在各种荷载下的内力计算及内力组合方法;

⑥熟练掌握结构的配筋计算及构造要求;

⑦了解单层厂房、框架结构抗震设计的要点和要求。

本课程的先修课是理论力学、材料力学、结构力学、工程荷载与可靠度设计原理和混凝土结构设计原理。本课程是土木工程专业建筑工程方向的主干专业课。为了使学生能较好地掌握梁板结构、排架结构和框架结构三类结构的设计方法，应有相应的课程设计、毕业设计或作业与之相配合。

本章小结

(1)结构设计的目的就是在充分满足建筑物使用功能的前提下，选择合理的结构方案将建筑结构做成一个可靠性和经济性最优化的体系。混凝土结构通常由水平承重结构、竖向承重结构及下部承重结构三部分组成。

(2)水平承重结构主要是由梁板组成的结构体系，它是工业与民用房屋楼盖、屋盖、楼梯、雨篷等广泛采用的结构形式。竖向承重结构主要由柱和墙体组成，按照层数可分为单层混凝土结构和多、高层混凝土结构。对于单层工业厂房可采用排架结构，对于多层和高层建筑结构可采用框架、剪力墙、框架-剪力墙等结构。其中，框架结构是多层建筑结构最常采用的结构体系。下部承重结构包括选择合适的基础形式。

(3)混凝土结构设计主要是确定结构的受力体系布置方案、结构构件的截面、配筋、混凝土强度等级、合理的构造措施、构件之间的连接等技术参数。混凝土结构的计算分析方法主要有弹性分析方法、塑性内力重分布分析方法、弹塑性分析方法、塑性极限分析方法、试验分析方法。在结构分析时，作用在结构上的荷载有永久荷载、可变荷载、偶然荷载，这些荷载作用在结构上按基本组合、标准组合、频遇组合、准永久组合、地震组合考虑，根据不同的计算对象选择一种或几种组合。结构设计时，应根据结构的重要性、使用要求、结构特点、荷载状况、计算精度的要求合理选择。

习　题

1.1　钢材和混凝土结合在一起共同工作的条件有哪些？查阅资料举例说明在钢骨混凝土中采用了哪些措施来保证钢材和混凝土共同工作。

1.2　简要总结你学习《混凝土结构原理》的体会。

Chapter 2 Design of Beam and Slab Structures

第2章 梁板结构设计

本章导读

基本要求：掌握各类梁板结构布置和构件选型；掌握钢筋混凝土梁板结构的荷载计算、内力计算方法；掌握各类钢筋混凝土梁板结构中梁、板构件的计算；理解梁、板构件基本构造要求的目的及意义，熟悉基本构造要求的要点。

重点：梁板结构的结构布置原则和方法；多跨连续梁、板活荷载最不利布置及其最不利内力计算；多跨连续梁塑性内力重分布和塑性铰的概念；连续梁板弯矩调幅法的计算方法；现浇钢筋混凝土单向板、双向板和多跨连续梁的配筋计算及构造要求；现浇钢筋混凝土楼梯的配筋计算及构造要求。

难点：多跨连续双向板弹性内力的计算方法；多跨连续梁按塑性内力重分布的概念和弯矩调幅法的计算方法。

2.1 概 述

1)结构体系

建筑物的使用功能主要是由各个楼层平面的使用功能实现的。建筑物的各个楼层在结构中通常称之为楼盖。建筑结构体系一般都是三维的空间体系，为了分析计算方便，还可进一步细分为竖向分体系和水平分体系，楼盖结构是结构的水平分体系。最常用的楼盖结构是梁板结构。

建筑物从建造开始直至整个使用过程中，始终受到自然环境及建造和使用过程中所产生的作用。这些作用在工程中通常将其分为竖向作用和水平作用。建筑结构的基本功能就是要能承受这些作用产生的效应，并最终将这些效应传递到地基中。梁板结构作为整个建筑结构中的一个最基本的组成部分，既要承担竖向作用，同时还起着连接竖向构件和将水平作用分配给竖向构件的功能。

梁板结构是由肋梁和面板所组成的结构水平分体系，其支撑结构是由柱、墙体等组成的结构竖向分体系。梁板结构是土木工程中常见的结构形式，例如楼(屋)盖、楼梯、阳台、雨篷、地下室顶板、底板和挡土墙等。除在建筑结构中得到广泛应用外，梁板结构还用于桥梁的桥面结构，水工结构中水池的顶盖、池壁和底板等。

2) 结构的功能和分类

梁板结构在结构体系中有着非常重要的功能，在垂直方向，梁板结构要支承板面上的竖向作用，并能将其有效和合理地传递给柱、墙体等竖向构件，因此梁板结构必须有足够的承载力；同时为了满足正常使用和耐久性的要求，梁板结构还要有一定的竖向刚度和抗裂能力。在水平方向，梁板结构作为结构体系中的水平隔板，还有连接竖向构件的作用，并有将结构受到的水平作用有效地分配给由柱或墙体组成的结构竖向分体系的作用。在进行多、高层建筑结构整体分析时，梁板结构的平面刚度以及整体性和连续性就显得尤为重要。工程中常见的混凝土梁板结构按结构形式分类，如图 2.1 所示。

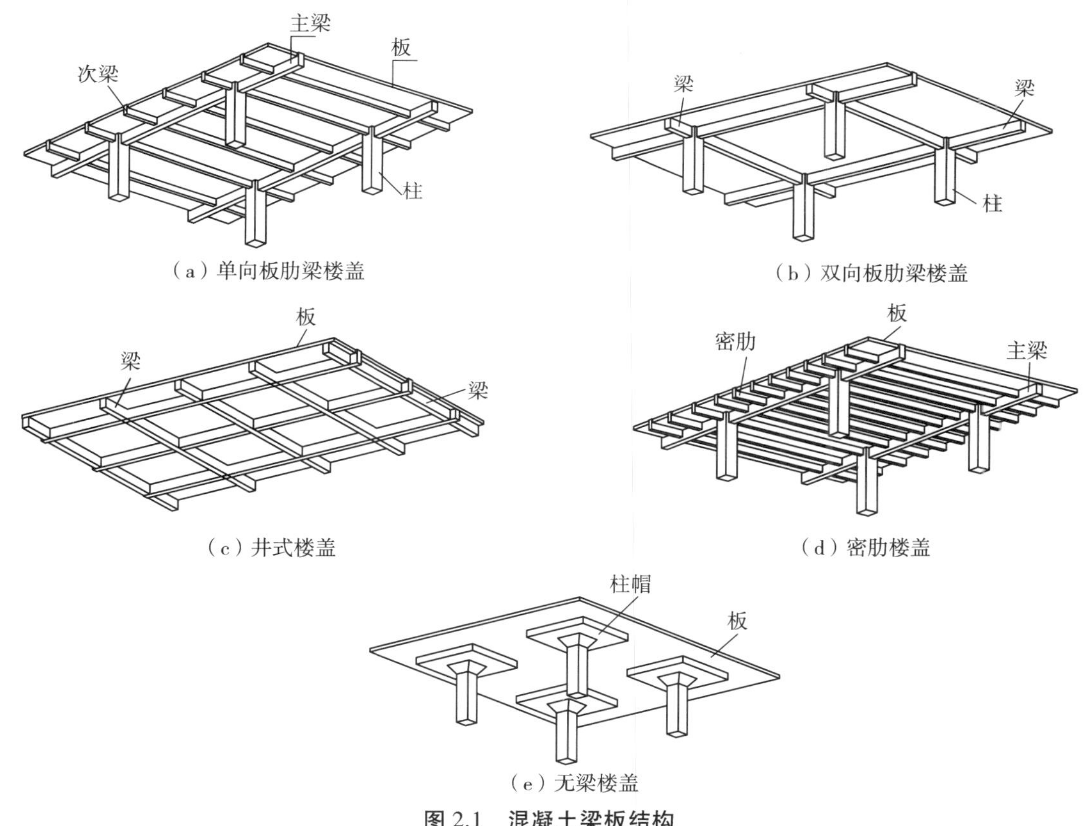

图 2.1　混凝土梁板结构

3) 单向板和双向板的概念

工程中应用最广泛的肋梁楼盖，一般由板、次梁和主梁组成，次梁和主梁将楼板分成多个区格，每个区格板四周一般都有梁或墙支承。肋梁楼盖通常根据板的受力性能将其分为单向板肋梁楼盖和双向板肋梁楼盖(图 2.2(a)和图 2.2(b))。图 2.2 为肋梁楼盖中的一个区格板，假定板的四周简支在墙上，区格板上作用有竖向均布荷载 q，板两个方向的计算跨度分别为 l_1 和 l_2，按弹性理论分析，当 l_2/l_1 较小时，两个方向板的跨度相差不大，荷载沿两个方向长向产生的弯矩都不能忽略，此时，板沿两个方向均受力，这种区格板称为双向板，由这种板组成的楼盖称为双向板肋梁楼盖；而当 l_2/l_1 较大时，板上的荷载主要沿短向 l_1 产生弯矩，而沿长向 l_2 产生的弯矩很少，可以忽略，因此板主要沿短方向 l_1 受力，这种区格板称为单向板，由这种板组成的楼盖称为单向板肋梁楼盖。

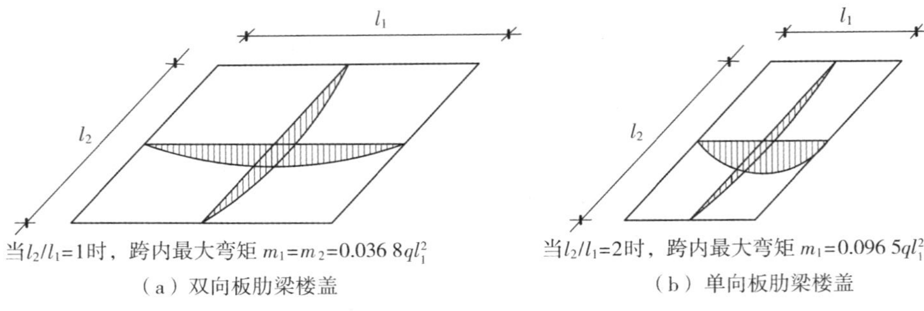

图 2.2 均布荷载作用下四边简支板的弯矩分布示意图($\mu=0$)

考虑到钢筋混凝土材料的双向受力性能以及弹塑性性能，并经过大量的试验分析统计和工程实践的检验，《混凝土结构设计规范》(GB 50010—2010)规定，混凝土板按下列原则进行计算：

①两对边支承的板应按单向板计算。

②四边支承的板应按下列规定计算：

a.当长边与短边长度之比不大于 2.0 时，应按双向板计算；

b.当长边与短边长度之比大于 2.0，但小于 3.0 时，宜按双向板计算；

c.当长边与短边长度之比不小于 3.0 时，宜按沿短边方向受力的单向板计算并应沿长边方向布置构造钢筋。

构造钢筋是指根据基本设计原则和设计思想，一般不需计算而对结构和非结构构件中某些部分必须布置的钢筋，例如单向板里的分布钢筋，以及今后将会涉及的各种构造纵筋和构造箍筋等。

一般现浇钢筋混凝土单向板设计时，应在受力方向(沿短边方向)按受弯构件计算要求布置纵向受力钢筋，而在垂直于受力方向(沿长边方向)布置分布钢筋。《混凝土结构设计规范》(GB 50010—2010)对分布钢筋的配筋面积、配筋率、钢筋的直径和间距都有明确的要求。

2.2 现浇单向板梁板结构

2.2.1 结构布置及构件选型

1)结构平面布置的原则

柱网与梁格布置在满足建筑使用要求的前提下，要使支承结构受力合理，传力路线简捷明确；同时还应使结构具有较好的经济性，梁格应尽可能布置得规整、统一；板的厚度和梁的截面尺寸尽量统一，减少梁板跨度的变化，方便施工；应避免集中荷载直接作用于板上，板上较大的开洞要采取必要的加强措施。

2）梁、板的跨度及截面尺寸

梁、板的跨度及截面尺寸确定，根据平面布置原则，应满足承载力、正常使用和耐久性的要求。实际工程中，常用的梁、板跨度及截面尺寸如下：

主梁：跨度 $l\approx5\sim8$ m；

截面高度 $h\approx(1/14\sim1/8)l$；

截面宽度 $b\approx(1/3\sim1/2)h$。

次梁：跨度 $l\approx4\sim7$ m；

截面高度 $h\approx(1/18\sim1/12)l$；

截面宽度 $b\approx(1/3\sim1/2)h$；

同时为方便施工，次梁的高度宜比主梁的高度小 50 mm 以上。

板：　跨度 $l\approx1.7\sim2.7$ m，一般不宜超过 3 m；

板厚度 $h\not<(1/30)l$，且不小于表 2.1 规定的最小厚度。

当现浇板中预埋水电设备管线时，应根据预埋管线对板厚度的削弱程度适当增加板的厚度。

表 2.1　现浇钢筋混凝土单向板的最小厚度　　单位：mm

板的类别		最小厚度
单向板	屋面板	60
	民用建筑楼板	60
	工业建筑楼板	70
	行车道下的楼板	80

3）几种常用的单向板肋梁楼盖布置方案

①主梁横向布置，次梁纵向布置。如图 2.3(a)所示，这种布置方案结构的横向刚度较强，而房屋的纵向刚度较差。

②主梁纵向布置，次梁横向布置。如图 2.3(b)所示，这种布置方案结构的纵向刚度较强，而房屋的横向刚度较差。

③主梁双向布置，次梁纵向布置。如图 2.3(c)所示，这种布置方案可以使结构的纵向和横向刚度较为接近，结构整体受力较为合理。

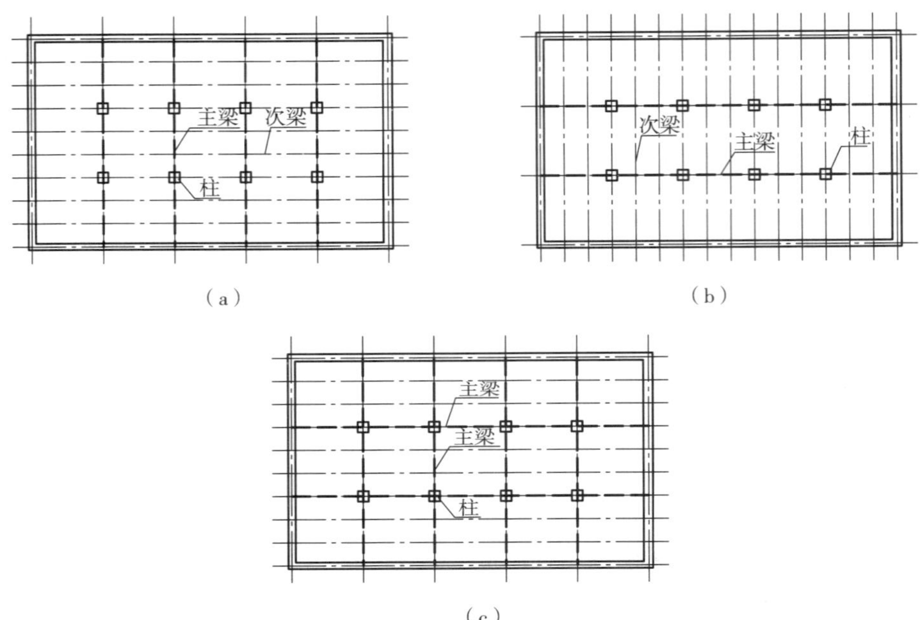

图 2.3　常用的单向板梁板布置方案

2.2.2　荷载和计算简图

1)梁板结构上的荷载

梁板结构上的永久荷载主要有结构自重和永久性的设备以及吊顶、固定隔墙等围护构件的自重。对结构自重,可按结构构件的设计尺寸与材料的容重计算确定。可变荷载主要有楼面活荷载、屋面活荷载和雪荷载、车辆等活荷载。楼面活荷载应按《建筑结构荷载规范》(GB 50009—2012)的规定取值。

2)计算简图

结构内力分析时,为简化计算,一般不是对整个结构进行分析,而是从实际结构中选取有代表性的一部分作为计算的对象,称为计算单元(图 2.4 中阴影部分所示)。计算简图应能反映梁、板的支承情况,各跨的跨度,以及承受的荷载的类型、大小和位置,如图 2.4 所示。

对于单向板,可取 1 m 宽度的板带作为其计算单元。图 2.4 中用阴影线表示的楼面均布荷载便是该板带承受的荷载,这一负荷范围称为从属面积,即计算构件负荷的楼面面积。板支承在次梁或墙上并与次梁现浇在一起,通常可忽略次梁对板转动约束作用及次梁的弯曲变形,次梁可作为板的不动铰支点。板上承受的荷载包括均布活载和均布恒载,当取 1 m 宽的板带进行计算时,单位为 kN/m。板的计算跨度按图 2.5 所示取值。

楼盖中部的主、次梁截面形状都是两侧带翼缘(板)的 T 形截面,楼盖周边处的主、次梁则是一侧带翼缘的。每侧翼缘板的计算宽度取与相邻梁中心距的一半。次梁承受板传来的均布线荷载、主梁承受次梁传来的集中荷载、一根次梁的荷载范围以及次梁传给主梁的集中荷载范围,如图 2.4 所示。

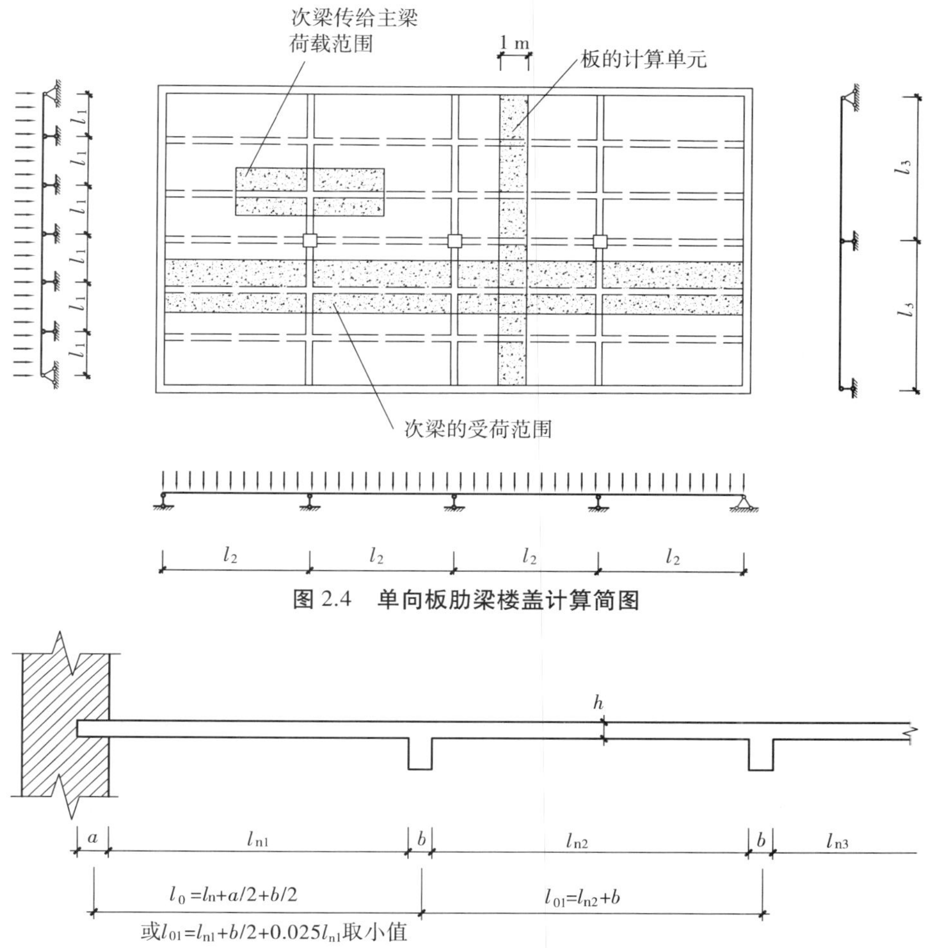

图 2.4　单向板肋梁楼盖计算简图

图 2.5　按弹性理论计算时单向板计算跨度

由于主梁的自重所占比例不大，为了计算方便，可将其换算成集中荷载加到次梁传来的集中荷载内。所以从承受荷载的角度看，板和次梁主要承受均布线荷载，主梁主要承受集中荷载。

次梁支承在主梁或墙上并与主梁现浇在一起，通常可忽略主梁对次梁转动约束作用及主梁的弯曲变形，主梁可作为次梁的不动铰支点。次梁上承受的荷载包括板传来的均布活载和均布恒载以及次梁本身的自重，单位为 kN/m。次梁的计算跨度按图 2.6 所示取值。

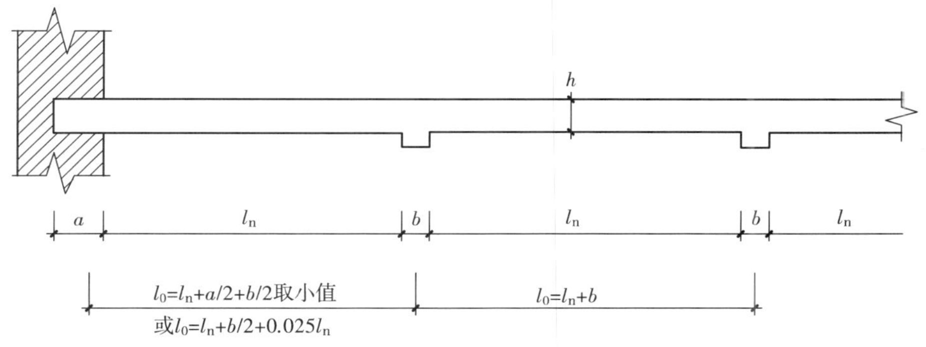

图 2.6　按弹性理论计算时梁的计算跨度

主梁支承在柱子和墙体上，当梁柱的线刚度之比较大时，主梁可看成是铰支于柱子上的连续梁，否则梁柱可视为刚接。主梁上承受的荷载包括次梁传来的集中荷载，有恒载和活载，此外，还有主梁自重所产生的均布荷载。主梁计算跨度的取值与次梁相同。

表 2.2　按弹性理论方法计算内力时梁、板的计算跨度 l_0

跨　数	支座条件	计算跨度 l_0
单跨	两端搁置	$l_0=l_n+a$ 且 $l_0\leqslant l_n+h$（板），$l_0\leqslant 1.05\ l_n$梁
	一端搁置、一端与支承构件整浇	$l_0=l_n+a/2$ 且 $l_0\leqslant l_n+h/2$（板），$l_0\leqslant 1.025\ l_n$梁
	两端与支承构件整浇	$l_0=l_n+a\leqslant 1.05\ l_n$
多跨	边跨	$l_0=l_n+a/2+b/2$ 且 $l_0\leqslant l_n+h/2+b/2$（板），$l_0\leqslant 1.025\ l_n+b/2$ 梁
	中间跨	$l_0=l_c$ 且 $l_0\leqslant 1.1l_n$（板），$l_0\leqslant 1.05l_n$梁

注：l_c——支座中心线间距离；l_n——板、梁的净跨；h——板厚；a——板、梁端支承长度；b——中间支座宽度。

当连续梁、板各跨跨度不等时，如各跨计算跨度相差不超过 10%，为简化计算，可按等跨连续梁、板计算结构内力。

对于各跨荷载相同，跨数超过 5 跨的等跨、等截面连续梁、板的计算表明，除两边第 1 和第 2 跨外，所有中间各跨的内力十分接近，因此，设计中将所有中间跨均以第 3 跨来代表，即所有中间跨的内力和配筋均按第 3 跨处理，如图 2.7 所示。在实际工程设计中，一般情况下梁板支承长度远小于其跨度，为方便计算，通常将计算跨度取为支座中心的间距。

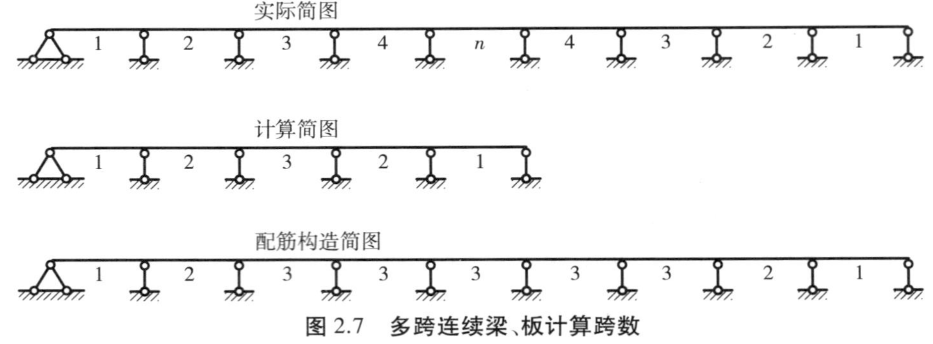

图 2.7　多跨连续梁、板计算跨数

3）荷载的折算

由上所述，在确定梁、板计算简图时，默认连续板在次梁处，次梁在主梁处均为铰支承，忽略了次梁对板、主梁对次梁的转动约束作用，计算表明，采用上述计算简图所得的板及次梁的内力与实际结构的内力有较大偏差。这种偏差可以通过增大恒荷载并相应地减小活荷载的方式来修正，即计算连续次梁及板的内力时，采用折算恒载 g' 和折算活载 q' 进行偏差修正。

折算荷载取值如下：

连续板：$g'=g+q/2$，$q'=q/2$

次梁：$g'=g+q/4$，$q'=3q/4$

式中　g'，q'——折算恒载和折算活载。

g，q——实际恒载和实际活载。

主梁不进行荷载的折算。

2.2.3　可变荷载的最不利布置

作用在结构上的恒载，如梁、板自重，楼面面层以及永久性设备等是永久作用在结构上的，不随时间发生变化；而作用在结构上的活载，如人群、家具等是随时间发生变化的，有时作用在结构上，有时不存在。根据结构力学可知，并不是所有的恒载和活载全部作用在结构上可以使结构在各个控制截面产生最大的内力。因此，当求某一控制截面的最不利内力时，应考虑活载的不利组合。下面以一个 5 跨连续梁为例进行说明。

图 2.8 所示为一连续梁在不同跨承受荷载时结构的弯矩图和剪力图，由图可看出，当活载分别布置在 1，3，5 跨时，将对 1，3，5 跨各跨中产生正弯矩，而对 2，4 跨产生负弯矩，因此，当求 1，3，5 跨的最大正弯矩时，可将活荷载布置在 1，3，5 跨，而 2，4 跨不布置活荷载。求 2，4 跨最大正弯矩时，可将活荷载布置在 2，4 跨，而 1，3，5 跨不布置活荷载。

同理，也可以确定其他控制截面的最不利弯矩和最不利剪力所对应的荷载不利组合的位置。

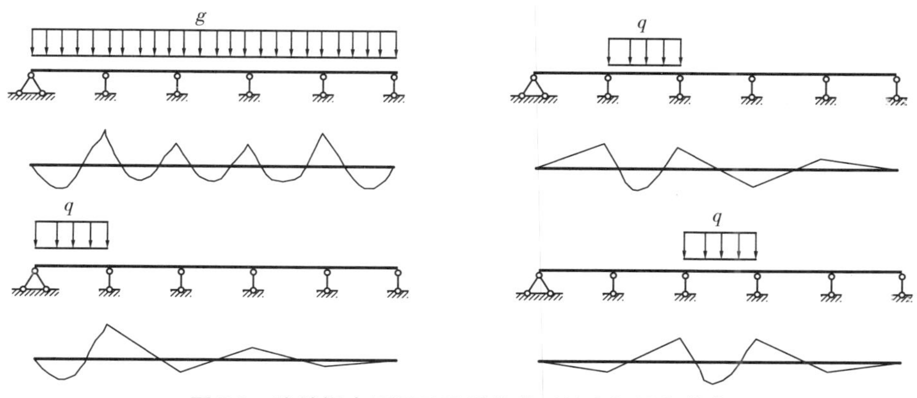

图 2.8　连续梁在不同跨承受荷载时的弯矩图和剪力

由此可得出连续梁最不利荷载组合的原则：

①恒载始终作用在结构上时，按实际情况处理；

②求某跨中最大正弯矩时，应在该跨布置活荷载，然后隔跨布置；

③求某支座最大负弯矩时，应在该支座相邻两跨布置活荷载，然后隔跨布置；

④求某支座最大剪力时，活荷载的布置方法与求某支座最大负弯矩的活荷载布置方法相同。

2.2.4 连续梁、板的弹性计算方法

1) **内力计算方法**

连续梁的内力可按结构力学方法计算,为计算方便,附录附表1列出了不同跨、不同荷载形式以及不同荷载布置的连续梁内力计算系数,计算时可直接查取。

2) **内力包络图**

结构的内力包络图包括弯矩包络图和剪力包络图。弯矩包络图是指在荷载最不利组合作用下(图2.9),所能引起的各个截面的最大正弯矩和最大负弯矩(绝对值)的外包线。弯矩包络图的做法:将在各种不利荷载布置下结构所产生的弯矩图形画在同一基线上,则这一组曲线的最外轮廓线代表任何截面可能出现的最大弯矩,这个最外轮廓线所围成的弯矩图形就称为弯矩包络图。同理,可以做出结构的剪力包络图,如图2.10所示。在图2.10所示的5跨连续梁,在活荷载最不利布置的弯矩和剪力图中,根据活荷载的不同布置情况,每跨都可以画出4

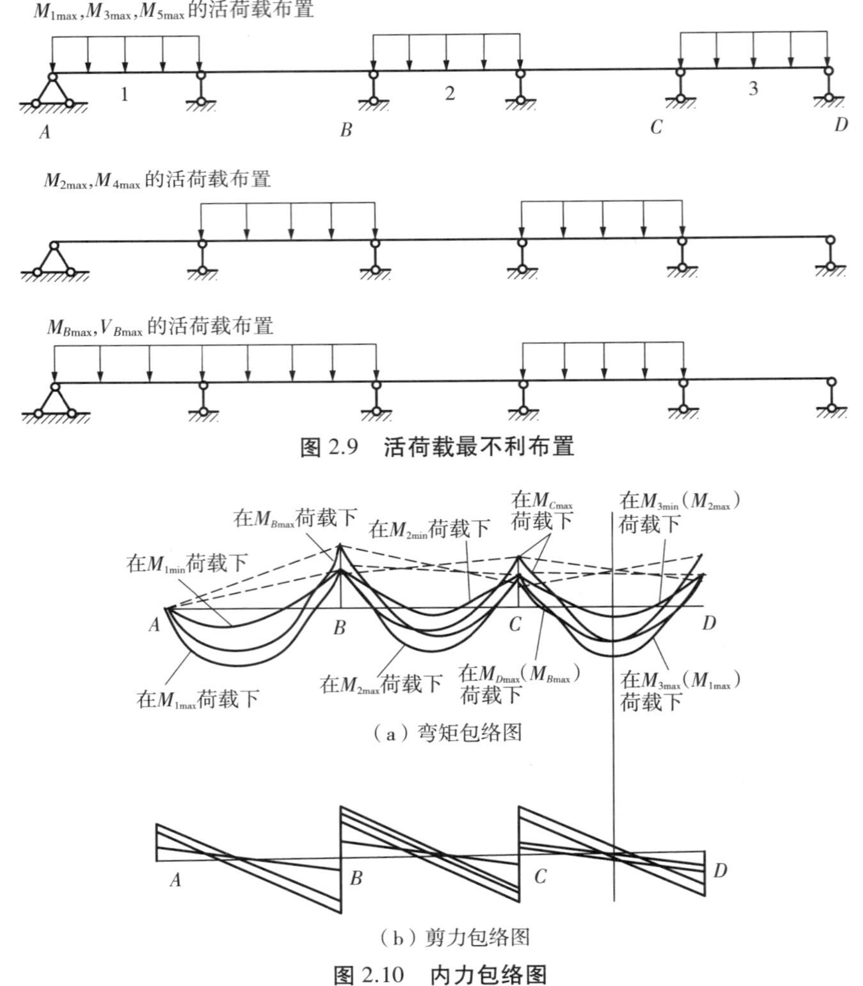

图2.9 活荷载最不利布置

图2.10 内力包络图

个弯矩图形,分别对应于跨内最大正弯矩、跨内最小正弯矩(或负弯矩)和左、右支座截面的最大负弯矩。当端支座是简支时,边跨只能画出3个弯矩图形,其外包线就形成了弯矩包络图。从图中可以看出,不论活荷载如何布置,梁的任一截面产生的弯矩或剪力总不会超过弯矩或剪力包络图的范围。因此,弯矩包络图是计算和配置纵向受力钢筋的依据,剪力包络图是计算和配置横向受力钢筋的依据。

2.2.5　连续梁、板考虑塑性内力重分布的计算方法

当按弹性理论方法计算连续梁、板的内力时,是在假定结构是均匀的各向同性的线弹性体这一前提下得出的结果。而在混凝土构件正截面承载力计算时,又充分考虑了截面的塑性性能,两者之间是存在较大差异的。实际上,在钢筋混凝土连续梁、板受到荷载后,随着荷载的增加,由于钢筋混凝土梁各截面的裂缝的发展和塑性变形的增加,截面的刚度不断发生变化,使得连续梁、板的各个截面内力产生内力重分布。这种考虑梁、板塑性性能的内力计算方法称为按塑性内力重分布的计算方法,用这种方法计算出的连续梁、板的内力更接近于实际结构达到承载力极限状态的内力。

1)钢筋混凝土塑性铰的概念

图2.11所示为一钢筋混凝土简支梁,梁上作用有集中荷载,当跨中截面进入适筋梁正截面工作的第Ⅲ阶段(破坏阶段)时,截面的受拉钢筋首先屈服,钢筋的应变增加而应力保持不变,导致截面的曲率不断增加,截面的受压区高度不断减小,此时,截面的弯矩增加很小,当受压区混凝土达到极限压应变,截面即告破坏。可以看出,从受拉钢筋屈服到混凝土被压碎,截面产生很大的转动,类似形成了一个铰,工程中把这种铰称为钢筋混凝土塑性铰。塑性铰是混凝土结构中最重要的工程概念之一,钢筋混凝土塑性铰与计算简图中的理想铰的区别主要有以下几点:

①塑性铰分布在一定的长度上,而理想铰则是在结构的一点;

②塑性铰只能沿弯矩作用方向发生单向转动,而理想铰可沿任意方向进行转动;

③塑性铰只能在钢筋屈服到受压区混凝土压碎之前有限转动,而理想铰可以无限制转动;

④塑性铰在转动的同时可承担一定的弯矩,即截面屈服弯矩 M_y,且不能承担大于 M_y 的弯矩,而理想铰转动时不承担弯矩。

塑性铰出现后,简支梁即形成机动体系,标志结构达到破坏状态。

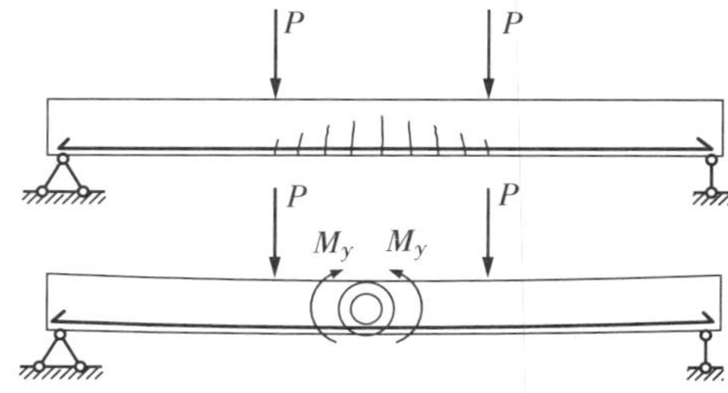

图2.11　塑性铰的概念

2) **塑性内力重分布的概念**

由前所述,对于静定结构来说,当截面出现一个塑性铰以后,结构就变成了机动体系。但对于超静定结构,截面出现一个塑性铰,结构只是减少了一次超静定次数,结构不会变成机动体系,仍然可以继续加载,直至结构形成机动体系。

下面以一个两跨连续梁为例来进行分析。

图 2.12 所示为一两跨连续梁,承受的恒载和活载标准值分别为 $G_k=80$ kN 和 $Q_k=20$ kN,截面尺寸为 250 mm×500 mm,混凝土强度等级 C25,钢筋 HRB400。若按弹性理论计算结构的内力,考虑活荷载的最不利布置,弯矩如图 2.12(a)所示。支座设计弯矩分别按由活荷载起控制作用的组合计算为:

$M_B=1.2\times90.2+1.4\times22.6=139.9(\text{kN}\cdot\text{m})$

按由恒荷载起控制作用的组合计算为:

$M_B=1.35\times90.2+1.4\times0.7\times22.6=143.9(\text{kN}\cdot\text{m})$

取二者的较大值,支座弯矩设计值应为:$M_B=143.9$ kN·m。

而此组合对应的跨中弯矩为:

$M_1=1.35\times74.8+1.4\times0.7\times18.7=119.3(\text{kN}\cdot\text{m})$

跨中设计弯矩分别按由活荷载起控制作用的组合计算为:

$M_1=1.2\times74.8+1.4\times24.4=123.9(\text{kN}\cdot\text{m})$

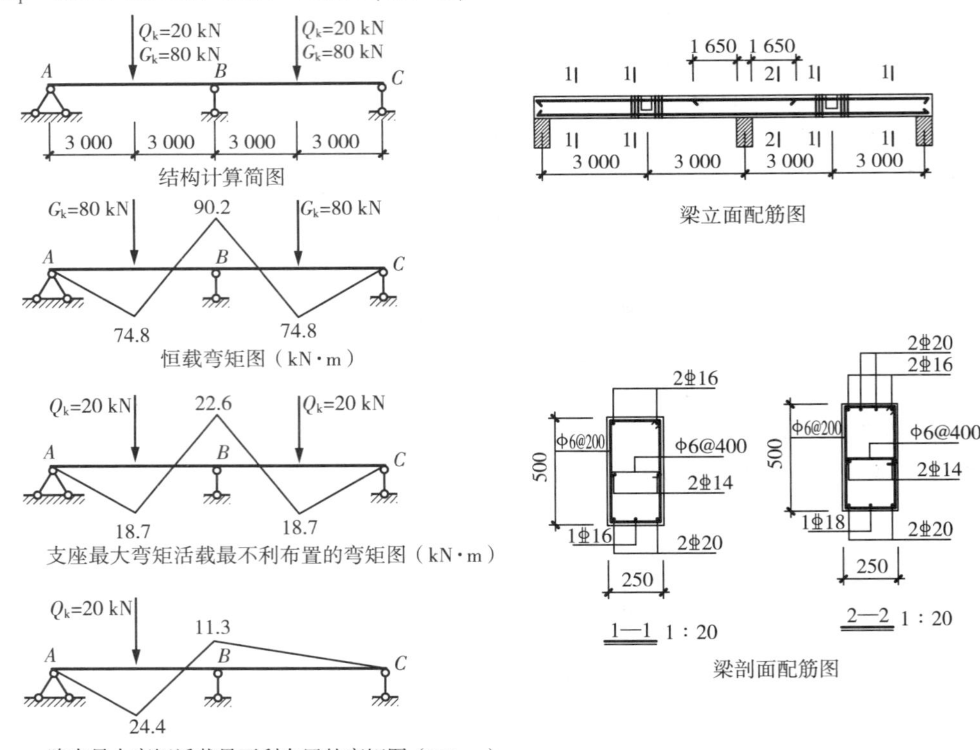

图 2.12　连续梁的弯矩图和配筋图

按由恒荷载起控制作用的组合计算为：

$M_1 = 1.35\times74.8+1.4\times0.7\times24.4 = 124.9(\mathrm{kN\cdot m})$

取二者的较大值，跨中弯矩设计值应为：$M_1 = 124.9\ \mathrm{kN\cdot m}$。

分别按 $M_B = 143.9\ \mathrm{kN\cdot m}$ 和 $M_1 = 124.9\ \mathrm{kN\cdot m}$，计算得出梁正截面配筋如图 2.12(b)所示。

对上述按弹性理论计算并考虑活荷载的最不利布置得到的内力计算结果和设计配筋进行分析，有以下几个特点：

①上述两跨连续梁在斜截面不首先出现剪切破坏的前提下，假定 B 支座正截面首先达到 $M_B = 143.9\ \mathrm{kN\cdot m}$，受拉钢筋屈服，$B$ 支座形成塑性铰；而此时跨中截面的弯矩仅为 $M_1 = 119.3\ \mathrm{kN\cdot m}$，小于跨中弯矩设计值 $M_1 = 124.9\ \mathrm{kN\cdot m}$，受拉钢筋并未屈服。此时两跨连续梁转变为两个单跨的简支梁，仍然可以继续承担荷载，当加荷直至跨中截面弯矩达到跨中截面弯矩设计值时，跨中形成塑性铰后才转变为机动体，形成破坏机构。很显然这是我们希望出现的结果，因为结构上各个正截面的承载力都得到了充分的发挥。从结构承载能力极限状态的意义上来说，达到破坏时的荷载组合才是结构所能承受的极限荷载。

②在 B 支座截面形成塑性铰到跨中形成塑性铰这一过程中，结构的内力分布与按弹性计算的内力分布相比发生了变化，不再满足按弹性计算的内力分布，这一过程称为塑性内力重分布。

③按弹性理论计算支座截面的受拉钢筋一般都远多于跨中截面的受拉钢筋，并不利于支座截面首先形成塑性铰，同时过于拥挤的支座负弯矩钢筋不利于构件混凝土浇筑的质量。这种情况在有双向交叉梁的支座或梁柱节点则更为严重。

④实际结构中由于考虑可能出现的活荷载的最不利布置情况，以及恒荷载与活荷载大小比例的不同，塑性铰首先在支座还是跨中形成是不确定的。

针对上述分析，在设计诸如连续梁的超静定混凝土结构时，可考虑按以下思路进行设计：

①首先控制结构截面的破坏形态，让我们不希望首先出现的截面破坏形态，如剪切破坏，不能首先出现，因为一旦出现斜截面的剪切破坏则整个结构将丧失承载力。对此在设计时应使截面的抗剪承载力大于截面的抗弯承载力。这在结构设计中称为“强剪弱弯”，是结构设计中最重要的设计原则之一。

②控制结构的破坏机制，即控制结构从超静定结构转变为机构的这一过程，使破坏机制按我们预先设定的要求来实现。例如上述的两跨连续梁，我们希望在 B 支座首先出现塑性铰，结构由超静定结构转变为静定结构，然后才在跨中出现塑性铰，结构由静定结构转变为机构。对此可在正截面设计时，人为地将按弹性理论计算出的某些截面的内力进行调整。例如，上述两跨连续梁，可首先将 B 支座截面按弹性理论计算的弯矩下调，然后进行配筋计算，使 B 支座截面的实际抗弯承载力小于按弹性理论计算得到的 B 支座截面的抗弯承载力，这样就可使塑性铰首先在 B 支座截面出现，实现预期的破坏机制。

按照上述思路再进行此两跨连续梁的设计，首先将弹性计算产生 B 支座截面最大弯矩的各弯矩值下调 20%，并按平衡条件计算出跨中弯矩，弯矩如图 2.13(a)中虚线所示。这时支座设计弯矩分别按由活荷载起控制作用的组合计算为：

$M'_B = 1.2\times72.2+1.4\times18.1 = 112.0(\mathrm{kN\cdot m})$

按由恒荷载起控制作用的组合计算为：

$M'_B = 1.35 \times 72.2 + 1.4 \times 0.7 \times 18.1 = 115.2(\mathrm{kN \cdot m})$

取二者的较大值，支座弯矩设计值应为：$M_B = 115.2\ \mathrm{kN \cdot m}$。

而此组合对应的跨中弯矩为：

$M'_1 = 1.35 \times 83.9 + 1.4 \times 0.7 \times 21 = 133.8(\mathrm{kN \cdot m})$

分别按 $M'_B = 115.9\ \mathrm{kN \cdot m}$ 和 $M'_1 = 133.8\ \mathrm{kN \cdot m}$，求出的配筋如图 2.13(b)所示。

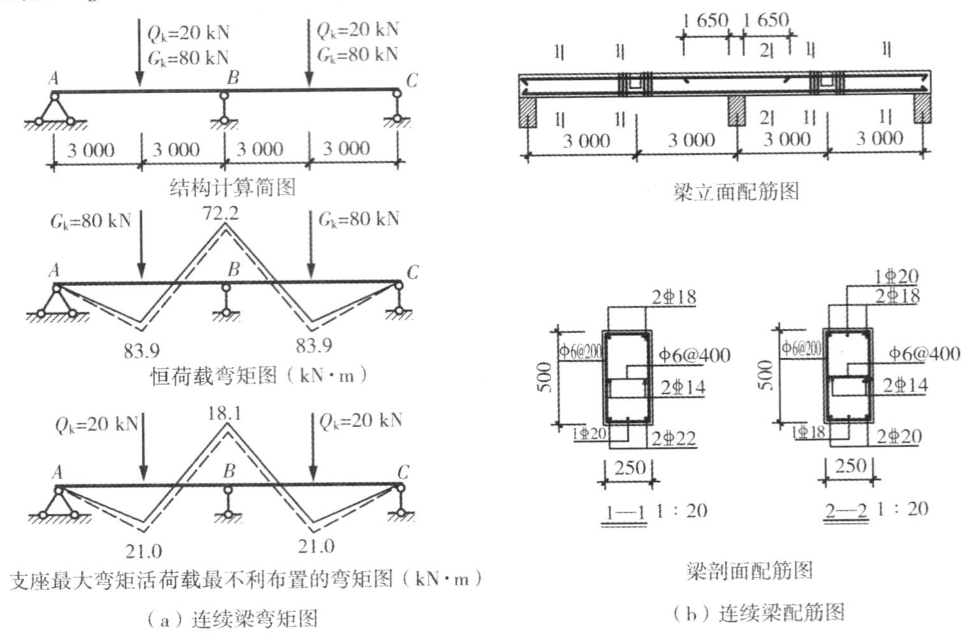

图 2.13　连续梁的弯矩图和配筋图

然后求出各支座截面按弹性理论计算并考虑活荷载的最不利布置的剪力，按斜截面抗剪承载力计算和构造要求确定支座截面的截面尺寸和配置箍筋。当按《混凝土结构设计规范》(GB 50010—2010)的规定验算此两跨连续梁的斜截面满足承载力要求后，事实上就已经满足了“强剪弱弯”的一般要求，因为《混凝土结构设计规范》斜截面抗剪承载力计算公式中隐含的可靠指标，高于正截面抗弯承载力计算的可靠指标。

从上面的计算可以看出，若按弹性理论的计算方法对截面进行配筋，支座截面的配筋大于跨中配筋；若考虑梁的塑性内力重分布，支座截面的弯矩大大降低，截面的配筋减少，有利于改善支座截面的钢筋拥挤状况，方便施工。

上述分析得出，超静定混凝土结构的内力重分布可概括为两个过程：第一过程发生在受拉区混凝土开裂到第一个塑性铰形成以前，主要是由于结构各部分抗弯刚度比值的改变而引起内力重分布，称为弹塑性内力重分布；第二过程发生于第一个塑性铰形成以后直到形成几何可变体系结构破坏，由于结构计算简图的改变而引起的内力重分布，称为塑性内力重分布。

若超静定结构中各塑性铰都具有足够的转动能力，保证结构加载后能按照预期的顺序，先后形成足够数目的塑性铰，以致最后形成机动体系而破坏，这种情况称为充分的内力重分布。但是，塑性铰的转动能力受到截面配筋率和材料极限应变值的限制是有限的。如果完成充分的内力重分布过程所需要的转角超过了塑性铰的转动能力，则在尚未形成预期的破坏机构以前，早出现的塑性铰已经因为受压区混凝土达到极限压应变值而“过早”被压碎，这种情况属于不充分的内力重分布。除此之外，设计中既要考虑承载能力极限状态，还要考虑正常使用极限状态。结构在正常使用阶段，裂缝宽度和挠度也不宜过大。因此，内力重分布需要考虑塑性铰的转动能力、斜截面的承载能力和正常使用条件三方面的因素。

①塑性铰的转动能力。塑性铰的转动能力主要取决于纵向钢筋的配筋率、钢材的品种和混凝土的极限压应变。截面的极限曲率 $\Phi_u = \varepsilon_{cu}/x$，配筋率越低，受压区高度 x 就越小，故 Φ_u 越大，塑性铰转动能力越大；混凝土的极限压应变 ε_{cu} 越大，Φ_u 大，塑性铰转动能力也越大。混凝土强度等级高时，极限压应变 ε_{cu} 减小，转动能力下降。普通热轧钢筋具有明显的屈服台阶，延伸率较大，塑性铰转动能力也越大。

②斜截面承载能力。要想实现预期的内力重分布，其前提条件之一是在破坏机构形成前，不能发生因斜截面承载力不足而引起的破坏，否则将阻碍内力重分布继续进行。国内外的试验研究表明，支座出现塑性铰后，连续梁的受剪承载力比不出现塑性铰的梁低。加载过程中，连续梁首先在中间支座和跨内出现垂直裂缝，随后在梁的中间支座两侧出现斜裂缝。一些破坏前支座已形成塑性铰的梁，在中间支座两侧的剪跨段，纵筋和混凝土之间的粘结有明显破坏，有的甚至还出现沿纵筋的劈裂裂缝；剪跨比越小，这种现象越明显。试验量测表明，随着荷载增加，梁上反弯点两侧原处于受压工作状态的钢筋，将会由受压状态变为受拉，这种因纵筋和混凝土之间粘结破坏所导致的应力重分布，使纵向钢筋出现了拉力增量，而此拉力增量只能依靠增加梁截面剪压区的混凝土压力来维持平衡，这样势必会降低梁的受剪承载力。因此，为了保证连续梁内力重分布能充分发展，结构构件必须要有足够的受剪承载能力。

③正常使用条件。如果最初出现的塑性铰转动幅度过大，塑性铰附近截面的裂缝就可能开展过宽，结构的挠度过大，不能满足正常使用的要求。因此，在考虑内力重分布时，应对塑性铰的允许转动量予以控制，也就是要控制内力重分布的幅度。

3）按塑性内力重分布的计算方法——弯矩调幅法

（1）弯矩调幅法的概念及基本原则

弯矩调幅法简称调幅法，是在弹性弯矩的基础上，根据需要适当调整某些截面弯矩值。通常对那些弯矩绝对值较大的截面进行弯矩调整，然后按调整后的内力进行截面设计和配筋构造，这是一种实用的设计方法。调幅法的特点是概念清楚、方法简便、弯矩调整幅度明确、平衡条件得到满足。

在弯矩调幅法中，塑性铰的部位及塑性弯矩值是在按弹性理论分析方法获得的内力基础上确定的。对于连续梁、板，首先出现塑性铰的位置宜设计在支座截面塑性弯矩值按弯矩调幅系数 β 确定后的位置上。

$$\beta = (M_e - M)/M_e \tag{2.1}$$

式中　M_e——按弹性理论方法计算的弯矩；

M——按弯矩调幅法采用的设计弯矩。

综合考虑影响内力重分布的影响因素后，《混凝土结构设计规范》（GB 50010—2010）提出下列设计原则：

①钢筋混凝土连续梁和连续单向板,可采用塑性内力重分布方法进行分析。

②重力荷载作用下的框架、框架-剪力墙结构中的现浇梁以及双向板等,经过弹性分析求得内力后,可对支座或节点弯矩进行调幅,并确定相应的跨中弯矩。

③考虑塑性内力重分布分析方法设计的结构和构件,应选用符合规范规定的有明显屈服台阶的钢筋,并应满足正常使用极限状态的要求,并采取有效的构造措施。

④对直接承受动力荷载的构件,以及要求不出现裂缝或环境类别为三a、三b类情况下的结构,不应采用考虑塑性内力重分布的分析方法。

⑤钢筋混凝土梁支座或节点边缘截面的负弯矩调幅幅度不宜大于 25%;弯矩调整后的梁端截面相对受压区高度不应超过 0.35,且不宜小于 0.10。

⑥板的负弯矩调幅幅度不宜大于 20%。

(2)考虑塑性内力重分布分析方法的具体步骤

①按弹性方法计算在荷载最不利布置下结构支座截面的弯矩最大值 M_e。

②采用调幅系数 β(一般不宜超过 0.2)降低各支座截面弯矩,即弯矩设计值按式(2.2)计算:

$$M=(1-\beta)M_e \tag{2.2}$$

结构的跨中弯矩值应取弹性分析所得的最不利弯矩和按式(2.3)计算值中的较大值:

$$M=1.02M_0-(M_l+M_r)/2 \tag{2.3}$$

式中 M_0——按简支梁计算的跨中弯矩设计值;

M_l, M_r——连续梁或连续单向板的左、右支座截面弯矩调幅后的设计值。

③校核调幅后支座和跨中截面的弯矩值均不宜小于 $M_0/3$,以控制调幅程度。

④按最不利荷载布置和调幅后的支座弯矩,由平衡条件求得控制截面的剪力设计值。

(3)均布荷载作用下等跨连续梁、板的内力计算

为了方便计算,对工程中常用的承受均布荷载的等跨连续梁或等跨连续单向板,用调幅法导出的内力系数,设计时可直接查表得出控制截面的内力系数,并按下列公式计算弯矩设计值 M 和剪力设计值 V。

根据上述计算原则,通过理论推导,均布荷载作用下等跨连续梁、板可按下式计算:

$$M=\alpha_m(g+q)l_0^2 \tag{2.4}$$

$$V=\alpha_v(g+q)l_n \tag{2.5}$$

式中 g——沿梁单位长度上的恒荷载设计值;

q——沿梁单位长度上的活荷载设计值;

α_m——连续梁考虑塑性内力重分布的弯矩系数,按表 2.3 采用;

α_v——连续梁考虑塑性内力重分布的剪力系数,按表 2.4 采用;

l_0——计算跨度,根据支承条件按下列规定确定:当两端与梁或柱整体连接时,取 $l_0=l_n$(l_n为净跨);当两端搁支在墙上时,取 $l_0=1.05l_n$,并不得大于支座中心线间的距离;当一端与梁或柱整体连接,另一端搁支在墙上时,取 $l_0=1.025l_n$,并不得大于净跨加墙支承宽度的 1/2。

表 2.3　连续梁、连续单向板考虑塑性内力重分布的弯矩系数

<table>
<tr><th colspan="2" rowspan="3">支承情况</th><th colspan="6">截面位置</th></tr>
<tr><th>端支座</th><th>边跨跨中</th><th>离端第二支座</th><th>离端第二跨中</th><th>中间支座</th><th>中间跨跨中</th></tr>
<tr><th>A</th><th>Ⅰ</th><th>B</th><th>Ⅱ</th><th>C</th><th>Ⅲ</th></tr>
<tr><td colspan="2">梁、板搁支在墙上</td><td>0</td><td>1/11</td><td rowspan="4">两跨连续：-1/10
三跨以上连续：-1/11</td><td rowspan="4">1/16</td><td rowspan="4">-1/14</td><td rowspan="4">1/16</td></tr>
<tr><td>板</td><td rowspan="2">与梁整浇连接</td><td>-1/16</td><td rowspan="2">1/14</td></tr>
<tr><td>梁</td><td>-1/24</td></tr>
<tr><td colspan="2">梁与柱整浇连接</td><td>-1/16</td><td>1/14</td></tr>
</table>

表 2.4　连续梁考虑塑性内力重分布的剪力系数

<table>
<tr><th rowspan="3">支承情况</th><th colspan="5">截面位置</th></tr>
<tr><th>A 支座内侧</th><th colspan="2">离端第二支座</th><th colspan="2">中间支座</th></tr>
<tr><th>A_{m}</th><th>外侧 B_{ex}</th><th>内侧 B_{in}</th><th>内侧 C_{ex}</th><th>内侧 C_{in}</th></tr>
<tr><td>梁、板搁支在墙上</td><td>0.45</td><td>0.60</td><td rowspan="2">0.55</td><td rowspan="2">0.55</td><td rowspan="2">0.55</td></tr>
<tr><td>梁与柱整浇连接</td><td>0.50</td><td>0.55</td></tr>
</table>

2.2.6　连续单向板的设计要点和构造要求

1) 板计算要点

支承在次梁或砖墙上的连续板，可按塑性内力重分布的方法计算内力。板一般均能满足斜截面承载力要求，设计时可不进行抗剪承载力计算。

按塑性内力重分布的方法计算内力时，当板的四周与梁整体浇筑时，在竖向荷载作用下，板内可形成内拱作用(图 2.14)，内拱可将部分荷载直接传递给支座，使板的计算弯矩减小，考虑到内拱的有利影响，在工程设计中：对四周与梁整体浇筑的板，其中间跨中截面及中间支座截面的计算弯矩可减少 20%。

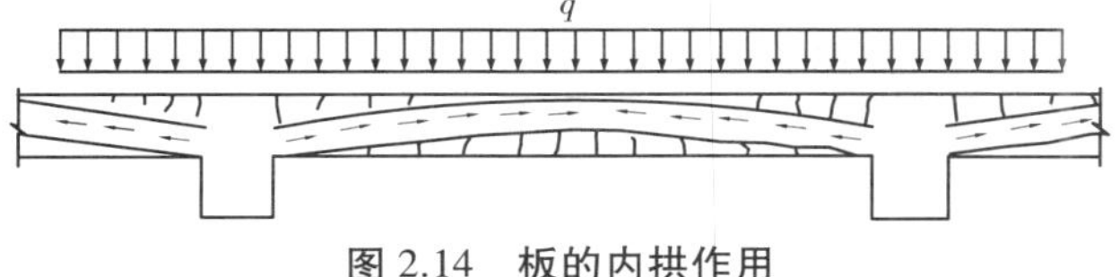

图 2.14　板的内拱作用

2) 受力钢筋布置

受力钢筋的配置形式有分离式配筋和弯起式配筋两种，如图 2.15 所示。分离式配筋对于设计时选择钢筋和施工备料都较简便，是工程中最常用的配筋形式。弯起式配筋形式较复杂，但其整体性好，适用于受振动的楼板。弯起角度一般为 30°，当板厚 $h \geqslant 120$ mm 时，可采用 45°。与分离式配筋相比，弯起式配筋的钢筋锚固较好，可节省材料，但施工较复杂。

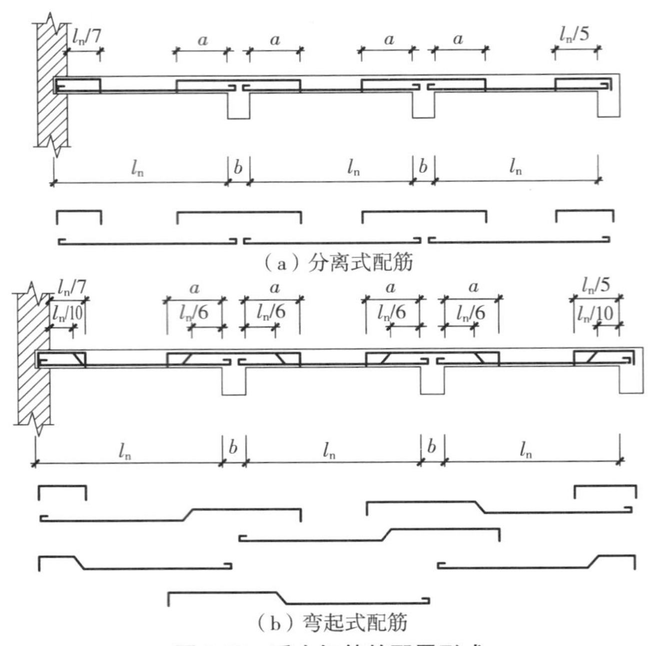

图 2.15 受力钢筋的配置形式

等跨连续单向板内受力钢筋的弯起和截断，一般可按图 2.15 确定。图中 a 为支座负弯矩钢筋至支座边距离，可按下列规定取值：

当 $q/g \leqslant 3$ 时，$a=l_0/4$；当 $q/g>3$ 时，$a=l_0/3$

式中 g,q——板上的均布恒载、活载标准值；

l_0——板的计算跨度。

板中受力钢筋的间距，当板厚不大于 150 mm 时不宜大于 200 mm；当板厚大于 150 mm 时不宜大于板厚的 1.5 倍，且不宜大于 250 mm。

采用分离式配筋的多跨板，板底钢筋宜全部伸入支座；支座负弯矩钢筋向跨内延伸的长度应根据负弯矩图确定，并满足钢筋锚固的要求。

简支板或连续板下部纵向受力钢筋伸入支座的锚固长度不应小于钢筋直径的 5 倍，且宜伸至支座中心线。当连续板内温度、收缩应力较大时，伸入支座的长度宜适当增加。

3) 构造钢筋的要求

按简支边或非受力边设计现浇混凝土板，当其与混凝土梁、墙整体浇筑或嵌固在砌体墙内时，应设置垂直于板边的板面构造钢筋，并应符合下列要求：

①钢筋直径不宜小于 8 mm，间距不宜大于 200 mm，且单位宽度内的配筋面积不宜小于跨中相应方向板底钢筋截面面积的 1/3。与混凝土梁、混凝土墙整体浇筑单向板的非受力方向，钢筋截面面积尚不宜小于受力方向跨中板底钢筋截面面积的 1/3。

②钢筋从混凝土梁边、柱边、墙边支伸入板内的长度不宜小于 $l_0/4$，砌体墙支座处钢筋伸入板边的长度不宜小于 $l_0/7$，其中计算跨度 l_0，对单向板按受力方向考虑，双向板按短边方向考虑。

③在楼板角部应沿两个方向正交、斜向平行或按放射状布置附加钢筋。

④单向板设计时，应在垂直于受力的方向布置分布钢筋，单位宽度上的配筋不宜小于单位

宽度上受力钢筋的 15%，且配筋率不宜小于 0.15%；分布钢筋的直径不宜小于 6 mm，间距不宜大于 250 mm。

图 2.16 所示为多跨连续单向板分离式配筋平面图。

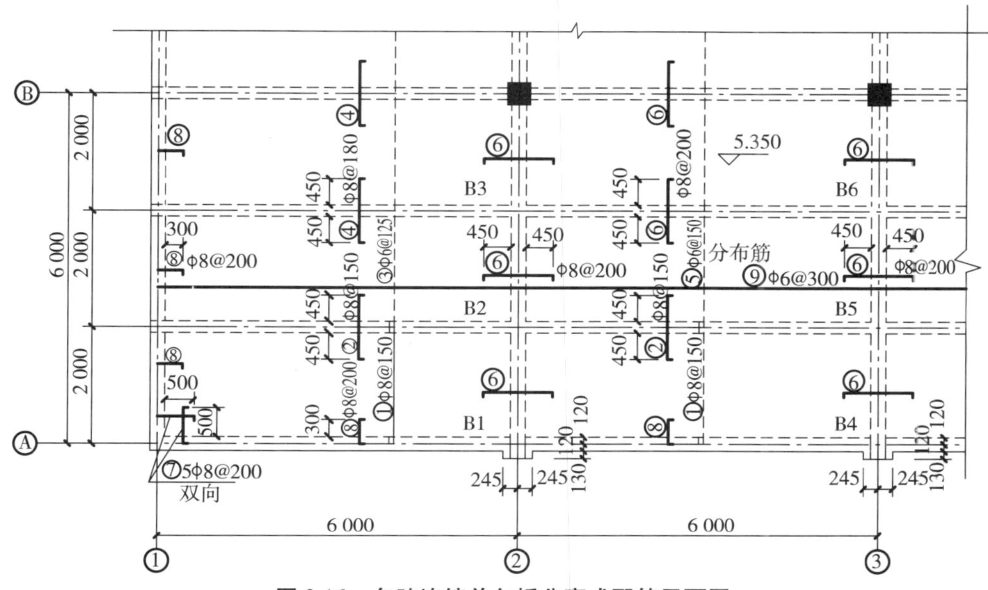

图 2.16　多跨连续单向板分离式配筋平面图

2.2.7　连续梁的设计要点和构造要求

1）计算要点

连续梁的内力计算一般情况下应采用结构力学的方法进行计算。当连续梁与板整浇在一起，在进行配筋时，对于跨中截面按 T 形截面考虑，翼缘计算宽度 b'_f 按《混凝土结构设计规范》（GB 50010—2010）表5. 2. 4规定取值，对于支座截面则按矩形截面考虑。

连续梁宜采用箍筋作为抗剪的横向钢筋，当按抗剪承载力计算的箍筋间距过密时，可考虑设置附加弯起钢筋作为抗剪的横向钢筋。

2）纵向受力钢筋的直径和间距布置要求

梁的纵向受力钢筋应符合下列规定：

①伸入梁支座范围内的钢筋不应少于 2 根。

②梁高不小于 300 mm 时不应小于 10 mm，梁高小于 300 mm 时不宜小于 8 mm。

③梁上部钢筋的净间距不应小于 30 mm 和 1.5d，梁下部钢筋的净间距不应小于 25 mm 和 d。当下部钢筋多于两层时，两层以上钢筋水平方向的中距应比下面两层的中距增大 1 倍；各层钢筋之间的净间距不应小于 25 mm 和 d，d 为钢筋的最大直径。

④在梁的配筋密集区域可采用并筋的配筋形式。

3）纵向受力钢筋的锚固要求

钢筋混凝土简支梁和连续梁简支端下部纵向受力钢筋从支座边算起的锚固长度应符合下

列规定：

①当支座设计剪力 V 不大于 $0.7f_tbh_0$时，不小于 $5d$；当 V 大于 $0.7f_tbh_0$时，对带肋钢筋不小于 $12d$，对光面钢筋不小于 $15d$，d 为钢筋的最大直径。

②如纵向受力钢筋伸入梁支座范围内的锚固长度不符合上述要求时，应采取在钢筋上加焊锚固钢板或将钢筋端部焊接在梁端预埋件上等有效的锚固措施。

③支承在砌体结构上的钢筋混凝土独立梁，在纵向受力钢筋的锚固长度范围内应配置不少于 2 个箍筋，其直径不宜小于 $1/4d$，d 为纵向受力钢筋的最大直径；间距不宜大于 $10d$，当采取机械锚固措施时箍筋间距尚不宜大于 $5d$，d 为纵向受力钢筋的最小直径。

④混凝土强度等级为 C25 及以下的简支梁和连续梁的简支端，当距支座边 $1.5h$ 范围内作用有集中荷载，且支座设计剪力 V 大于 $0.7f_tbh_0$ 时，对带肋钢筋宜采取附加锚固措施，或取锚固长度不小于 $15d$，d 为锚固钢筋的直径。

4）纵向受力钢筋在受拉区截断的要求

钢筋混凝土梁支座负弯矩纵向受拉钢筋不宜在受拉区截断。当必须截断时，应符合以下规定：

①当支座设计剪力 V 不大于 $0.7f_tbh_0$应延伸至按正截面受弯承载力计算不需要该钢筋的截面以外不小于 $20d$ 处截断，且从该钢筋强度充分利用截面伸出的长度不应小于 $1.2l_a$。

②当支座设计剪力 V 大于 $0.7f_tbh_0$应延伸至按正截面受弯承载力计算不需要该钢筋的截面以外不小于 h_0 且不小于 $20d$ 处截断，且从该钢筋强度充分利用截面伸出的长度不应小于 $1.2l_a$与 h_0 之和。

③若按上述①，②条确定的截断点仍位于负弯矩对应的受拉区内，则应延伸至按正截面受弯承载力计算不需要该钢筋的截面以外不小于 $1.3h$ 且不小于 $20d$ 处截断，且从该钢筋强度充分利用截面伸出的长度不应小于 $1.2l_a$与 $1.7h_0$ 之和。

5）对梁的上部构造钢筋的要求

①按简支计算但梁端实际受到部分约束时，应在支座区上部设置纵向构造钢筋。其截面面积不应小于梁跨中下部纵向受力钢筋计算所需截面面积的 1/4，且不应少于 2 根。该纵向构造钢筋自支座边缘向跨内伸出的长度不应小于 $l_0/5$，l_0 为梁的计算跨度。

②对架立钢筋，当梁的跨度小于 4 m 时，直径不宜小于 8 mm；当梁的跨度为 4～6 m 时，直径不宜小于 10 mm；当梁的跨度大于 6 m 时，直径不宜小于 12 mm。

6）对梁中箍筋的配置要求

①按承载力计算不需要箍筋的梁，当截面高度 h 大于 300 mm 时，应沿梁全长设置构造箍筋；当截面高度 $h=150\sim300$ mm 时，可仅在构件端部 $l_0/4$ 范围内设置构造箍筋，l_0 为跨度。但当在构件中部 $l_0/2$ 范围内有集中荷载作用时，则应沿梁全长设置箍筋。当截面高度 $h<150$ mm 时，可以不设置箍筋。

②截面高度大于 800 mm 的梁，箍筋直径不宜小于 8 mm；对截面高度不大于 800 mm 的梁，不宜小于 6 mm。梁中配有计算需要的纵向受压钢筋时，箍筋直径尚不应小于 $d/4$，d 为受压钢筋最大直径。

③梁中箍筋的最大间距宜符合表 2.5 的规定，当 V 大于 $0.7f_t bh_0+0.05N_{p0}$时，箍筋的配筋率 ρ_{sv}（$\rho_{sv}=A_{sv}/bs$）尚不应小于 $0.24f_t/y_v$。

表 2.5　梁中箍筋的最大间距　　单位：mm

梁高 h	$V>0.7f_t\ bh_0+0.05N_{p0}$	$V\leqslant 0.7f_t\ bh_0+0.05N_{p0}$
$150<h\leqslant 300$	150	200
$300<h\leqslant 500$	200	300
$500<h\leqslant 800$	250	350
$h>800$	300	400

④当梁中配有按计算需要的纵向受压钢筋时，箍筋应符合以下规定：

a.箍筋应做成封闭式，且弯钩直线段长度不应小于 $5d$，d 为箍筋直径。

b.箍筋的间距不应大于 $15d$，并不应大于 400 mm。当一层内的纵向受压钢筋多于 5 根且直径大于 18 mm 时，箍筋间距不应大于 $10d$，d 为纵向受压钢筋的最小直径。

c.当梁的宽度大于 400 mm 且一层内的纵向受压钢筋多于 3 根时，或当梁的宽度不大于 400 mm 但一层内的纵向受压钢筋多于 4 根时，应设置复合箍筋。

7）弯起钢筋的构造要求

当采用弯起钢筋时，弯起角度宜取 45°或 60°；在弯终点外应留有平行于梁轴线方向的锚固长度，且在受拉区不应小于 $20d$，在受压区不应小于 $10d$，d 为弯起钢筋的直径；梁底层钢筋中的角部钢筋不应弯起，顶层钢筋中的角部钢筋不应弯下。

在混凝土梁的受拉区中，弯起钢筋的弯起点可设在按正截面受弯承载力计算不需要该钢筋的截面之前，但弯起钢筋与梁中心线的交点应位于不需要该钢筋的截面之外，如图 2.17 所示；同时，弯起点与按计算充分利用该钢筋的截面之间的距离不应小于 $h_0/2$。

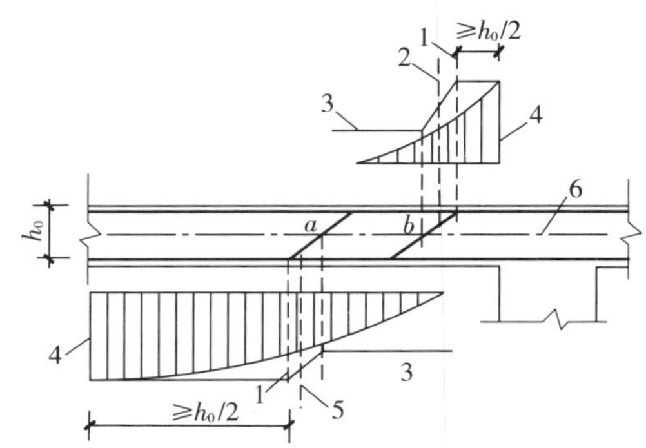

图 2.17　弯起钢筋弯起点与弯矩图的关系

1—受拉区的弯起点；2—按计算不需要钢筋“b”的截面；

3—正截面受弯承载力图；4—按计算充分利用钢筋“a”或“b”强度的截面；

5—按计算不需要钢筋“a”的截面；6—梁中心线

当按计算需要设置弯起钢筋时，从支座起前一排的弯起点至后一排的弯终点的距离不应大于表 2.5 中 $V>0.7\ f_t bh_0+0.05N_{p0}$时的箍筋最大间距。弯起钢筋不应采用浮筋。

8）局部配筋

位于梁下部或梁截面高度范围内的集中荷载，应全部由附加横向钢筋承担，附加横向钢筋宜采用箍筋。

箍筋应布置在长度为 $2h_1$ 与 $3b$ 之和的范围内，如图 2.18 所示。当采用吊筋时，弯起段应伸至梁的上边缘，且末端水平段长度不应小于上述弯起钢筋构造要求的规定。

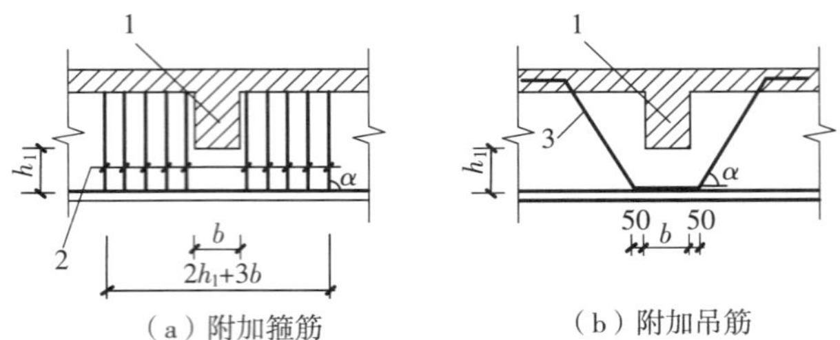

图 2.18　梁截面高度范围内有集中荷载作用时附加横向钢筋的布置（单位：mm）

1—传递集中荷载的位置；2—附加箍筋；3—附加吊筋

附加横向钢筋所需的总截面面积应按式（2.6）规定计算：

$$A_{sv} \geq \frac{F}{f_{yv}\sin\alpha} \tag{2.6}$$

式中　A_{sv}——承受集中荷载所需的附加横向钢筋总截面面积，当采用附加吊筋时，A_{sv}应为左、右弯起段截面面积之和；

F——作用在梁的下部或梁截面高度范围内的集中荷载设计值；

α——附加横向钢筋与梁轴线间的夹角。

9）受均布荷载的连续次梁的配筋

对于仅受均布荷载的连续次梁，当跨差小于 20%，且活荷载与恒载之比 $q/g \leq 3$ 时，可按塑性内力重分布的方法计算内力，并可按图 2.19 的构造要求配筋。

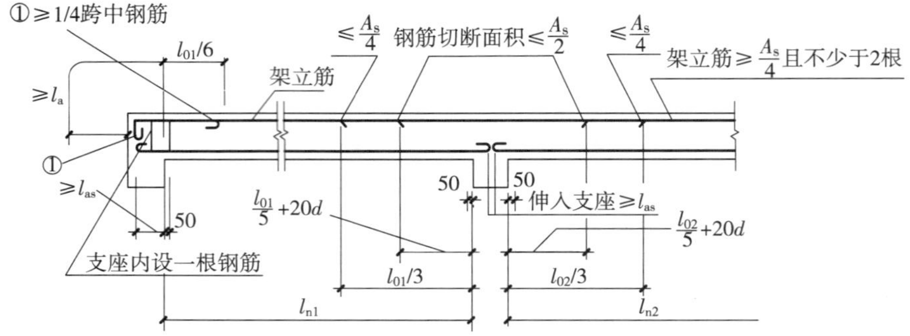

图 2.19　受均布荷载的连续次梁的配筋

2.2.8　现浇钢筋混凝土单向板肋梁楼盖设计例题

1)设计资料

本设计为主体结构设计,使用年限 50 年,非抗震设防的金工车间楼盖,建筑结构安全等级为二级,楼面无动力设备,混凝土构件的环境类别为一类。楼盖采用现浇钢筋混凝土肋梁楼盖。楼盖结构平面布置如图 2.20 所示,内柱的高度为 6 m,柱截面为 $b\times h=400\ \text{mm}\times 400\ \text{mm}$。

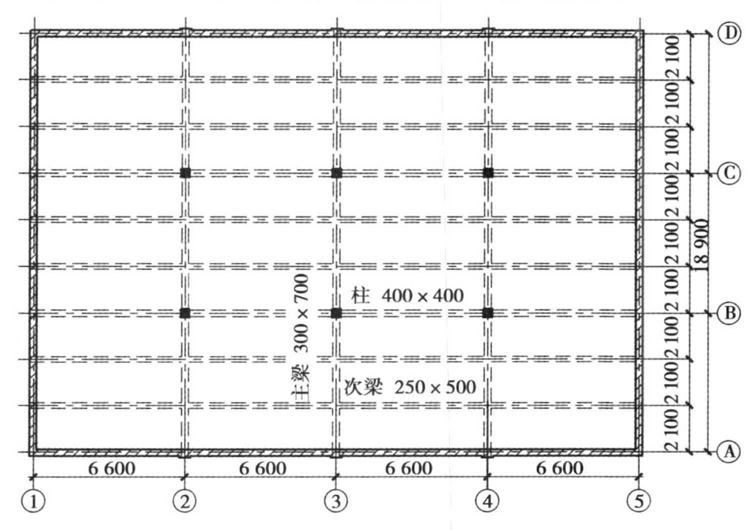

图 2.20　楼盖结构平面布置图

①楼面构造层做法:30 mm 厚 1∶3 水泥石屑面层,15 mm 厚混合砂浆天棚抹灰。

②楼面均布活荷载标准值为 $q_k=8.0\ \text{kN/m}^2$。

③恒载分项系数取 $\gamma_G=1.2$;活荷载分项系数取 $\gamma_Q=1.3$。《建筑结构荷载规范》(GB 50009—2012)对标准值大于 4 kN/m² 的工业建筑楼面结构的活荷载分项系数取 1.3。

④材料选用:

- 混凝土:采用 C25 混凝土($f_c=11.9\ \text{N/mm}^2$,$f_t=1.27\ \text{N/mm}^2$);
- 钢筋:梁板受力纵筋采用 HRB400 级($f_y=360\ \text{N/mm}^2$);
- 箍筋:采用 HPB300 级($f_y=270\ \text{N/mm}^2$);
- 构造钢筋:采用 HPB300 级($f_y=270\ \text{N/mm}^2$)。

⑤混凝土保护层厚度:混凝土构件的环境类别为一类,查《混凝土结构设计规范》(GB 50010—2010)8.2.1-2 条及注,钢筋的混凝土保护层厚度板取为 20 mm,梁取为 25 mm。

2)板的计算

对四边支承板 $l_2/l_1=6\ 600/2\ 100=3.14>3$,可按单向板计算,楼面上无直接动力荷载,板可考虑按塑性内力重分布方法计算。

板的厚度取 $h=80\ \text{mm}>l_1/30=2\ 100\ \text{mm}/30=70\ \text{mm}$,满足跨厚比,且大于工业建筑楼面单向板的最小厚度 70 mm。

次梁截面高度按 $l_1/15=6\ 600\ \text{mm}/15=440\ \text{mm}$，取 $h=500\ \text{mm}$；截面宽度取 $b=250\ \text{mm}$。板的尺寸及支承情况如图 2.21 所示。

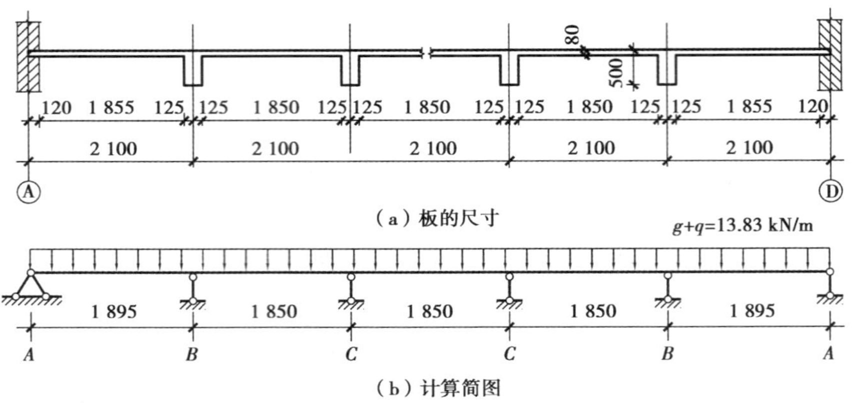

图 2.21　板的尺寸和计算简图

（1）荷载

恒载标准值：

30 mm 水泥石屑面层	$0.03\ \text{m}\times 20\ \text{kN/m}^3=0.6\ \text{kN/m}^2$
80 mm 厚钢筋混凝土板自重	$0.08\ \text{m}\times 25\ \text{kN/m}^3=2\ \text{kN/m}^2$
15 mm 混合砂浆天棚抹灰	$0.015\ \text{m}\times 17\ \text{kN/m}^3=0.26\ \text{kN/m}^2$
恒载标准值	$g_k=2.86\ \text{kN/m}^2$
恒载设计值	$g=1.2\times 2.86\ \text{kN/m}^2=3.43\ \text{kN/m}^2$
活荷载设计值	$q=1.3\times 8.0\ \text{kN/m}^2=10.4\ \text{kN/m}^2$
合计	$g+q=13.83\ \text{kN/m}^2$

（2）内力计算

计算跨度：

边跨一端搁置在墙上，一端与梁整浇：

$$l_0=1.025l_n=1.025\times 1.855=1.901\ \text{m}<\left\{\begin{array}{l}l_n+a/2=1.855+0.12/2=1.915\ \text{m}\\ l_n+h/2=1.855+0.08/2=1.895\ \text{m}\end{array}\right.$$

取 $l_0=1.895\ \text{m}$

中间跨两端与梁整浇，$l_0=l_n=1.85\ \text{m}$。

取 1 m 宽板带作为计算单元，其计算简图如图 2.21(b)所示。

各截面的弯矩计算见表 2.6。

表 2.6　连续板各截面弯矩计算

截　面	边跨跨中	B 支座	B—C 跨中 及中间各跨中	C 支座
弯矩计算系数 α_m	$\frac{1}{14}$	$-\frac{1}{11}$	$\frac{1}{16}$	$-\frac{1}{14}$
$M=\alpha_m(g+q)l_0^2$ (kN·m)	$\frac{13.83\times 1.895^2}{14}=3.55$	$\frac{-13.83\times 1.895^2}{11}=-4.51$	$\frac{13.83\times 1.85^2}{16}=2.96$	$\frac{-13.83\times 1.85^2}{14}=-3.38$

(3)截面受弯承载力计算

$b=1\ 000\ \text{mm}$,$h=80\ \text{mm}$,$h_0=(80-25)\ \text{mm}=55\ \text{mm}$,计算时各截面的弯矩取其绝对值,控制支座截面的相对受压区高度 $0.1<\xi<0.35$,最小配筋率取 $\rho_{\min}=0.2\%$,最小配筋面积:$A_{s\min}=\rho_{\min}bh=0.2\%\times 80\ \text{mm}\times 1\ 000\ \text{mm}=160\ \text{mm}^2$。配筋计算见表 2.7。

表 2.7　连续板各截面配筋计算

板带部位截面	边区板带(①~②、④~⑤轴线间)				中间区板带(②~④轴线间)			
	边跨中	B 支座	B—C 跨及中间跨中	C 支座	边跨中	B 支座	B—C 跨及中间跨中	C 支座
M(kN·m)	3.55	4.51	2.96	3.38	3.55	4.51	2.96×0.8 =2.37	3.38×0.8 =2.75
$\alpha_s=\dfrac{M}{\alpha_1 f_c b h_0^2}$	0.099	0.125	0.082	0.094	0.099	0.125	0.066	0.076
$\xi^*=1-\sqrt{1-2\alpha_s}$	0.105	0.134	0.086	0.099 (取 0.1)	0.105	0.134	0.068	0.080 (取 0.1)
$A_s=\dfrac{\alpha_1 f_c b\xi h_0}{f_y}$	190	244	190	190	190	244	190	190
选配钢筋	Φ6@150	Φ8@200	Φ6@150	Φ6@150	Φ6@150	Φ8@200	Φ6@150	Φ6@150
实际钢筋面积(mm^2)	189	251	189	189	189	251	189	189

中间板带②~④轴线间,其各区格板的四周与梁整体连接,故各跨跨中和中间支座考虑板的内拱作用,其弯矩降低 20%。

3)次梁的计算

次梁按考虑塑性内力重分布方法计算。次梁的尺寸和计算简图如图 2.22 所示。

取主梁的梁高 $h=700\ \text{mm}>\dfrac{l_{主梁跨}}{12}\approx\dfrac{6\ 300\ \text{mm}}{12}=525\ \text{mm}$,梁宽 $b=300\ \text{mm}$。

(1)荷载

恒载设计值:

由板传来　$3.43\ \text{kN/m}^2\times 2.1\ \text{m}=7.20\ \text{kN/m}$

次梁自重　$1.2\times 25\ \text{kN/m}^3\times 0.25\ \text{m}\times(0.5-0.08)\ \text{m}=3.15\ \text{kN/m}$

梁侧抹灰　$1.2\times 17\ \text{kN/m}^3\times 0.02\ \text{m}\times(0.5-0.08)\ \text{m}\times 2=0.34\ \text{kN/m}$

$g=10.69\ \text{kN/m}$

活荷载设计值:

由板传来　$q=10.4\ \text{kN/m}^2\times 2.1\ \text{m}=21.84\ \text{kN/m}$

合计:　$g+q=32.53\ \text{kN/m}$

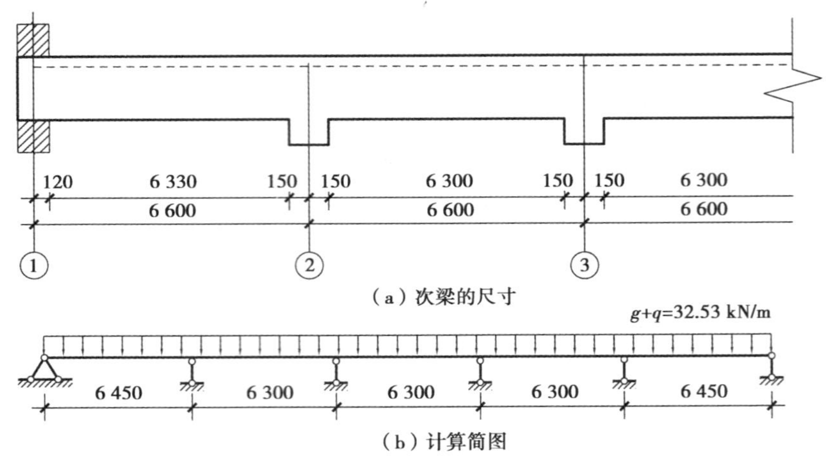

图 2.22　次梁的尺寸和计算简图

(2)内力计算

边跨一端搁置在墙上,一端与梁整浇:$l_0 = 1.025l_n = 1.025 \times 6.3\ \text{m} = 6.458\ \text{m} > l_n + a/2 = 6.3\ \text{m} + 0.15\ \text{m} = 6.45\ \text{m}$,取 $l_0=6.45$ m。

中间跨两端与梁整浇:$l_0 = l_n = 6.3$ m;

跨度差小于 10%,可取计算跨度 $l_0 = 6.45$ m。

按等跨连续梁计算内力。

次梁弯矩和剪力见表 2.8 及表 2.9。

表 2.8　连续次梁弯矩计算

截　面	边跨跨中	离端第二支座	离端第二跨跨中及中间跨	中间支座
弯矩计算系数 α_m	$\frac{1}{11}$	$-\frac{1}{11}$	$\frac{1}{16}$	$-\frac{1}{14}$
$M = \alpha_m(g+q)l_0^2$ (kN·m)	$\frac{32.53 \times 6.45^2}{11} = 123.03$	$\frac{-32.53 \times 6.45^2}{11} = -123.03$	$\frac{32.53 \times 6.3^2}{16} = 80.69$	$\frac{-32.53 \times 6.3^2}{14} = -92.22$

表 2.9　连续次梁剪力计算

截　面	端支座右侧	离端第二支座左侧	离端第二支座右侧	中间支座左侧、右侧
剪力计算系数 α_v	0.45	0.6	0.55	0.55
$V = \alpha_v(g+q)l_n$ (kN)	$0.45 \times 32.53 \times 6.45 = 94.42$	$0.6 \times 32.53 \times 6.45 = 125.89$	$0.55 \times 32.53 \times 6.3 = 112.72$	112.72

(3)截面承载力计算

次梁跨中截面按 T 形截面计算[按照《混凝土结构设计规范》(GB 50010—2010)5.2.5条计算],其翼缘计算宽度为:

翼缘厚:$h_f' = 80$ mm

边跨:$\dfrac{l_0}{3} = \dfrac{6\ 450\ \text{mm}}{3} = 2\ 150\ \text{mm}$

$b+s_0=(250+1\ 850)\text{mm}=2\ 100\ \text{mm}$,取 $b_f' = 2\ 100$ mm

$b + 12h_f' = (250 + 12 \times 80)\text{mm} = 1\ 210\ \text{mm}$

所以取上述三者的最小值:$b_f' = 1\ 210$ mm

同理离端第二跨、中间跨:$b_f' = 1\ 210$ mm

梁高:$h = 500$ mm,$a_s = (25 + 8 + 20/2)$ mm $= 43$ mm,$h_0 = h - \alpha_s = (500 - 43)\text{mm} = 457$ mm

判别 T 形截面类型:

$\alpha_1 f_c b_f' h_f'\left(h_0 - \dfrac{h_f'}{2}\right) = 1\times11.9\ \text{kN/m}^3\times1\ 210\ \text{mm}\times80\ \text{mm}\times(457-80/2)\text{mm} = 480.35\ \text{kN}\cdot\text{m} >$ 123.03 kN·m(边跨跨中)和 80.69 kN·m (离端第二跨跨中及中间跨)

故各跨中截面均属于第一类 T 形截面。

支座截面按矩形截面计算,支座均按布置一排纵筋考虑,$h_0 = 457$ mm。

次梁正截面及斜截面承载力计算分别见表 2.10 及表 2.11。

表 2.10　连续次梁正截面承载力计算

截　面	边跨跨中	离端第二支座	离端第二跨跨中及中间跨跨中	中间支座
M(kN·m)	123.03	−123.03	80.69	−92.22
$\alpha_s = M/\alpha_1 f_c b_f' h_0^2$ $(\alpha_s = M/\alpha_1 f_c b h_0^2)$	0.198	0.198	0.130	0.148
$\xi^* = 1 - \sqrt{1 - 2\alpha_s}$	0.223	0.223	0.139	0.161
$A_s = \alpha_1 f_c b_f' \xi h_0/f_y$ $(A_s = \alpha_1 f_c b \xi h_0/f_y)$	842	842	525	608
选配钢筋	2 Φ18+2 Φ16	2 Φ18+2 Φ16	3 Φ16	2 Φ18+1 Φ16
实际钢筋面积(mm^2)	911	911	603	710

表 2.11　连续次梁斜截面承载力计算

截　面	边跨跨中	离端第二支座左侧	离端第二支座右侧	中间支座内外侧
V(kN)	94.42	125.89	112.72	112.72

续表

截　面	边跨跨中	离端第二支座左侧	离端第二支座右侧	中间支座内外侧
$0.25\beta_c f_c bh_0$(kN)	340>V	340>V	340>V	340>V
$0.7f_t bh_0$(kN)	102>V	102<V	102<V	102<V
选用箍筋	2φ8	2φ8	2φ8	2φ8
$A_{sv}=nA_{sv1}$(mm²)	101	101	101	101
$s=\dfrac{f_{yv}A_{sv}h_0}{V-0.7f_t bh_0}$	按构造配筋	595	1 162	1 162
实际钢筋间距 s(mm)	200	200	200	200

其中 $\rho_{sv}=\dfrac{A_{sv}}{bs}\times100\%=\dfrac{101}{250\times200}\times100\%=0.202\%>0.24\dfrac{f_t}{f_{yv}}\times100\%=0.24\times\dfrac{1.27}{270}\times100\%=$ 0.113%，所以满足最小配筋率要求。

4）主梁的计算

主梁按弹性理论计算。

柱高 $H=6$ m，设柱截面尺寸为 $b\times h=400$ mm×400 mm。主梁的有关尺寸及支承情况如图 2.23 所示。

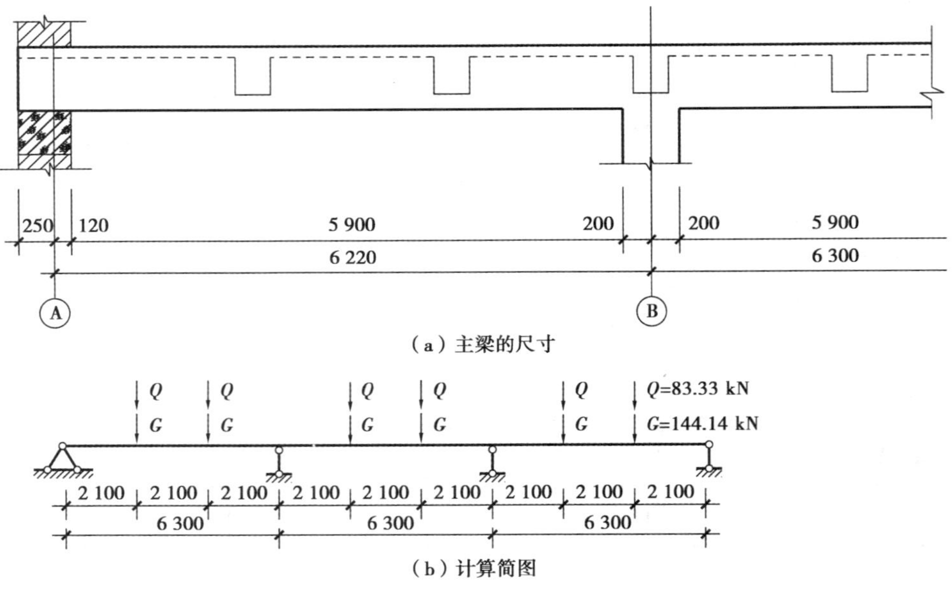

图 2.23　主梁的尺寸和计算简图

（1）荷载

恒载设计值：

由次梁传来　$10.69\ kN/m \times 6.6\ m = 70.55\ kN$

主梁自重(折算为集中荷载)　$1.2 \times 25\ kN/m^3 \times 0.3\ m \times (0.7-0.08)m \times 2.1\ m = 11.72\ kN$

梁侧抹灰(折算为集中荷载)　$1.2 \times 17\ kN/m^3 \times 0.02\ m \times (0.7-0.08)m \times 2 \times 2.1\ m = 1.06\ kN$

$G = 83.33\ kN$

活荷载设计值:

由次梁传来　$Q = 21.84\ kN/m \times 6.6\ m = 144.14\ kN$

合计:　$G + Q = 227.47\ kN$

(2)内力计算

计算跨度:因按弹性计算主梁的支承长度远小于其跨度,计算跨度可取为支座中心的距离,同时各跨跨度差不超过 10%,可按等跨连续梁计算(计算时取 $l_0 = 6\ 300\ mm$)。

由于主梁线刚度较柱的线刚度大得多,故主梁可视为铰支柱顶上的连续梁。

在各种不同分布荷载作用下的内力计算可采用等跨连续梁的内力系数表进行,跨中和支座截面最大弯矩及剪力按下列公式计算,则:

$$M = KGl_0 + KQl_0$$

$$V = KG + KQ$$

式中系数 K 值查附录附表 1.2,具体计算结果以及最不利内力组合见表 2.12、表 2.13。

表 2.12　主梁弯矩计算

序　号	荷载简图及弯矩图	边跨跨中 $\frac{K}{M_1}$	中间支座 $\frac{K}{M_B(M_C)}$	中间跨跨中 $\frac{K}{M_2}$
①	G G　G G　G G；1 2 3；l_0 l_0 l_0；A B C D	$\frac{0.244}{128.09}$	$\frac{-0.267}{-140.17}$	$\frac{0.067}{35.17}$
②	Q Q　　Q Q	$\frac{0.289}{262.44}$	$\frac{-0.133}{-120.77}$	—
③	Q Q	$\approx \frac{1}{3}M_B = -40.26$	$\frac{-0.133}{-120.77}$	$\frac{0.200}{181.62}$
④	Q Q　Q Q	$\frac{0.229}{207.95}$	$\frac{-0.311(-0.089)}{-282.41(-80.82)}$	$\frac{0.170}{154.37}$
⑤	Q Q　Q Q	$\approx \frac{1}{3}M_B = -26.94$	$-80.82(-282.41)$	154.37

续表

序号	荷载简图及弯矩图	边跨跨中 $\frac{K}{M_1}$	中间支座 $\frac{K}{M_B(M_C)}$	中间跨跨中 $\frac{K}{M_2}$
最不利内力组合	①+②	389.63	-260.94	-85.60
	①+③	86.83	-260.94	216.79
	①+④	335.04	-422.58(-220.99)	189.54
	①+⑤	100.15	-220.99(-422.58)	189.54

表 2.13　主梁剪力计算

序号	荷载简图及弯矩图	端支座 $\frac{K}{V_{A右}}$	中间支座 $\frac{K}{V_{B左}(V_{C左})}$	中间支座 $\frac{K}{V_{B右}(V_{C右})}$
①	G G G G G G；1 2 3；l_0 l_0 l_0；A B C D	$\frac{0.733}{61.08}$	$\frac{-1.267(-1.000)}{-105.58(-83.33)}$	$\frac{1.000(1.267)}{83.33(105.58)}$
②	Q Q Q Q	$\frac{0.866}{124.83}$	$\frac{-1.134}{-163.45}$	0
④	Q Q Q Q	$\frac{0.689}{99.31}$	$\frac{-1.311(-0.778)}{-188.97(-122.14)}$	$\frac{1.222(0.089)}{176.14(12.83)}$
⑤	Q Q Q Q	$=V_{B左}=-12.83$	-12.83(-176.14)	122.14(188.97)
最不利组合	①+②	185.91	-269.03	83.33
	①+④	160.39	-294.55(-205.47)	259.47(118.41)
	①+⑤	48.25	-118.41(-259.47)	205.47(294.55)

将以上最不利内力组合下的弯矩图及剪力图分别叠画在同一坐标图上，即可得主梁的弯矩包络图及剪力包络图，如图 2.24 所示。

(3)截面承载力计算

主梁跨中截面按 T 形截面计算，其翼缘计算宽度为：

$b'_f=\frac{l_0}{3}=\frac{6\ 250\ \text{mm}}{3}=2\ 083\ \text{mm}$；

$b+s_0=(300+6\ 300)\text{mm}=6\ 600\ \text{mm}$，取 $b'_f=2\ 100\ \text{mm}$；

$b+12h'_f$ 不考虑。

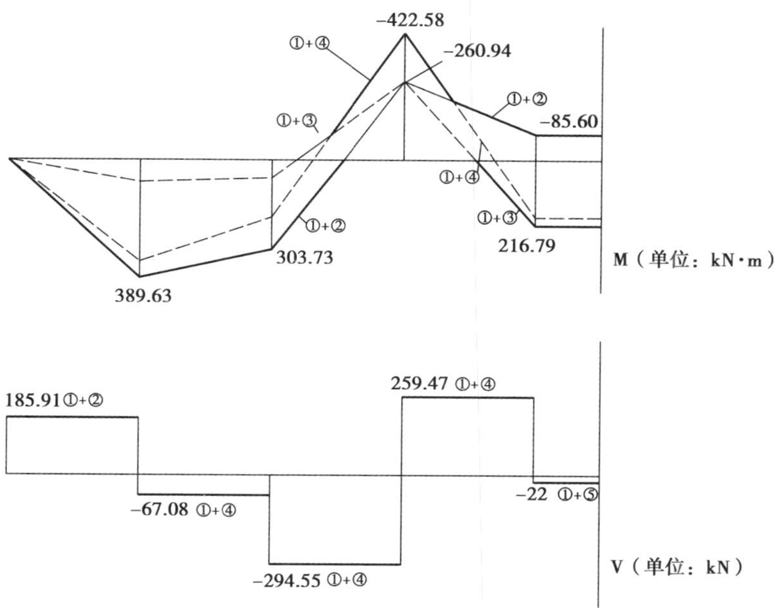

图 2.24　弯矩包络图及剪力包络图

所以取上述三者的最小值：$b_f' = 2\,083$ mm。

主梁梁高：$h = 700$ mm，$h_0 = (700 - 43)$ mm $= 657$ mm。

判别 T 形截面类型：

$$\alpha_1 f_c b_f' h_f' \left(h_0 - \frac{h_f'}{2} \right) = 1 \times 11.9 \text{ kN·m}^3 \times 2\,083 \text{ mm} \times 80 \text{ mm} \times \left(657 - \frac{80}{2}\right) \text{ mm} = 1\,224 \text{ kN·m}$$

> 389.63 kN·m（边跨跨中）和 216.79 kN·m（中间跨跨中），故属于第一类 T 形截面。

支座截面按矩形截面计算，取 $h_0 = (700-70)$ mm $= 630$ mm（因支座弯矩较大考虑布置两排纵筋，并布置在次梁主筋下面）；中间跨跨内在负弯矩作用下（表 2.14(a)第 4 项）按矩形截面计算，取 $h_0 = 657$ mm。

主梁正截面及斜截面承载力计算分别见表 2.14(a)、表 2.14(b)及表 2.15。

表 2.14(a)　主梁正截面承载计算

截　面	边跨跨中	中间支座
M(kN·m)	389.63	-422.58
$V_0 \frac{b}{2}$(kN·m)	—	$259.47 \times \frac{0.4}{2} = 51.89$
$M - V_0 \frac{b}{2}$(kN·m)	—	-370.69
$\alpha_s = M/\alpha_1 f_c b_f' h_0^2$ ($\alpha_s = M/\alpha_1 f_c b h_0^2$)	$\frac{389.63 \times 10^6 \text{N·mm}}{1.0 \times 11.9 \text{ N/mm}^2 \times 2\,083 \text{ mm} \times (657 \text{ mm})^2}$ $= 0.036\,4$	$\frac{370.69 \times 10^6 \text{N·mm}}{1.0 \times 11.9 \text{ N/mm}^2 \times 300 \text{ mm} \times (630 \text{ mm})^2}$ $= 0.262$
$\xi = 1 - \sqrt{1 - 2\alpha_s}$	0.037	0.310

续表

截　面	边跨跨中	中间支座
$A_s = \alpha_1 f_c b'_f \xi h_0 / f_y$ $(A_s = \alpha_1 f_c b \xi h_0 / f_y)$	$\frac{1 \times 11.9\ \text{N/mm}^2 \times 2\,083\ \text{mm} \times 0.037 \times 657\ \text{mm}}{360\ \text{N/mm}^2}$ $= 1\,674\ \text{mm}$	$\frac{1 \times 11.9\ \text{N/mm}^2 \times 300\ \text{mm} \times 0.310 \times 630\ \text{mm}}{360\ \text{N/mm}^2}$ $= 1\,937\ \text{mm}$
选配钢筋	2Φ22+2Φ25	2Φ18+2Φ20+2Φ25
实际钢筋面积(mm^2)	1 742	2 119

表 2.14(b)　主梁正截面承载计算

截　面	中间跨跨中	
$M(\text{kN}\cdot\text{m})$	216. 79	−85.60
$\alpha_s = M / \alpha_1 f_c b'_f h_0^2$ $(\alpha_s = M / \alpha_1 f_c b h_0^2)$	$\frac{216.79 \times 10^6\ \text{N}\cdot\text{mm}}{1.0 \times 11.9\ \text{N/mm}^2 \times 2\,083\ \text{mm} \times (657\ \text{mm})^2}$ $= 0.02$	$\frac{85.60 \times 10^6\ \text{N}\cdot\text{mm}}{1.0 \times 11.9\ \text{N/mm}^2 \times 300\ \text{mm} \times (657\ \text{mm})^2}$ $= 0.056$
$\xi = 1 - \sqrt{1 - 2\alpha_s}$	0. 020 0	0. 057 6
$A_s = \alpha_1 f_c b'_f \xi h_0 / f_y$ $(A_s = \alpha_1 f_c b \xi h_0 / f_y)$	$\frac{1 \times 11.9\ \text{N/mm}^2 \times 2\,083\ \text{mm} \times 0.02 \times 657\ \text{mm}}{360\ \text{N/mm}^2}$ $= 905\ \text{mm}$	$\frac{1 \times 11.9\ \text{N/mm}^2 \times 300\ \text{mm} \times 0.057\,6 \times 657\ \text{mm}}{360\ \text{N/mm}^2}$ $= 375\ \text{mm}$
选配钢筋	2Φ16+2Φ18	2Φ20
实际钢筋面积(mm^2)	911	628

表 2.15　主梁斜截面承载计算

截　面	端支座内侧	离端第二支座外侧	离端第二支座内侧
$V(\text{kN})$	185. 91	294. 55	259. 47
$0.25\beta_c f_c b h_0(\text{kN})$	586>V	586>V	586>V
$\frac{1.75}{\lambda + 1} f_t b h_0(\text{kN})$	$\frac{1.75}{1.9/0.665 + 1} \times 1.27 \times 300 \times 657$ $= 113.6$	113. 6	113. 6
选用箍筋	2ϕ8	2ϕ8	2ϕ8
$A_{sv} = nA_{sv1}(\text{mm}^2)$	101	101	101
$s = \frac{f_{yv} A_{sv} h_0}{V - \frac{1.75}{\lambda + 1} f_t b h_0}(\text{mm}^2)$	329	131	163
实际箍筋间距 $s(\text{mm})$	200	200	200

续表

截　面	端支座内侧	离端第二支座外侧	离端第二支座内侧
$V_{cs}=\dfrac{1.75}{\lambda+1}f_t bh_0+f_{yv}\dfrac{A_{sv}}{s}h_0$	232. 6>V	232. 6<V	232. 6<V
$A_{sb}=\dfrac{V-V_{cs}}{0.8f_y\sin\alpha}$(mm²)	—	305	132
选配弯筋	—	1⌽25	1⌽18
实际弯筋面积(mm²)	—	491	254

(4)主梁吊筋计算

由次梁传至主梁的全部集中力为：

$$G+Q=(83.33+144.14)\text{ kN}=227.47\text{ kN}$$

按照《混凝土结构设计规范》(GB 50010—2010)9. 2. 11条计算：

$$A_{sv}=\frac{F}{f_{yv}\sin\alpha}=\frac{227.47\times10^3\text{ N}}{360\text{ N/mm}^2\times\sin45°}=894\text{ mm}^2$$

配 2⌽18，$A_{sv}=254\text{ mm}^2\times4=1\,016\text{ mm}^2>894\text{ mm}^2$，满足要求。

5) 施工图

板、次梁、配筋图和主梁配筋图分别如图 2.25、图 2.26 和图 2.27 所示。

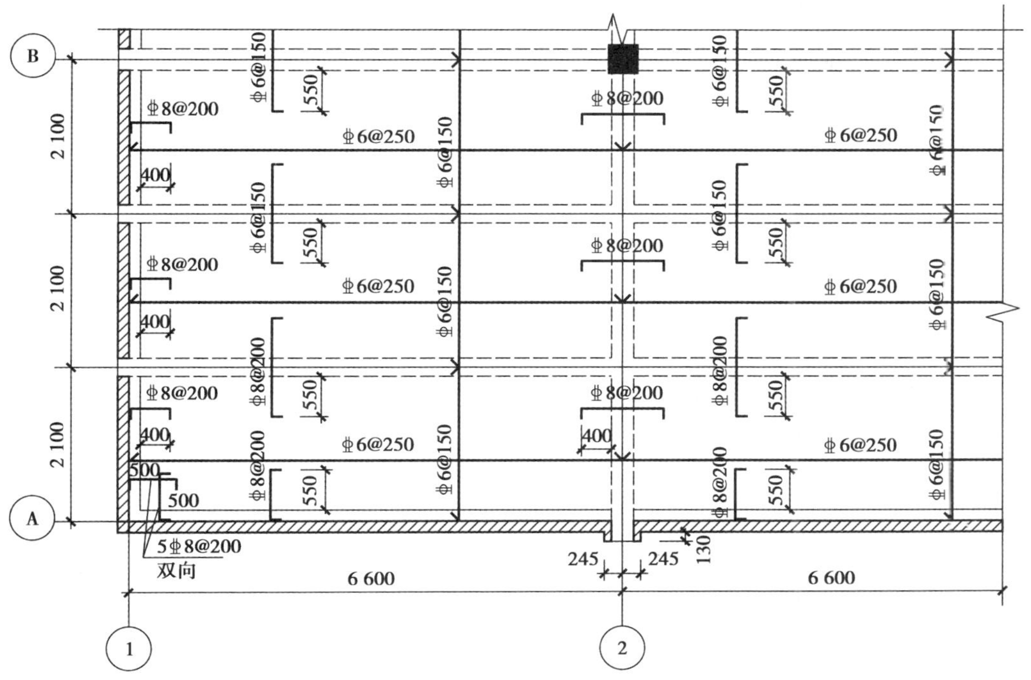

图 2.25　板的配筋图

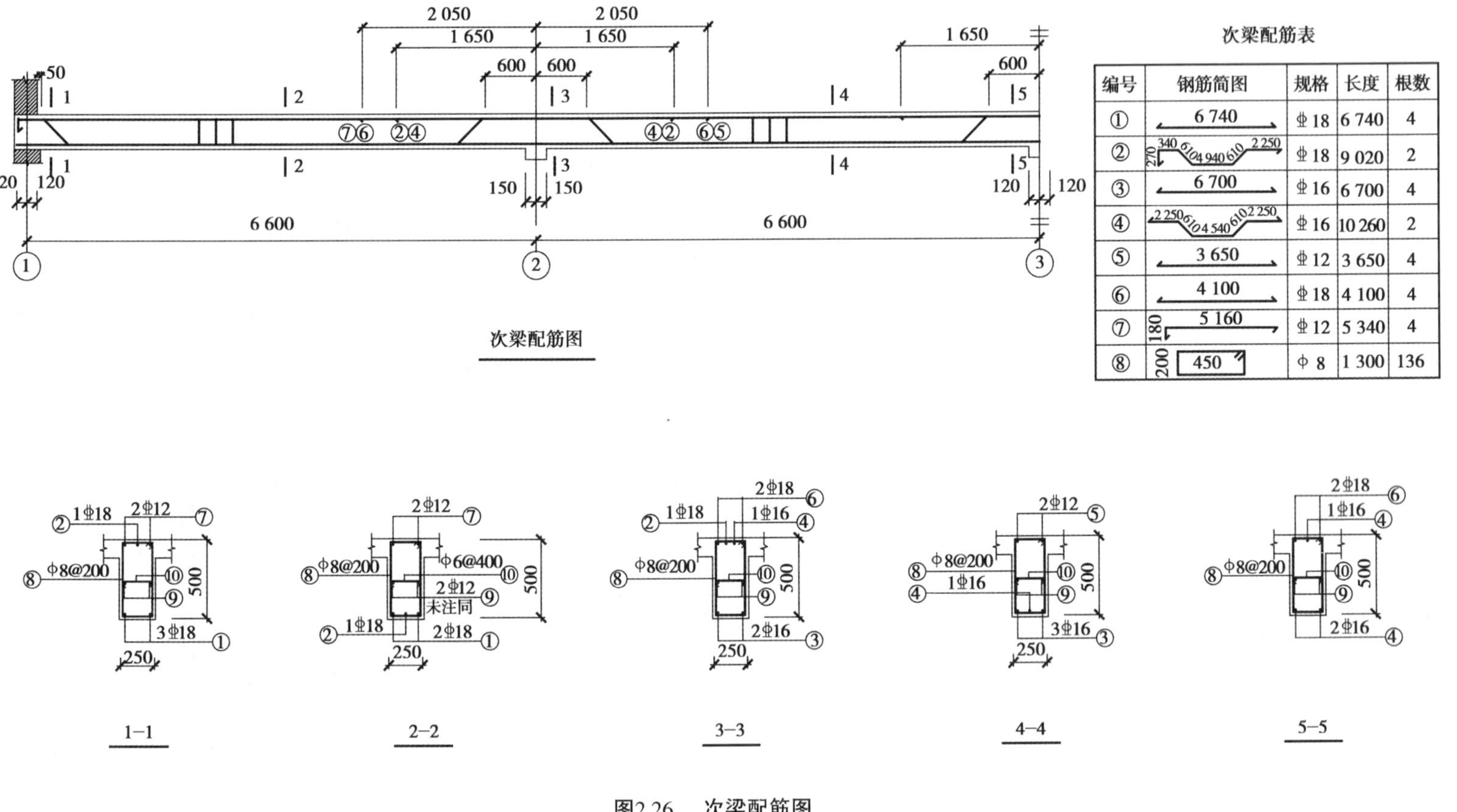

次梁配筋表

编号	钢筋简图	规格	长度	根数
①	6 740	Φ18	6 740	4
②	270 340 610 4 940 610 2 250	Φ18	9 020	2
③	6 700	Φ16	6 700	4
④	2 250 610 4 540 610 2 250	Φ16	10 260	2
⑤	3 650	Φ12	3 650	4
⑥	4 100	Φ18	4 100	4
⑦	180 5 160	Φ12	5 340	4
⑧	200 450	φ8	1 300	136

图2.26　次梁配筋图

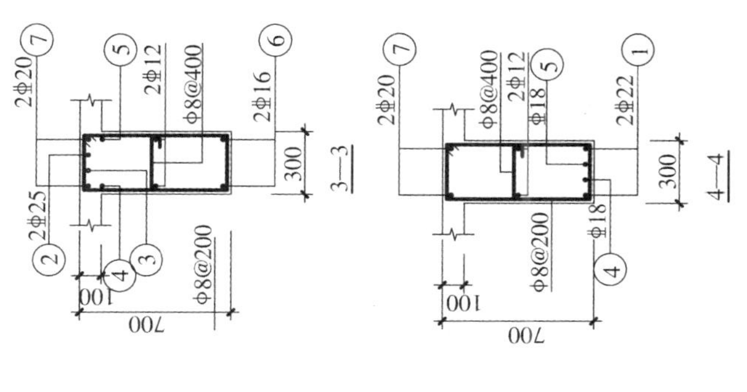

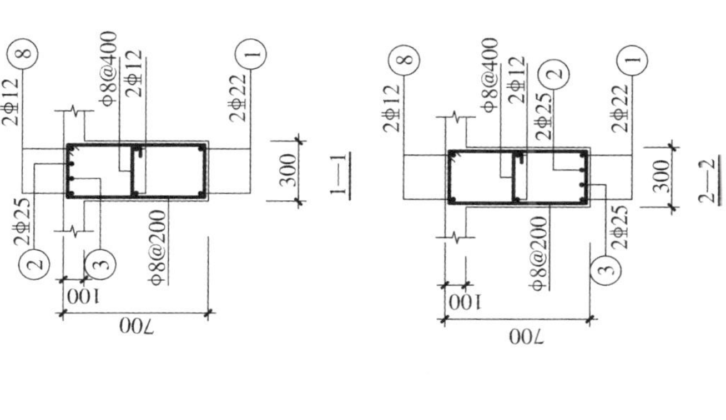

图 2.27　主梁配筋图

2.3 现浇双向板梁板结构

整体式双向板梁板结构也是工程中应用最广泛的一种梁板结构形式。整体式双向板梁板结构中,双向板可支承在梁或墙上,当支承在梁上时可分为主梁和次梁,也可为双向梁系,如图2.28所示。如果两个方向梁为双向梁系,并且通常情况下梁截面尺寸相同,该结构称为井字楼盖。井字楼盖结构平面一般为正方形或接近正方形的矩形平面,梁跨度可按柱网尺寸确定。在公共建筑和工业建筑中当梁跨度较大时,也可采用预应力混凝土结构。

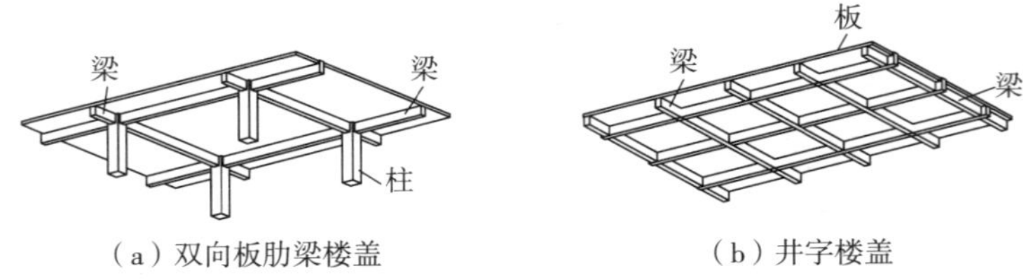

(a)双向板肋梁楼盖　　(b)井字楼盖

图 2.28　双向板梁板结构

2.3.1 双向板的受力特点

整体式双向板梁板结构中的四边支承板,在荷载作用下板的荷载由短边 l_{01} 和长边 l_{02} 两个方向板带共同承受,各板带分配的荷载值与 l_{02}/l_{01} 的比值有关,中央处板带的弯矩分布如图2.29所示。当 l_{02}/l_{01} 的比值接近时,两个方向板带的弯矩值较为接近。随 l_{02}/l_{01} 比值增大,短向板带弯矩值逐渐增大,长向板带弯矩值逐渐减小。值得注意的是,长向板带最大弯矩值并不发生在跨中截面,这是因为短向板带对于长向板带具有一定的支承作用。

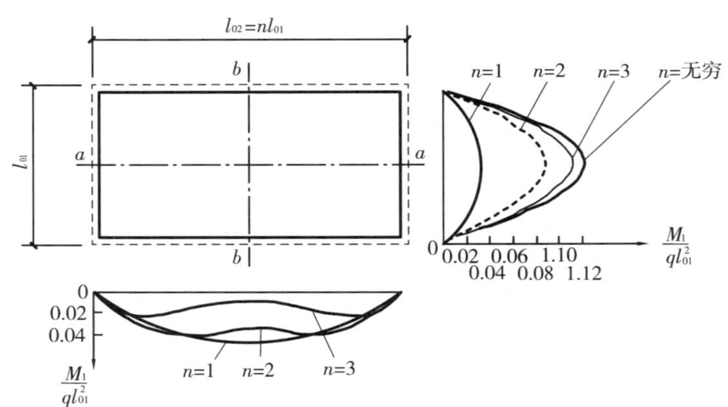

图 2.29　四边简支双向板在均布荷载作用下板带中部的弯矩分布

双向板在荷载作用下,板的四角处有向上翘起的趋势,由于受到墙或梁的约束,板角处将产生负弯矩。

双向板受力状态较为复杂。均布荷载作用下的正方形平面四边简支双向板,在混凝土裂缝出现之前,板基本上处于弹性工作状态,随荷载增加首先在板底中央处出现裂缝。然后裂缝沿对角线方向向板角处扩展。在板接近破坏时板四角处顶面亦出现圆弧形裂缝。它促使板底对角线裂缝进一步扩展。最后由于对角线裂缝处截面受拉钢筋达到屈服,混凝土达到抗压强度而导致双向板破坏,如图2.30(a)所示。

对于均布荷载作用下的矩形平面四边简支双向板,第一批混凝土裂缝出现在板底中部且平行于板的长边方向。随荷载增加裂缝向板角处延伸。伸向板角处的裂缝与板边大体呈45°角。在接近破坏时板四角处顶面出现圆弧形裂缝,最后由于跨中及45°角方向裂缝处截面受拉钢筋达到屈服点,混凝土达到抗压强度导致双向板破坏,如图2.30(b)所示。

双向板裂缝处截面钢筋从开始屈服至截面即将破坏,截面处于第Ⅲ应力阶段。与前述塑性铰的概念相同。此处因钢筋达到屈服所形成的临界裂缝称为塑性铰线,塑性铰线的出现使结构被分割的若干板块成为几何可变体系,结构达到承载力极限状态。

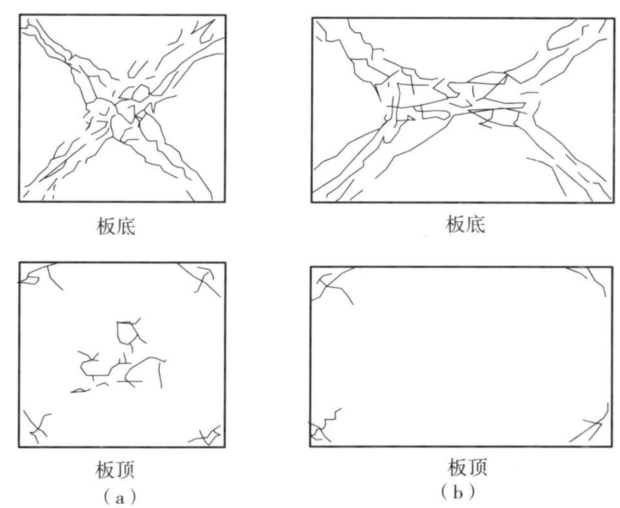

图2.30　钢筋混凝土双向板的破坏裂缝

2.3.2　双向板的弹性计算方法

双向板内力计算有两种方法:一种是按弹性理论计算,另一种是按塑性理论计算。在钢筋混凝土梁板结构中,随着HRB400钢筋以及更高强度钢筋在混凝土板中的普遍应用,按弹性理论计算的双向板钢筋的配筋率一般都在经济配筋率范围之内,并且易于满足裂缝宽度控制的要求;而按塑性理论计算的双向板钢筋的配筋率较按弹性理论计算得到的配筋率会更低,支座负弯矩钢筋的配筋率往往会由裂缝宽度控制计算决定。

《混凝土结构设计规范》(GB 50010—2010)指出,对重力荷载作用下的框架、框架-剪力墙结构中的现浇双向板,经过弹性分析求得内力后,可对支座弯矩进行调幅,并按内力平衡条件确定相应的跨中弯矩。规范中特别强调了要满足正常使用极限状态要求的前提条件。实际上梁板共同工作受力使得梁周边的板处于非常复杂的多向应力受力状态,而不是我们单独按板支座弯矩计算出的单向应力。实际工程中板面上出现过大的沿梁边的裂缝是工程质量通病之一。鉴于以上两方面原因,设计者在工程设计时,一般都不会轻易使用按塑性理论计算的方法,而大多数情况下采用的是按弹性理论计算的方法。

1) 单区格双向板的内力计算

对于工程中常见的矩形双向板可按弹性薄板小挠度理论计算其内力和挠度。单区格板根据其四周支承条件和所受到的荷载形式的不同,可计算出每一种板的内力及变形。为方便计算,在工程设计手册中已将计算结果制成表格。本教材附录附表 2 选取了工程中最常见的 6 种均布荷载作用下,不同支承条件的双向板的计算表格。在计算时,只须根据支承条件和短跨与长跨的比值,直接查出表中的弯矩系数和挠度系数,即可求得板截面单位宽度内弯矩和挠度。

$$m = \text{表中系数} \times (g+q) l_0^2 \tag{2.7}$$

$$\upsilon = \text{表中系数} \times (g+q) l_0^2 / B_c \tag{2.8}$$

式中 m——跨中或支座板截面单位宽度内的弯矩设计值,(kN·m)/m;

υ——板中心点的挠度或最大挠度;

g——板上作用的均布恒载设计值,kN/m^2;

q——板上作用的均布活载设计值,kN/m^2;

l_0——短跨方向的计算跨度,m;

B_c——混凝土板的截面受弯刚度。

附录附表 2 中的附表是根据泊松比 $\mu=0$ 的理想材料编制的。实际工程中材料的泊松比 $\mu \neq 0$,应考虑双向受力的影响,可按下式计算跨中弯矩:

$$m_x^{(\mu)} = m_x + \mu m_y \tag{2.9}$$

$$m_y^{(\mu)} = m_y + \mu m_x \tag{2.10}$$

式中 $m_x^{(\mu)}$——当 $\mu \neq 0$ 时 x 方向跨中板截面单位宽度内的弯矩设计值,(kN·m)/m;

$m_y^{(\mu)}$——当 $\mu \neq 0$ 时 y 方向跨中板截面单位宽度内的弯矩设计值,(kN·m)/m;

m_x——当 $\mu=0$ 时 x 方向跨中板截面单位宽度内的弯矩设计值,(kN·m)/m;

m_y——当 $\mu=0$ 时 y 方向跨中板截面单位宽度内的弯矩设计值,(kN·m)/m;

μ——材料的泊松比,钢筋混凝土可取 $\mu=0.2$。

对于支座截面的弯矩值,由于另一个方向板带的弯矩值为零,因此不必考虑双向受力的影响问题。

2) 多区格等跨连续双向板的内力计算

多区格等跨连续双向板内力分析更为复杂,因此工程设计中一般采用实用的近似计算方法。该法通过对双向板活载的最不利布置及支承条件的简化,将多区格等跨连续双向板的内力分析问题,转化为单区格板的内力计算。该法假定支承梁的抗弯刚度很大,忽略梁的竖向变形;支承梁的抗扭刚度很小,忽略梁对板的转动约束作用。根据上述基本假定,支承梁可看成是板的不动铰支座,从而使内力计算得到简化。当双向板在同一方向相邻跨度相对差值小于 20%时,均可按下述方法进行内力及变形分析。

多区格等跨连续双向板进行内力分析时,取各支座和跨内截面作为结构的控制截面,并控制截面产生最不利内力时的最不利荷载组合,可根据结构的变形曲线确定活载的最不利布置方法。计算的方法和步骤如下:

(1)求各区格板跨内截面最大弯矩值

欲求某区格板两个方向跨内截面最大正弯矩时,除恒载外应在该区格布置活载,如图 2.31

中的区格 A,在该区格活载作用下各区格板的弹性挠曲变形如图 2.31(b)中虚线所示。为使 A 区格板跨内双向变形曲线为最大曲率,故应在所有向下挠曲变形的区格施加活载,其活载布置为棋盘式,如图 2.31(a)所示。由图可见活载的棋盘式布置不仅使 A 区格板跨内双向正弯矩达到最大值,而且也同时使所有布置活载的区格板跨内双向正弯矩达到最大值。

多区格等跨连续板在均布恒载及棋盘式布置的活载的共同作用下,任意单区格板的边界支承条件既非完全固定支座也非铰支座,如图 2.31(b)所示。为了能利用单区格双向板的内力系数表,计算多区格连续双向板时,可采用以下近似内力分析方法:把棋盘式布置的活载分解为各区格板满布的对称荷载 $q/2$ 布置(图 2.31(c)),以及区格板棋盘式布置的反对称荷载 $\pm q/2$ 布置(图 2.31(d))。

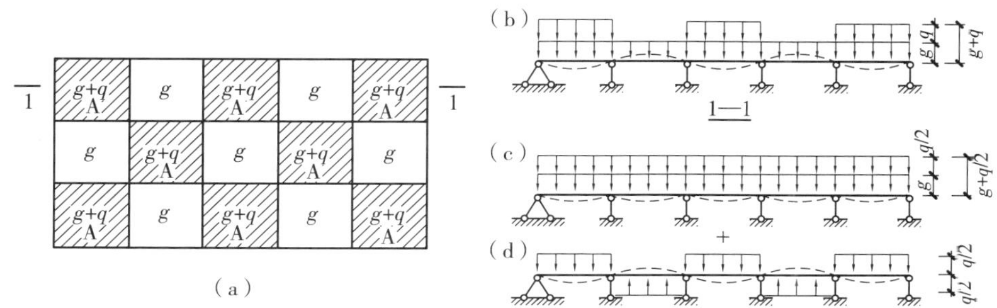

图 2.31　多区格等跨连续双向板活载的最不利布置

假定叠加原理成立,则对计算简图有:(b)=(c)+(d)。对计算简图(c),忽略边区格荷载的影响,可近似认为所有中间支座均为固定支座,于是中间区格板均可简化为四边固定的单区格双向板计算。对计算简图(d),可近似认为所有中间支座均为铰支座,于是中间区格板均可简化为四边简支的单区格双向板计算。对边区格板和角区格板应根据实际边界的支承情况确定支座条件。在工程中,当板边支承在砖墙上时,可视为简支;当板边支承在剪力墙上时,可视为固定支座;当板边支承在框架梁或其他钢筋混凝土梁上时,应按梁的抗扭刚度确定支座条件。分别按(c)和(d)计算出各块单区格双向板的弯矩后,再按对应区格板的弯矩叠加即可求得多区格等跨连续双向板的跨内截面最大弯矩值。

(2)求各区格板支座截面最大弯矩值

对中间区格板可按活载满布,近似将中间支座均视为固定支座,中间区格板均可简化为四边固定的单区格双向板计算。同样对边区格板和角区格板,应根据实际边界的支承情况确定支座条件,简化为单区格双向板计算。对中间支座,由相邻两个区格求出的支座弯矩值一般会不相等,在进行配筋时可近似地取其平均值计算。

2.3.3　双向板的塑性计算方法

钢筋混凝土双向板在均布荷载作用下,四边简支单跨矩形板首先在板底中部出现与长边平行的裂缝。随着荷载的逐步增加,裂缝不断沿 45°角向四周延伸和展开。在最大裂缝线上,受拉钢筋达到屈服强度时,其承受的内力矩即为屈服弯矩或极限弯矩,同时此裂缝线具有较强的转动能力,常称为塑性铰线。跨中截面的受拉钢筋一旦屈服,便形成塑性铰线。由于钢筋混凝土双向板具有一定的塑性性质,所以可考虑采用塑性理论进行计算。双向板为高次超静定结构,按塑性理论精确计算其内力是比较困难的,一般只能按塑性理论计算其上限解和下限解。常用的计算方法有极限平衡法和能量法等,亦可将其计算结果制成表格供设计使用。详细计算方法可参考《建筑结构静力计算手册》(第二版)。

2.3.4 双向板的设计要点和构造要求

1)截面设计要点

①双向板的厚度:双向板厚度 h 一般不应小于 80 mm,一般也不大于 160 mm。厚跨比 h/l 不小于 1/40(l 为双向板的短向跨度)。

②板的截面有效高度:板沿两个方向均布置受力钢筋,短向钢筋受力较大。应将短向钢筋放在板的最外侧,短向的截面有效高度为 $h_{01}=h-20$ mm;长向钢筋与短向钢筋垂直,放在短向钢筋的内侧,长向的截面有效高度为 $h_{02}=h-30$ mm。

③与单向板相比,双向板的厚跨比更小,一般均能满足斜截面承载力要求,设计时可不进行抗剪承载力计算。

④板的空间内拱作用与单向板相似,对四边与梁整体连接的板,可考虑其弯矩设计值按下列情况进行折减:

a.连续双向板中间区格板的跨中截面和中间支座截面折减系数取 0.8。

b.对于边区格板的跨中截面及自楼板边缘算起的第二支座截面:当 $l_b/l\leqslant1.5$ 时,折减系数取 0.8;当 $1.5<l_b/l<2.0$ 时,折减系数取 0.9。l_b 指沿楼板边缘方向区格板的跨度,l 是指垂直于 l_b 方向的跨度。角区格板则不予折减。

2)钢筋布置

①双向板的配筋方式有分离式和弯起式两种,如图 2.32 和图 2.33 所示。

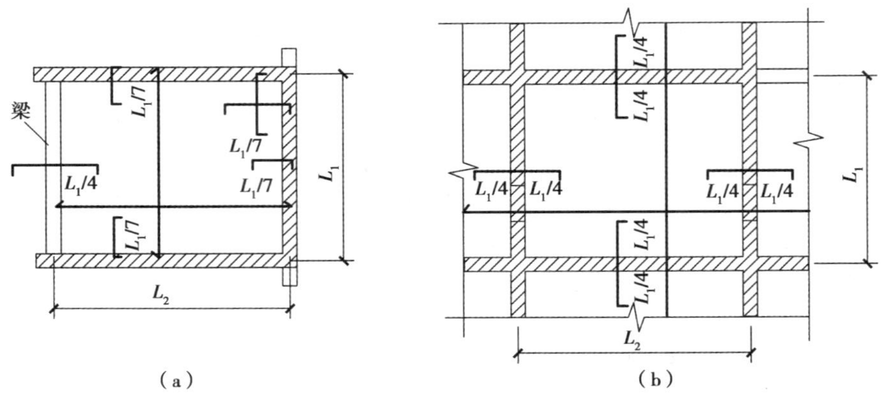

图 2.32 双向板的分离式配筋

②双向板沿墙边、墙角处的构造钢筋配置,与单向板楼盖相同。

③双向板支承梁的计算。支承梁的计算简图可按图 2.34 所示取用,板长跨方向传至支承梁的荷载为梯形分布荷载;板短跨方向传至支承梁的荷载为三角形分布荷载。支承梁按钢筋混凝土框架梁或连续梁计算截面的弯矩及剪力,并进行配筋。当支承梁采用手算时,梯形分布

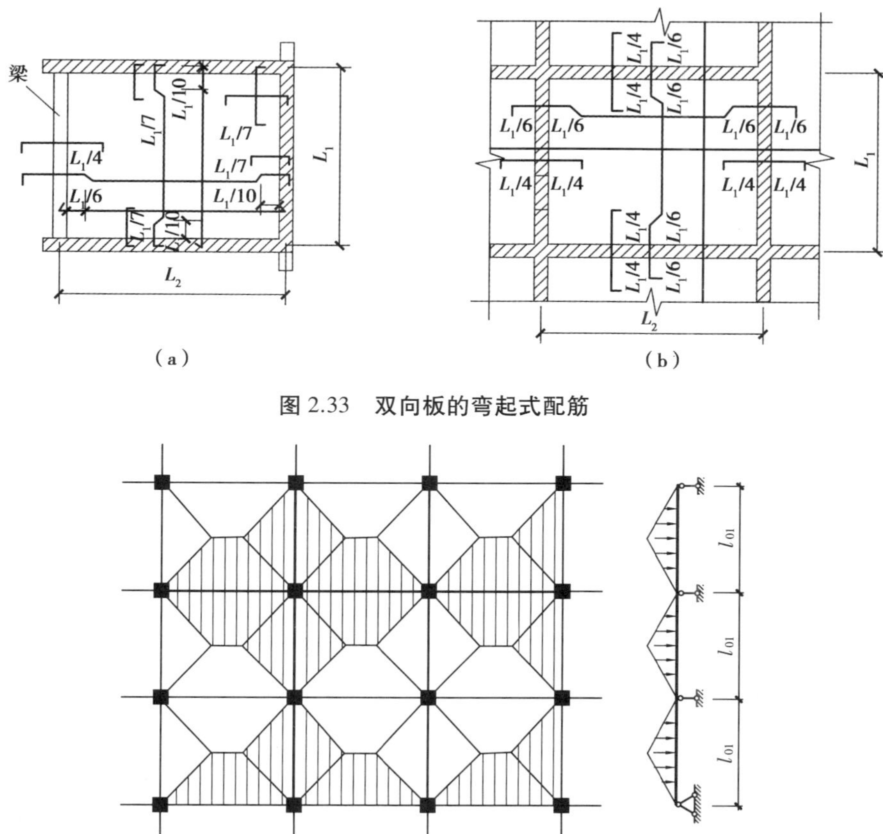

图 2.33　双向板的弯起式配筋

图 2.34　双向板支承梁的计算简图

荷载或三角形分布荷载可按结构力学杆端弯矩等效的原则简化为均布荷载计算。

2.3.5　现浇双向板楼盖设计例题

1) 设计资料

某仓库(非工业建筑)现浇双向板肋梁楼盖如图 2.35 所示。楼面做法为:30 mm 厚 1∶3 水泥石屑面层;120 mm 厚钢筋混凝土结构层;15 mm 厚混合砂浆天棚抹灰。仓库楼面均布活荷载标准值为: $q_k = 8.0\ \mathrm{kN/m^2}$。混凝土采用 C25($f_c = 11.9\ \mathrm{N/mm^2}$),钢筋采用 HRB 400 级($f_y = 360\ \mathrm{N/mm^2}$),框架梁截面尺寸为:$b \times h = 200\ \mathrm{mm} \times 500\ \mathrm{mm}$。

2) 荷载计算

30 mm 水泥砂浆面层　　$0.03\ \mathrm{m} \times 20\ \mathrm{kN/m^3} = 0.6\ \mathrm{kN/m^2}$

板自重　　$0.12\ \mathrm{m} \times 25\ \mathrm{kN/m^3} = 3.0\ \mathrm{kN/m^2}$

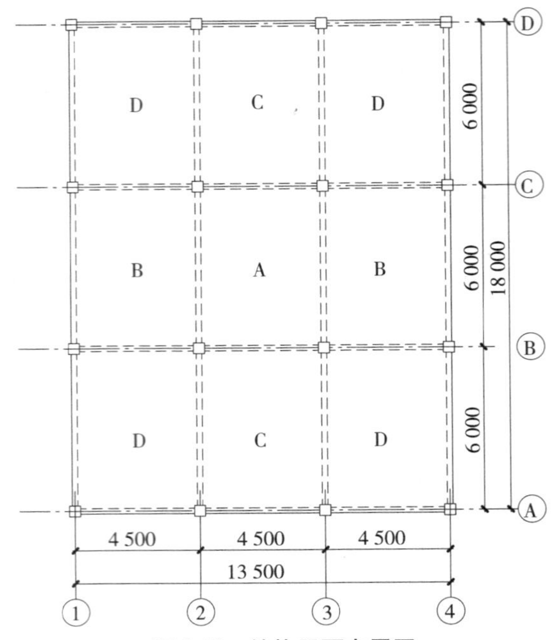

图 2.35　结构平面布置图

15 mm 混合砂浆天棚抹灰	$0.015\ \text{m} \times 17\ \text{kN/m}^3 = 0.26\ \text{kN/m}^2$
恒载标准值	$g_k = 3.86\ \text{kN/m}^2$
恒载设计值	$g = 1.2 \times 3.86\ \text{kN/m}^2 = 4.63\ \text{kN/m}^2$
活荷载设计值	$q = 1.4 \times 8.0\ \text{kN/m}^2 = 11.2\ \text{kN/m}^2$
合计	$p = g + q = 15.83\ \text{kN/m}^2$

3）**内力计算（按弹性方法）**

在求各区格板跨内正弯矩时取等效荷载为：

$$g' = g + \frac{q}{2} = 4.63\ \text{kN/m}^2 + \frac{11.2\ \text{kN/m}^2}{2} = 10.23\ \text{kN/m}^2$$

$$q' = \frac{q}{2} = \frac{11.2\ \text{kN/m}^2}{2} = 5.6\ \text{N/m}^2$$

按等效恒荷载 g'满布及等效活荷载 q'棋盘式布置计算。在 g'作用下，各内支座均可视为固定边，某些区格板跨内最大正弯矩不在板的中心点处；在 q'作用下，各区格板四边均可视为简支边，跨内最大正弯矩则在中心点处，计算时，可近似取二者之和作为跨内最大正弯矩值。

在求各中间支座最大负弯矩（绝对值）时，按恒载及活荷载均满布各区格板计算，取荷载：

$$p = g + q = 15.83\ \text{kN/m}^2$$

按附录附表 2 进行内力计算，计算简图及计算结果如下：

（1）A 板内力计算

①求跨内最大弯矩 $M_{x(A)}$，$M_{y(A)}$

在 g'满布作用下，当 $\mu = 0$ 时，由 $l_x/l_y = 4.5/6 = 0.75$，查附表 2.6 计算如下：

$$M_{x\max} = 0.029\,6 \times g' \times l_x^2 = 0.029\,6 \times 10.23\ \text{kN/m}^2 \times (4.5\ \text{m})^2 = 6.13(\text{kN} \cdot \text{m})/\text{m}$$

$$M_{y\max} = 0.013\,0 \times g' \times l_x^2 = 0.013\,0 \times 10.23\ \text{kN/m}^2 \times (4.5\ \text{m})^2 = 2.69(\text{kN} \cdot \text{m})/\text{m}$$

考虑双向作用取 $\mu=0.2$ 可用公式：

$$M_x^{(\mu)} = M_x + \mu M_y$$

$$M_y^{(\mu)} = M_y + \mu M_x$$

得到：$M_x^{(\mu)} = 6.13(\text{kN}\cdot\text{m})/\text{m}+0.2\times2.69(\text{kN}\cdot\text{m})/\text{m}=6.67(\text{kN}\cdot\text{m})/\text{m}$

$M_y^{(\mu)} = 2.69(\text{kN}\cdot\text{m})/\text{m}+0.2\times6.13(\text{kN}\cdot\text{m})/\text{m}=3.92(\text{kN}\cdot\text{m})/\text{m}$

在 q' 棋盘式布置作用下，当 $\mu=0$ 时，由 $l_x/l_y=4.5/6=0.75$，查附表 2.1 计算如下：

$$M_x=0.062\times q'\times l_x^2=0.062\times5.6\ \text{kN/m}^2\times(4.5\ \text{m})^2=7.03(\text{kN}\cdot\text{m})/\text{m}$$

$$M_y = 0.0317\times q'\times l_x^2 = 0.0317\times5.6\ \text{kN/m}^2\times(4.5\ \text{m})^2 = 3.59(\text{kN}\cdot\text{m})/\text{m}$$

考虑双向作用取 $\mu=0.2$ 后得：

$$M_x^{(\mu)} = 7.03(\text{kN}\cdot\text{m})/\text{m} + 0.2\times3.59(\text{kN}\cdot\text{m})/\text{m} = 7.75(\text{kN}\cdot\text{m})/\text{m}$$

$$M_y^{(\mu)} = 3.59(\text{kN}\cdot\text{m})/\text{m} + 0.2\times7.03(\text{kN}\cdot\text{m})/\text{m} = 5.00(\text{kN}\cdot\text{m})/\text{m}$$

上述两种布置下内力叠加得跨内最大弯矩：

$$M_{x(\text{A})}=(6.67+7.75)(\text{kN}\cdot\text{m})/\text{m}=14.42(\text{kN}\cdot\text{m})/\text{m}$$

$$M_{y(\text{A})}=(3.92+5.00)(\text{kN}\cdot\text{m})/\text{m}=8.92(\text{kN}\cdot\text{m})/\text{m}$$

②求支座最大弯矩 $M_{x(\text{A})}^0$，$M_{y(\text{A})}^0$

在 p 满布作用下，由 $l_x/l_y=4.5/6=0.75$，查附表 2.6 计算如下：

$$M_{x(\text{A})}^0 = -0.0701\times p\times l_x^2=-0.0701\times15.83\ \text{kN/m}^2\times(4.5\ \text{m})^2=-22.47(\text{kN}\cdot\text{m})/\text{m}$$

$$M_{y(\text{A})}^0 = -0.0565\times p\times l_x^2=-0.0565\times15.83\ \text{kN/m}^2\times(4.5\ \text{m})^2=-18.11(\text{kN}\cdot\text{m})/\text{m}$$

(2)B 板内力计算

①求跨内最大弯矩 $M_{x(\text{B})}$，$M_{y(\text{B})}$

在 g' 作用下，当 $\mu=0$ 时，由 $l_x/l_y=4.5/6=0.75$，查附表 2.5 计算如下：

$$M_{x\max}=0.0354\times g'\times l_x^2=0.0354\times10.23\ \text{kN/m}^2\times(4.5\ \text{m})^2=7.33(\text{kN}\cdot\text{m})/\text{m}$$

$$M_{y\max}=0.0214\times g'\times l_x^2=0.0214\times10.23\ \text{kN/m}^2\times(4.5\ \text{m})^2=4.43(\text{kN}\cdot\text{m})/\text{m}$$

考虑双向作用取 $\mu=0.2$ 后得：

$$M_x^{(\mu)} = 7.33(\text{kN}\cdot\text{m})/\text{m}+0.2\times4.43(\text{kN}\cdot\text{m})/\text{m}=8.22(\text{kN}\cdot\text{m})/\text{m}$$

$$M_y^{(\mu)} = 4.43(\text{kN}\cdot\text{m})/\text{m}+0.2\times7.33(\text{kN}\cdot\text{m})/\text{m}=5.90(\text{kN}\cdot\text{m})/\text{m}$$

在 q' 棋盘式布置作用下计算同 A 板（此部分是与所计算的双向板边长相同的四边简支板在 q' 作用下产生的跨中弯矩，也可理解为对应四边简支板产生的跨中弯矩增量。在本例中 A，B，C，D 各板均相同）：

$$M_x^{(\mu)} = 7.75(\text{kN}\cdot\text{m})/\text{m};\ M_y^{(\mu)} = = 5.00(\text{kN}\cdot\text{m})/\text{m}$$

叠加得：

$$M_{x(\text{B})}=(8.22+7.75)(\text{kN}\cdot\text{m})/\text{m}=15.97(\text{kN}\cdot\text{m})/\text{m}$$

$$M_{y(\text{B})}=(5.90+5.00)(\text{kN}\cdot\text{m})/\text{m}=10.9(\text{kN}\cdot\text{m})/\text{m}$$

②求支座最大弯矩 $M_{x(\text{B})}^0$，$M_{y(\text{B})}^0$

在 p 作用下，当 $\mu=0$ 时，由 $l_x/l_y=4.5/6=0.75$，查附表 2.6 计算如下：

$$M_{x(\text{B})}^0 = -0.0837\times p\times {l_x}^2=-0.0837\times15.83\ \text{kN/m}^2\times(4.5\ \text{m})^2=-26.83(\text{kN}\cdot\text{m})/\text{m}$$

$$M_{y(\text{B})}^0 = -0.0729\times p\times {l_x}^2=-0.0729\times15.83\ \text{kN/m}^2\times(4.5\ \text{m})^2=-23.37(\text{kN}\cdot\text{m})/\text{m}$$

(3)C 板内力计算

①求跨内最大弯矩 $M_{x(C)}$,$M_{y(C)}$

在 g' 作用下,当 $\mu=0$ 时,由 $l_x/l_y=4.5/6=0.75$,查附表 2.5 计算如下:

$$M_{x\max}=0.033\,5\times g'\times l_x^2=0.033\,5\times 10.23\ \text{kN/m}^2\times(4.5\ \text{m})^2=6.94(\text{kN}\cdot\text{m})/\text{m}$$

$$M_{y\max}=0.013\,7\times g'\times l_x^2=0.013\,7\times 10.23\ \text{kN/m}^2\times(4.5\ \text{m})^2=2.84(\text{kN}\cdot\text{m})/\text{m}$$

考虑双向作用取 $\mu=0.2$ 后得:

$$M_x^{(\mu)}=6.94(\text{kN}\cdot\text{m})/\text{m}+0.2\times 2.84(\text{kN}\cdot\text{m})/\text{m}=7.51(\text{kN}\cdot\text{m})/\text{m}$$

$$M_y^{(\mu)}=2.84(\text{kN}\cdot\text{m})/\text{m}+0.2\times 6.94(\text{kN}\cdot\text{m})/\text{m}=4.23(\text{kN}\cdot\text{m})/\text{m}$$

在 q' 棋盘式布置作用下同 A 板:

$$M_x^{(\mu)}=7.75(\text{kN}\cdot\text{m})/\text{m};\ M_y^{(\mu)}=5.00(\text{kN}\cdot\text{m})/\text{m}$$

叠加得:

$$M_{x(C)}=(7.51+7.75)(\text{kN}\cdot\text{m})/\text{m}=15.26(\text{kN}\cdot\text{m})/\text{m}$$

$$M_{y(C)}=(4.23+5.00)(\text{kN}\cdot\text{m})/\text{m}=9.23(\text{kN}\cdot\text{m})/\text{m}$$

②求支座最大弯矩 $M^0_{x(C)}$,$M^0_{y(C)}$

$$M^0_{x(C)}=-0.075\times p\times l_x^2=-0.075\times 15.83\ \text{kN/m}^2\times(4.5\ \text{m})^2=-24.04(\text{kN}\cdot\text{m})/\text{m}$$

$$M^0_{y(C)}=-0.057\,2\times p\times l_x^2=-0.057\,2\times 15.83\ \text{kN/m}^2\times(4.5\ \text{m})^2=-18.39(\text{kN}\cdot\text{m})/\text{m}$$

(4)D 板内力计算

①求跨内最大弯矩 $M_{x(D)}$,$M_{y(D)}$

在 g' 作用下查附表 2.4,$\mu=0$:

$$M_{x\max}=0.039\,6\times g'\times L_x^2=0.039\,6\times 10.23\ \text{kN/m}^2\times(4.5\ \text{m})^2=8.20(\text{kN}\cdot\text{m})/\text{m}$$

$$M_{y\max}=0.020\,6\times g'\times L_x^2=0.020\,6\times 10.23\ \text{kN/m}^2\times(4.5\ \text{m})^2=4.27(\text{kN}\cdot\text{m})/\text{m}$$

考虑双向作用取 $\mu=0.2$ 后得:

$$M_x^{(\mu)}=8.20(\text{kN}\cdot\text{m})/\text{m}+0.2\times 4.27(\text{kN}\cdot\text{m})/\text{m}=9.05(\text{kN}\cdot\text{m})/\text{m}$$

$$M_y^{(\mu)}=4.27(\text{kN}\cdot\text{m})/\text{m}+0.2\times 8.20(\text{kN}\cdot\text{m})/\text{m}=5.91(\text{kN}\cdot\text{m})/\text{m}$$

在 q' 棋盘式布置作用下同 A 板:

$$M_x^{(\mu)}=7.75(\text{kN}\cdot\text{m})/\text{m};\ M_y^{(\mu)}=5.00(\text{kN}\cdot\text{m})/\text{m}$$

叠加得:

$$M_{x(D)}=(9.05+7.75)(\text{kN}\cdot\text{m})/\text{m}=16.80(\text{kN}\cdot\text{m})/\text{m}$$

$$M_{y(D)}=(5.91+5.00)(\text{kN}\cdot\text{m})/\text{m}=10.91(\text{kN}\cdot\text{m})/\text{m}$$

②求支座最大弯矩 $M^0_{x(D)}$,$M^0_{y(D)}$

$$M^0_{x(D)}=-0.093\,8\times p\times l_x^2=-0.093\,8\times 15.83\ \text{kN/m}^2\times(4.5\ \text{m})^2=-30.07(\text{kN}\cdot\text{m})/\text{m}$$

$$M^0_{y(D)}=-0.076\times p\times l_x^2=-0.076\times 15.83\ \text{kN/m}^2\times(4.5\ \text{m})^2=-24.36(\text{kN}\cdot\text{m})/\text{m}$$

由上述计算结果可见,两相邻板支座间的弯矩是不平衡的,实际应用时可近似取相邻两区格板支座弯矩的平均值,即:

(5)求支座中点最大弯矩 $M^0_{x(AB)}$,$M^0_{x(AC)}$,$M^0_{x(BD)}$,$M^0_{x(CD)}$

$$M^0_{x(AB)}=\frac{1}{2}[M^0_{x(A)}+M^0_{x(B)}]=-\frac{1}{2}(22.47+26.83)(\text{kN}\cdot\text{m})/\text{m}=-24.65(\text{kN}\cdot\text{m})/\text{m}$$

$$M_{y(AC)}^0=\frac{1}{2}[M_{y(A)}^0+M_{y(C)}^0]=-\frac{1}{2}(18.11+18.39)\ (\text{kN}\cdot\text{m})/\text{m}=-18.25(\text{kN}\cdot\text{m})/\text{m}$$

$$M_{y(BD)}^0=\frac{1}{2}[M_{y(B)}^0+M_{y(D)}^0]=-\frac{1}{2}(23.37+24.36)\ (\text{kN}\cdot\text{m})/\text{m}=-23.87(\text{kN}\cdot\text{m})/\text{m}$$

$$M_{x(CD)}^0=\frac{1}{2}[M_{x(C)}^0+M_{x(D)}^0]=-\frac{1}{2}(24.04+30.07)\ (\text{kN}\cdot\text{m})/\text{m}=-27.06(\text{kN}\cdot\text{m})/\text{m}$$

各跨内、支座弯矩已求得，可按《混凝土结构设计规范》(GB 50010—2010)6.2.10条算出相应的钢筋截面面积，取跨内即支座截面有效高度 $h_{0x}=100$ mm，$h_{0y}=90$ mm 计算，计算结果列于表 2.16(a)、2.16(b)中。

表 2.16(a)　双向板配筋计算

	A 区格		B 区格		C 区格		D 区格	
跨中截面	L_{0x}方向	L_{0y}方向	L_{0x}方向	L_{0y}方向	L_{0x}方向	L_{0y}方向	L_{0x}方向	L_{0y}方向
M(kN·m)	14.42	8.92	15.97	10.9	15.26	9.23	16.80	10.91
$\alpha_s=\dfrac{M}{\alpha_1 f_c b h_0^2}$	0.121	0.093	0.134	0.113	0.128	0.096	0.141	0.113
ξ	0.130	0.097	0.145	0.120	0.138	0.101	0.153	0.120
$A_s=\dfrac{\alpha_1 f_c b\xi h_0}{f_y}$ (mm^2)	428	289	478	358	455	300	505	358
选配钢筋	ф8@110	ф8@150	ф8@110	ф8@130	ф8@100	ф8@150	ф10@150	ф10@200
实际钢筋面积(mm^2)	457	335	457	387	503	335	524	392

表 2.16(b)　双向板配筋计算

支座截面	A—B	A—C	B—D	C—D
M(kN·m)	24.65	18.25	23.87	27.06
$\alpha_s=\dfrac{M}{\alpha_1 f_c b h_0^2}$	0.207	0.189	0.201	0.281
ξ	0.235	0.212	0.226	0.338
$A_s=\dfrac{\alpha_1 f_c b\xi h_0}{f_y}$($\text{mm}^2$)	776	630	748	1 005
选配钢筋	ф10@100	ф10@110	ф10@100	ф12@110
实际钢筋面积(mm^2)	785	714	785	1 028

板配筋图如图 2.36 所示。

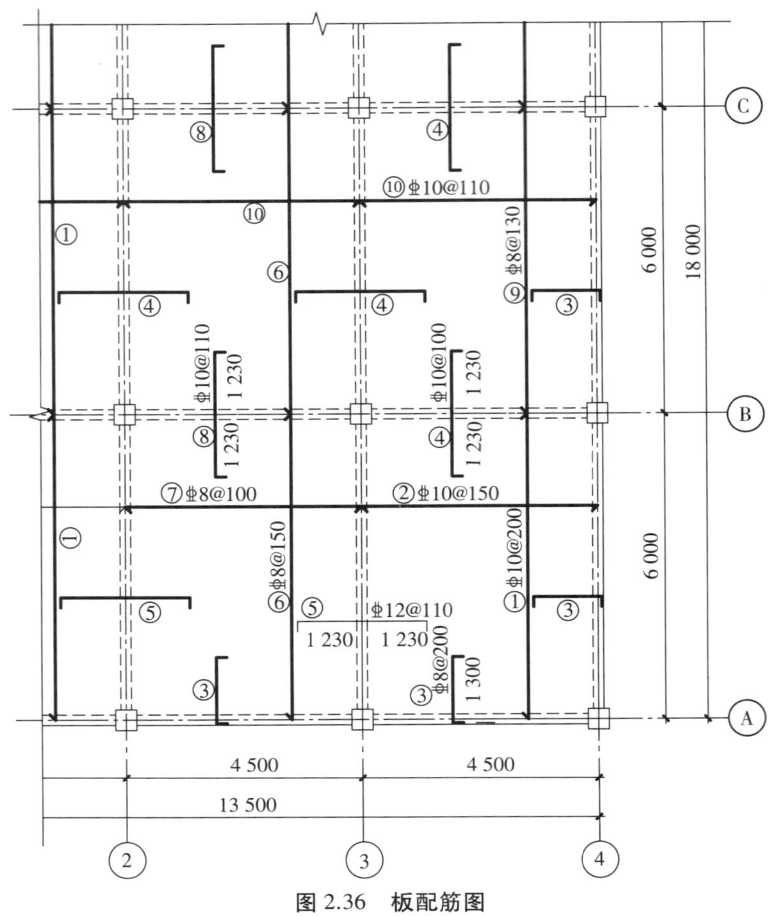

图 2.36　板配筋图

2.3.6　井式楼盖的设计要点

在双向板梁板结构中，若梁为双向梁系，此种结构称为双重井式梁板结构或井式楼盖。双向梁系的梁不分主、次梁，而是共同承受由双向板传来的荷载，整个梁格形成四边支承的双向受力体系，因此井式楼盖可以跨越较大的空间，多用于有较大空间需求的工业与民用建筑。

井式楼盖宜应用于正方形平面，若应用于矩形平面，其平面长边与短边长度比值应小于1.5，双向梁系一般为正交正放或沿45°井式楼盖角线的正交斜放，结构支承于墙体、柱或具有足够刚度的大梁上，如图2.37所示。若矩形平面其长边与短边比值大于1.5时，为了较好地使结构沿两个方向传递荷载，可将矩形平面采用柱、梁划分为近似正方形的区格，使双向梁系支承于柱间具有足够刚度的大梁上；或沿45°井式楼盖角线布置正交斜放的井式楼盖，如图2.37(b)，(d)所示。

在一般荷载作用下，双向板的板厚度大于80 mm，井式楼盖梁格的短边长度可在3.0 m左右，梁格的长边与短边的长度比值一般小于1.5；当平面为正方形或接近正方形时，较为经济。井式楼盖的梁一般为等截面梁，满足刚度要求的梁高可取 $h=(1/16\sim1/18)l_0$，梁宽度可取 $b=(1/3\sim1/4)h$，式中 l_0 为建筑平面的短边长度。

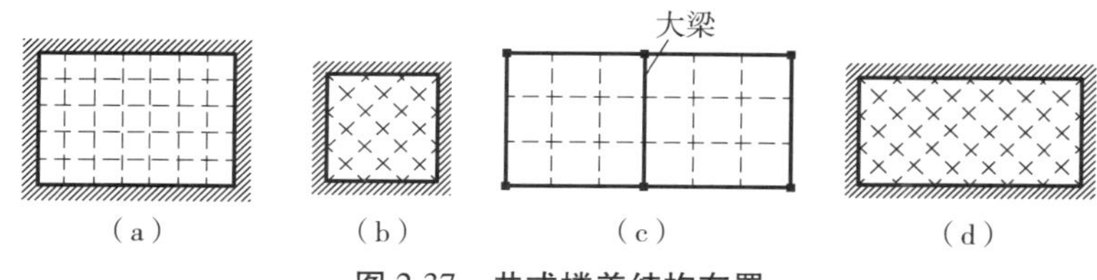

图 2.37　井式楼盖结构布置

井式楼盖的板按双向板计算，不考虑因支承梁弯曲而导致的双向板支座差异性沉降变形的影响。

井式梁是一个空间杆件系统。当有现浇板与井式梁相连时，梁的扭转变形实际上已经被约束。此时可以用两种方法计算：第一种方法是，按扭转位移为 0 的条件用空间杆系程序计算；第二种方法是，用没有扭转的普通交叉梁组成井式梁（图 2.38），假定仅在垂直于井式梁平面上有限位移，变形协调条件为在每一交点处交叉梁的线位移相等。

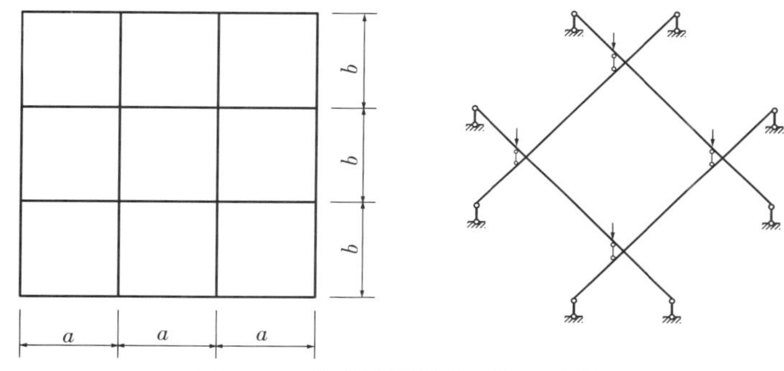

图 2.38　井式楼盖按交叉梁系计算

由于井式楼盖梁格布置及边界条件的复杂性，结构内力及变形分析与设计多采用计算机程序进行。经用计算机程序作了几个算例对比，表明按两种方法算得的内力相同。在工程方案设计和手算时可利用计算机程序计算结果制成计算表格，按下列公式计算内力：

$$M_A, M_{A1}, M_{A2} = \text{表中系数} \times (g+q)ab^2 \tag{2.11}$$

$$M_B, M_{B1}, M_{B2} = \text{表中系数} \times (g+q)a^2b \tag{2.12}$$

$$V_B, V_A = \text{表中系数} \times (g+q)ab \tag{2.13}$$

式中　M_A, M_B——井式梁两个方的跨中弯矩；

V_A, V_B——井式梁梁端的剪力；

a, b——井式梁梁区格的边长。

计算表格中所有梁在其自身的受力平面内弯曲刚度 EI 均相等，平面内承受满布均布荷载，详细计算方法可参考《建筑结构静力计算手册》（第二版）。内力计算完成后应进行梁的承载力、刚度及裂缝控制设计。

2.4　整体式楼梯和悬臂梁板结构

楼梯是多层、高层建筑的重要组成部分，是房屋建筑中的竖向交通和疏散通道。目前，绝大多数多层、高层建筑均采用钢筋混凝土楼梯，它是一种斜向布置的钢筋混凝土梁板结构。

楼梯按施工方法的不同,可分为现浇式楼梯和装配式楼梯。由于现浇式楼梯整体性好,在抗震结构中宜采用现浇钢筋混凝土楼梯。同时由于现浇钢筋混凝土楼梯在结构中为斜向布置的梁板结构,具有一定的抗侧力刚度。在框架结构中,楼梯间的布置不应导致结构平面特别不规则;楼梯构件与主体结构整浇时,应计入楼梯构件对地震作用及其效应的影响,应进行楼梯构件的抗震承载力验算;宜采取构造措施,减少楼梯构件对主体结构刚度的影响。

按结构形式和受力特点,楼梯形式可分为板式、梁式、悬挑式和螺旋式,前两种属于平面受力体系,后两种则为空间受力体系,如图 2.39 所示。

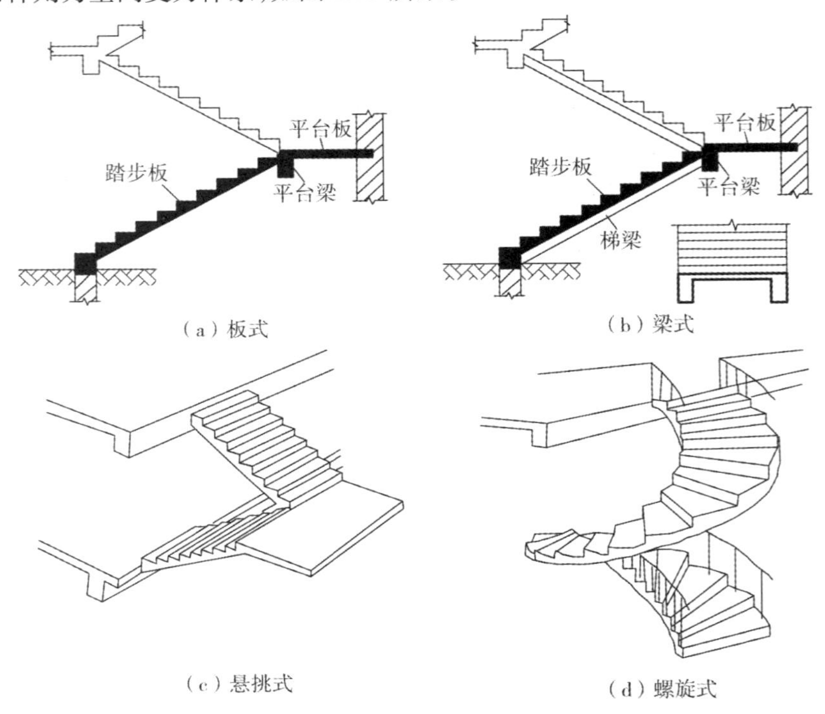

图 2.39　现浇楼梯

2.4.1　板式楼梯

板式楼梯由梯段板、平台板和平台梁组成。梯段板是一块带踏步的斜板,斜板支承于上、下平台梁上,底层下端支承在梁上。板式楼梯适用于可变荷载较小、梯段板跨度一般不大于 3 m的情况。板式楼梯的优点是梯段板下表面平整,施工时支模简单;当梯段板跨度较大时,斜板厚度较大,结构材料用量较多。

1)内力计算

板式楼梯的内力计算包括梯段板、平台板和平台梁的内力计算。

(1)梯段板

梯段板和平台板都支承于平台梁上,为简化计算,通常将梯段板和平台板分开计算,但在计算及构造上要考虑它们相互间的整体作用。

梯段板计算时，一般取 1 m 宽的板带作为计算单元，并将板带简化为斜向简支板。其计算简图如图 2.40 所示，图中荷载 g 和 q 分别为沿板水平投影长度每米板宽的恒载和活载的设计值。为计算梯段板的内力，将 g 和 q 分解为垂直于斜板和平行于斜板的两个分量，平行于斜板的均布荷载使其产生轴力，因其值不大可以忽略不计；而垂直于斜板的荷载分量使其产生弯矩和剪力，其分量为：

$$g'+q'=(g+q)\cos\alpha\frac{L_x}{L}=(g+q)\cos^2\alpha \tag{2.14}$$

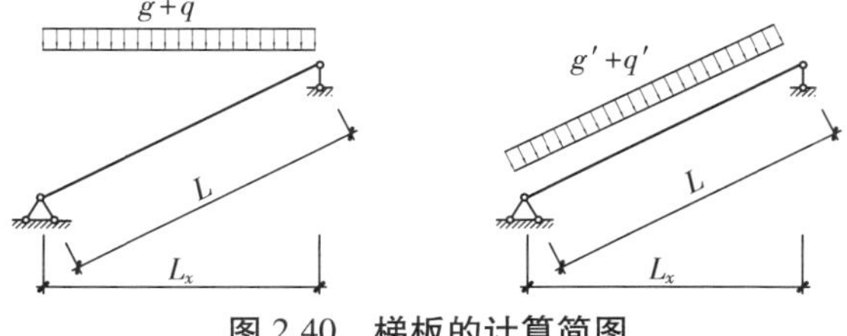

图 2.40　梯板的计算简图

沿斜梁长度的跨中最大弯矩为：

$$M=(g'+q')\frac{L^2}{8}=(g+q)\cos^2\alpha\frac{L^2}{8}=(g+q)\frac{L_x^2}{8} \tag{2.15}$$

支座最大剪力为：

$$V=(g'+q')\frac{L}{2}=(g+q)\cos^2\alpha\frac{L}{2}=(g+q)\cos\alpha\frac{L_x}{2} \tag{2.16}$$

考虑到梯段板、平台梁和平台板的整体性，并非理想铰接，设计中跨中截面最大弯矩一般取为：

$$M=(g+q)\frac{L_x^2}{10} \tag{2.17}$$

式中　g,q——梯段板上沿水平方向均布竖向恒载和活载的设计值；

L,L_x——分别为梯段板沿斜板和水平方向的计算跨度；

α——梯段板与水平方向的夹角。

综上所述：斜向梁板在竖向荷载下跨中正截面最大弯矩为其在水平投影下的水平梁板在此荷载下的最大弯矩；斜向梁板在竖向荷载下支座截面最大剪力为其在水平投影下的水平梁板在此荷载下的最大剪力乘以 $\cos\alpha$。

(2)平台板

平台板一般为单向板或双向板，其一边与平台梁连接，另一边与过梁连接或支承于墙上。当另一边与过梁连接时，取跨中弯矩 $M=\frac{(g+q)L^2}{10}$；当另一边支承于墙上时，取跨中弯矩 $M=\frac{(g+q)L^2}{8}$。

(3)平台梁

平台板和梯段板支承于平台梁上，因此平台梁承受由它们传来的均布荷载和自重，平台梁的两端一般支承于楼梯间承重墙或楼梯柱上，可按简支梁进行计算，其计算简图如图 2.41 所示。

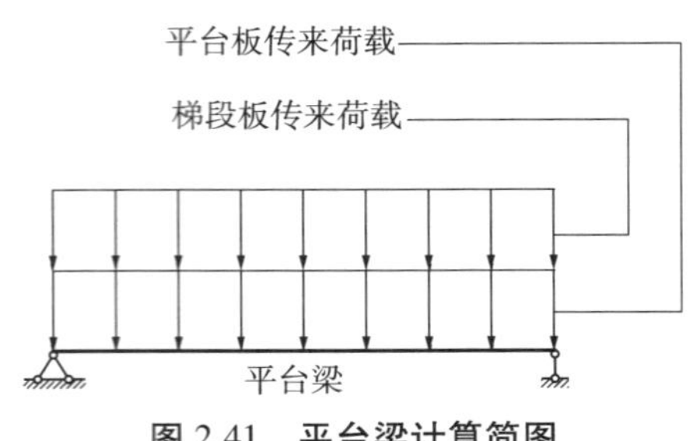

图 2.41　平台梁计算简图

2) 配筋及构造要求

(1) 梯段板

板式楼梯踏步高度和宽度由建筑设计确定，一般高为 150 mm、宽为 250~300 mm。

梯段斜板的厚度一般取 $h=(1/30\sim1/25)l_n$。板的跨中配筋按计算确定，考虑到斜板梁及平台板的整体性，而非完全简支，斜板的两端应按构造设置承受负弯矩作用的钢筋，设置负筋的范围不得小于 $l_n/4$ 的长度，其数量一般不小于跨中截面配筋的 1/2，在梁或板中的锚固长度不小于 l_a，在垂直受力筋的方向设置分布筋，通常在每个踏步下放置 1ϕ6 或ϕ6@ 250。梯段板配筋可采用弯起式，也可采用分离式，如图 2.42 所示。

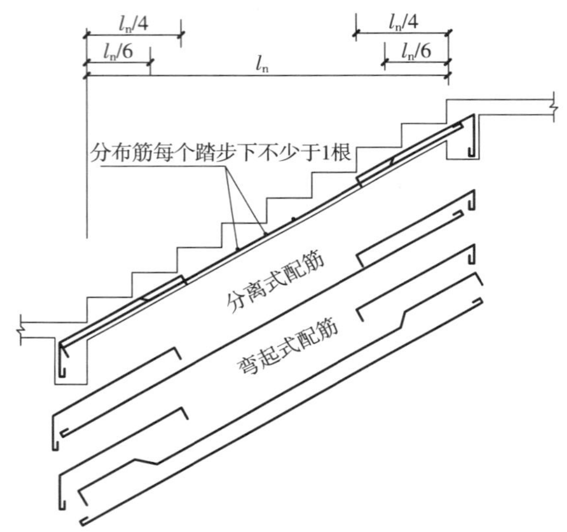

图 2.42　板式楼梯斜板配筋方案图

(2) 平台板、梁

板式楼梯平台板一边支承于平台梁，一边或三边支承于楼梯间墙体上。平台板可按单向板或双向板进行内力与配筋计算，并满足相应的构造要求。

平台梁两端一般支承于楼梯间承重墙或楼梯柱上。平台梁承受梁自重、抹灰荷载、平台板传来的均布荷载，以及梯段斜梁传来的集中荷载，一般可按简支梁计算其内力及配筋。

2.4.2　梁式楼梯

梁式楼梯由踏步板、梯段斜梁、平台板和平台梁组成，如图 2.44 所示。踏步板支承于梯段斜梁上，梯段斜梁支承于上、下平台梁上，斜梁可位于踏步板的下面或上面。当梯段板水平方向的跨度大于 3.0~3.3 m 时，采用梁式楼梯较为经济。梁式楼梯的缺点是施工时支模比较复杂，外观也显得笨重。

1）内力计算

梁式楼梯的内力计算，包括踏步板、梯段梁、平台板和平台梁的内力计算。

（1）踏步板

踏步板由斜板和踏步组成。从梯段板中取出一个踏步板作为计算单元，踏步板为梯形截面，计算时可按截面面积相等的原则折算为等宽度的矩形截面，矩形截面的高度为 $h=c/2+t/\cos\alpha$，计算简图如图 2.43（a）所示。踏步板的跨中弯矩考虑到踏步板与梯段斜梁整体连接时、支座的嵌固作用为 $M=(g+q)l^2/10$。

（2）梯段斜梁

梯段斜梁承受由踏步板传来的均布荷载和自重，其计算原理同板式楼梯中的梯段斜板。

（3）平台板与平台梁

梁式楼梯的平台板和平台梁的计算与板式楼梯的计算基本相同，不同的是梁式楼梯的平台梁除承受平台板传来的均布荷载和平台梁自重外，还承受梯段斜梁传来的集中荷载，其计算简图如图 2.43（b）所示。

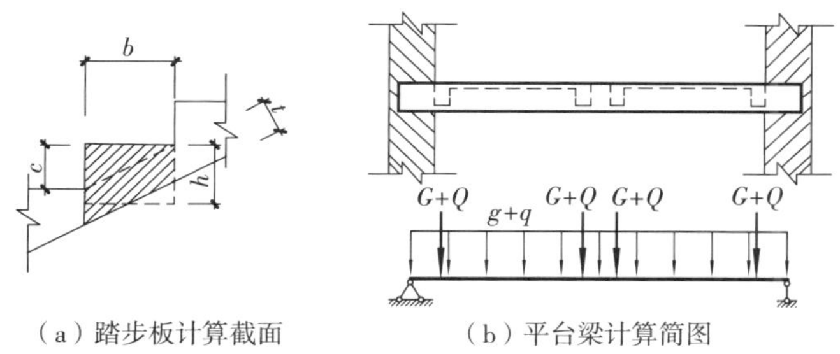

（a）踏步板计算截面　　（b）平台梁计算简图

图 2.43　踏步板与平台梁计算简图

2）配筋及构造要求

梁式楼梯的三角形踏步的尺寸由建筑设计确定，斜板厚度 t 一般取 40~50 mm，其配筋应在每个踏步内至少有 2ϕ6 的受力筋。同时，应在垂直受力筋的上方均匀布置分布筋，分布筋不小于ϕ6@300，如图 2.44 所示。

梯段斜梁一般设置在踏步板的两侧，与踏步板构成门形或双 T 形，当楼梯宽度较小时，可将斜梁设在中间与踏步板构成 T 形。斜梁的高度通常取 $h=(1/14\sim1/10)l_n$（l_n 为沿水平方向梯段斜梁的跨度）。斜梁上端部应按构造设置负钢筋，钢筋数量不应小于跨中截面纵向受力筋截面面积的 1/4。钢筋在支座处的锚固长度应满足受拉钢筋的锚固长度，其配筋如图 2.44所示。

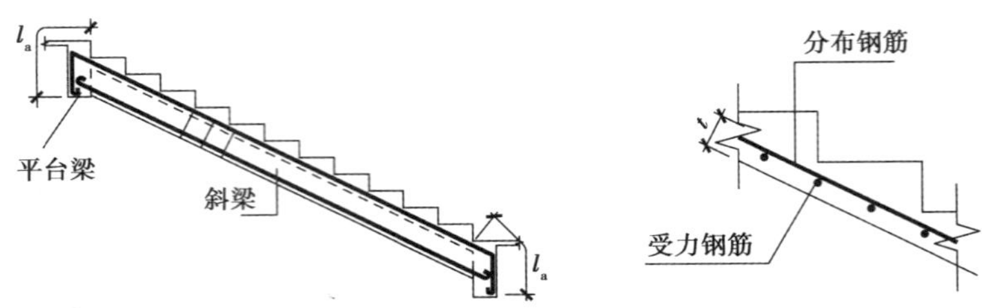

图 2.44　梁式楼梯的配筋方案图

平台板和平台梁的构造要求同前述板式楼梯。

2.4.3　悬臂梁板结构设计要点

阳台、雨篷及挑檐是房屋结构中最常见的悬臂构件。一般应采用现浇整体式悬臂梁板结构。根据悬臂长度,其结构布置有两种方案:悬臂长度较大时,应采用悬臂梁板结构;悬臂长度较小时,可采用悬臂板结构。对于可能出现倾覆的悬臂结构,在进行承载能力极限状态验算时,要进行悬臂结构的抗倾覆验算。

1)悬臂结构的结构布置

采用悬臂梁板结构时,悬臂梁应由楼盖或屋盖梁板结构的主梁或次梁沿其轴线延伸而形成。悬臂梁应在楼盖或屋盖梁板结构中有足够的延伸长度,以避免产生过大的倾覆弯矩或其他构件上的不平衡扭矩。当不可避免时应进行抗倾覆和抗扭计算。悬臂梁板根部截面高度一般取 $h=(1/8\sim1/10)l$,l 为梁板的悬臂长度。悬臂板的根部截面最小高度,当悬臂长度不大于 0.5 m 时,为 60 mm;当悬臂长度为 1.2 m 时,为 100 mm。

2)悬臂结构上的作用

悬臂结构内力计算时,悬臂结构上的作用除梁板自重和均布活载、雪荷载外,一般还应考虑竖向地震作用和施工维修荷载。

对于 9 度抗震设防烈度时,悬臂长度超过 1.5 m;8 度抗震设防烈度时,悬臂长度超过 2.0 m 的长悬臂结构,《建筑抗震设计规范》(GB 50011—2010)规定应考虑竖向地震作用。竖向地震作用的标准值为 8 度和 9 度时,分别取重力荷载代表值的 10%和 20%。

对于混凝土挑檐和雨篷,《建筑结构荷载规范》(GB 50009—2012)规定施工集中荷载应作用在最不利位置,当进行承载力计算时,在每延米范围内为 1.0 kN;当进行抗倾覆验算时,在每 2.5~3.0 m 范围内为 1.0 kN。

3)抗倾覆验算

悬臂结构除进行各组成构件的计算外,一般还应考虑结构整体作为刚体丧失稳定(如倾覆或过大位移等)的问题。如果结构整体倾覆必将造成结构整体破坏,因此结构整体抗倾覆验算是非常重要的。下面以典型的雨篷结构为例进行说明。

在雨篷板上荷载的作用下将使结构绕 A 点发生顺时针转动;在雨篷梁上荷载 G_r 的作用下将使结构发生逆时针转动,如图 2.45 所示。由前一种荷载产生的力矩称为倾覆力矩 M_{ov},由后一种荷载产生的力矩称为抗倾覆力矩 M_r。为保证结构整体作为刚体不致丧失平衡，结构抗倾覆验算应满足下式条件：

$$M_{ov} \leqslant M_r \tag{2.18}$$

式中　M_{ov}——雨篷上按最不利荷载组合计算的结构绕 A 点的倾覆力矩设计值；

M_r——按恒荷载计算的结构绕 A 点的抗倾覆力矩设计值。

抗倾覆力矩 M_r 按式(2.19)计算：

$$M_r = 0.8G_r(l_2 - x_0) \tag{2.19}$$

式中　0.8——用于抗倾覆计算时的恒荷载分项系数；

G_r——雨篷的抗倾覆荷载，按图 2.45 阴影部分所示范围内墙体与楼、屋面恒荷载标准值之和计算；

l_2——G_r 作用点至墙外边缘的距离；

x_0——计算倾覆点至墙外边缘的距离，$x_0 = 0.3h_b$，且不大于 $0.13b$；

h_b——雨篷梁的截面高度。

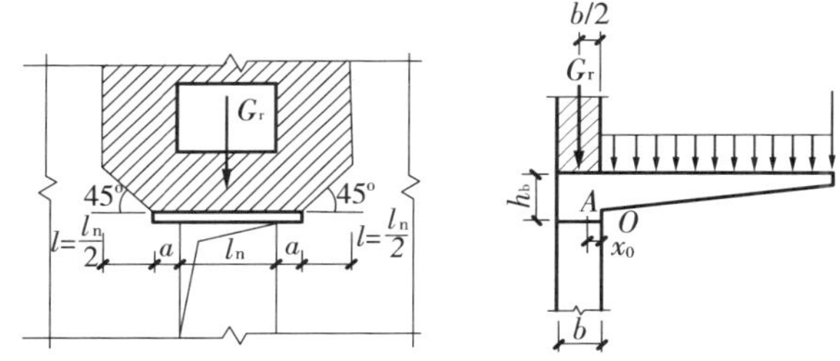

图 2.45　雨篷的倾覆覆及抗倾覆荷载

需要说明：计算恒荷载 G_r 时，不应考虑楼、屋面那些非永久性的"恒荷载"，如楼面上的非承重隔墙，以及屋面上保温和防水层等恒荷载，因为在装修和维修时可能不存在上述恒荷载。

当公式 $M_{ov} \leqslant M_r$ 不满足时，可适当增加雨篷梁的支承长度，增加墙体自重，或采取其他拉结措施。

2.4.4　板式楼梯设计例题

1)设计资料

某民用建筑楼梯结构平面布置及剖面图如图 2.46 所示。楼梯使用活荷载标准值 2.5 kN/m^2，踏步面层采用瓷砖地面(自重 0.55 kN/m^2)，楼梯地面做 20 厚混合砂浆抹灰层，采用 C25 混凝土(f_c = 11.9 N/mm^2，f_t = 1.27 N/mm^2)，梁、板纵向钢筋采用 HRB 400 级(f_y = 360 N/mm^2)，箍筋及构造钢筋采用 HPB 300 级(f_y = 270 N/mm^2)。

2)荷载计算(取 B = 1 m 宽板带)

踏步尺寸 260 mm×161 mm，斜板厚度 = 100 mm，cos α = 0.850，踏步平均高度用 $h_0 = h/2 + t/\cos\alpha$ 计算。

面层：$g_{km} = (B + B \times h/b) \times q_m = (1\ \text{m} + 1\ \text{m} \times 0.16/0.26) \times 0.55\ \text{kN/m}^2 = 0.89\ \text{kN/m}$

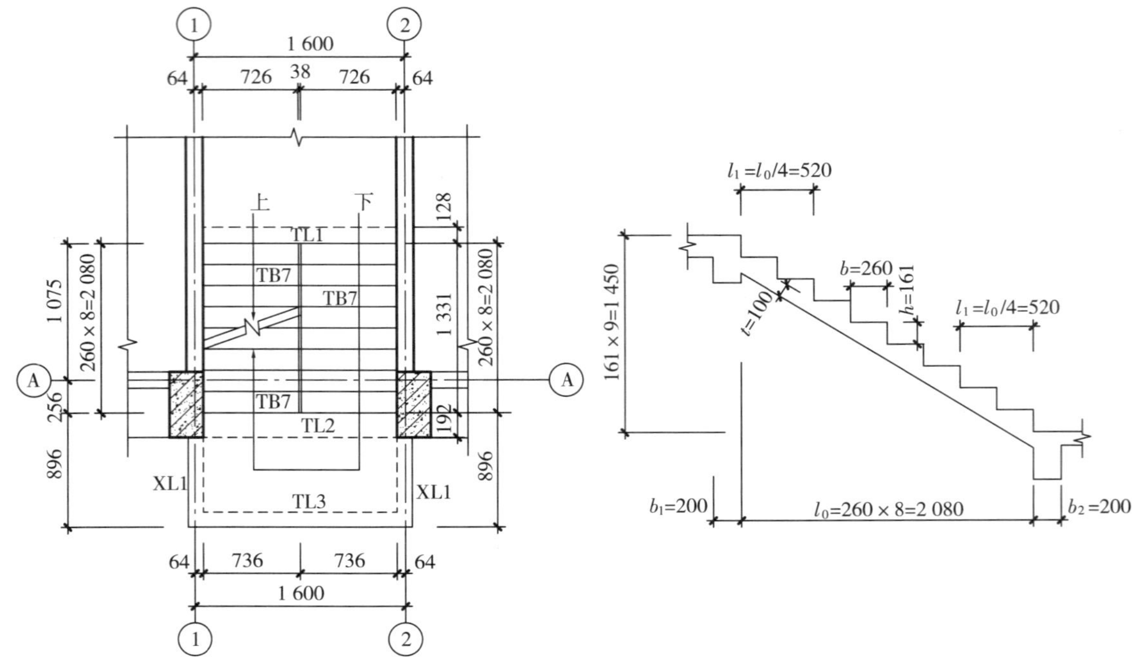

图 2.46　板式楼梯计算简图

自重：$g_{kt}=R_c\times B\times(t/\cos\alpha+h/2)=25\ kN/m^2\times1\ m\times(0.10\ m/0.850+0.16\ m/2)=4.95\ kN/m$

抹灰：$g_{ks}=R_s\times B\times c/\cos\alpha=20\ kN/m^2\times1\ m\times0.02/0.850=0.47\ kN/m$

栏杆线荷载按 0.2 kN/m 取值。

恒载标准值：$P_k=g_{km}+g_{kt}+g_{ks}+q_f=(0.89+4.95+0.47+0.20)\ kN/m=6.52\ kN/m$

恒载控制：

$$P_n(G)=1.35\times P_k+\gamma_Q\times0.7\times B\times q=1.35\times6.52\ kN/m+1.40\times0.7\times1\ m\times2.50\ kN/m^2=11.25\ kN/m$$

活载控制：

$$P_n(L)=\gamma_G\times P_k+\gamma_Q\times B\times q=1.20\times6.52\ kN/m+1.40\times1\ m\times2.50\ kN/m^2=11.32\ kN/m$$

荷载设计值：$P_n=\max\{P_n(G),P_n(L)\}=11.32\ kN/m$

3）正截面受弯承载力计算

梯板最大弯矩：$M_{max}=\dfrac{1}{8}P_nL_0^2=\dfrac{1}{8}\times11.32\ kN/m\times(2.28\ m)^2=7.36\ kN\cdot m$

$$h_0=(100-25)\,mm=75\ mm$$

$$\alpha_s=\frac{M}{\alpha_1f_cbh_0^2}=\frac{7.36\times10^6 N\cdot mm}{1.0\times11.9\ N/mm^2\times1\,000\ mm\times(75\ mm)^2}=0.11$$

相对受压区高度：$\xi=1-\sqrt{1-2\times\alpha_s}=1-\sqrt{1-2\times0.11}=0.116\,7$

$$A_s=\frac{\alpha_1f_cb\xi h_0}{f_y}=\frac{1\times11.9\ N/mm^2\times1\,000\ mm\times0.116\,7\times75\ mm}{360\ N/mm^2}=290\ mm$$

配筋率：$\rho=\dfrac{A_s}{bh}\times100\%=\dfrac{290}{1\,000\times100}\times100\%=0.29\%>0.15\%$

板底受力钢筋采用方案：ϕ8@150，实配面积 335 mm^2。

斜板分布钢筋 ϕ6@250。

支座负弯矩构造钢筋取 ϕ8@200，长度 $l_0/4=520$ mm。

梯板配筋图如图 2.47 所示。

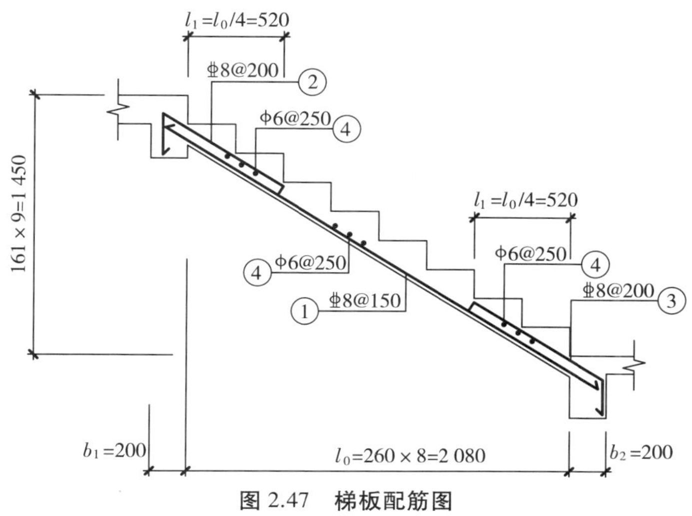

图 2.47　梯板配筋图

2.5　装配整体式楼盖结构

2.5.1　装配整体式楼盖结构概述

由于传统的装配式楼盖楼面开孔困难和防水性均较差，使得其应用范围受到较大限制；装配式楼盖的整体性、抗震性差，在我国的历次地震中震害严重。随着我国对结构安全性和使用性要求的提高和城市经济发展水平的提高，在城市建设中，装配式楼盖已经逐步被装配整体式楼盖和现浇楼盖所取代。

装配整体式楼盖是在装配式楼盖的基础上改良而成的一种楼盖形式。装配整体式楼盖中，板的下层部分采用预制铺板，板的上层部分采用现浇混凝土组成叠合板。叠合板可利用预制铺板作为现浇板的模板，不仅可以节省模板，减少现场工作量，结构的整体性和抗震性也可得到一定的提高，可用于非抗震和有抗震设防的多层建筑结构中。

装配整体式楼盖采用预制铺板上加现浇叠合层组成。常用的预制铺板有实心薄板、预应力空心板、槽形板、T 形板等（图 2.48），其中以实心薄板、预应力圆孔空心板的应用较为广泛。

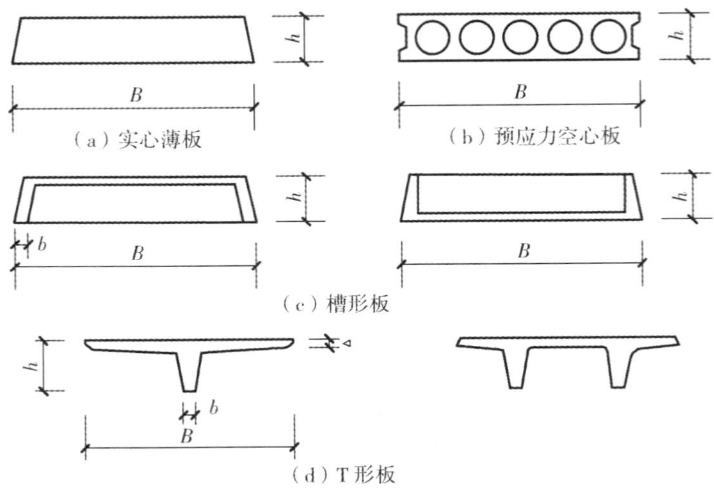

图 2.48　预制铺板的截面形式

2.5.2　装配整体式楼盖结构设计要点

1)装配整体式楼盖的结构布置要点

(1)预制混凝土双钢筋薄板叠合楼板

预制混凝土双钢筋薄板叠合楼板,是采用在钢筋预制铺板上加现浇混凝土以叠合层组成的整体钢筋混凝土连续板,适用于有抗震设防和非抗震设计的多层房屋建筑的楼板和屋面板。

此类板可应用于单向板或双向板。双钢筋叠合板预制铺板的厚度:板跨度为 3.9 m 及以下时为 50 mm,板跨度大于 3.9 m 时为 60 mm。现浇混凝土叠合层厚度可根据板跨度、荷载等情况确定,一般不超过预制铺板厚度的 2 倍,也不小于预制铺板厚度。应用电线管道较多的房屋,在叠合层内需埋设电线管时,现浇叠合层厚度不宜小于 100 mm。

预制铺板的钢筋采用 ϕ5 mm 冷拔低碳钢丝平焊成型的双钢筋,主筋间距 25 mm,梯格间距(100±10)mm。梯格由专用点焊机制作而成,如图 2.49 所示。

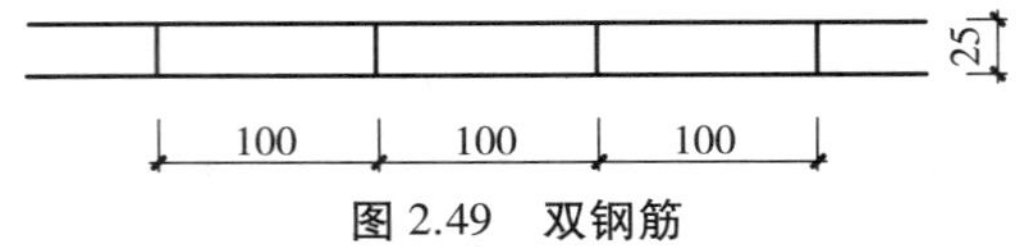

图 2.49　双钢筋

纵横双向配置双钢筋,受力钢筋数量按计算确定,钢筋在底板四周均伸出板边φ5@200,长300 mm,主要受力方向的双钢筋保护层为 20 mm。

此类板一般长度为 4.2~7.2 m,可根据房间的平面尺寸确定。预制铺板按需要进行拼接,拼接缝不应位于跨中弯矩较大部位,如图 2.50 所示。预制铺板的拼接板缝宽一般为 100 mm,拼缝应置于内力较小部位。拼接叠合后可按整间弹性双向板计算内力。连接板支座钢筋按现浇板支座弯矩求得。

支承预制铺板的墙或梁顶面应比板底低 15~20 mm,以便浇灌叠合层和墙体混凝土后使板底接触密实。临时支撑待叠合层混凝土强度等级达到 100%后才能拆除。

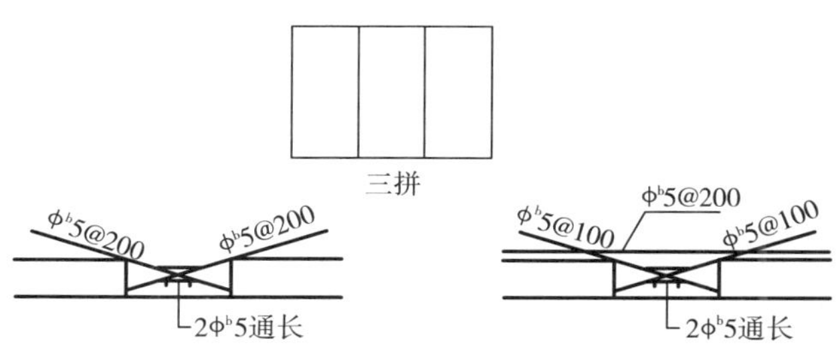

图2.50 预制铺板拼接

(2)预制预应力圆孔板

预制预应力圆孔板有跨度1.8～4.2 m的短向板和4.5～6.9 m的长向板，其厚度分别为130 mm和185 mm。

预制板侧应采用双齿边；拼缝上口宽度不小于30 mm；空心板端孔中须有堵头，深度不少于60 mm，并采用强度等级不低于C30的细石混凝土灌缝。

叠合板的叠合层混凝土厚度不宜小于50 mm，混凝土强度等级不宜低于C25。预制板表面应做成凹凸差不小于4 mm的粗糙面。承受较大荷载的叠合板，宜在预制铺板上设置伸入叠合层的构造钢筋。

预制预应力圆孔板应用在有抗震设防的结构时，在混凝土构件上的支承长度不小于65 mm，在钢构件上的支承长度不小于50 mm，板端伸出钢筋锚入端缝或预制梁叠合层连接成整体，如图2.51所示；应用在无抗震设计的结构时，板端可不伸出钢筋，但支承长度在混凝土构件上不小于80 mm，钢构件上不小于50 mm。

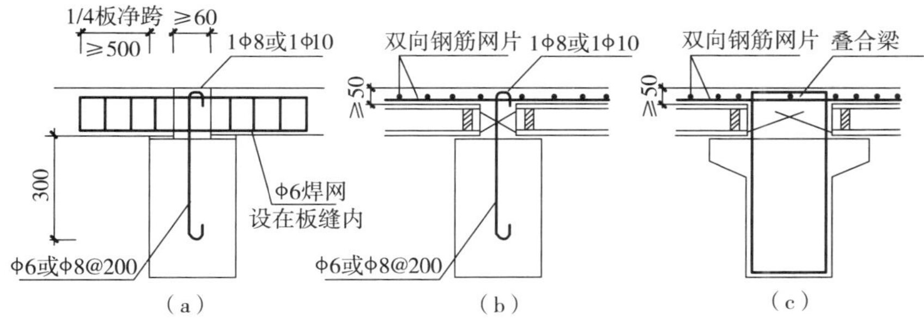

图2.51 圆孔板与梁连接

框架和框剪结构的预制预应力圆孔板板缝宽度不宜小于60 mm。当板缝宽度大于60 mm时，缝内应配置纵向钢筋和箍筋，其大小应按计算确定。但纵向钢筋不小于上下各1ϕ8，箍筋不小于ϕ6@300。

框剪结构的预制预应力圆孔板上应设置厚度不小于50 mm的现浇混凝土叠合层，强度等级不低于C25，配置不小于ϕ6@200双向分布筋。现浇混凝土叠合层应与板缝同时浇灌，叠合层的分布钢筋必须锚入剪力墙及楼盖周边叠合梁内。

高层剪力墙结构不得采用预制预应力圆孔板。

框剪结构当采用预制预应力圆孔板时，圆孔板不得伸入剪力墙内，一般应在墙上留出牛腿以支承圆孔板，板面应有现浇叠合层，同时应验算传递剪力所需钢筋面积(此时不计算混凝土的承载力)。

圆孔板的主筋保护层厚度为 20 mm,设计采用时应根据此厚度确定是否满足消防要求。如不满足时应采取措施,如板底涂抹防火材料。

潮湿房间(例如浴室)的楼板及顶板宜采用现浇板,并适当增加配筋量及保护层厚度,应避免使用采用单根钢丝的预应力圆孔板。

2)装配整体式楼盖的结构计算要点

装配整体式楼盖构件的计算分为使用阶段计算和施工阶段的验算。

(1)使用阶段的计算

按整体结构进行内力分析,并进行相应的预制构件以及连接构造的设计。使用阶段考虑叠合构件、预制楼板、面层、吊顶等自重以及使用阶段的可变荷载。

(2)施工阶段的验算

①对预制构件应按从生产到施工过程中的最不利工况进行设计。此阶段的验算,应考虑由于施工、运输、堆放、吊装等过程产生的内力,如吊装验算时应乘以相应的动力系数。这些过程中,构件受力情况与使用阶段有所不同,应根据实际情况确定合理的计算简图,如当吊点或堆放点设在距构件端部某位置时,则该位置截面会产生负弯矩,此时应对该截面进行验算。

②对于装配整体式楼板这种两阶段成形的水平叠合式受弯构件,当预制构件高度不足全截面高度的 0.4 倍时,施工阶段应有可靠的支撑。施工阶段有可靠支撑的叠合式受弯构件,可按整体受弯构件设计计算,但其斜截面抗剪承载力和叠合面受剪承载力应按《混凝土结构设计规范》(GB 50010—2010)附录 H 计算。

③对于施工阶段不加支撑的叠合式受弯构件,内力应分别按下列两个阶段计算:

a.第一阶段:后浇的叠合层混凝土未达到强度设计值之前的阶段。荷载由预制构件承担,预制构件按简支构件计算;荷载包括预制构件自重、预制楼板自重、叠合层自重以及本阶段的施工活荷载。

b.第二阶段:叠合层混凝土达到设计规定的强度值之后的阶段。叠合构件按整体结构计算;荷载考虑下列两种情况并取较大值:施工阶段考虑叠合构件、预制楼板、面层、吊顶等自重以及本阶段的施工活荷载;使用阶考虑叠合构件、预制楼板、面层、吊顶等自重以及使用阶段的可变荷载。

2.6 整体式无梁楼盖

2.6.1 无梁楼盖的特点

无梁楼盖是由板和柱组成的板柱结构体系。无梁楼盖将钢筋混凝土板直接支承于柱上,不设置主梁和次梁,常用的均为双向板无梁楼盖,其楼面荷载直接由板传给柱及柱下基础。无梁楼盖的结构高度小、净空大、通风采光条件好、支模简单,但用钢量较大,常用于地下车库、仓库、商场等建筑以及矩形水池的池顶和池底等结构。当无梁楼盖用于抗震结构中时 80%以上的水平地震作用应由抗震墙承担,形成板柱抗震墙结构体系。

无梁楼盖一般采用正方形柱网,也可采用矩形柱网,以正方形最为经济。柱网通常采用5~7 m。无梁楼盖按楼盖结构形式,可分为平板式和双向密肋式;按有无柱帽,可分为无柱帽轻型无梁楼盖和有柱帽无梁楼盖;按施工程序,分为现浇整体式无梁楼盖和装配整体式无梁楼盖。本节着重介绍现浇整体式无梁楼盖。

图2.52所示为有柱帽无梁楼盖在破坏时的裂缝分布。试验中观察到,在均布荷载作用下,第一批裂缝出现在柱帽顶面上;继续加载,于板顶沿柱列轴线出现裂缝。随着荷载的不断增加,顶板裂缝不断发展,在板底跨内成批地出现互相垂直且平行于柱列轴线的裂逢,并不断发展。当结构即将达到承载力极限状态时,在柱帽顶面上和柱列轴线的顶板以及跨中板底的裂缝中出现一些特别大的主裂缝。在这些裂缝处,受拉钢筋达到屈服,受压区混凝土被压碎,此时楼板即告破坏。

—— 新出现的裂缝 ++++++ 很宽的裂缝 ××××× 混凝土压碎

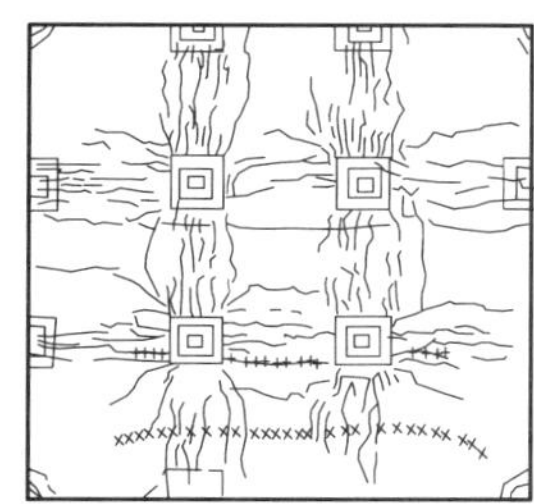

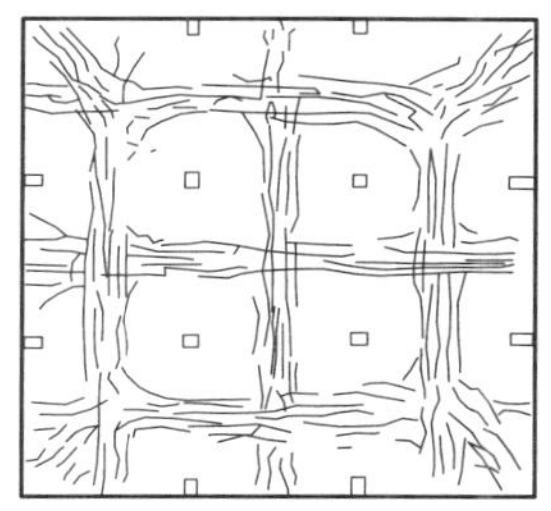

图2.52 无梁楼盖的破坏裂缝

无梁楼盖是四点支撑的双向板。无梁板是双向受力,无梁板在两个方向都是由板受弯,在无梁板计算跨度内的任一截面,内力与变形沿宽度方向是处处不同的。

无梁楼盖可按柱网划分成若干区格,将其视为由支承在柱上的“柱上板带”和弹性支承于柱上板带的“跨中板带”组成的水平结构,如图2.53所示。柱中心线两侧各1/4跨度范围内的板带称为柱上板带,跨中板带是柱上板带之间的部分,其宽度是跨度的1/2。考虑到钢筋混凝土板具有内力重分布的能力,可以假定在同一种板带宽度内,内力的数值是均匀的,钢筋也可以均匀地布置。

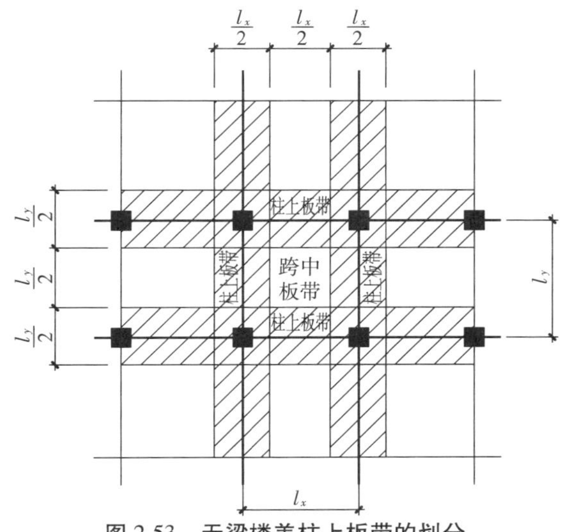

图2.53 无梁楼盖柱上板带的划分

2.6.2 无梁楼盖的内力计算

无梁楼盖既可按弹性理论计算，也可按塑性理论计算。按弹性理论计算一般采用两种近似方法，即经验系数法和等代框架法。这两种方法仅在无梁楼盖具有较规则柱网的情况下才能应用。

1）经验系数法

经验系数法又称总弯矩法或直接设计法。该方法先计算两个方向的截面总弯矩，再将截面总弯矩分配给同一方向的柱上板带和跨中板带。

(1)经验系数法应用条件

为了使各截面的弯矩设计值适应各种活荷载的不利布置，应用经验系数法时无梁楼盖的布置应满足下列条件：

①每个方向至少有3个连续跨；

②同方向相邻跨度的差值不超过较长边的1.2倍；

③任一区格板的长边与短边之比值 $l_x/l_y \leqslant 2$；

④可变荷载和永久荷载之比值 $q/g \leqslant 3$；

⑤用该方法计算时，只考虑全部均布荷载，不考虑活荷载的不利布置。

(2)经验系数法的计算步骤

分别按下式计算每个区格两个方向的总弯矩设计值。

$$x\text{ 方向}\quad M_{0x} = \frac{1}{8}(g+q)\,l_y\left(l_x - \frac{2}{3}c\right)^2 \tag{2.20}$$

$$y\text{ 方向}\quad M_{0y} = \frac{1}{8}(g+q)\,l_x\left(l_y - \frac{2}{3}c\right)^2 \tag{2.21}$$

式中 g,q——板面永久荷载和可变荷载设计值，kN/m^2；

l_x,l_y——沿纵、横两个方向的柱网轴线尺寸；

c——柱帽在计算弯矩方向的有效宽度。

表2.17 柱上板带和跨中板带弯矩分配值

	截　面	柱上板带	跨中板带
内　跨	支座截面弯矩值	$0.50M_0$	$0.17M_0$
	跨中正弯矩	$0.18M_0$	$0.15M_0$
边　跨	第一内支座截面负弯矩	$0.50M_0$	$0.17M_0$
	跨中正弯矩	$0.22M_0$	$0.18M_0$
	边支座截面负弯矩	$0.48M_0$	$0.05M_0$

注：①此表为无悬臂板的经验系数，有较小悬臂板时仍可采用。

②在总弯矩值不变的情况下，必要时允许将柱上板带负弯矩的10%分给跨中板带负弯矩。

2）等代框架法

如果钢筋混凝土无梁双向板不符合经验系数法所要求的 4 个条件时，可采用等代框架法确定竖向均布荷载作用下的内力。

等代框架法是把整个结构分别沿纵、横柱列划分为具有“框架柱”和“框架梁”的纵向与横向框架后分别进行计算分析。具体步骤如下：

①计算等代框架梁、柱几何特征。其中等代框架梁宽度和高度取为板跨中心线间的距离（l_x或 l_y）和板厚，跨度取为（$l_y-2c/3$）或（$l_x-2c/3$）；等效柱的截面即原柱截面，楼层等效柱的计算高度取层高减去柱帽高度；底层柱高度取为基础顶面至楼板底面高度减柱帽高度。

②按框架计算内力。按等效框架计算时，应考虑可变荷载的不利组合。当仅作用竖向荷载时，可近似按分层法计算，从而进一步简化等效框架的计算。

③分配内力。将计算所得的等代框架控制截面总弯矩，按表 2.18 中所列系数分配给柱上板带和跨中板带。

表 2.18　等代框架梁弯矩分配系数表

	截　面	柱上板带	跨中板带
内　跨	支座截面负弯矩值	0.75	0.25
	跨中正弯矩	0.55	0.45
边　跨	第一内支座截面负弯矩	0.75	0.25
	跨中正弯矩	0.55	0.45
	边支座截面负弯矩	0.90	0.1

2.6.3　无梁楼盖设计

1）板的厚度及板的截面有效高度

无梁楼盖的板通常是等厚的。对板厚，除应满足承载力要求外，同时还需要满足刚度要求。无梁楼板的最小厚度为 150 mm。当采用无帽顶板时，板厚不小于区格长边的 1/30；当采用有帽顶板时，板厚不小于区格长边的 1/35，此时可不验算板的挠度。

当采用无柱帽时，柱上板带可适当加厚，加厚部分的宽度可取相应板跨的 0.3 倍左右。板的截面有效高度取值与双向板类同。同一区格在两个方向同号弯矩作用下，由于两个方向的钢筋又叠置在一起，因此应分别采用不同的截面有效高度。当为正方形区格时，为简化计算，可取两个方向的有效高度和平均值。

2）板的配筋

根据柱上和跨中板带截面弯矩算得的钢筋，可沿纵、横两个方向均匀布置于各自的板带上。钢筋的直径和间距与一般双向板的要求相同，对于承受负弯矩的钢筋，其直径不宜小于 12 mm，以保证施工时具有一定的刚性。

无梁楼盖中的配筋形式也有弯起式和分离式两种。钢筋弯起或切断的位置应满足图 2.54 所示的要求。如果将柱网轴线上一定数量的钢筋连通起来，对于防止因整块板掉落而引起的结构连续性倒塌是有利的。

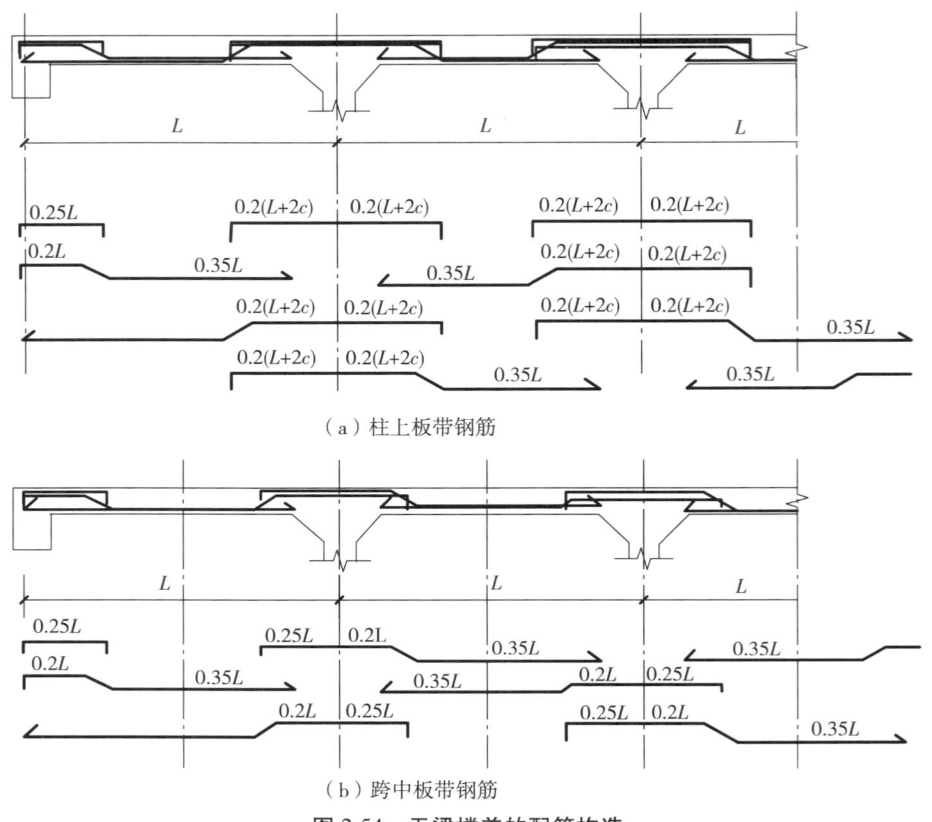

图 2.54　无梁楼盖的配筋构造

3) 边梁

无梁楼盖的周边应设置边梁，其截面高度应不小于板厚的 2.5 倍，与板形成倒 L 形截面。边梁除了与边柱上的板带一起承受弯矩外，还要承受垂直于边梁轴线方向的扭矩，所以应配置必要的抗扭构造钢筋。

2.6.4　无梁楼盖柱帽设计

无梁楼盖全部楼面荷载是通过板柱连接面上的剪力传给柱的。由于板柱连接面积较小，而楼面荷载较大，可能因受剪能力不足而发生冲切破坏，将沿柱周边产生 45°角方向斜裂缝，板柱之间发生错位，如图 2.55 所示。为了增大板柱连接面积，提高受冲切承载力，在柱顶部设置柱帽。设置柱帽还可以减少板的计算跨度以及增加楼面的刚度，但给施工带来诸多不便。对于跨度较小的无梁楼盖可以不设柱帽，板受冲切承载力不足时可采用箍筋或弯起钢筋的办法防止冲切破坏。

无梁楼盖柱帽平面可为方形或圆形，剖面有 3 种形式，如图 2.56 所示。(a)无顶板柱帽，适用于板面荷载较小时；(b)折线形柱帽，适用于板面荷载较大时，它的传力过程比较平缓，但施工较为复杂；(c)有顶板柱帽，使用条件同第二种，施工方便但传力作用稍差。图 2.56 中 c 为柱帽的计算宽度，为 $(0.2\sim0.3)l_0$，l_0 为板区格长边计算跨长；a 为顶板宽度，一般取 $a\geqslant0.35l_0$；顶板厚度一般取板厚的一半。

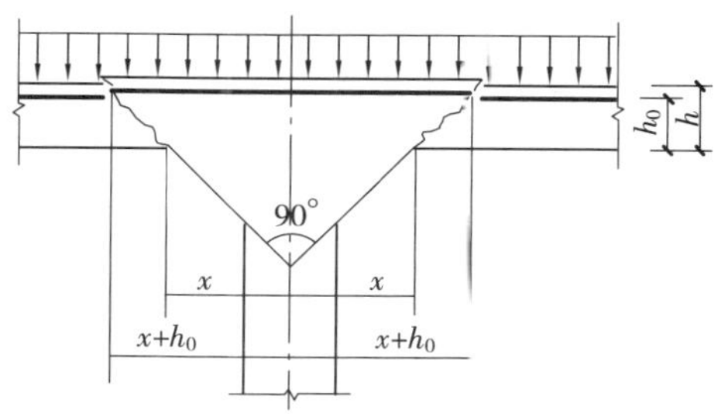

图 2.55　柱帽冲切破坏形态

无梁楼盖柱帽是按照 45° 角压力线确定其尺寸的，故柱帽本身不需进行配筋计算，钢筋按构造要求配置，如图 2.56 所示。

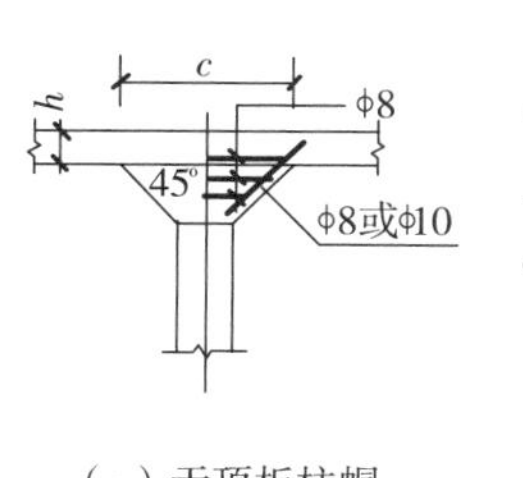

（a）无顶板柱帽

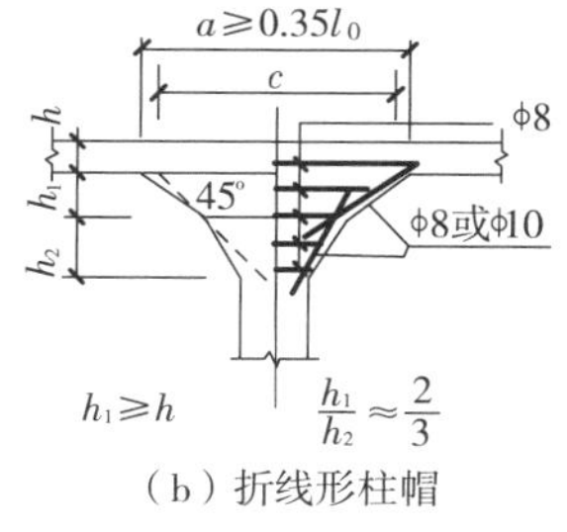

（b）折线形柱帽

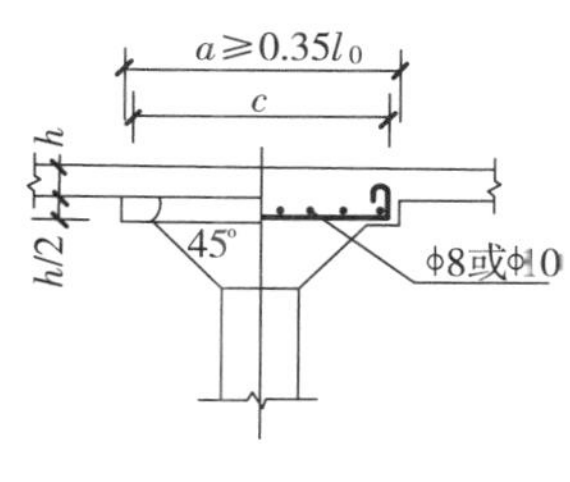

（c）有顶板柱帽

图 2.56　柱帽形式及构造配筋

无梁楼盖的柱帽计算主要是指柱帽处楼板支承面的受冲切承载力验算，如图 2.56 所示，其计算公式如下：

$$F_l\leqslant0.7\beta_h f_t\eta u_m h_0 \tag{2.22}$$

式中　F_l——冲切力设计值，即柱所承受的力设计值减去柱顶冲切破坏锥体范围内的荷载设计值，可按式(2.23)计算(x,y 如图 2.56 所示，其中 y 与 x 方向垂直)：

$$F_l=(g+q)\left[l_{0x}l_{0y}-4(x+h_0)(y+h_0)\right] \tag{2.23}$$

f_t——混凝土的抗拉强度设计值。

β_h——截面高度影响系数，当 $h\leqslant800$ mm 时，取 $\beta_h=1.0$；当 $h\geqslant2\,000$ mm 时，$\beta_h=0.9$；其间按线性内插法取用。

u_m——距冲切破坏锥体周边 $h_0/2$ 处的周长。

h_0——板冲切破坏锥体的有效高度。

η——系数，按下列两式计算并取其中较小值：

$$\eta_1=0.4+\frac{1.2}{\beta_s} \tag{2.24a}$$

$$\eta_2=0.5+\frac{\alpha_s h_0}{4u_m} \tag{2.24b}$$

式中　η_1——局部荷载或集中反力作用面积形状的影响系数。

η_2——临界截面周长与板截面有效高度之比的影响系数。

β_s——局部荷载或集中反力作用面积为矩形时的长边与短边尺寸的比值，β_s 不宜大于 4；当 $\beta_s<2$ 时，取 $\beta_s=2$；当面积为圆形时，取 $\beta_s=2$；

α_s——板柱结构中柱类型的影响系数。对中柱，取 $\alpha_s=40$；对边柱，取 $\alpha_s=30$；对角柱，取 $\alpha_s=20$。

若无梁楼盖支承面的受冲切承载力不满足式(2.23)的要求，板厚 $h \geqslant 150$ mm 并受到限制，亦可配置抗冲切钢筋。为防止板厚度过小、抗冲切钢筋数量过多，避免在使用阶段因冲切发生的斜裂缝开展过宽，则必须满足式(2.25)条件：

$$F_l \leqslant 1.2 f_t \eta u_m h_0 \tag{2.25}$$

无梁楼盖配置箍筋或弯起钢筋受冲切承载力按下式计算：

当配置箍筋时

$$F_l \leqslant 0.5 f_t \eta u_m h_0 + 0.8 f_{yv} A_{svu} \tag{2.26}$$

当配置弯起钢筋时

$$F_l \leqslant 0.5 f_t \eta u_m h_0 + 0.8 f_y A_{sbu} \sin \alpha \tag{2.27}$$

式中 A_{svu}——与呈 45°冲切破坏锥体斜截面相交的全部箍筋截面面积；

A_{sbu}——与呈 45°冲切破坏锥体斜截面相交的全部弯起钢筋截面面积；

f_{yv}——箍筋抗拉强度设计值；

f_y——弯起钢筋抗拉强度设计值；

α——弯起钢筋与板底面的夹角。

对于配置抗冲切箍筋或弯起钢筋的冲切破坏锥体以外截面，仍应按式(2.22)进行受冲切承载力验算。此时，u_m应取配置抗冲切钢筋的冲切破坏锥体以外 $0.5h_0$ 处的最不利周长计算。当有可靠依据时，也可配置其他有效形式的抗冲切钢筋，如工字钢、槽钢、抗剪锚栓和扁钢 U 形箍等。

无梁楼盖板中配置抗冲切箍筋或弯起钢筋时，板厚度应不小于 200 mm；按计算所需的箍筋，应配置在冲切破坏锥体范围内。此外尚应按相同的箍筋直径和间距从柱边向外延伸配置在不小于 $1.5h_0$ 范围内，箍筋宜为封闭式，并应箍住架立钢筋，箍筋直径应不小于 6 mm，其间距应不大于 $h_0/3$，如图 2.57(a)所示。

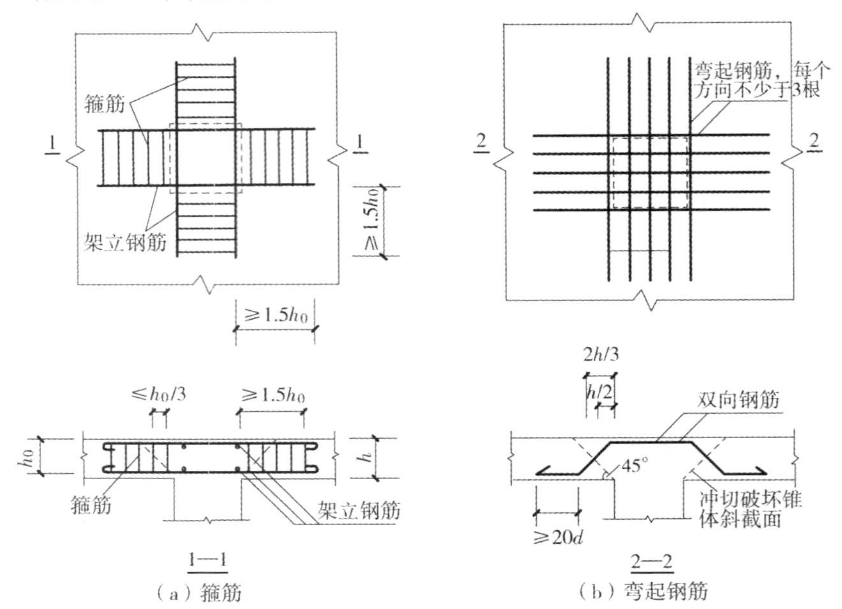

图 2.57 板中受冲切钢筋布置

按计算所需的弯起钢筋应配置在冲切破坏锥体范围内，弯起钢筋可由一排或两排组成，其弯起角可根据板的厚度在 30°~45°角选取，弯起钢筋的倾斜段应与冲切破坏斜截面相交，其交点应在离柱边以外 $h/2 \sim 2h/3$ 的范围内，如图 2.57(b)所示。弯起钢筋的直径不应小于12 mm，且每方向不应少于 3 根。

本章小结

(1)梁板结构设计是结构设计中最基本和最重要的组成部分之一。其主要内容是在理解建筑设计意图和充分满足建筑设计功能的前提下，根据由工程经验等所形成的基本设计原则和设计思想，进行建筑和结构总体布置以及确定细部构造并最终完成施工图设计。

(2)梁板结构设计的基本步骤是确定结构体系→选择构件材料强度和构件各部分几何尺寸→建立合理的力学模型(即计算简图)→进行结构分析(其中主要包括内力、变形的计算分析等)→构件截面设计(其中主要包括截面承载力计算、配筋计算、挠度和裂缝宽度验算等)→结构的构造设计→绘制结构施工图(其中主要包括结构平面布置图、构件模板和配筋图等)。

(3)结构体系和布置对结构的可靠性和经济性具有重要意义。因此，应熟悉现浇单、双向板梁板结构，无梁楼盖结构，装配整体式梁板结构的受力特点及应用范围，以便根据建筑使用要求选择合理的结构方案。

(4)结构计算简图(其中包括计算模型和荷载图示)的确定是重要的，确定计算简图时必须抓住影响结构内力和变形的主要因素，忽略次要因素，保证结构分析的精度并简化结构分析。

(5)整体式单向板梁板结构分析有两种分析方法：按弹性理论和塑性理论的计算方法。考虑塑性内力重分布的分析方法，更能符合钢筋混凝土超静定结构的实际受力状态，并能取得一定的经济效果。塑性铰、结构承载力极限状态和塑性内力重分布的概念是本章的主要概念。为保证超静定结构塑性内力重分布的完全实现，应对塑性铰的转动幅度予以控制，同时应使塑性铰具有足够的转动能力，为此应采用塑性较好的混凝土和钢筋，截面相对受压区高度应满足 $0.1 \leqslant \xi \leqslant 0.35$ 的要求。为保证塑性内力重分布的完全实现还应使结构斜截面具有足够的受剪承载力。为防止梁板结构在正常使用荷载作用下的变形及裂缝开展宽度过大，应控制塑性铰处弯矩的调整幅度 $\beta \leqslant 25\%$。

(6)整体式双向板梁板结构分析亦有按弹性和塑性理论计算两种方法，目前设计中多采用弹性理论计算方法。多跨连续双向板荷载的分解是双向板由多区格转化为单区格板结构分析的重要方法。

(7)整体式无梁楼盖结构是应用较为广泛的结构形式，柱上板带相当于支承在柱上的“连续板”，而跨中板带相当于支承在柱上板带的“连续板”；整体式无梁楼盖结构内力分析时，结构无侧移时采用经验系数法，有侧移时采用等代框架法；无梁楼盖设置柱帽主要是提高板的抗冲切承载力，同时减少板的跨度、支座及跨内截面弯矩值。

(8)梁板结构必须进行承载力设计；如果梁板截面高度满足一定的高跨比要求，一般情况下即可满足刚度设计要求；构件的配筋数量，不仅取决于承载力的控制，往往还会取决于混凝土裂缝控制。结构的配筋方案，纵筋的布置、弯起和切断，箍筋直径、间距和肢数的变化等，应根据结构的内力包络图和材料图决定，但对多数结构可采用半理论半经验的配筋方案及构造要求,而不必作内力包络图和材料图。

(9)装配整体式结构中的铺板应特别注意板与板、板与墙体的灌缝与连接,以保证楼盖的整体性。预制结构除注意正常使用阶段计算外,还应注意施工阶段验算。

(10)整体式梁、板式楼梯是斜向结构,内力计算可化为水平结构进行分析;雨篷是悬挑结构,悬挑结构不但要进行结构自身的承载力计算,还要进行整体结构的抗倾覆验算。

思考题

2.1　梁板结构的功能有哪些?

2.2　现浇钢筋混凝土梁板结构有几种基本形式?它们是怎样划分的?

2.3　荷载在现浇单向板梁板结构的板、次梁和主梁中是如何传递的,为什么?在按弹性理论和塑性理论计算时,两者的计算简图有何区别?

2.4　多跨连续梁板结构中,欲求结构跨内和支座截面最不利内力时,如何确定活荷载的最不利布置?

2.5　何谓结构内力包络图?它与结构内力图有何异同?

2.6　何谓结构材料图?纵向钢筋弯起和切断时,结构的材料图有何变化?

2.7　何谓塑性铰?塑性铰与理想铰有何异同?

2.8　何谓结构的破坏形态和破坏机制态?试举例说明。

2.9　何谓结构塑性内力重分布?试举例说明。

2.10　塑性铰的部位及塑性弯矩值与塑性内力重分布有何关系?试举例说明。

2.11　何谓弯矩调幅?考虑塑性内力重分布的分析方法中,为什么要对塑性铰处弯矩调整幅度加以限制?

2.12　如何增加塑性铰的转动能力?其中哪种措施是最有效的?

2.13　在进行双向板的内力计算时其基本假定是什么?计算双向板控制截面的最不利内力时活荷载如何布置?荷载应如何分解?支承条件怎样确定?

2.14　整体式无梁楼盖结构按弹性理论的内力分析中,按经验系数法及按等代框架法基本假定有何区别?如何进行柱帽设计?

2.15　装配整体式铺板结构中,板与板、板与承重横墙的连接、板与纵墙的连接有何重要性?

2.16　斜向结构(如楼梯)在竖向均布荷载作用下,其内力如何分析?它与水平向结构相比有何特点?

2.17　整体式雨篷结构中,雨篷板、梁受力有何特点?梁的最大扭矩内力如何确定?结构整体抗倾覆验算有何特点?

习　题

某多层民用建筑,采用砖混结构,楼盖结构平面如下图所示。

(1)楼板顶面和底面的粉灰和构造层(不包括楼板自重)的恒载标准值为 1.33 kN/m^2,楼面活荷载标准值为 4.0 kN/m^2。

(2)混凝土强度等级为 C30。梁侧用石灰砂浆粉刷,厚度 15 mm。板的支承长度 120 mm,次梁的支承长度 240 mm,主梁的支承长度 370 mm。

(3)梁中纵向受力钢筋采用 HRB400 级,其余采用 HPB300 级。

对该楼盖进行结构平面布置,分别采用弹性方法和塑性方法计算板和次梁,并用弹性方法计算主梁,然后进行配筋计算,绘制施工图和主梁的材料图。

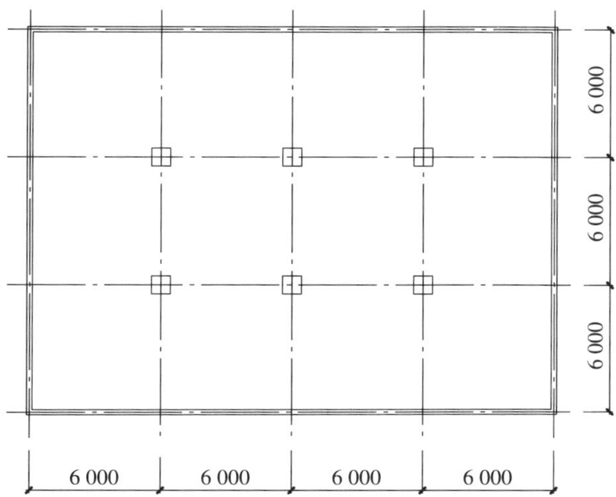

Chapter 3 Design of One-story Industrial Workshop Structures

第3章 单层厂房结构设计

本章导读

基本要求：掌握单层厂房的结构布置和构件选型，熟悉屋面支撑及柱间支撑的设计；掌握钢筋混凝土排架柱的荷载计算、内力计算及内力组合；掌握钢筋混凝土柱、牛腿、柱下独立基础计算及构造；了解钢筋混凝土屋架、吊车梁和钢筋混凝土单层厂房结构的抗震设计要点。

重点：钢筋混凝土排架柱的荷载计算、内力计算及内力组合；钢筋混凝土柱、牛腿、柱下独立基础计算及构造。

难点：单层厂房结构的支撑作用及布置；钢筋混凝土排架柱的内力组合；钢筋混凝土单层厂房结构的抗震设计方法。

3.1 结构类型与结构体系

3.1.1 单层厂房的结构类型

适用于工业生产的厂房有单层与多层之分。对设备轻或虽然设备较重但产品小而轻的车间，为节约用地和满足生产工艺的要求，宜采用多层厂房；对于冶金、炼钢、轧钢、铸造、锻压、金工、装配等车间，一般因设有大型机器或设备，产品较重且体积尺寸较大，故宜直接在地面上生产而设计成单层厂房。

单层厂房依据其跨度、高度和吊车起重量等因素的不同可采用混合结构、混凝土结构或钢结构。一般跨度不大于 15 m，柱顶标高不超过 8 m，无吊车或吊车起重量不超过 50 kN 且无特殊工艺要求的小型厂房，可采用由钢筋混凝土屋架或轻钢屋架、砖柱组成的混合结构；对跨度大于 36 m，吊车起重量超过1 500 kN 或有特殊工艺要求的大型厂房，可采用全钢结构或由钢屋架与钢筋混凝土柱组成的结构。除上述情况以外的单层厂房，一般采用混凝土结构并且多采用装配式钢筋混凝土结构。单层厂房基础材料采用砖、石砌体和钢筋混凝土。

3.1.2　单层厂房的结构体系

钢筋混凝土单层厂房常用的结构体系，有排架结构和刚架结构两种。

钢筋混凝土排架结构由屋架或屋面梁、柱和基础组成。排架柱顶与屋架或屋面梁为铰接，柱底与基础为刚接。根据生产工艺和使用要求不同，排架结构可设计为单跨或多跨、等高或不等高等多种形式，如图 3.1 所示。

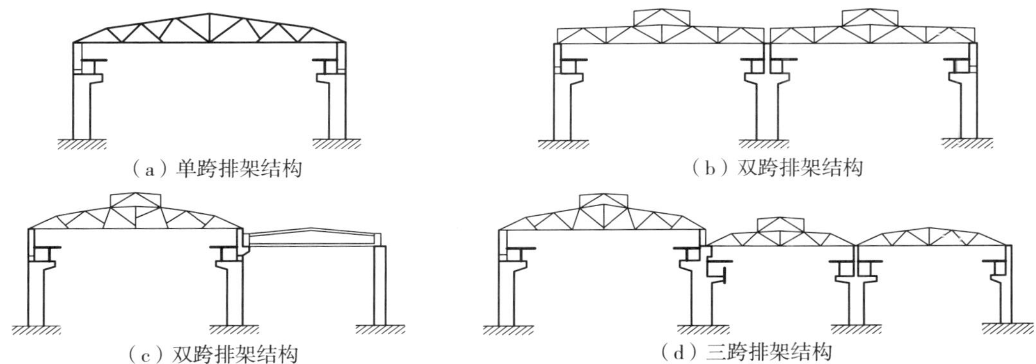

图 3.1　排架结构

在单层厂房设计中，对于跨度较大以及对相邻厂房有较大干扰的车间，应采用单跨厂房；对于跨度较小且生产工艺和使用要求相同或相近的一些车间，可组合成一个多跨厂房。多跨厂房有利于提高厂房结构的横向刚度，减少柱的截面尺寸，节省材料，提高土地利用率，减少公共设施及工程管道等，但多跨厂房需设置天窗等解决通风和采光问题。

对于单层多跨厂房一般应尽量设计成等高厂房，以使结构受力明确，设计和计算简单；构件种类规格少，施工方便。但当生产工艺要求的相邻跨高差较大时，则应设计成不等高厂房。

钢筋混凝土门式刚架结构通常由钢筋混凝土的横梁、柱和基础组成。与排架结构不同，门式刚架结构中柱与横梁为一个构件，刚架柱与横梁为刚接，刚架柱与基础常为铰接，有时也采用刚接。刚架结构按横梁形式的不同，分为折线形门式刚架和拱形门式刚架，如图 3.2 所示。

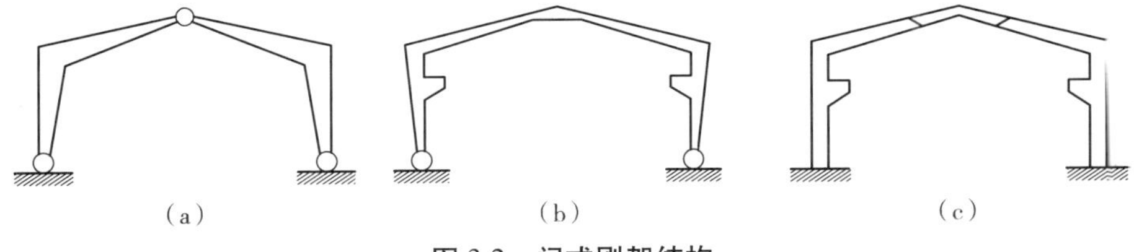

图 3.2　门式刚架结构

当门式刚架的顶节点做成铰接时，称为三铰门式刚架，如图 3.2(a)所示；当门式刚架顶节点做成刚接时，即成为两铰门式刚架，如图 3.2(b)所示；当门式刚架跨度较大时，为了便于运输和吊装施工，通常将门式刚架做成三段，在横梁弯矩较小的截面处设置接头，用焊接或螺栓连接成整体，如图 3.2(c)所示。门式刚架的立柱和横梁通常设计成变截面构件，以适应其受力特点，减少材料用量。刚架结构的优点是梁柱合一，构件种类少，制作简单，跨度和高度较小时比钢筋混凝土排架结构节省材料；但其缺点是梁柱转折处因弯矩较大而容易产生裂缝，并且刚架柱在横梁的推力作用下，将产生相对位移，使厂房的跨度发生变化。因此，刚架结构在有较大起重量的吊车厂房中，应用会受到一定的限制。门式刚架结构一般仅适用于无吊车或吊车起重量不大于 100 kN，跨度不大于 18 m，檐口高度不大于 10 m 的中小型单层厂房或仓库等建筑。

3.2 单层厂房结构组成及荷载传递

3.2.1 结构组成

单层钢筋混凝土排架结构厂房通常是由各种不同结构构件连接而组成的一个复杂的空间受力体系，如图 3.3 所示，可分为屋盖结构、横向平面排架、纵向平面排架和围护结构四大部分。

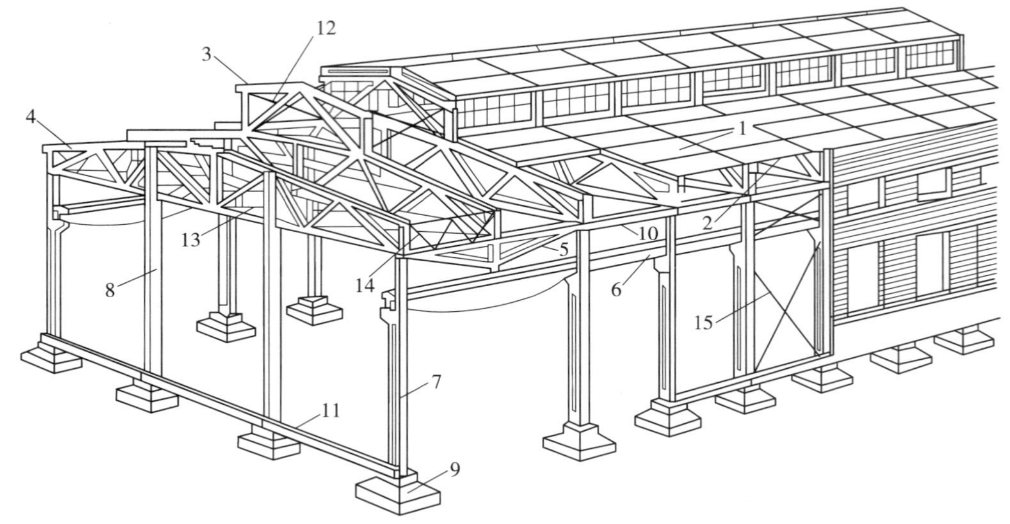

图 3.3 单层厂房的结构组成

1—屋面板；2—天沟板；3—天窗架；4—屋架；5—托架；6—吊车梁；7—排架柱；
8—抗风柱；9—基础；10—连系梁；11—基础梁；12—天窗架垂直支撑；
13—屋架下弦横向水平支撑；14—屋架端部垂直支撑；15—柱间支撑

1）屋盖结构

屋盖结构由排架柱顶以上部分各构件组成，包括屋面板、天窗架、屋架、托架等构件。其作用是承受屋盖结构的自重、屋面活荷载、雪荷载和其他荷载，并将这些荷载传给排架柱，同时具有围护、采光和通风功能。

屋盖结构分为无檩体系和有檩体系。无檩体系由大型屋面板、屋架或屋面梁、屋盖支撑组成。无檩体系屋面刚度大、整体性好、构件种类和数量较少、施工速度快，是单层钢筋混凝土厂房中应用较广泛的形式。有檩体系由小型屋面板、檩条、屋架或屋面梁、屋盖支撑组成。有檩体系因其刚度小、整体性差，一般适用于中小型厂房。为满足厂房内通风和采光需要，屋盖结构中有时还需设置天窗架(其上也有屋面板)及天窗架支撑。当生产工艺或使用上要求抽柱时,则需在抽柱的屋架下设置托架。

2)横向平面排架

横向平面排架由横向柱列(横向平面内排架柱)、横梁(屋架或屋面梁)和基础组成,如图 3.4 所示。厂房结构受到的竖向荷载(包括结构自重、屋面活荷载、雪荷载、吊车竖向荷载等)和横向水平荷载(包括横向风荷载、吊车横向水平荷载、横向水平地震作用等)主要由横向平面排架承担,并通过它传给基础及地基。

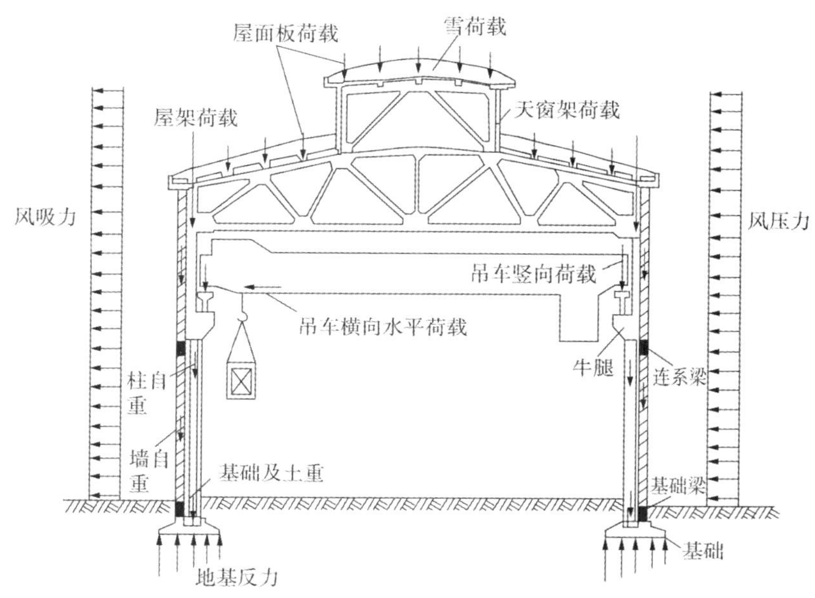

图 3.4　横向平面排架

3)纵向平面排架

纵向平面排架由纵向柱列、连系梁、吊车梁、柱间支撑和基础组成,如图 3.5 所示。其作用是保证厂房结构的纵向刚度和稳定性,承受厂房结构受到的纵向水平荷载(山墙传来的纵向风荷载、吊车纵向水平荷载、纵向水平地震力、温度应力等),并将其传给基础。通常,纵向平面排架承担的荷载较小,纵向柱子较多,再加上柱间支撑的加强,因而纵向平面排架的刚度较大,内力较小,一般可不进行计算,但设计时需注意构造措施。当需要考虑地震作用时,就要进行纵向平面排架的计算。

4)围护结构

围护结构由纵墙、横墙(山墙)、圈梁、连系梁、基础梁、抗风柱等组成。这些构件主要承受的荷载有:构件的自重、墙重以及作用在墙面上的风荷载。纵墙和横墙一般为自承重砌体墙,大型厂房也可采用预制墙板。

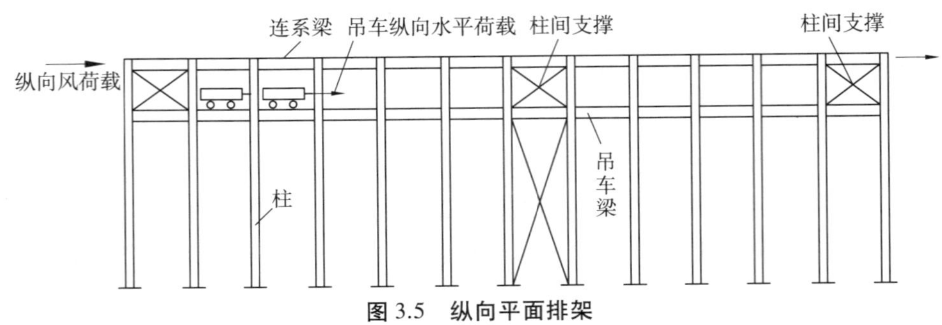

图 3.5　纵向平面排架

3.2.2　荷载传递

作用在纵、横向平面排架上的荷载按随时间变异分类，可分为永久荷载和可变荷载。永久荷载包括各种构件的自重、围护结构和设备自重；可变荷载包括屋面活荷载、雪荷载、屋面积灰荷载、风荷载、吊车荷载等。上述荷载按其作用方向可分为竖向荷载、横向水平荷载和纵向水平荷载 3 种。其中前两种荷载主要通过横向平面排架传至地基，如图 3.4 所示；后一种荷载主要通过纵向平面排架传至地基，如图 3.5 所示。为便于理解，可将竖向荷载、横向水平荷载和纵向水平荷载的传递路线近似简化表达，如图 3.6 所示。

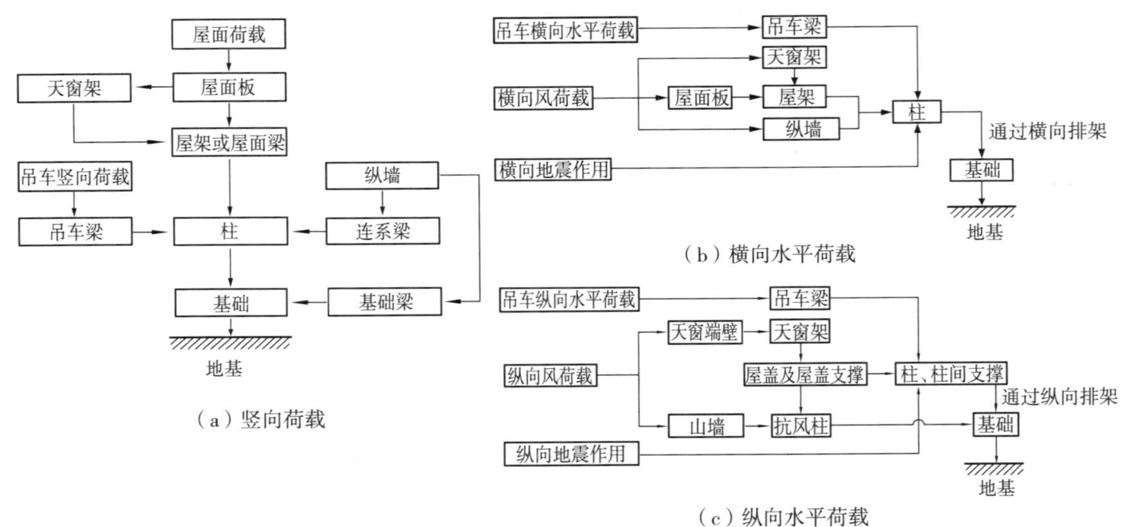

图 3.6　荷载传递路线图

通过上述分析可知，横向平面排架是重要的承重结构；屋架、吊车梁、排架柱和基础是主要承重构件，在结构设计时必须满足承载能力和刚度要求。

在单层厂房结构设计中，屋面板、屋架或屋面梁、吊车梁、连系梁、柱及基础等构件都有相应的标准图或通用图供设计时选用，但柱和基础需要根据工程的实际情况进行设计计算。

单层钢筋混凝土厂房结构设计按以下步骤进行：

①结构布置；

②选用标准构件；

③分析排架内力；
④计算柱和基础配筋；
⑤绘制结构构件布置图；
⑥绘制柱和基础施工图。

3.3 结构布置

在厂房结构类型、结构体系、生产工艺等各项要求确定后，可进行结构布置，具体工作有：厂房的结构平面及高度布置、支撑布置和围护结构布置。

3.3.1 厂房平面布置及高度尺寸的确定

1）柱网布置

在厂房的结构平面布置时，需根据生产工艺和使用要求，确定厂房承重柱的纵向定位轴线（跨度）和横向定位轴线（柱距）。通常把柱的定位轴线在平面上形成的网格称为柱网。柱网布置就是确定纵向和横向定位轴线间的尺寸。柱网确定后，厂房承重柱、屋面板、屋架或屋面梁、吊车梁和基础梁等构件的跨度也相应确定。柱网布置是否合理不仅与生产使用有关，还直接影响到厂房的经济合理性和先进性。柱网布置时要考虑厂房设计标准化、生产工厂化和施工机械化的条件。

为了便于厂房结构设计、构件生产和施工，柱网尺寸应遵守厂房建筑统一化基本规则。当厂房跨度不大于 18 m 时，厂房跨度应采用 3 m 的模数，即 9 m，12 m，15 m，18 m；当厂房跨度大于 18 m 时，厂房跨度应采用 6 m 的模数，即 24 m，30 m，36 m 等，如图 3.7 所示。从经济指标和

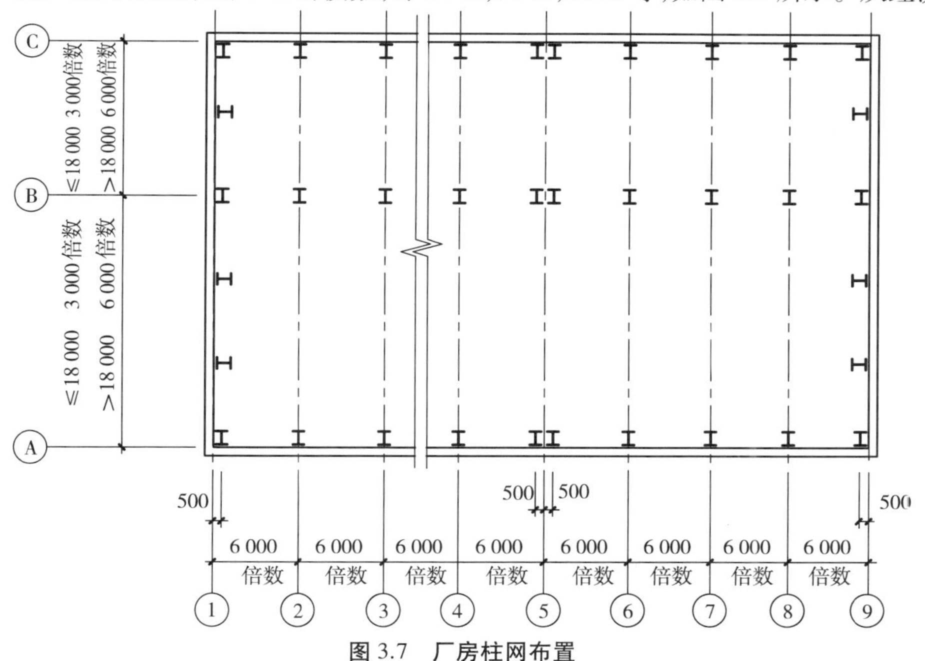

图 3.7　厂房柱网布置

施工条件方面衡量，厂房柱距采用 6 m 比 12 m 有优势；当工艺要求，可局部抽柱，即柱距为 12 m；当考虑工艺布置及从技术和经济角度分析比较，确有明显的优越性时，也可采用 21 m，27 m或 33 m 的跨度和 9 m 或其他柱距。

从现代化工业发展趋势来看，扩大柱距对增加车间有效面积、提高工艺设备的布置灵活性、减少构件数量和加快施工进度等都有利。当然由于构件尺寸增大，给制作、运输带来不便，对机械吊装设备要求更高。

2）变形缝的设置

变形缝包括伸缩缝、沉降缝和防震缝。

（1）伸缩缝

如果厂房的长度或宽度过大，当气温变化时，厂房上部结构的伸缩受到限制，结构内部产生温度应力。当温度应力较大时，可使屋面、墙体等开裂，影响厂房的正常使用。为了减少温度变化对厂房的不利影响，需要沿厂房的横向或纵向设置伸缩缝，将厂房结构分成若干个温度区段。厂房的横向伸缩缝应从基础顶面开始，将相邻两个温度区段的上部结构构件全部分开；伸缩缝处采用双柱、双屋架（屋面梁），纵墙和各构件间留出一定宽度的缝隙，以使上部结构在温度变化时，沿纵向可自由地变形，不致引起厂房开裂，如图 3.8（a）所示。对厂房的纵向伸缩缝，可采用如图 3.8（b）所示处理方法。温度区段的划分应尽可能简单规整，并应使伸缩缝的数量最少。温度区段的长度（伸缩缝之间的距离）与结构类型、施工方法和结构所处的环境有关。装配式钢筋混凝土排架结构的伸缩缝最大间距参照《混凝土结构设计规范》（GB 50010—2010）表8. 1. 1采用。

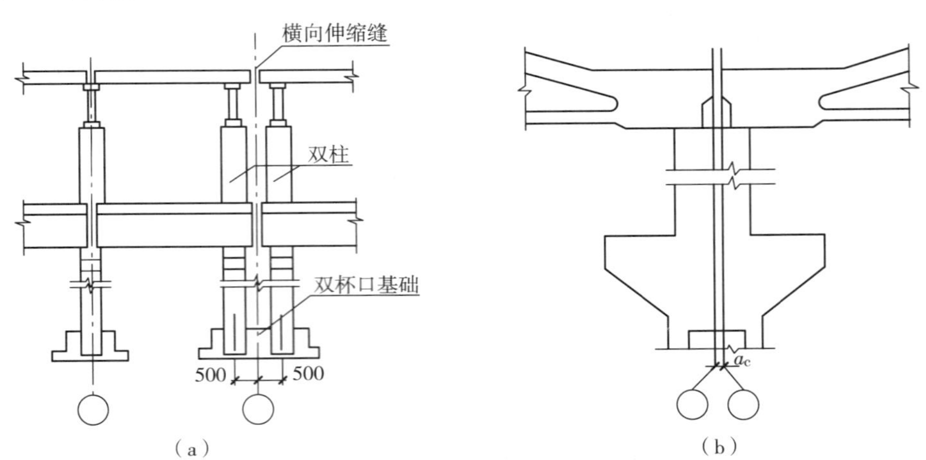

图 3.8 **伸缩缝构造**

（2）沉降缝

排架结构对地基不均匀沉降有较好的适应能力，一般不设沉降缝。如果单层厂房相邻两部分高度差很大（10 m 以上）、相邻两跨间吊车起重量相差较大、地基承载力或土的压缩性有较大的差异、厂房各部分的施工时间先后相差较长时，可考虑设置沉降缝。沉降缝应将厂房从屋顶至基础完全分开，以使缝两侧结构发生不同沉降时，不致影响厂房的使用功能。沉降缝可兼作伸缩缝的作用。

(3) 防震缝

为减轻地震区的单层厂房的震害，应考虑设置防震缝。当厂房的建筑平面、立面复杂或结构相邻部分的刚度、高度相差较大时，需采用防震缝将其分开。防震缝从基础顶面开始沿厂房全高设置，其宽度根据抗震设防烈度和缝两侧较低建筑的高度确定。防震缝设置后，应避免地震时相邻部分互相碰撞，导致厂房破坏。

抗震设防区厂房中设置的伸缩缝或沉降缝均应符合防震缝的要求。

3) 厂房高度的确定

厂房高度应根据生产工艺和使用要求确定，同时要符合建筑模数的规定。厂房高度是指屋面梁底面或屋架下弦底面的标高及吊车轨顶标高，如图 3.9 所示。这两个标高是厂房结构设计中重要的参数，对无吊车的单层厂房，屋面梁底标高 H 根据生产设备高度和生产使用、检修所需的高度确定；对设有吊车的单层厂房，屋面梁底标高 H 由生产设备高度和吊车起吊运行所需的高度确定。屋面梁底标高可按下列公式计算，并取两者中的较大值，即

$$H=h_1+h_2+h_3+h_4+h_5+h_6+h_7 \tag{3.1}$$

或

$$H=h_1+h_2+h_8+h_5+h_6+h_7 \tag{3.2}$$

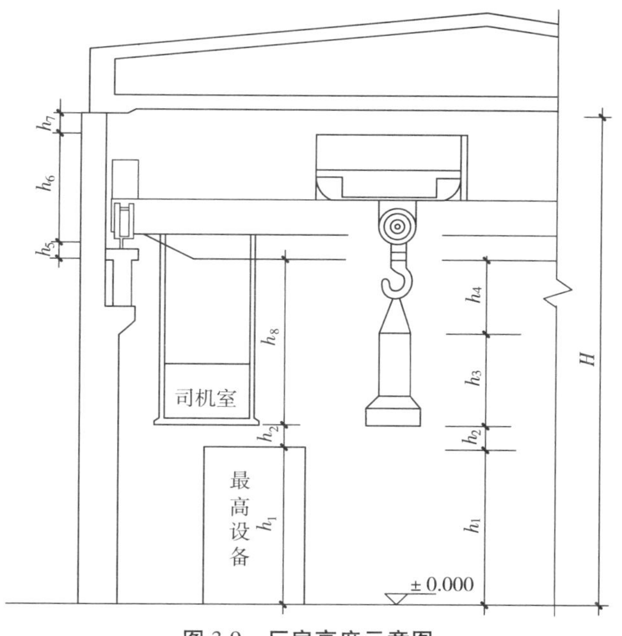

图 3.9　厂房高度示意图

其中 h_1 为最高设备的高度（对特别大的设备可降低局部地面）；h_2 为越过设备的安全高度，一般应不小于 500 mm；h_3 为最高吊物高度；h_4 为吊索最小高度；h_5，h_6 分别为吊车底、顶至吊车轨顶高度，可根据吊车规格查得；h_7 为吊车行驶安全高度，一般不小于 220 mm；h_3 为操纵室底至吊车底高度，由吊车规格查得。

吊车轨顶标高由屋面梁底标高或屋架下弦底标高减去 h_6 和 h_7 得到。柱的牛腿顶面标高为吊车轨顶标高减去吊车轨道连接高度和吊车梁端高度。确定厂房高度时，屋面梁底标高应为 300 mm 的倍数，柱的牛腿顶面标高应为 300 mm 的倍数。为满足以上要求，允许吊车轨顶实

际设计标高与工艺要求的标志高度相差±200 mm。

3.3.2 支撑布置

装配式钢筋混凝土单层厂房中，除排架柱下端与基础采用刚接外，其他构件连接均采用铰接。这种方案方便施工且对地基不均匀沉降有较强的适应性，但厂房的整体刚度和稳定性较差。因此，必须设置各种支撑，保证单层厂房在施工和使用过程中的可靠性，增强厂房的空间刚度。

单层厂房的支撑系统包括屋盖支撑和柱间支撑两大部分。

1）屋盖支撑

屋盖支撑包括设置在屋架（屋面梁）间的垂直支撑，纵向水平系杆，上、下弦平面内的横向水平支撑和下弦平面内的纵向水平支撑，天窗架支撑等（当有天窗时）。

（1）上弦横向水平支撑

上弦横向水平支撑是在屋架上弦平面内沿跨度方向由交叉角钢、直腹杆和屋架的上弦杆组成水平桁架。其作用是保证屋盖纵向水平刚度和屋架上弦杆在平面外的稳定；同时是山墙抗风柱柱顶的水平支座，承受由山墙传来的风荷载和其他纵向水平荷载，并将荷载传至厂房纵向柱列。

当屋盖为有檩体系或虽为无檩体系，但大型屋面板与屋架连接质量不能保证，且山墙抗风柱将风荷载传至屋架上弦时，应在每一个伸缩缝区段第一或第二柱间布置上弦横向水平支撑，如图3.10所示。当有天窗时，应在屋脊点沿厂房纵向设置一道水平刚性系杆，将天窗区段中的各榀屋架上弦与上弦横向水平支撑连接。

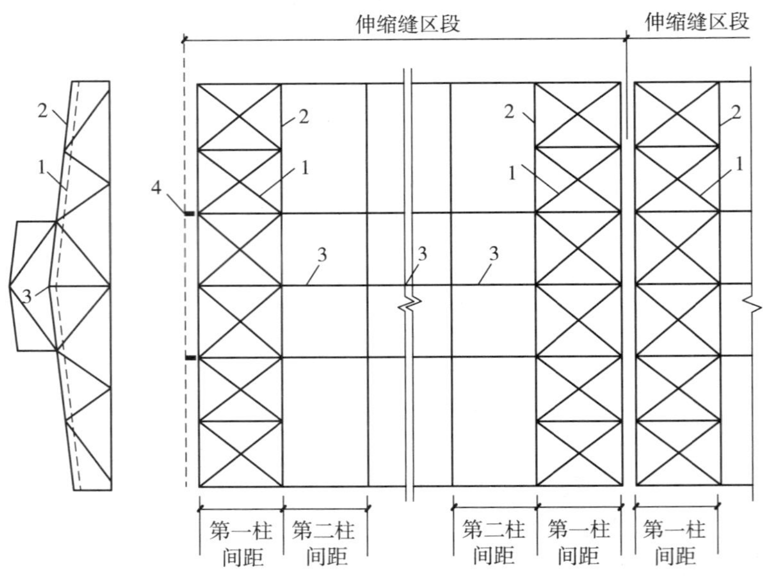

图3.10 上弦横向水平支撑

1—上弦水平支撑；2—屋架上弦；3—水平刚性系杆；4—抗风柱

(2)下弦横向水平支撑

下弦横向水平支撑是在屋架下弦平面内沿跨度方向由交叉角钢、直腹杆和屋架的下弦杆组成水平桁架。其作用是防止屋架下弦侧向振动,同时将山墙风荷载及纵向水平荷载传至厂房纵向柱列。当厂房跨度大于18 m或者当屋架下弦设有悬挂吊车或者厂房内有较大振动以及山墙风荷载通过抗风柱传至屋架下弦时,应在每一个伸缩缝区段端部布置下弦横向水平支撑,并与上弦横向水平支撑布置在同一柱间形成空间桁架体系,如图3.11所示。

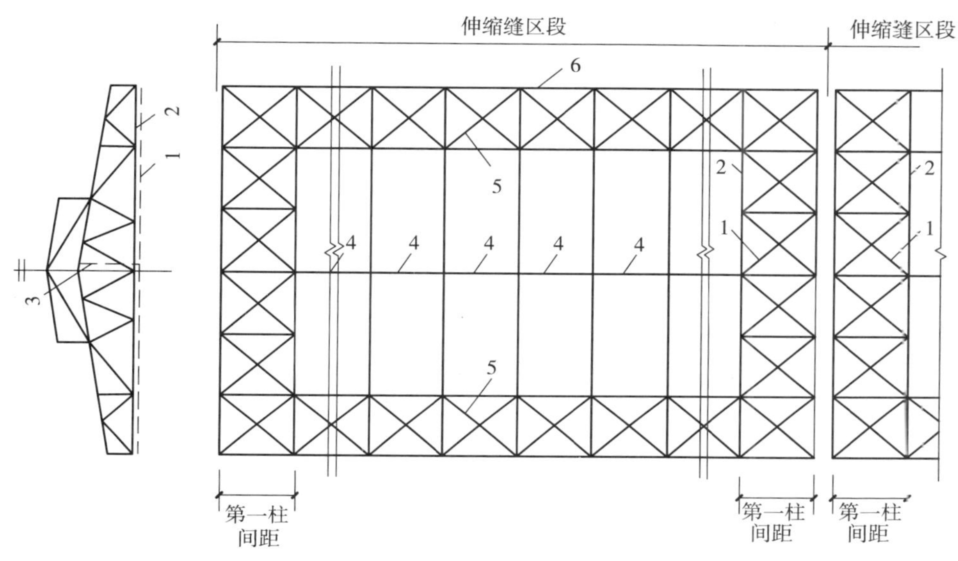

图3.11　下弦横向水平支撑及下弦纵向水平支撑

1—下弦横向水平支撑;2—屋架下弦;3—垂直支撑;4—水平系杆;5—下弦纵向水平支撑;6—托架

(3)下弦纵向水平支撑

下弦纵向水平支撑在屋架下弦平面内沿厂房纵向方向由交叉角钢、直腹杆和屋架的下弦杆组成水平桁架。其作用是保证横向水平力的纵向分布,提高屋盖的横向水平刚度。当厂房内设有硬钩桥式吊车,或者厂房内设有50 kN及以上锻锤,或者厂房内设有50 kN以上的悬挂吊车,或者厂房内有较大振动,或者纵向柱列柱距较大或抽柱而设置托架;或者厂房内设有软钩桥式吊车,且厂房高大,吊车吨位较重(如等高多跨厂房柱高大于15 m,吊车工作级别为A4~A5,起重量大于500 kN)时,应在屋架下弦端节间沿厂房纵向通长或局部设置一道下弦纵向水平支撑,如图3.11所示。当设置下弦纵向水平支撑,必须同时设置相应的下弦横向水平支撑,以形成封闭的水平支撑体系,保证厂房的空间刚度。

2)垂直支撑和水平系杆

垂直支撑是设置在屋架两端部、中部与屋架垂直的平面内,由角钢杆件与屋架直腹杆组成的垂直桁架。其作用是保证屋架承受荷载后在平面外的稳定并传递纵向水平力,应与下弦横向水平支撑布置在同一柱间。屋架的垂直支撑可做成十字交叉形或W形,如图3.12所示。

系杆分为柔性系杆和刚性系杆,前者只能承受拉力,一般由截面较小的钢杆件做成;后者既能受拉也能受压,可为钢筋混凝土杆件或钢杆件,截面相对大一些。设置上弦水平系杆可保证屋架上弦或屋面梁受压翼缘的侧向稳定,下弦水平系杆可防止在吊车或其他水平振动时屋架下弦发生侧向颤动。凡设在屋架端部柱顶处和屋架上弦屋脊节点处的通长水平系杆,均应采用刚性系杆,其余均应采用柔性系杆。

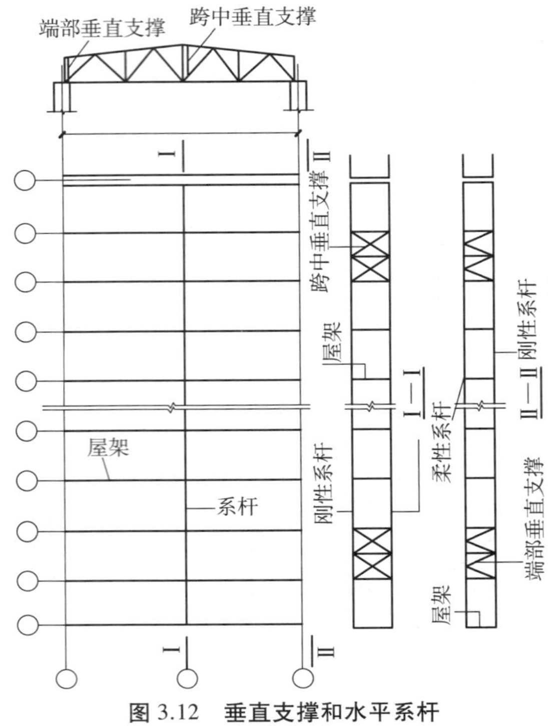

图 3.12 垂直支撑和水平系杆

当厂房跨度小于 18 m 且无天窗时,一般可不设垂直支撑和水平系杆;当厂房跨度为 18~30 m,应在厂房每一个伸缩缝区段第一或第二柱间设置一道垂直支撑(跨中垂直支撑);当厂房跨度大于 30 m 时,应在屋架跨度 1/3 左右的节点处设置两道垂直支撑(跨中垂直支撑)。当屋架端部高度大于 1.2 m 时,还应在屋架两端各布置一道垂直支撑。

3)天窗架支撑

天窗架间的支撑包括天窗架上弦横向水平支撑和天窗架间的垂直支撑。其作用是将天窗端壁受的风荷载传递给屋架,保证天窗上弦的侧向稳定。

天窗架上弦横向水平支撑和垂直支撑,一般均在天窗架两端部的第一柱间内设置。当天窗架跨度大于或等于 12 m 时,应在天窗中间竖杆平面内设置一道垂直支撑;当天窗区段较长时,还应在区段中部设有柱间支撑的区段内增设一道垂直支撑。天窗设有挡风板时,在挡风板立柱平面内也应设置垂直支撑。在未设置天窗架上弦横向水平支撑的天窗架间,应在上弦节点处设置柔性系杆,如图 3.13 所示。

4)柱间支撑

柱间支撑是纵向平面排架中最主要的抗侧力构件,其作用是承受屋盖结构传来的纵向水平地震作用以及吊车梁传来的吊车纵向水平制动力,同时承受由抗风柱和屋盖横向水平支撑传来的山墙风荷载,并将它们传给基础。另外,柱间支撑还能提高厂房结构的纵向刚度和稳定性。

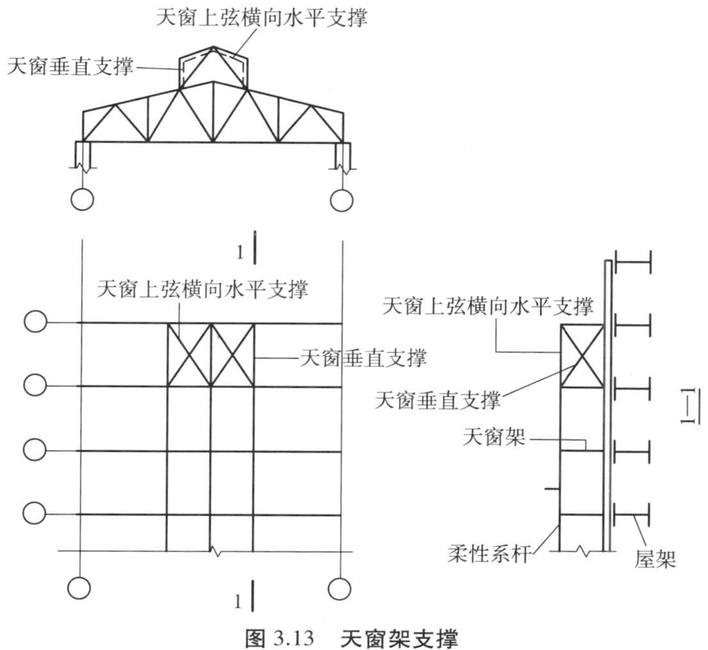

图 3.13　天窗架支撑

柱间支撑一般采用交叉型钢或钢管组成。交叉倾角在 35°～55°，钢杆件的截面尺寸应通过强度和稳定计算确定。当柱间因交通或设备布置或柱距较大，不能采用交叉斜杆式支撑时，可做成门架式支撑，如图 3.14(a)所示。对于有吊车的厂房，柱间支撑分为上柱和下柱柱间支撑。上柱柱间支撑在吊车梁上部，设置在厂房伸缩缝区段两端(屋盖横向水平支撑相应的柱间)以及伸缩缝区段中央的柱间，并在柱顶设置通长的刚性系杆以传递水平力。下柱柱间支撑在吊车梁下部，设置在厂房伸缩缝区段中央与上柱柱间支撑相应的柱间。这种布置是考虑在温度变化或混凝土收缩时，厂房纵向构件的收缩变形受柱间支撑的约束较小，因此，厂房两端的伸缩变形较小，如图 3.14(b)所示。若在厂房伸缩缝区段的一端设置柱间支撑，则伸缩变形增大 1 倍，如图 3.14(c)所示。若在厂房伸缩缝区段的两端设置柱间支撑，厂房纵向构件的收

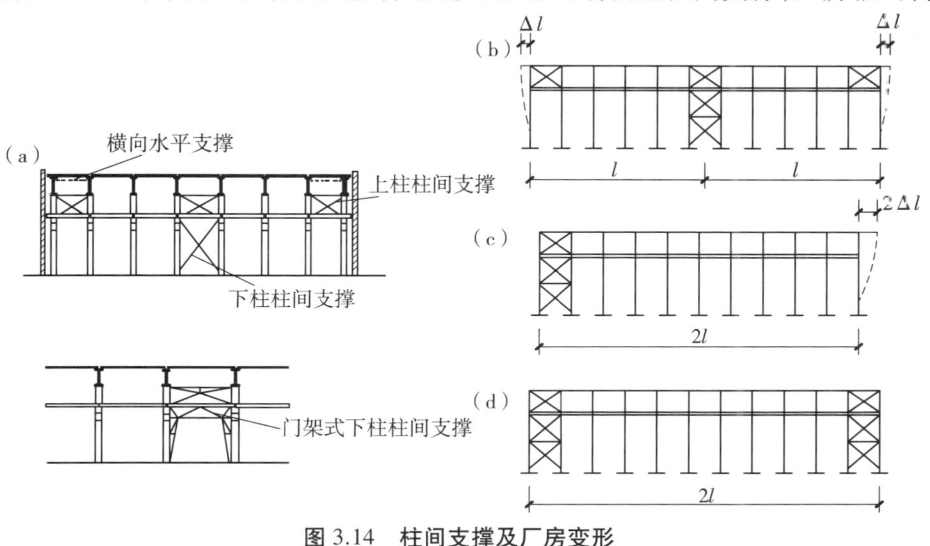

图 3.14　柱间支撑及厂房变形

缩变形受柱间支撑的约束较大，在结构中产生较大的温度应力，如图 3.14(d)所示。设计中应避免后两种布置方式。

当单层厂房属下列情况之一时，应设置柱间支撑：

①设有重级工作制(工作级别 A6～A8)吊车，或中、轻级工作制吊车(工作级别 A1～A5)起重量在 100 kN 及以上，吊车工作级别及工作制见表 3.2；

②设有悬臂式吊车或 3 t 及以上的悬挂式吊车；

③厂房高度在 18 m 及 18 m 以上，或柱高≥8 m 时；

④纵向柱的总数在 7 根以下；

⑤露天吊车栈桥的柱列。

3.3.3 维护结构布置

单层厂房围护结构，包括屋面板、墙体、抗风柱、圈梁、连系梁、过梁、基础梁等构件。其作用是避免厂房设备遭受风、积雪、雨水、积灰的侵蚀并承受其作用；承受地基产生不均匀沉降所产生的荷载效应。下面主要介绍抗风柱、圈梁、连系梁、过梁及基础梁的作用及布置原则。

1)抗风柱

当单层厂房的端横墙(山墙)受风面积较大时，就需设置抗风柱将山墙分为若干个区格。这样墙面受到的风荷载，一部分由靠近纵向柱列的墙面直接传给纵向柱列；另一部分则通过抗风柱与屋架上弦或下弦的连接，经屋盖系统传给纵向柱列和直接经抗风柱传至基础。

当厂房的高度及跨度均不大时(如跨度不大于 12 m，抗风柱高度在 8 m 以下)，可采用与山墙同时砌筑的砖壁柱作为抗风柱；当厂房的跨度和高度较大时，一般设置钢筋混凝土抗风柱，柱外侧贴砌山墙，并用钢筋与山墙拉结。厂房很高时，山墙传至抗风柱上的风荷载很大，为避免抗风柱的截面尺寸过大，可在山墙内侧加设抗风桁架或抗风梁，作为抗风柱的中间铰支点，如图 3.15(a)所示。

抗风柱一般与基础为刚接，与屋架为铰接。抗风柱上端可与屋架上弦铰接，也可以与下弦铰接或者同时与屋架上、下弦铰接。抗风柱与屋架的连接必须满足两个要求：一是抗风柱与屋架在水平方向要有可靠的连接，以保证把风荷载有效地传给屋架、纵向柱列；二是要允许两者在竖向有一定位移的可能性，以防止屋架与抗风柱沉降不均匀时产生不利的影响。所以，在实际工程中，抗风柱与屋架常采用水平方向有较大刚度、竖向可位移的钢制弹簧板连接，如图 3.15(b)所示。如不均匀沉降较大时，宜采用螺栓连接方式，如图 3.15(c)所示。

钢筋混凝土抗风柱的上柱宜采用不小于 350 mm×350 mm 的矩形截面；下柱可采用矩形截面或工字形截面，其截面宽度 $b\geqslant 350$ mm，截面高度 $h\geqslant 600$ mm，且 $h\geqslant \frac{H_e}{25}$($H_e$为抗风柱基础顶至与屋架连接处的高度)。抗风柱在风荷载作用时，按上端铰支、下端固端的单阶柱进行计算。当抗风柱还承受由承重墙梁、平台板传来的竖向荷载时，应按偏心受压构件计算。

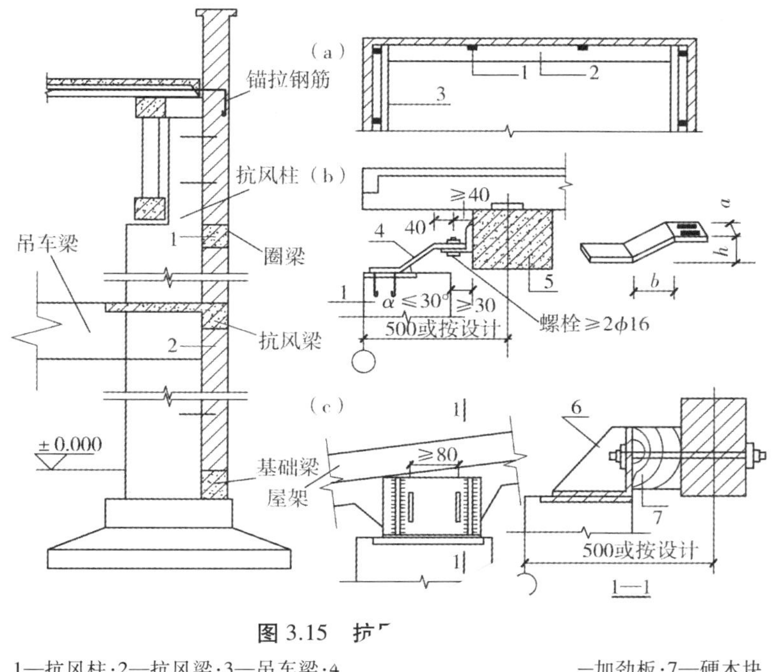

图 3.15 抗

1—抗风柱;2—抗风梁;3—吊车梁;4 —加劲板;7—硬木块

2)圈梁、连系梁、基础梁、过梁

单层厂房采用砌体围护墙时,一般需设置圈 和基础梁。

(1)圈梁

圈梁是设置于墙体内通过柱内预埋的拉墙钢筋与柱连接的现浇钢筋混凝土构件。其作用是将厂房的墙体与排架柱、抗风柱等箍在一起,以增强厂房结构的整体刚度,防止因地基不均匀沉降或较大振动作用等对厂房产生的不利影响。圈梁不承受墙体重量,故柱上不必设置支撑圈梁的牛腿。

圈梁的设置与墙体高度、设备有无振动、对厂房刚度的要求及地基情况等有关。一般单层厂房可参考下列原则布置:对无吊车的砖砌围护墙厂房,当檐口标高为5~8 m时,应在檐口附近处设置圈梁一道;当檐口标高大于8 m时,宜增设一道。对有桥式吊车或较大振动设备的单层厂房,除在檐口附近或窗顶处设置圈梁外,宜在吊车梁标高处或适当高度增设一道,外墙高度大于15 m时还应适当增设。有振动设备厂房,沿墙高的圈梁间距不应超过4 m。圈梁宜连续地在墙体的同一水平面上设置,并封闭构成环状。

(2)连系梁

连系梁一般为预制钢筋混凝土构件,两端支承在柱牛腿上,用预埋件或螺栓与牛腿连接。

连系梁的作用是承受其上墙体及窗重,并将荷载传给排架柱,同时起连系纵向柱列增强厂房纵向刚度的作用。当厂房高度较大(如15 m以上)、墙体不足以承受自身重量或者设置高侧悬墙时,需设置连系梁。

(3)基础梁

在单层厂房中,一般用基础梁来支承围护墙体的重量,不另做墙基础。基础梁通常为预制钢筋混凝土简支梁,两端直接支承在柱基础的杯口顶上部;如果基础埋深较大,可将基础梁支承在基础顶部的混凝土垫块上,不要求与柱连接,如图3.16所示。施工时,基础梁支承处应坐浆;梁顶面至少低于室内地面50 mm;基础梁的底面距基土表面应预留100 mm的空隙,以保证基础梁可随基础一起沉降;当基础下有冻胀土时,应在梁下铺设一层干砂、碎砖或矿渣等松散材料,并留50~100 mm的空隙。

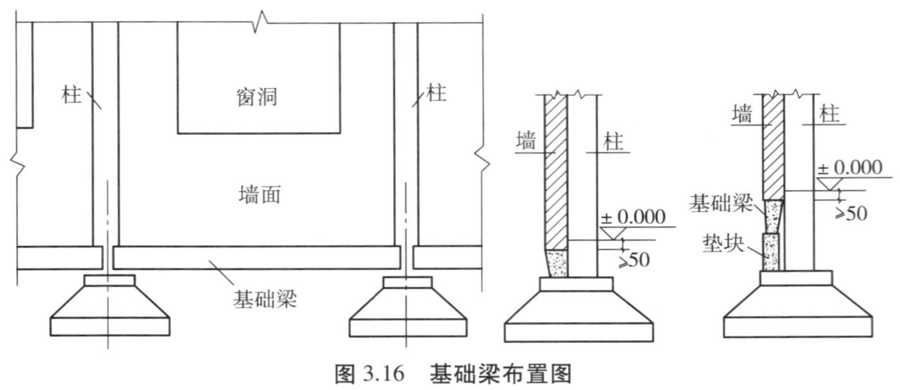

图3.16 基础梁布置图

(4)过梁

过梁的作用是支承门窗洞口上的墙体重量。

在布置单层厂房围护墙时,应尽可能将圈梁、连系梁和过梁结合起来考虑,使一个构件能起到两个或三个构件的作用,以节约材料,方便施工。

3.4 构件选型与截面尺寸确定

钢筋混凝土单层排架结构厂房的结构构件包括屋面板、屋架、天窗架、支撑、吊车梁、连系梁、基础梁、基础和柱等构件。一般除柱、基础应进行设计外,其他构件应根据厂房的柱网尺寸、高度、吊车起重量和承受的荷载等实际情况,并考虑当地材料供应和施工条件,经过技术和经济的比较,按工业厂房结构构件标准图集合理地选用。

3.4.1 屋盖结构构件

目前单层厂房屋盖结构的形式主要有无檩体系、有檩体系和板梁合一体系。

根据对一般中型厂房(跨度为24 m,吊车起重量150 kN)所作的统计(见表3.1和表3.2),在单层厂房中屋盖结构的材料用量和造价所占比例均较大,因此,在确保厂房安全可靠的前提下应尽可能减轻其自重,合理选用屋盖结构的形式,以节省其自身的材料用量,也相应节约支承它的柱、基础等构件的材料用量,同时有利于抗震。

表3.1 中型钢筋混凝土单层厂房结构各主要构件材料用表

材　料	每平方米建筑材料用量	每种构件材料用量占总用量的百分数(%)				
		屋面板	屋　架	吊车梁	柱	基　础
混凝土	0.13~0.18 m^3	30~40	8~12	10~15	15~20	25~35

续表

材　料	每平方米建筑材料用量	每种构件材料用量占总用量的百分数(%)				
		屋面板	屋　架	吊车梁	柱	基　础
钢　材	18~20 kg	25~30	20~30	20~32	18~25	8~12

表 3.2　厂房各部分造价占土建总造价的百分数

项　目	屋　盖	柱、梁	基　础	墙	地　面	门　窗	其　他
百分数(%)	30~50	10~20	5~10	10~18	4~7	5~11	3~5

1)屋面板

无檩体系屋盖常采用预应力混凝土大型屋面板,它适用于保温或不保温卷材防水屋面,屋面坡度不应大于1/5。目前广泛采用1.5 m(宽)×6 m(长)×0.24 m(高)的双肋槽型板(材料用量:混凝土 52 kg/m^2,钢材 3.51~4.69 kg/m^2),每肋两端底部预埋钢板与屋架上弦预埋钢板闪电焊接,形成水平刚度较大的屋盖结构,如图 3.17 所示。其他形式屋面板有:预应力自防水非卷材 F 形屋面板,如图 3.18(a)所示;预应力自防水保温屋面板,如图 3.18(b)所示;钢筋加气混凝土板,如图 3.18(c)所示。

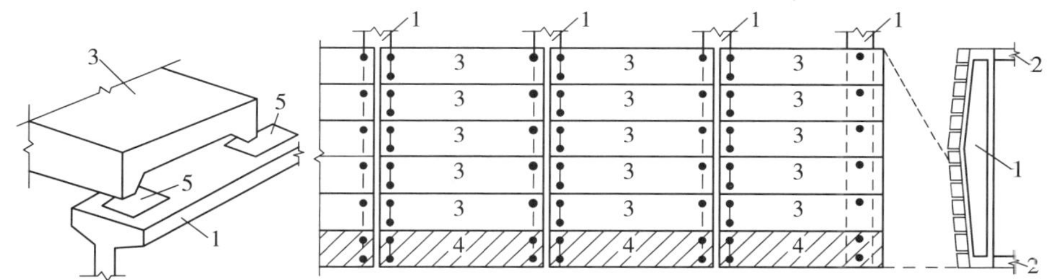

图 3.17　屋面板与屋架连接

1—屋面大梁;2—柱;3—三点焊大型屋面板;

4—四点焊大型屋面板;5—预埋在屋面梁或屋架上弦的锚板

有檩体系采用小型屋面板:预应力混凝土槽瓦,如图 3.18(d)所示;预应力混凝土波形瓦,如图 3.18(e)所示。

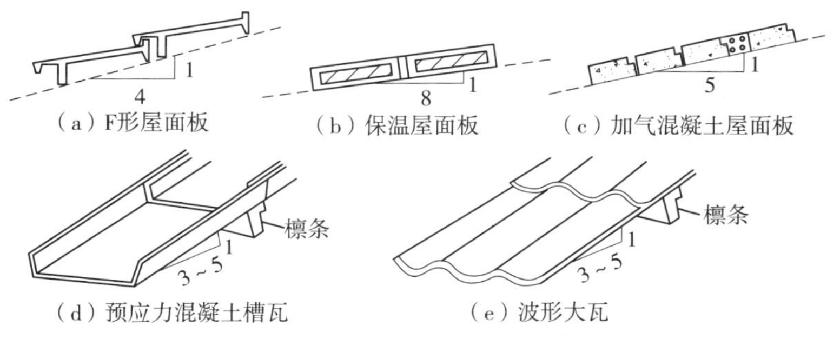

图 3.18　屋面板形式

2)檩条

檩条支承小型屋面板并将屋面荷载传递到屋架。檩条与屋架间预埋件焊接牢固,与屋盖支撑一起保证屋盖结构的整体刚度。檩条的跨度一般为 4 m,6 m 和 9 m,目前应用较多的是钢筋混凝土和预应力混凝土倒 L 形截面檩条,它与屋架间通过预埋钢板焊接。檩条搁在屋架上弦,按简支受弯构件设计,如斜放檩条则为双向受弯构件,如正放檩条则为单向受弯构件。檩条及支座形式如图 3.19 所示。

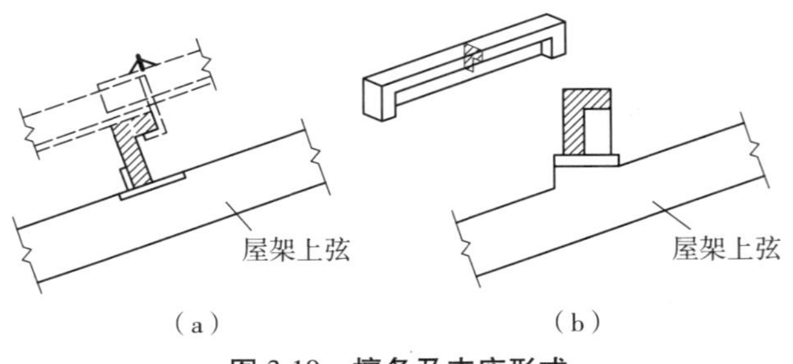

图 3.19 檩条及支座形式

3)屋架

屋架(屋面梁)是屋盖结构的主要承重构件,对保证厂房的刚度有重要作用。屋架(屋面梁)的选择应考虑它承受的屋面荷载大小、厂房跨度、有无吊车及吊车起重量和工作制、生产使用要求、现场条件等。屋架(屋面梁)选择是否合理对厂房结构的可靠性、经济性有很大影响。单层厂房常用的屋面梁和屋架的形式、材料用量、特点和适用条件见表 3.3。

表 3.3 常用屋面梁及屋架(适用于 6 m 柱距)

序号	构件名称 (通用图集号)	构件形式	跨度 (m)	允许荷载 $\left(\frac{kN}{m^2}\right)$	材料用量 混凝土 $\left(\frac{cm}{m^2}\right)$	 钢材 $\left(\frac{kg}{m^2}\right)$	特点及适用条件
1	预应力混凝土工字形屋面梁(单坡) (05G414—1,05G414—2)		9 12	3.5 ~6	2.38 2.61	4.64 5.23	高度小,重心低,侧向刚度好,施工方便,但自重大,经济指标较差。适用于有较大振动和腐蚀介质的厂房。屋面坡度为 1/10
2	预应力混凝土工字形屋面梁(双坡)(05G414—3,05G414—4,05G414—5)		12 15 18	3.5 ~6	2.61 2.83 3.66	4.61 5.48 6.78	
3	混凝土形屋面梁(单坡)(04G353—1,04G353—2,04G353—3)		6 9 12	3.5 ~6	1.96 2.34 3.51	3.24 4.45 6.31	
4	混凝土形屋面梁(双坡)(04G353—4,04G353—5,04G353—6)		9 12 15	3.5 ~6	2.08 2.849 3.36	4 5.24 6.58	
5	钢筋混凝土两铰拱屋架 (G310,CG311)		9 12 15		1.08 1.49 1.93	2.50 3.25 3.88	上弦为钢筋混凝土,下弦为角钢,自重较轻。适用于中、小型厂房,应防止下弦受压。屋面坡度:卷材防水 1/5,非卷材防水 1/4

续表

序号	构件名称（通用图集号）	构件形式	跨度（m）	允许荷载 $\left(\frac{kN}{m^2}\right)$	材料用量 混凝土 $\left(\frac{cm}{m^2}\right)$	钢　材 $\left(\frac{kg}{m^2}\right)$	特点及适用条件
6	钢筋混凝土三铰拱屋架（G312，CG313）		9 12 15		1.00 1.29 1.60	2.85 3.51 3.80	顶节点为铰接； 上弦为钢筋混凝土，下弦为角钢，自重较轻。适用于中、小型厂房，应防止下弦受压。屋面坡度：卷材防水 1/5，非卷材防水 1/4
7	预应力混凝土三铰拱屋架（CG424）		9 12 15 18		0.68 1.01 1.21 1.49	2.04 2.60 3.38 4.09	上弦为先张法预应力，下弦为角钢； 上弦为钢筋混凝土，下弦为角钢，自重较轻。适用于中、小型厂房，应防止下弦受压。屋面坡度：卷材防水 1/5，非卷材防水 1/4
8	钢筋混凝土组合式屋架（CG315）		12 15 18		1.02 1.39 1.36	4.00 5.20 6.00	上弦及受压腹杆为钢筋混凝土，下弦及受拉腹杆为角钢，自重较轻。适用于中、小型厂房。屋面坡度 1/4
9	钢筋混凝土三角形屋架（原 G145）		12 15		1.67 1.89	4.14 4.00	屋架上设檩条或挂瓦板。自重较大。适用于有檩体系中的中、小型厂房。屋面坡度 1/2～1/3
10	钢筋混凝土折线形屋架（04G314）	1/5　1/15	15 18	≤6	2.07 2.43	6.95 7.44	外形较合理，屋面坡度合适，适用于卷材和非卷材防水屋面的厂房
11	预应力混凝土折线形屋架（04G415—1）		18 21 24 27 30	≤6	2.43 2.95 3.13 3.15 3.16	6.04 6.05 6.72 6.1 7	适用于卷材和非卷材防水屋面的大、中型厂房
12	预应力混凝土折线形屋架（CG423）（非卷材防水）		18 21 24		1.71 2.10 2.30	3.80 4.46 5.04	外形较合理，自重较轻，适用于非卷材防水屋面的中性厂房。屋面坡度 1/4
13	预应力混凝土梯形屋架（CG417）		18～30		2.50	5.10	自重较大，刚度大。适用于卷材防水屋面的高温及采用井式或横向天窗的中、重型厂房。屋面坡度 1/10～1/12
14	预应力混凝土直腹杆屋架		15～36		2.19	4.69	构造较简单，但端部坡度较陡。适用于采用井式或横向天窗的厂房

注：①序号 5，6，7，8，9，12，13，14 项为老规范编制的图集及经济指标；

②序号 13，14 项均按 24 m 跨度计算经济指标；

③序号 1，2，3，4，10，11 项为目前在用图集。

屋架按其形式分为屋面梁、两铰(或三铰)拱屋架、桁架式屋架三类。

(1)屋面梁

屋面梁一般采用单坡、双坡工字形截面预应力薄腹梁。6 m 单坡屋面梁可采用 T 形截面。这种梁截面高度小、重心低、侧向刚度大,便于制作安装。一般用于跨度不超过 18 m 的中小型厂房,同时适用于有较大振动和腐蚀介质的厂房。屋面梁按简支受弯构件计算内力,并应做下列各项验算:正截面和斜截面承载力计算;变形验算;非预应力梁需进行裂缝宽度验算;预应力梁需按抗裂等级进行抗裂验算及张拉预应力筋时的施工验算;施工阶段梁的翻身扶直、吊装运输时的验算;屋面梁抗倾覆验算。

(2)两铰(或三铰)拱屋架

两铰拱的支座节点为铰接,顶节点为刚接,三铰拱的支座节点和顶节点均为铰接。根据两铰(或三铰)拱屋架的受力特点,上弦均可采用钢筋混凝土构件(三铰拱屋架上弦可采用预应力混凝土构件),下弦采用钢材制作。拱结构构造简单,自重比屋面梁轻,适用于跨度 9~15 m 的中小型厂房;由于屋架刚度较差,不宜用于重型和振动较大的厂房。

(3)桁架式屋架

当厂房跨度较大时采用桁架式屋架较经济。它在单层厂房中应用非常普遍。其外形有三角形、拱形、梯形、折线形等。通过对比相同高跨比($f/L=1/6$)、受相同屋面荷载的 4 种不同外形屋架的轴力("+"表示受拉,"-"表示受压),如图 3.20 所示,可知:当外形为三角形时,弦杆受力最大;当外形为拱形时,弦杆受力居中,腹杆内力为零,受力合理,但制作和屋面板铺设较困难;当外形为梯形时,弦杆受力居中;当外形为折线形,上弦近似拱形时,弦杆受力较小。可见,屋架外形对杆件内力影响很大。

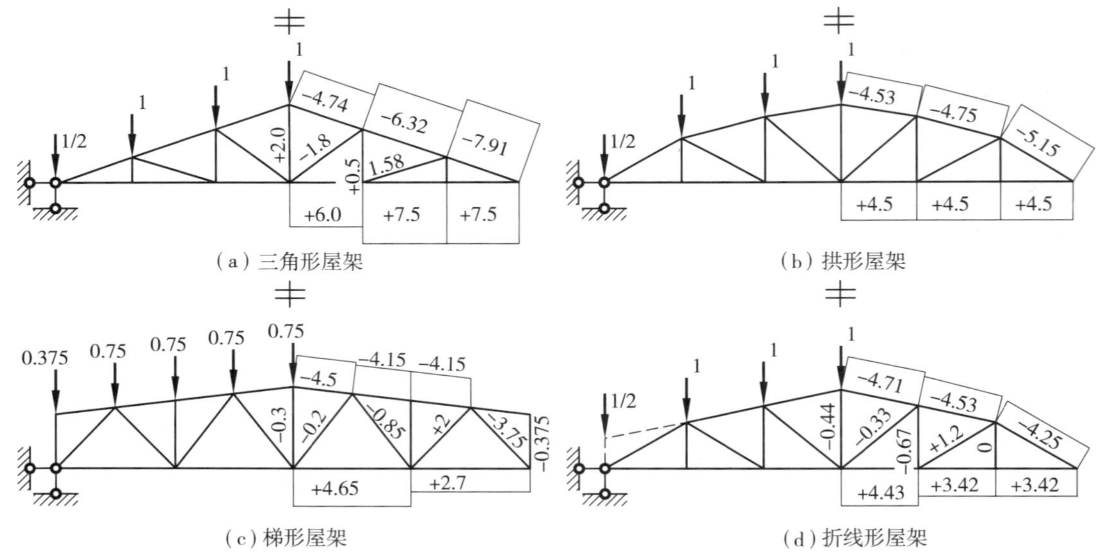

图 3.20 各种形式屋架的内力图

一般跨度为 18~24 m 屋架设计成折线形,跨度为 24 m 以上屋架有时设计成梯形。三角形屋架仅用于有檩体系的中小型厂房。

4) 天窗架和托架

天窗架的作用是形成天窗以便于采光和通风,承受屋面板传来的竖向荷载及天窗上的风荷载等,并将它们传给屋架。

当厂房柱距由于工艺要求设计为 12 m,而厂房屋架间距为 6 m 时,需在柱顶设置托架以支承屋架。托架一般为 12 m 跨度的预应力混凝土构件(图 3.21),上弦为钢筋混凝土压杆,下弦为预应力混凝土拉杆。

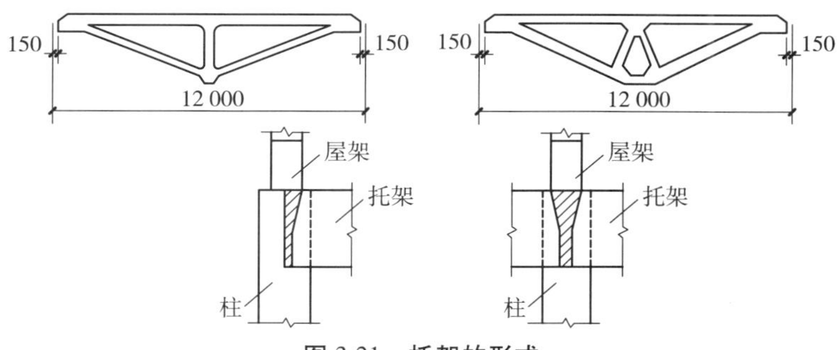

图 3.21　托架的形式

3.4.2　吊车梁

吊车梁支承在柱牛腿上,直接承受吊车起重、运行和制动时产生的各种往复移动荷载,同时还连接纵向柱列传递厂房的纵向荷载,保证厂房的纵向刚度。

吊车梁设计时可根据吊车的起重量、工作级别、台数、厂房跨度以及排架柱距等因素选用。目前常用的吊车梁类型有钢筋混凝土等截面吊车梁、预应力混凝土等截面和变截面吊车梁、钢筋混凝土和钢组合式吊车梁。如图 3.22 所示。

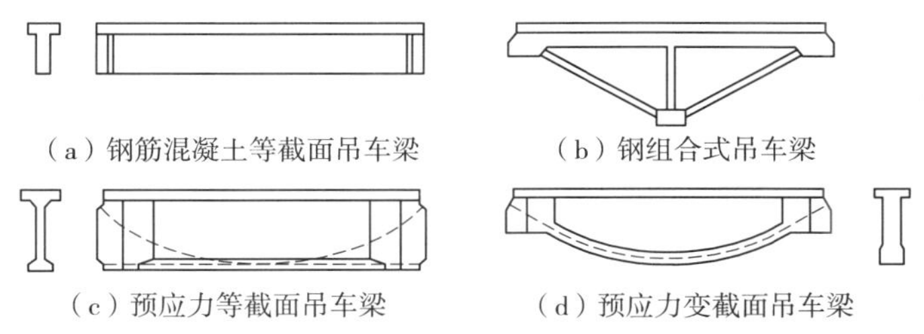

图 3.22　吊车梁的类型

一般来说,跨度 6 m、起重量 50~100 kN 的吊车梁,多采用钢筋混凝土等截面吊车梁;跨度 6 m、起重量 150~300 kN 的吊车梁,采用钢筋混凝土或预应力混凝土吊车梁;起重量 300 kN 以上的吊车梁以及 12 m 跨度吊车梁,一般采用预应力混凝土等截面构件。变截面吊车梁因其外形较接近弯矩包络图,故各正截面的受弯承载力接近等强,且受拉的部分区段是倾斜的,故受拉主筋的竖向分力可抵消部分剪力,可减薄腹板厚度和降低竖向箍筋用量,较经济;但施工不方便,预应力摩擦损失较大,并且当梁端截面底部构造钢筋配置较少时,可能在支承垫板处产生斜裂缝。组合式吊车梁的下弦、竖杆为钢材,由于焊缝的疲劳性能不易保证,一般用于起重量不大于 50 kN 且无侵蚀性气体的小型厂房。

3.4.3 排架柱

1）柱的形式

单层厂房钢筋混凝土柱的形式分为单肢柱和双肢柱两类。单肢柱的截面有矩形、工字形和环形等；双肢柱分为平腹杆双肢柱、斜腹杆双肢柱和双肢管柱，如图 3.23 所示。

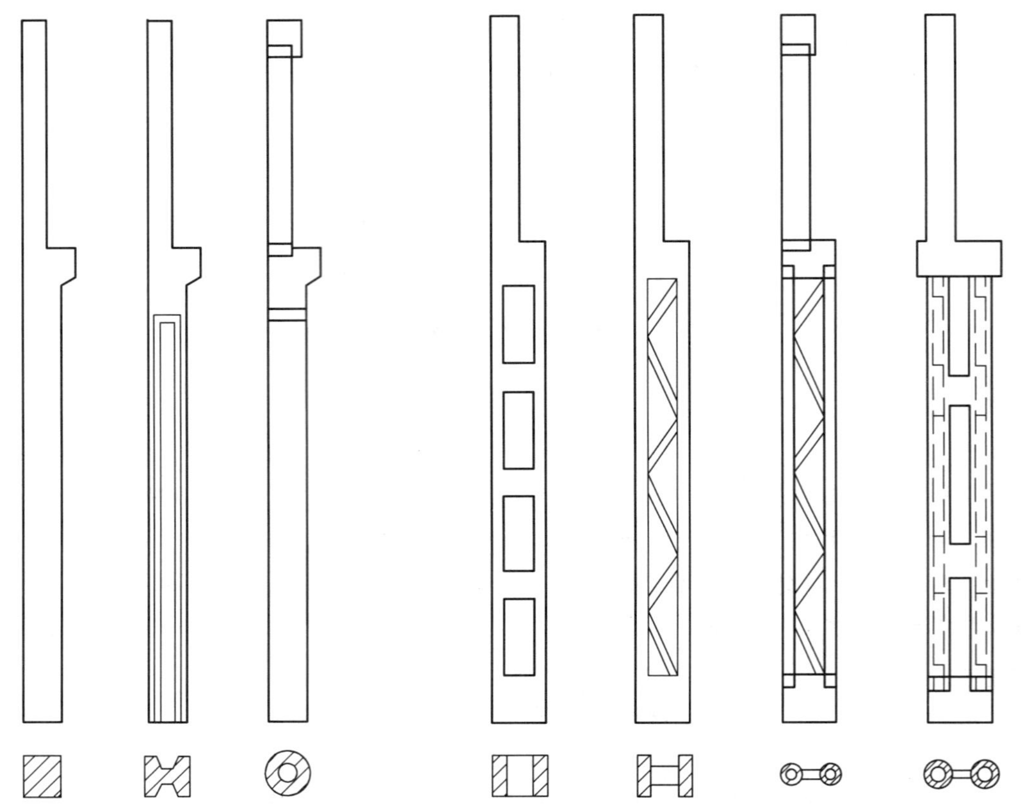

（a）矩形截面柱 （b）工字形截面柱 （c）环形截面柱（d）平腹杆双肢柱（e）斜腹杆双肢柱（f） 斜腹杆管柱（g）平腹杆管柱

图 3.23 柱的形式

选择柱子形式时要注意下列原则：

①受力合理，维护方便；

②柱高和柱距、有无吊车及吊车规格等因素；

③制作、运输、吊装及材料供应可行；

④在同一工程中，柱型规格不宜过多；

⑤尽量考虑施工工厂化、机械化。

矩形截面柱构造简单、施工方便，一般在小型厂房中采用。但在偏心受压情况下不能充分发挥截面上混凝土的承载作用，混凝土用量多。其截面尺寸不宜过大，一般截面高度在600 mm以内。对于设有悬臂吊车或易受撞击或设有壁行吊车的柱，宜设计成矩形截面柱。

工字形截面柱截面形式合理，能比较充分地发挥截面上混凝土的承载作用，而且整体性好，施工方便，适用范围较广。当截面高度 $h=800\sim1\,400$ mm 时，一般采用工字形截面柱。在设有吊车的厂房中，由于在上柱与牛腿附近高度区段内力较大及构造要求需要，应做成矩形截面；下柱插入基础杯口高度内的一段也宜做成矩形截面。当柱截面高度 $h=600\sim800$ mm 时，可采用矩形或工字形截面柱。

当柱截面高度 $h\geqslant1\,400$ mm 时，若采用工字形截面柱，混凝土用量比双肢柱多，施工吊装也较困难，因此，宜采用平腹杆双肢柱或斜腹杆双肢柱。平腹杆双肢柱比斜腹杆双肢柱构造较简单，制作方便，腹部整齐的矩形孔洞便于布置管线，但受力性能不如斜腹杆好。当承受较大水平荷载时，宜采用具有桁架受力特点的斜腹杆双肢柱，杆件内力基本为轴力，混凝土的承载力得以充分发挥。双肢柱整体刚度较工字形截面柱差，钢筋构造较复杂，用钢量稍多。

管柱有圆管和方管（外方内圆），采用高速离心法产生，机械化程度高，质量好（离心产生的构件混凝土强度可提高20%~30%，耐久性好），混凝土用量少。但节点构造较复杂，若设计用钢量会增加，故推广困难。

各种截面形式的柱其材料用量比较及应用范围见表3.4。

表3.4　各种截面形式的柱材料用量比较及应用范围

截面形式		矩　形	工字形	双肢柱	管　柱	
材料用量比较	混凝土	100%	60%~70%	55%~65%	40%~60%	
	钢　材	100%	60%~70%	70%~80%	70%~80%	
一般应用范围(mm)		$h\leqslant700$ 或现浇柱	$h=600\sim1\,500$	小型 $h=500\sim800$ 大型 $h\geqslant1\,600$	400左右	$h=700\sim1\,500$

2）柱的截面尺寸

柱截面尺寸的确定除满足承载力外，还必须有足够的刚度，以避免造成厂房横向和纵向变形过大，发生吊车轮和轨道过早磨损而影响吊车正常运行或导致墙体和屋盖产生裂缝。目前根据已建成厂房的工程经验和实测资料统计，对于一般单层厂房如柱截面尺寸能满足表3.5的要求，则厂房横向刚度能满足要求。

对于工字形截面柱，当高度和宽度确定后，可参考表3.6确定腹板和翼缘尺寸。

根据大量的工程设计经验，当厂房柱距为6~12 m、起重量为50~1 000 kN时，可参考表3.7、表3.8确定柱的形式和截面尺寸。

表3.5　6 m柱距单层厂房矩形、工字形截面柱截面尺寸限值

柱的类别	b	h		
		$Q\leqslant100$ kN	100 kN$<Q<$300 kN	300 kN$\leqslant Q\leqslant$500 kN
有吊车厂房下柱	$\geqslant H_1/22$	$\geqslant H_1/14$	$\geqslant H_1/12$	$\geqslant H_1/10$
露天吊车柱	$\geqslant H_1/25$	$\geqslant H_1/10$	$\geqslant H_1/8$	$\geqslant H_1/7$
单跨无吊车厂房柱	$\geqslant H/30$	$\geqslant1.5H/25$		

续表

柱的类别	b	h		
		$Q \leqslant 100$ kN	100 kN$<Q<$300 kN	300 kN$\leqslant Q \leqslant$500 kN
多跨无吊车厂房柱	$\geqslant H/30$	$\geqslant H/20$		
仅承受风载与自重的山墙抗风柱	$\geqslant H_b/40$	$\geqslant H_l/20$		
同时承受由连系梁传来山墙重的山墙抗风柱	$\geqslant H_b/30$	$\geqslant H_l/25$		

注:H_l为下柱高度(算至基础顶面);H为柱全高(算至基础顶面);H_b为山墙抗风柱从基础顶面至柱平面外(高度)方向支撑点的高度。

表 3.6 工字形截面柱腹板、翼缘尺寸参考表

截面宽度	b_f(mm)	300~400	400	500	600	图 注
截面高度	h(mm)	500~700	700~1 000	1 000~2 500	1 500~2 500	15~25mm; b; b_f; h_f; h'; h_f; h
腹板厚度 b(mm) $\frac{b}{h} \geqslant \frac{1}{10} \sim \frac{1}{14}$		60	80~100	100~120	120~150	
翼板厚度 h_f(mm)		80~100	100~150	150~200	200~250	

表 3.7 厂房柱截面形式和尺寸参考表(吊车工作级别为 A4,A5)

吊车起重量(kN)	轨顶高度(m)	6 m 柱距(边柱)		6 m 柱距(中柱)	
		上柱(mm)	下柱(mm)	上柱(mm)	下柱(mm)
≤50	6~8	矩 400×400	I 400×600×100	矩 400×400	I 400×600×100
100	8	矩 400×400	I 400×700×100	矩 400×600	I 400×800×150
	10	矩 400×400	I 400×800×150	矩 400×600	I 400×800×150
150~200	8	矩 400×400	I 400×800×150	矩 400×600	I 400×800×150
	10	矩 400×400	I 400×900×150	矩 400×600	I 400×1 000×150
	12	矩 500×400	I 500×1 000×200	矩 500×600	I 500×1 200×200
300	8	矩 400×400	I 400×1 000×150	矩 400×600	I 400×1 000×150
	10	矩 400×500	I 400×1 000×150	矩 500×600	I 500×1 200×150
	12	矩 500×500	I 500×1 000×200	矩 500×600	I 500×1 200×200
	14	矩 600×500	I 600×1 200×200	矩 600×600	I 600×1 200×200
500	10	矩 500×500	I 500×1 200×200	矩 500×700	双 500×1 600×300
	12	矩 500×600	I 500×1 400×200	矩 500×700	双 500×1 600×300
	14	矩 600×600	I 600×1 400×200	矩 600×700	双 600×1 800×300

注:表中的截面形式采用下述符号:矩为矩形截面 $b \times h$(宽度×高度);I 为工字形截面 $b \times h \times h_f$(h_f为翼缘高度);双为双肢柱 $b \times h \times h_f$(h_f为翼肢杆高度)。

表 3.8　厂房柱截面形式和尺寸参考表（吊车工作级别为 A6，A7）

吊车起重量（kN）	轨顶高度（m）	6 m 柱距（边柱）		6 m 柱距（中柱）	
		上柱（mm）	下柱（mm）	上柱（mm）	下柱（mm）
≤50	6~8	矩 400×400	I 400×600×100	矩 400×500	I 400×800×100
100	8	矩 400×400	I 400×800×150	矩 400×600	I 400×800×150
	10	矩 400×400	I 400×800×150	矩 400×600	I 400×800×150
150~200	8	矩 400×400	I 400×800×150	矩 400×600	I 400×1 000×150
	10	矩 500×500	I 500×1 000×200	矩 500×600	I 500×1 000×200
	12	矩 500×500	I 500×1 000×200	矩 500×600	I 500×1 000×220
300	10	矩 500×500	I 500×1 000×200	矩 500×600	I 500×1 200×200
	12	矩 500×600	I 500×1 200×200	矩 500×600	I 500×1 400×200
	14	矩 600×600	I 600×1 400×200	矩 600×600	I 600×1 200×200
500	10	矩 500×500	I 500×1 200×200	矩 500×700	双 500×1 600×300
	12	矩 500×600	I 500×1 400×200	矩 500×700	双 500×1 600×300
	14	矩 600×600	双 600×1 600×300	矩 600×700	双 600×1 800×300
750	12	双 600×1 000×250	双 600×1 800×300	双 600×1 000×300	双 600×2 200×350
	14	双 600×1 000×250	双 600×1 800×300	双 600×1 000×300	双 600×2 200×350
	16	双 700×1 000×250	双 700×2 000×350	双 700×1 000×300	双 700×2 200×350
1 000	12	双 600×1 000×250	双 600×1 800×300	双 600×1 000×300	双 600×2 400×350
	14	双 600×1 000×250	双 600×2 000×350	双 600×1 000×300	双 600×2 400×350
	16	双 700×1 000×300	双 700×2 200×400	双 700×1 000×300	双 700×2 400×400

注：表中的截面形式采用下述符号：矩为矩形截面 $b×h$（宽度×高度）；I 为工字形截面 $b×h×h_f$（h_f 为翼缘高度）；双为双肢柱 $b×h×h_f$（h_f 为翼肢杆高度）。

3.4.4　基础

1）基础的类型

单层厂房的基础一般采用柱下独立基础。其主要形式有杯形基础、高杯基础、爆扩桩基础和预制桩基础等，如图 3.24 所示。

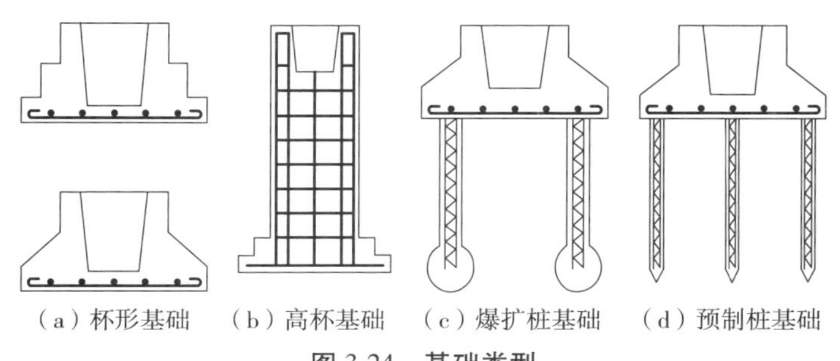

（a）杯形基础　（b）高杯基础　（c）爆扩桩基础　（d）预制桩基础

图 3.24　基础类型

按施工方法，柱下独立基础可分为预制柱基础和现浇柱基础。

杯形基础有阶形和锥形两种，如图 3.24（a）所示。因与预制柱的连接部分做成杯口状，故称为杯形基础。杯形基础构造简单、施工方便,适用于地基土质较均匀、地基承载力较大、基础持力层距地面较浅、上部结构荷载不太大的厂房。它是目前单层厂房的柱下独立基础中应用最普遍的一种形式。

当柱基由于地质条件限制或附近有较深的设备基础或有地坑,需将柱下基础深埋时,为了不使预制柱过长,可做成带短柱的杯形基础,如图 3.24(b)所示。这种基础由杯口、矩形柱和底板组成,因杯口位置较高,故称为高杯基础。

当上部结构传来的荷载较大或地基表层土承载力较小,而合适的持力层又较深时,宜采用爆扩桩基础,如图 3.24(c)所示。

当上部结构传来的荷载较大,持力层又较深或对厂房的地基变形值要求较严时,可采用预制桩基础,如图 3.24(d)所示。这种基础通过预制钢筋混凝土长桩将上部荷载通过桩尖和桩侧传入地基,可获得较高的承载力且地基变形较小。但缺点是桩施工时间较长、造价高。

2)基础尺寸的初步拟定

基础底面尺寸是根据地基的承载力条件和地基变形条件确定。基础高度和外形尺寸可根据工程经验按下述方法拟定。

当预制柱的截面为矩形及工字形时,柱基础采用单杯口基础;当为双肢柱时,可采用双杯口或单杯口基础。柱下独立基础的外形尺寸如图 3.25 所示。

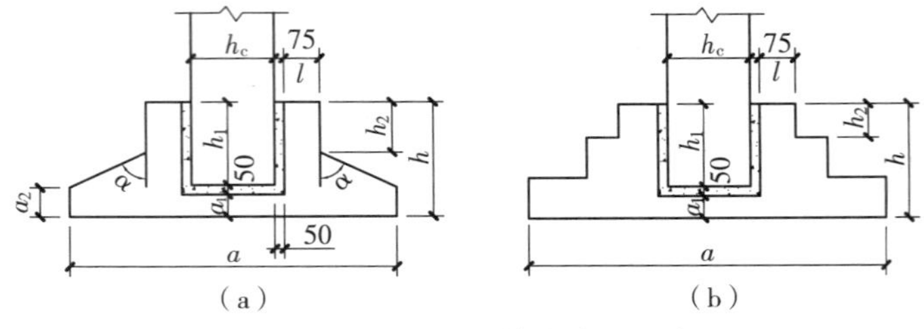

图 3.25　柱下独立基础外形尺寸

其中基础高度 h=柱的插入深度 h_1+50 mm+杯底厚度 a_1。h_1 值应保证柱可靠地嵌固在基础中,可根据柱的类型和截面高度按表 3.9 拟定;同时还应满足柱中受力钢筋的锚固长度 l_a 的要求和柱吊装时的稳定性要求(h_1 不应小于柱吊装时长度的 5%),并通过基础抗冲切验算后才能确定基础高度。

表 3.9　柱的插入深度 h_1　　单位:mm

矩形或工字形柱				双肢柱
$h<500$	$500\leq h<800$	$800\leq h\leq 1\,000$	$h>1\,000$	
$h\sim1.2\,h$	h	$0.9\,h$ 且≥800	$0.8\,h$ 且≥1 000	$(1/3\sim2/3)\,h_a$ $(1.5\sim1.8)\,h_b$

注:①h 为柱截面长边尺寸;h_a 为双肢柱全截面长边尺寸;h_b 为双肢柱全截面短边尺寸。

②柱轴心受压或小偏心受压时,h_1 可适当减少;当偏心距 e_0 大于 $2h$ 时,h_1 应适当增大。

为防止在柱的安装时发生杯底冲切破坏,杯底应有足够的厚度 a_1,可按表 3.10 取值。考虑到柱吊装时杯壁将受到水平推力的作用及使用阶段具有足够的承载力,要求杯壁厚度 t 符合

表 3.10 中的取值。

表 3.10　基础的杯底厚度和杯壁厚度

柱截面长边尺寸 h	杯底厚度 a_1(mm)	杯壁厚度 t(mm)
h<500	≥150	150~200
500≤h<800	≥200	≥200
800≤h<1 000	≥200	≥300
1 000≤h<1 500	≥250	≥350
1 500≤h<2 000	≥300	≥400

注:①双肢柱的杯底厚度值,可适当加大;

②当有基础梁时,基础梁下杯壁厚度应满足其支承宽度的要求。

③柱子插入杯口部分的表面应凿毛,柱子与杯口之间的空隙应用比基础混凝土强度等级高一级的细石混凝土充填密实,当达到材料设计强度的 70%以上时,方可进行上部结构吊装。

3.5　排架结构内力分析

单层厂房结构实际上是一个复杂的空间结构体系,除对纵向抗震计算采用空间结构计算模型外,一般将其简化为纵向平面排架、横向平面排架分别计算。由于纵向平面排架柱较多,抗侧刚度较大,每根柱承受的水平力不大。因此,在非地震区,根据厂房的具体情况及工程设计经验,查标准图集即可合理确定柱间支撑数量,通常不必进行纵向平面排架计算。横向平面排架承受竖向荷载(屋面荷载、屋架和柱自重、吊车竖向荷载)和横向水平荷载(吊车横向水平荷载、纵墙和屋盖传来的风荷载)变化较大,并且厂房跨度、高度、吊车起重量及数量有差异,因此,必须对横向平面排架进行内力分析,求出排架柱在各种荷载作用下控制截面的最不利内力,作为柱子设计、基础设计的依据。

本节主要介绍:排架计算简图;作用在排架上的各种荷载计算;排架结构内力分析;柱截面内力的最不利组合等问题。

3.5.1　排架计算简图

1)计算单元

一般根据排架的受力状况选取有代表性的排架作为单层厂房的计算单元。如图 3.26(a)所示,如果各榀排架的几何尺寸相同,作用于厂房上的屋面荷载、雪荷载和风荷载是均匀分布的,则应选取 4 种计算单元(图中阴影部分面积表示该榀排架的负荷面积)。

若厂房的屋盖结构相同,各柱列柱距相等且无局部抽柱,可通过纵向柱距的中心线截取一个典型区段作为横向平面排架的计算单元。取①轴线对应的计算单元代表边排架①,⑬轴负荷情况;取③轴线对应的计算单元代表中间排架②,③,⑪,⑫轴负荷情况。

对于④轴~⑩轴对应的各榀排架,因在Ⓑ轴线上④~⑥轴、⑥~⑧轴、⑧~⑩轴设置托架,与无局部抽柱情况的计算单元选取不同。如果屋盖刚度很大，或设有可靠的下弦纵向水平支撑，则认为厂房的纵向构件把各横向排架连接成空间整体，这样就可选取⑥轴、⑩轴线对应的较宽计算单元。取⑥轴线对应的计算单元代表边排架⑥轴、⑧轴负荷情况；取⑩轴线对应的计算单元代表边排架④轴、⑩轴负荷情况。

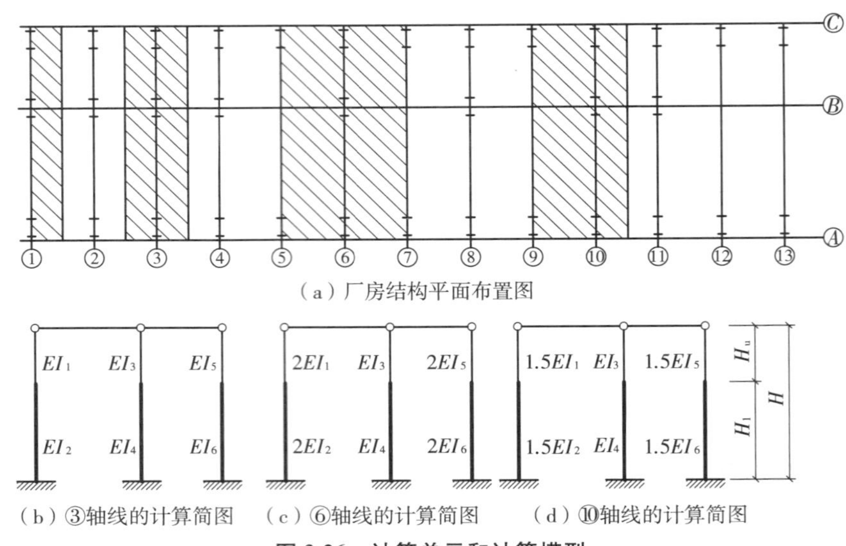

图 3.26 计算单元和计算模型

2)计算简图

为了简化计算，在计算单元选定后，根据单层厂房结构的实际工程构造和实践经验确定计算简图时，作如下假定：

(1)排架柱下端固接于基础顶面

由于预制的排架柱插入基础杯口有足够的深度，并采用较高一等级的细石混凝土和基础浇捣连成整体，而地基的变形(转角和位移)又受到设计控制；基础刚度比柱刚度大得多，柱下端可能发生的转动一般很小，故可假定排架柱的下端作为固端考虑，固端位于基础顶面。但地基土质较差、变形较大或有比较大的地面荷载等情况时，则应考虑基础转动和位移对排架内力和变形的影响。

(2)横梁(即屋架或屋面梁)与排架柱上端铰接

屋架或屋面梁通常为预制构件，在柱顶通过预埋钢板焊接或用螺栓连接柱。这种连接方式可传递水平剪力和竖向轴力，但抵抗转动的能力较小，不能可靠地传递弯矩，因此假定排架柱上端与屋架或屋面梁为铰接较符合实际情况。

(3)横梁为轴向变形可忽略不计的刚性连杆

一般情况，钢筋混凝土或预应力混凝土屋架的刚度比柱大得多。在荷载作用下，其轴向变形很小，可忽略不计，因此排架分析时可假定横梁是一个刚性连杆，即横梁两端柱的水平位移相等。但需注意，对下弦刚度较小的组合式屋架或两铰拱、三铰拱屋架，由于受力后轴向变形较大，横梁两端柱的水平位移不相等，则应考虑轴向变形对排架内力和变形的影响，这种情况称为“跨变”。

根据上述假定，可得图 3.26(a)的横向排架的计算模型，假设各柱列的每根柱截面尺寸相同,全部柱混凝土强度等级相同。则③轴线对应的计算模型可用图 3.26(b)表示。由于⑥,⑩轴线计算单元中同一柱列的柱顶位移相同,可将计算单元内的几榀排架合并成一榀平面排架来计算内力,合并后的平面排架柱的抗弯刚度应由计算单元内的柱刚度叠加。⑥轴线对应的计算模型可用图 3.26(c)表示,⑩轴线对应的计算模型可用图 3.26(d)表示。对图 3.26(a)厂房计算时,应考虑选取③,⑥轴线的计算模型进行设计。

在计算模型上施加荷载即可得到计算简图。在计算简图中,排架柱的计算轴线分别取上、下柱的几何中心线,通常用变截面形式表示。上柱高度 H_u 为牛腿顶面至柱顶的高度;下柱高度 H_l 为基础顶面至牛腿顶面的高度;柱总高 H 为 H_u 与 H_l 之和;柱的截面抗弯刚度白拟订的截面形状、尺寸及所选用的混凝土强度等级确定。

3.5.2　排架上的荷载

作用于厂房横向排架上的荷载有恒荷载和活荷载两类。恒荷载一般包括屋盖自重 G_1、上柱自重 G_4、下柱自重 G_5、吊车梁与轨道联结件等自重 G_3 以及由支承在柱牛腿上的连系梁传来的围护结构等自重 G_2。活荷载一般包括屋面活荷载 Q_1、吊车竖向荷载 D_{max}、吊车横向水平荷载 T_{max}、横向的均布风荷载 q 及作用于排架柱顶的集中风荷载 F_w 等。除吊车荷载为移动荷载外,其他荷载均取自单元范围内。

1)恒载

恒载值可按构件的材料重度和设计尺寸计算。若选用标准构件,屋面板、天沟、屋架或屋面梁、屋盖支撑、吊车梁与轨道联结件等,可直接由标准图集查得。

(1)屋盖恒载 G_1

屋盖恒载为计算单元范围内的屋面构造层(找平层、保温层、防水层等)、屋面板、天沟、天窗架、屋架或屋面梁、屋盖支撑等自重。通过屋架或屋面梁的两端,以竖向集中力 G_1 的形式作用于柱顶。当采用屋架时,作用线通过屋架上、下弦中心线的交点,一般距厂房纵向定位轴线 150 mm,如图 3.27 所示。当采用屋面梁时,G_1 的作用线通过梁端支承垫板的中心线。G_1 对上柱截面中心线一般有偏心距 e_1,对柱顶截面产生力矩 $M_1=G_1e_1$;对下柱截面中心线又增加一偏心距 e_0(e_0 为上下柱截面中心线的间距),故 G_1 对下柱变截面处有一个附加力矩 $M=G_1(e_1+e_0)$。

(2)墙体自重重力荷载 G_2

当设置连系梁支承围护墙体重量时,在计算单元范围内的墙体及连系梁重量以竖向力 G_2 的形式传至柱的牛腿顶面,作用点通过连系梁或墙体截面的形心轴,对下柱截面中心线的偏心距为 e_2,如图 3.27(b)所示。

(3)吊车梁与轨道联结件重力荷载 G_3

吊车梁与轨道联结件等自重 G_3 可根据标准图集直接查得,G_3 沿吊车梁的中线作用于牛腿顶面,G_3 作用点距纵向定位轴线 750 mm,对下柱截面中心线有偏心距 e_3,在牛腿顶面处产生力矩 $M=G_3e_3$,如图 3.27(b)所示。

(4)柱自重重力荷载 G_4 和 G_5

上、下柱的自重 G_4 和 G_5(下柱包括牛腿)分别按各自的截面尺寸和高度计算。G_4 作用于上柱底部截面中心线处,其在牛腿顶面处对下柱截面中心线产生力矩 $M=G_4e_0$。G_5 与下柱截面中心线重合,如图 3.27(b)所示。

当基础施工完成后,按安装顺序吊装柱、吊车梁及轨道联结件。屋架尚未安装,柱在柱自重、吊车梁及轨道联结件、部分墙体自重作用下,计算简图应取竖向悬臂构件进行内力分析。但考虑该受力状况较短,且不会对柱的控制截面内力产生较大影响,因此,通常按排架结构进行内力分析,计算简图如图 3.27(c)所示。其中,$M_2=G_2e_2-G_3e_3+G_4e_0$

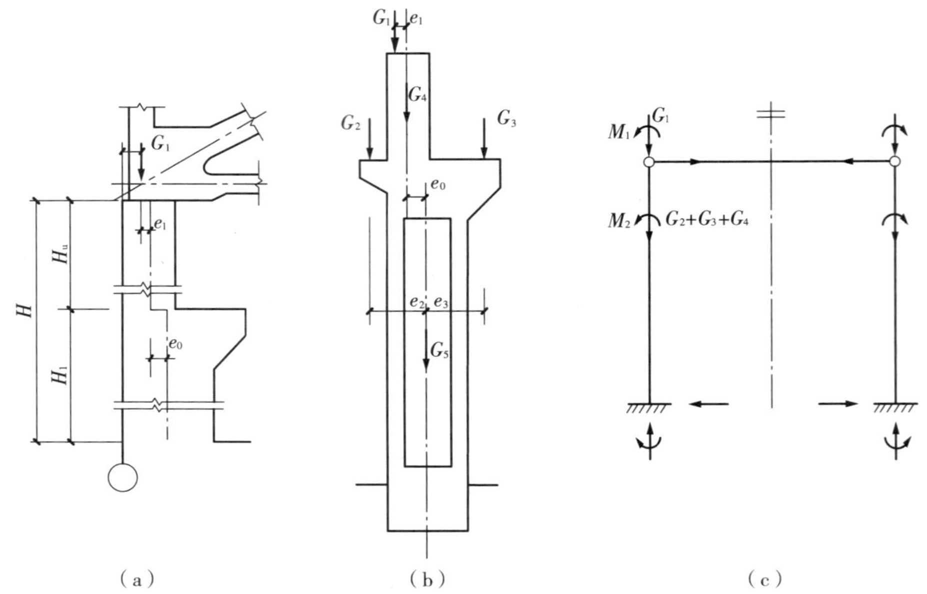

图 3.27　恒载作用位置及恒载作用下的计算简图

2)屋盖活荷载

屋面活荷载包括屋面均布活荷载、雪荷载及屋面积灰荷载。《建筑结构荷载规范》(GB 50009—2012)规定 3 种荷载均按单元范围内水平投影面上的均布荷载计算。

(1)屋面均布活荷载

屋面均布活荷载标准值按《建筑结构荷载规范》(GB 50009—2012)取:上人屋面为 2 kN/m^2;不上人屋面为 0.5 kN/m^2。不上人屋面的均布活荷载是单层厂房在使用阶段进行维修必须的荷载。当施工或维修荷载较大时,应按实际情况采用。

(2)屋面雪荷载

屋面水平投影面上的雪荷载标准值 S_k 按式(3.3)计算:

$$S_k=\mu_r S_0 \tag{3.3}$$

式中　μ_r——屋面积雪分布系数,根据屋面形式查《建筑结构荷载规范》(GB 50009—2012)。

S_0——基本雪压(kN/m^2),以当地一般空旷平坦地面上,经概率统计所得 50 年一遇最大积雪的自重确定的值。查《建筑结构荷载规范》(GB 50009—2012)。考虑屋面均布活荷载与雪荷载同时出现的可能性较小,设计时仅取两者中的较大值。

(3)屋面积灰荷载

当设计的厂房在生产过程中有大量的排灰或与灰源排放临近时,应考虑屋面积灰荷载。积灰荷载按《建筑结构荷载规范》(GB 50009—2012)的规定取值。积灰荷载应与雪荷载或不上人屋面均布活荷载两者中的较大值同时考虑。

活载作用下的计算简图,如图3.28所示。其中:$M_1=Q_1e_1$,$M_2=Q_1(e_1+e_0)$。

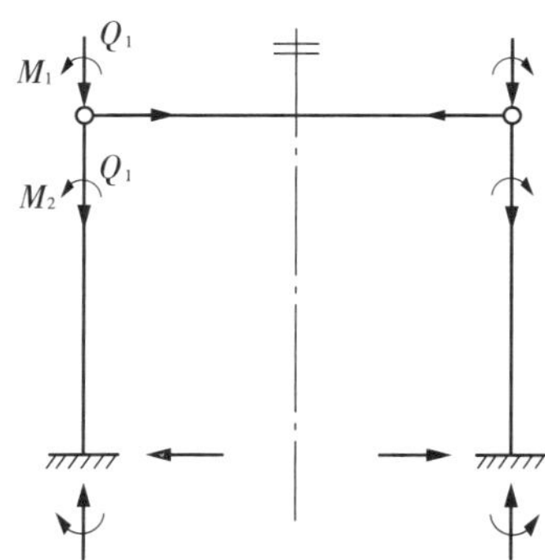

图3.28　活载作用下的计算简图

3)风荷载

单层厂房横向排架承担的风荷载包括计算单元范围内的垂直于墙面均布荷载及垂直于屋面的均布压力或吸力。

《建筑结构荷载规范》(GB 50009—2012)规定:当计算主要承重结构时,垂直于建筑物表面上的风荷载标准值 w_k(kN/m²)应按式(3.4)计算:

$$w_k=\beta_z\mu_s\mu_z w_0 \tag{3.4}$$

式中　β_z——高度 z 处的风振系数。对于基本自振周期大于0.25 s的工程结构,以及高度大于30 m且高宽比大于1.5的房屋结构应考虑风振的影响,单层厂房一般取 $\beta_z=1.0$。

μ_s——风荷载体型系数,它是风作用在建筑物表面的实际风压与理论风压的比值,主要与建筑物的外表体型及尺寸有关,可根据建筑体型查《建筑结构荷载规范》。

μ_z——风压高度变化系数,表示厂房所在地区的地面粗糙度条件下设计高度 z 处的风压与标准地貌下10 m高度处的风压(基本风压)比值,可查《建筑结构荷载规范》。

w_0——基本风压(kN/m²),以当地比较空旷平坦的地面上离地10 m高,经统计得到50年一遇的10 min平均最大风速为标准确定的风压值,可查《建筑结构荷载规范》。

排架结构内力分析时,将沿厂房高度变化的风荷载简化为两部分作用于横向排架结构:

①计算单元范围内作用在柱顶以下垂直于墙面的水平风荷载取为沿高度均匀分布荷载,分别为 q_1,q_2,如图3.29(a)所示,其风压高度变化系数 μ_z 按柱顶标高确定。

$$q_1=w_{k1}B=\mu_{s1}\mu_z w_0 B \tag{3.5}$$

$$q_2=w_{k2}B=\mu_{s2}\mu_z w_0 B \tag{3.6}$$

②计算单元范围内作用在柱顶至屋脊部分的风荷载,分为两部分计算:作用在柱顶至檐口的垂直于墙面均布荷载,其合力为 F_{w12},风压高度变化系数按檐口标高取值;作用在檐口至屋脊部分的垂直于屋面均布荷载可分解为竖向分力、水平向分力(图3.29(b)),其水平向分力的

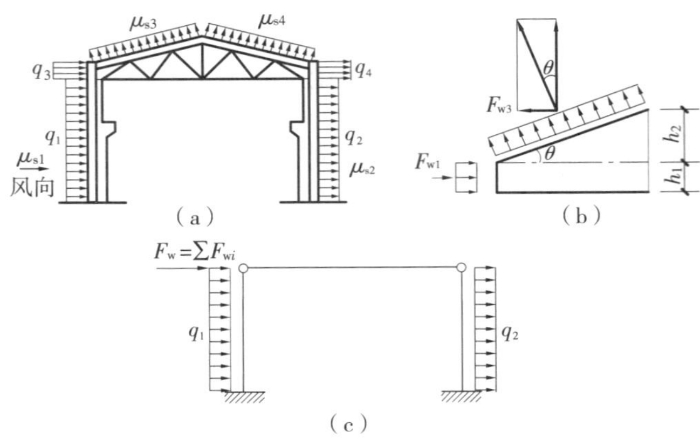

图 3.29　风荷载计算

合力为 F_{w34}，风压高度变化系数按屋脊(或天窗顶)标高取值，并以水平集中风荷载 F_w 的形式作用于排架柱顶，如图 3.29(c)所示。F_w 计算如下：

$$F_w = F_{w12}+F_{w34}$$
$$=\mu_{s1}\mu_z w_0 Bh_1+\mu_{s2}\mu_z w_0 Bh_1+\mu_{s3}\mu_z w_0 Bl\sin\theta+\mu_{s4}\mu_z w_0 Bl\sin\theta$$
$$=[(\mu_{s1}+\mu_{s2})h_1+(\mu_{s3}+\mu_{s4})h_2]\mu_z w_0 B$$

在排架结构内力分析时，要考虑左风、右风两种荷载，并进行内力组合。

4)吊车荷载

单层工业厂房中一般采用桥式吊车作为起重设备，可按生产工艺要求确定吊车的规格和型号。设计时根据制造商提供的产品规格和型号确定吊车荷载。

设计时要考虑吊车在工作中的繁重程度，按吊车在使用期内要求的总工作循环次数和吊车荷载进行设计。吊车工作级别越高，表示其达到额定起吊值越频繁、使用频率越高。

吊车按其吊钩的种类分为软钩吊车和硬钩吊车。软钩吊车是指用钢索通过滑轮组带动吊钩吊起重物；硬钩吊车是指用刚臂起吊重物。按动力来源又分为手动吊车和电动吊车。手动吊车起重量小，运行时振动轻微；电动吊车起重量大，工作时振动较大，行驶速度快。

桥式吊车作用在横向排架上的吊车荷载有吊车竖向荷载 D_{max} 与 D_{min}、吊车横向水平荷载 T_{max}；作用在纵向排架上的吊车荷载有纵向水平荷载 T_0。

(1)作用在横向排架上的吊车竖向荷载

桥式吊车由大车(即桥架)和小车组成，大车在吊车梁的轨道上沿着厂房纵向运行，小车在大车的轨道上沿着厂房横向行驶，小车上设有滑轮和吊索用来起吊物体。当小车吊有额定最大起重量 Q 的物件，行驶至大车一端的极限位置时，则该端大车的每个轮压达到最大轮压标准值 $F_{p,max}$，而另一端大车的各个轮压即为最小轮压标准值 $F_{p,min}$，如图 3.30 所示。$F_{p,max}$ 和 $F_{p,min}$ 可根据厂商提供的产品说明书查得。对常用规格的吊车，表 3.11 列出了其基本参数及尺寸。$F_{p,max}$ 和 $F_{p,min}$ 与吊车桥架重量 G、吊车额定最大起重量 Q、小车自重 g 满足下列平衡关系：

$$2(F_{p,max}+F_{p,min})=G+Q+g \tag{3.7}$$

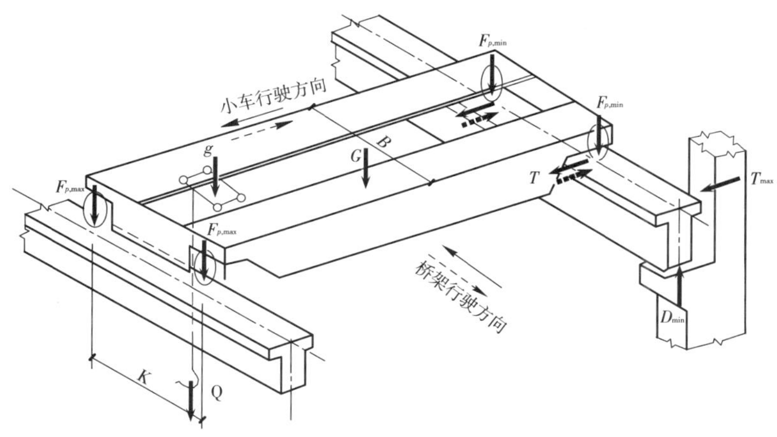

图 3.30　吊车荷载示意图

表 3.11　50~500/50 kN 一般用途电动桥式起重机基本参数和尺寸系列(ZQ1-62)

起重量 Q (kN)	跨度 l_k (m)	尺寸：宽度 B (mm)	尺寸：轮距 K (mm)	尺寸：轨顶以上高度 H (mm)	尺寸：轨道中心至端部距离 B_1 (mm)	吊车工作级别 A4 和 A5：最大轮压 $F_{p,\max}$ (kN)	最小轮压 $F_{p,\min}$ (kN)	起重机总重量 G (kN)	小车总重量 g (kN)
50	16.5	4 650	3 500	1 870	230	76	31	164	20(单闸) 21(双闸)
	19.5	5 150	4 000			85	35	190	
	22.5					90	42	214	
	25.5	6 400	5 250			100	47	244	
	28.5					105	63	285	
100	16.5	5 550	4 400	2 140	230	115	25	180	38(单闸) 39(双闸)
	19.5	5 550				120	32	203	
	22.5					125	47	224	
	25.5	6 400	5 250	2 190		135	50	270	
	28.5					140	66	315	
150	16.5	5 650	4 400	2 050	230	165	34	241	53(单闸) 55(双闸)
	19.5	5 550		2 140	260	170	48	255	
	22.5					185	58	316	
	25.5	6 400	5 250			195	60	380	
	28.5					210	68	400	
150/30	16.5	5 650	4 400	2 050	230	165	35	250	69(单闸) 74(双闸)
	19.5	5 550		2 150	260	175	43	285	
	22.5					185	50	321	
	25.5	6 400	5 250			195	60	360	
	28.5					210	68	405	
200/50	16.5	5 650	4 400	2 200	230	195	30	250	75(单闸) 78(双闸)
	19.5	5 550		2 300	260	205	35	280	
	22.5					215	45	320	
	25.5	6 400	5 250			230	53	305	
	28.5					240	65	410	

续表

起重量 Q (kN)	跨度 l_k (m)	尺寸：宽度 B (mm)	尺寸：轮距 K (mm)	尺寸：轨顶以上高度 H (mm)	尺寸：轨道中心至端部距离 B_1 (mm)	吊车工作级别 A4 和 A5：最大轮压 $F_{p,max}$ (kN)	吊车工作级别 A4 和 A5：最小轮压 $F_{p,min}$ (kN)	吊车工作级别 A4 和 A5：起重机总重量 G (kN)	吊车工作级别 A4 和 A5：小车总重量 g (kN)
300/50	16.5	6 050	4 600	2 600	260	270	50	340	117(单闸) 118(双闸)
	19.5	6 150	4 800		300	280	65	365	
	22.5					290	70	420	
	25.5	6 650	5 250			310	78	475	
	28.5					320	88	515	
500/50	16.5	6 350	4 800	2 700	300	395	75	440	140(单闸) 145(双闸)
	19.5			2 750		415	75	480	
	22.5					425	85	520	
	25.5	6 800	5 250			445	85	560	
	28.5					460	95	610	

注:①表列尺寸和重量均为该标准制造的最大限值;

②起重机总重量根据带双闸小车和封闭式操纵室重量求得;

③本表未包括工作级别为 A6 和 A7 的吊车,需要时可查 ZQ1-62 系列。

吊车竖向荷载是指吊车梁对横向排架柱产生的最大竖向力,即排架柱对吊车梁的最大支座反力。由于吊车荷载是移动荷载,因此,需要用影响线原理求吊车梁的最大支座反力,即吊车竖向荷载 D_{max} 或 D_{min},如图 3.31(a)所示。显然 D_{max} 或 D_{min} 与厂房内吊车数量和位置有关。《建筑结构荷载规范》(GB 50009—2012)规定:计算排架考虑多台吊车竖向荷载时,对单跨厂房的每个排架,参与组合的吊车台数不宜多于 2 台;对多跨厂房的每个排架,不宜多于 4 台。当两台吊车紧靠并行,其中一台的最大轮压 $F_{p1,max}$($F_{p1,max} \geqslant F_{p2,max}$)作用线正好通过排架柱轴线时,该柱反力最大,如图 3.32(a)所示。最大竖向荷载标准值 D_{max} 和最小竖向荷载标准值 D_{min} 用下列公式计算:

$$D_{max} = \sum F_{pi,max} y_i \tag{3.8}$$

$$D_{min} = \sum F_{pi,min} y_i \tag{3.9}$$

式中 $F_{pi,max}$,$F_{pi,min}$——第 i 台吊车的最大轮压标准值和最小轮压标准值;

y_i——与各吊车轮压对应的影响线的竖向坐标值,可根据吊车最不利布置时,吊车的宽度 B 和轮距 K 确定。

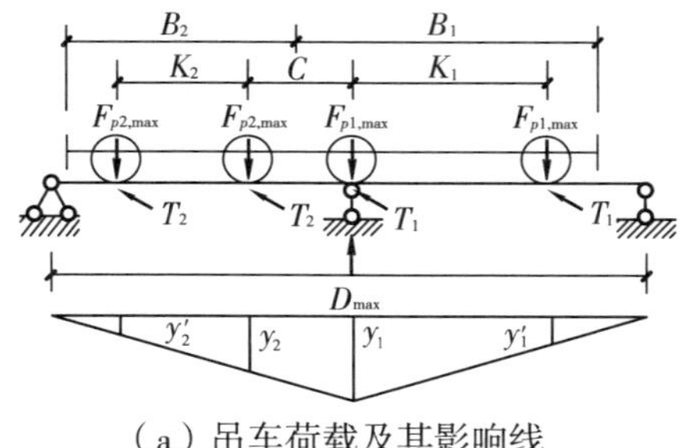

(a)吊车荷载及其影响线

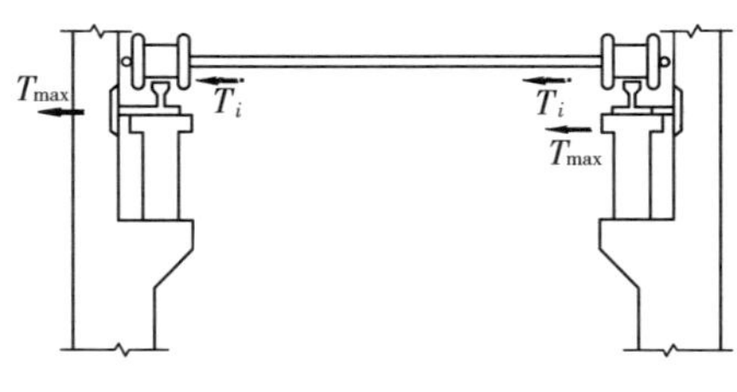

(b)吊车横向水平荷载

图 3.31 吊车竖向荷载和水平荷载

吊车竖向荷载 D_{max},D_{min}作用在同跨横向排架两侧,沿吊车梁的中心线作用在牛腿顶面,对下柱截面中心线的偏心距为 e_3,如图 3.27(b)所示。排架结构在吊车竖向荷载作用下的计算简图,如图 3.32(a)所示。

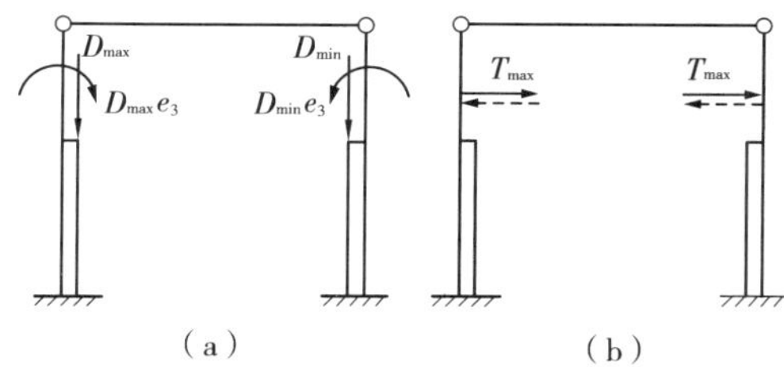

图 3.32 吊车荷载作用下的计算简图

(2)吊车横向水平荷载

当桥式吊车大车轨道上的小车起吊重物后,启动或制动时将产生横向水平惯性力,其方向与轨道垂直。此惯性力通过大车轮及其下轨道传给两侧的吊车梁,再经吊车梁与柱间的连接钢板传至排架结构,如图 3.31(b)所示。

《建筑结构荷载规范》(GB 50009—2012)规定:吊车的横向水平惯性力为 $\alpha(Q+g)$,其中 α 为横向水平制动力系数,Q 为吊车的额定起重量的重力荷载,g 为小车的重力荷载。考虑吊车轮的竖向力很大,车轮与轨道之间的摩擦力足以传递小车的制动力,故吊车横向水平制动力应该按两侧柱的侧移刚度分配。为简化计算,可将横向水平制动力在两边轨道上均匀分配。对常用的四轮吊车,每个大车轮引起的横向水平制动力标准值为:

$$T = \frac{1}{4}\alpha(Q + g) \tag{3.10}$$

式中,横向制动力系数 α 按下列规定取值:

①对软钩吊车:

- 当额定起重量 $Q \leqslant 100$ kN 时,α 应取 0.12;
- 当额定起重量 $Q = 160 \sim 500$ kN 时,α 应取 0.1;
- 当额定起重量 $Q \geqslant 750$ kN 时,α 应取 0.08。

②对硬钩吊车,α 应取 0.20。

吊车横向水平荷载 T_{max}是指每个大车轮引起的横向水平荷载 T 通过吊车梁传给横向排架柱可能产生的最大横向水平反力。T_{max}作用于吊车梁顶面,与吊车竖向荷载 D_{max}或 D_{min}类似,T_{max}的大小与吊车台数、作用位置有关。产生 T_{max}横向水平制动力的吊车台数、位置与产生竖向荷载 D_{max}类似,如图 3.31(a)所示。可利用计算吊车竖向荷载 D_{max}方法求得 T_{max}。

$$T_{max} = \sum T_i y_i \tag{3.11}$$

式中 T_i——第 i 个大车轮引起的横向水平制动力标准值。

(3)吊车纵向水平荷载

吊车纵向水平荷载是吊车沿厂房纵向启动或制动时,由吊车自重、吊重的惯性力在纵向排架上产生的水平作用力。它通过大车两端的制动轮与轨道间的摩擦力,经吊车梁传到纵向柱列或柱间支撑。

吊车纵向水平荷载标准值 T_0 应按作用在一边轨道上所有刹车轮的最大轮压 $F_{p,max}$ 之和的10%采用。对每侧有一个制动轮的四轮吊车，可按式(3.12)计算：

$$T_0 = 0.1F_{p,max} \tag{3.12}$$

当厂房内设置有柱间支撑时，吊车纵向荷载由全部柱间支撑承受；当厂房内没有设置柱间支撑时，吊车纵向荷载由同一伸缩缝区段内的全部排架柱承受。

3.5.3 等高排架内力分析

等高排架为受荷载后柱顶水平位移相等的排架。等高排架有柱顶标高相同的，以及柱顶标高虽不相同但柱顶由斜杆相连，由于横梁的长度不变，两种情况的柱顶水平位移相等，如图3.33 所示。

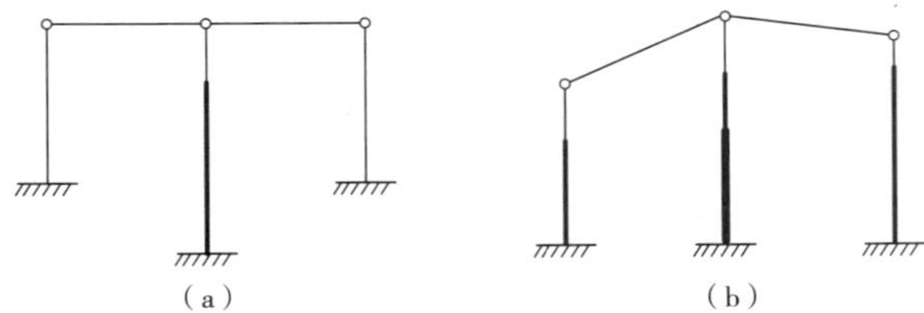

图 3.33　按等高排架计算的两种情况

排架内力分析就是求排架结构在各种荷载作用下，柱截面的弯矩和剪力的过程。计算排架内力时，若求出排架结构的柱顶剪力，就能求出排架柱的内力。求排架柱顶剪力有两种基本方法：一种是先求横梁内力，再求柱顶剪力，这就是力法，此法可计算各种排架结构的内力；另一种是直接求柱顶剪力，即剪力分配法，这种方法只用于求等高排架的内力。

用剪力分配法分析任意荷载作用下等高排架内力时，需要用到单阶超静定柱在承受各种荷载作用时的柱顶反力。因此，先讨论单阶超静定柱的柱顶位移系数、柱顶反力系数。

1)单阶超静定柱在承受各种荷载作用时的柱顶反力

以变截面柱在变截面处作用力矩 M(如吊车竖向荷载作用下 D_{max} 对下柱截面形心产生的力矩 $D_{max}e_3$)为例，求柱顶反力 R，如图 3.34 所示。这是用力法求解一次超静定结构柱顶支座反力的问题。根据柱顶的变形条件可得：

$$R\delta - \Delta_P = 0$$

由上式可得：

$$R = \Delta_P / \delta \tag{3.13}$$

式中　Δ_P——悬臂柱在荷载作用时，柱顶产生的水平位移值，如图 3.34(c)所示。

δ——悬臂柱在柱顶作用单位水平力时，柱顶产生的水平位移值，如图 3.34(d)所示。

令 $\lambda = H_u/H, n = I_u/I_l$，由图乘法可得：

$$\delta = \frac{H^3}{C_0 EI_l} \tag{3.14}$$

$$\Delta_P = (1 - \lambda^2)\ \frac{H^2}{2EI_l}M \tag{3.15}$$

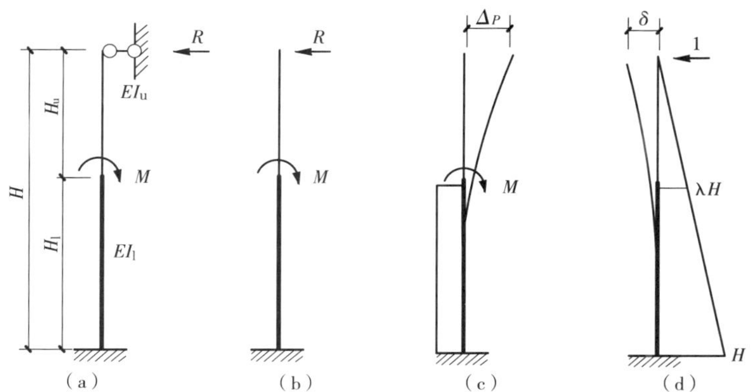

图 3.34　单阶一次超静定柱分析

将式(3.14)、式(3.15)代入式(3.13)得：

$$R = C_M \frac{M}{H} \tag{3.16}$$

式中　C_0——单阶变截面柱的柱顶位移系数，按式(3.17)计算；

C_M——单阶变截面柱在变阶处集中力矩作用下的柱顶反力系数，按式(3.18)计算。

$$C_0 = \frac{3}{1 + \lambda^3\left(\frac{1}{n} - 1\right)} \tag{3.17}$$

$$C_M = \frac{3}{2} \frac{1 - \lambda^2}{1 + \lambda^3\left(\frac{1}{n} - 1\right)} \tag{3.18}$$

按上述推导方法，可得到单阶变截面柱在各种荷载作用下的柱顶反力系数，表 3.12 列出其中几种情况供设计时参考。

表 3.12　单阶变阶柱的柱顶位移系数 C_0 和反力系数($C_1 \sim C_{11}$)

序号	简　图	R	$C_0 \sim C_5$	序号	简　图	R	$C_6 \sim C_{11}$
0	1, δ, I_u, I_l, H_u, H_l, H		$\delta = \frac{H^3}{C_0 E I_l}$ $C_0 = \frac{3}{1+\lambda^3\left(\frac{1}{n}-1\right)}$	6	R, T	TC_6	$C_6 = \frac{1-0.5\lambda(3-\lambda^2)}{1+\lambda^3\left(\frac{1}{n}-1\right)}$
1	M, R	$\frac{M}{H}C_1$	$C_1 = \frac{3}{2} \cdot \frac{1-\lambda^2\left(1-\frac{1}{n}\right)}{1+\lambda^3\left(\frac{1}{n}-1\right)}$	7	R, T, bH_l	TC_7	$C_7 = \frac{b^2(1-\lambda)^2[3-(1-\lambda)]}{2\left[1+\lambda^3\left(\frac{1}{n}-1\right)\right]}$

续表

序号	简 图	R	$C_0 \sim C_5$	序号	简 图	R	$C_6 \sim C_{11}$
2		$\frac{M}{H}C_2$	$C_2=\frac{3}{2}\cdot\frac{1+\lambda^2\left(\frac{1-a^2}{n}-1\right)}{1+\lambda^3\left(\frac{1}{n}-1\right)}$	8		qHC_8	$C_8=\left\{\frac{a^4}{n}\lambda^4-\left(\frac{1}{n}-1\right)(6a-8)a\lambda^4-a\lambda(6a\lambda-8)\right\}\div 8\left[1+\lambda^3\left(\frac{1}{n}-1\right)\right]$
3		$\frac{M}{H}C_3$	$C_3=\frac{3}{2}\cdot\frac{1-\lambda^2}{1+\lambda^3\left(\frac{1}{n}-1\right)}$	9		qHC_9	$C_9=\frac{8\lambda-6\lambda^2+\lambda^4\left(\frac{3}{n}-2\right)}{8\left[1+\lambda^3\left(\frac{1}{n}-1\right)\right]}$
4		$\frac{M}{H}C_4$	$C_4=\frac{3}{2}\cdot\frac{2b(1-\lambda)-b^2(1-\lambda)^2}{1+\lambda^3\left(\frac{1}{n}-1\right)}$	10		qHC_{10}	$C_{10}=\left\{3-b^3(1-\lambda)^3[4-b(1-\lambda)]+3\lambda^4\left(\frac{1}{n}-1\right)\right\}\div 8\left[1+\lambda^3\left(\frac{1}{n}-1\right)\right]$
5		TC_5	$C_5=\left\{2-3a\lambda+\lambda^3\left[\frac{(2+a)\cdot(1-a)^2}{n}-(2-3a)\right]\right\}\div 2\left[1+\lambda^3\left(\frac{1}{n}-1\right)\right]$	11		qHC_{11}	$C_{11}=\frac{3\left[1+\lambda^4\left(\frac{1}{n}-1\right)\right]}{8\left[1+\lambda^3\left(\frac{1}{n}-1\right)\right]}$

注：表中 $n=I_u/I_l$，$\lambda=H_u/H$，$1-\lambda=H_l/H_0$。

2）柱顶水平集中力作用下等高排架内力分析

有 n 根柱组成的排架结构在柱顶水平集中力 F 作用下，等高排架各柱顶将产生侧移 Δ_i 和剪力 V_i，如图 3.35 所示。取横梁为脱离体，则有下列平衡条件$\left(\sum X=0\right)$：

$$F=V_1+V_2+\cdots+V_i+\cdots+V_n=\sum_{i=1}^{n}V_i \tag{3.19}$$

由于假定横梁 $EA=\infty$，即横梁为无轴向变形的刚性连杆，故有下列变形条件：

$$\Delta_1=\Delta_2=\cdots=\Delta_i \quad \cdots=\Delta_n=\Delta \tag{3.20}$$

根据 δ 的物理意义，可得下列物理条件：

$$V_i\delta_i=\Delta_i \tag{3.21}$$

将式(3.20)代入式(3.21)得 $V_i\delta_i=\Delta$，再代入式(3.19)求出：

$$\Delta=\frac{F}{\sum_{i=1}^{n}\frac{1}{\delta_i}} \tag{3.22}$$

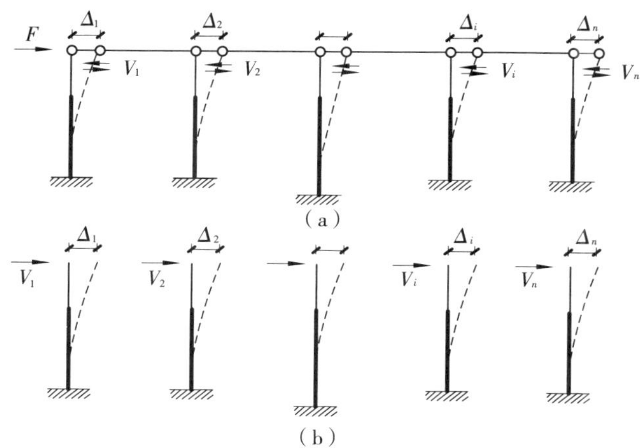

图3.35　柱顶水平集中力作用下的等高排架

将式(3.22)再代入式(3.21)得：

$$V_i = \frac{1/\delta_i}{\sum_{i=1}^{n} \frac{1}{\delta_i}} F = \eta_i F \tag{3.23}$$

式中　$1/\delta_i$——第 i 根柱的抗侧移刚度(或抗剪刚度)，即悬臂柱柱顶产生单位侧移所需施加的水平力；

η_i——第 i 根柱的剪力分配系数，即第 i 根柱的抗剪刚度 $1/\delta_i$ 与各柱抗剪刚度总和的比值，且 $\sum \eta_i = 1$，对于单层单跨对称排架结构 $\eta_i = 0.5$。

通过上述分析可知，当排架结构柱顶水平集中力 F 已知时，各柱的剪力 V_i 按其抗剪刚度与各柱抗剪刚度总和的比例关系 η_i 进行分配，故称为剪力分配法。同时各柱的柱顶剪力 V_i 仅与 F 的大小有关，而与其作用位置无关，但 F 的作用位置对横梁的内力有影响。

3）任意荷载作用下等高排架内力分析

等高排架在任意荷载作用时，无法用上述剪力分配法直接求柱顶剪力。下面以单跨厂房排架结构承受吊车横向水平荷载 T_{max} 为例，介绍任意荷载作用下等高排架内力分析过程。

单跨厂房排架结构承受吊车横向水平荷载 T_{max} 时的计算简图，如图3.36(a)所示。其内力分析可按下列计算步骤进行：

①在排架柱顶附加一个不动铰支座以阻止其侧移，则各柱为单阶一次超静定柱，如图3.36(b)所示。根据柱顶反力系数，可求出单柱支座反力 R_A，R_B，及相应的柱端剪力 $V_{A1} = -R_A$，$V_{B1} = -R_B$，可相应求出柱内弯矩。

②撤除不动铰支座，在此排架柱上反向作用支座反力 $(R_A + R_B)$，如图3.36(c)所示。用剪力分配法可求出柱端剪力 $V_{A2} = \eta_A(R_A + R_B)$，$V_{B2} = \eta_B(R_A + R_B)$，相应也可求出柱内弯矩。

③叠加图3.36(b)，(c)的计算结果，可得柱顶剪力，即可求图3.36(a)所示的排架结构承受吊车横向水平荷载 T_{max} 的内力。

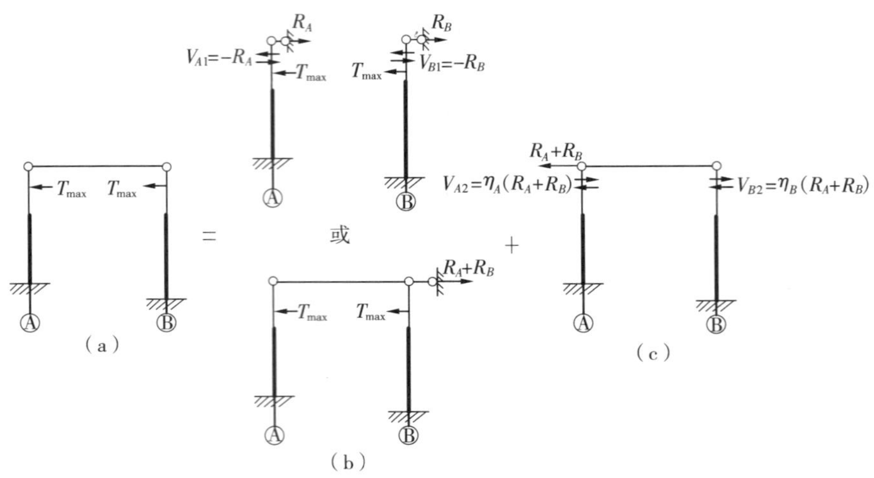

图 3.36　排架结构承受吊车横向水平荷载 T_{max} 的内力分析

3.5.4　不等高排架内力分析

受荷载作用后柱顶水平位移不相等的排架，称为不等高排架。求不等高排架内力，一般用力法进行分析。下面以两跨排架结构承受集中弯矩为例(图 3.37)，介绍力法内力分析过程。其内力分析可按下列计算步骤进行：

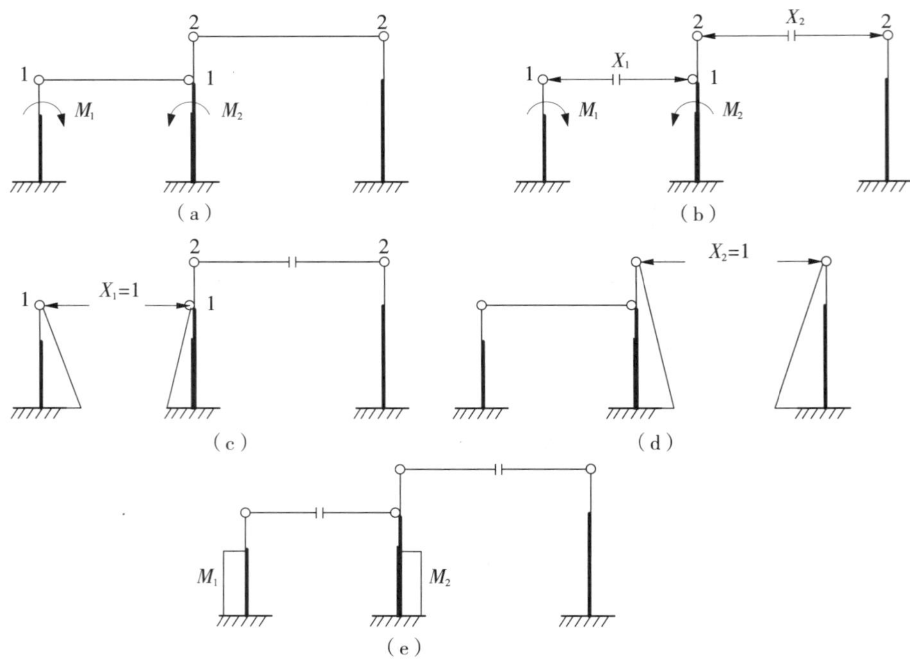

图 3.37　不等高排架结构承受弯矩的内力分析

①将高、低两跨横梁切开，以横梁轴力作为基本未知量 X_1，X_2，基本结构如图 3.37(b)所示，在集中弯矩、横梁轴力作用下将产生内力和变形。以每根横梁两端水平位移相等为条件，

可得力法方程(3.24)。

②分别求出高、低两跨横梁处单位力作用下产生的弯矩图,由图3.37(c)、图3.37(d)图乘求得 δ_{11},δ_{12},δ_{21},δ_{22}。由单位力图3.37(c)与图3.37(e)图乘,以及由单位力图3.37(d)与图3.37(e)图乘求得 Δ_{1P},Δ_{2P}。

③当横梁内力 X_1,X_2 求出后,各柱为静定柱,即可求得在各自荷载作用下的栏内力。

$$
\begin{aligned}
\delta_{11}X_1 + \delta_{12}X_2 + \Delta_{1P} = 0 \\
\delta_{21}X_1 + \delta_{22}X_2 + \Delta_{2P} = 0
\end{aligned}
\tag{3.24}
$$

式中　δ_{11},δ_{12},δ_{21},δ_{22}——单位力产生的位移,由单位力图图乘求得;

Δ_{1P},Δ_{2P}——荷载作用下的结构位移,由单位力图乘以荷载图得。

3.5.5　单层厂房排架考虑空间作用的计算

1)厂房整体空间作用的基本概念

单层厂房是一个空间结构,在前面的讨论中曾将其简化为纵向、横向平面排架进行计算,达到计算简化的目的。当单层厂房承受垂直于厂房纵向的均匀分布荷载,如竖向荷载(恒载、屋面活荷载、雪荷载)以及水平荷载(风荷载)作用时,简化为纵向、横向平面排架进行讨论,基本符合厂房的实际工作性能。但当厂房承受吊车水平荷载时,按平面排架计算则与实际情况有一定差异。

为说明问题,绘出单层单跨厂房在柱顶水平荷载作用下,由于结构或荷载不同产生的4种位移示意图,如图3.38所示。

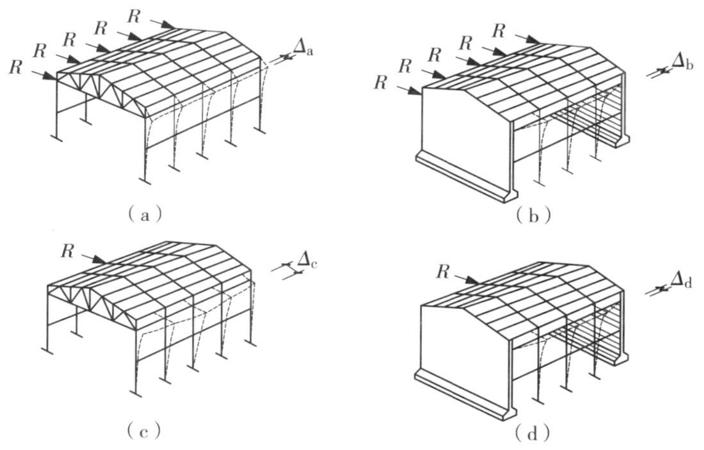

图3.38　单层单跨厂房空间作用分析

在图3.38(a)中,各排架柱顶均承受水平集中力,且厂房两端无山墙。此时各排架受力相同,各排架水平位移相同(均为 Δ_a),各榀排架之间无相互制约作用。此时,实际受力与没有纵向构件联系的单个排架相同,可视作平面排架结构。

在图3.38(b)中,排架柱顶受力与图3.38(a)相同,但厂房两端有山墙。由于山墙刚度远大于平面排架,故厂房在山墙处位移很小,山墙通过屋盖等纵向构件对各榀排架有不同的约束,故厂房柱顶水平位移呈曲线,且 $\Delta_b<\Delta_a$。

在图 3.38(c)中,厂房结构与图 3.38(a)相同,但仅有一榀排架柱顶受水平集中力 R。由于直接受荷排架通过屋盖等纵向构件,将一部分荷载传给其他排架,其柱顶水平位移减小,即 $\Delta_c<\Delta_a$。

在图 3.38(d)中,排架柱顶受力与图 3.38(c)相同,但厂房两端有山墙。直接承受水平集中力的排架由于非受荷排架和山墙约束,故各榀排架的柱顶水平位移比图 3.38(c)小,即 $\Delta_d<\Delta_c$。

在上述后 3 种情况中,由于屋盖等纵向连续构件将各榀排架或山墙联系在一起,各榀排架或山墙相互制约不能单独变形。这种排架与排架、排架与山墙之间的相互制约的整体作用,称为厂房的整体空间作用。一般来说,有整体空间作用的排架需具备两个条件:有纵向构件将各榀横向平面排架(山墙理解为广义横向排架)联系起来;各榀横向平面排架结构的抗侧力刚度不同或承受的外荷载不同。

单层厂房整体空间作用的大小取决于屋盖刚度、山墙刚度、山墙间距、荷载类型等因素。由于单层厂房吊车荷载为局部荷载,按考虑厂房空间作用的方法计算排架内力,更能接近实际受力情况。

2)吊车荷载作用下考虑厂房整体空间作用的排架内力分析

单层厂房在某一排架柱顶作用一水平集中力 R,如图 3.39(a)所示。由于厂房整体空间作用的原因,水平集中力 R 的一部分传递给直接受荷载的排架,另一部分通过屋盖等纵向联系构件传递给相邻的其他排架。按照"弹性支承连系梁理论",把厂房屋盖看成一根在水平面内受力的纵梁,各横向平面排架作为梁的弹性支座,则各支座反力 R_i 即为相应排架所分担的水平力。若此时直接受荷排架对应的支座反力为 R_0,柱顶位移为 Δ_0,如图 3.39(b)所示;而不考虑厂房整体空间作用,则水平集中力 R 全部由受荷平面排架承受,柱顶位移为 Δ,如图 3.39(c)所示。通过前面分析可知,$R_0<R$,我们将 R_0 与 R 之比称为单个荷载作用下的空间作用分配系数,以 μ 表示。

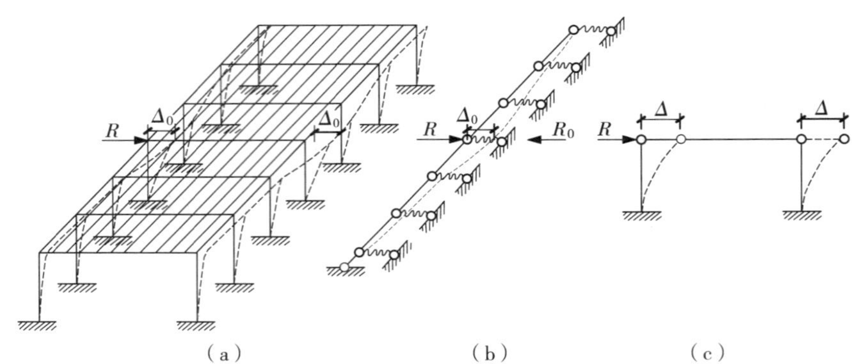

图 3.39 厂房整体空间作用示意图

$$\mu=\frac{R_0}{R}=\frac{\Delta_0}{\Delta}<1.0 \tag{3.25}$$

考虑在弹性阶段,排架所受荷载与柱顶水平位移成正比,故空间作用分配系数又可表示为两种情况下的柱顶位移之比 Δ_0/Δ,见式(3.25)。其中,Δ_0 为考虑空间作用直接受荷载排架的位移,Δ 为平面排架计算时柱顶水平位移。

由上述可知,μ 表示当水平荷载作用于排架柱顶时,由于厂房的空间作用,该排架所分配到的实际水平荷载与按平面排架计算时的水平荷载的比值。因此,如果测得各类厂房的 μ 值,若考虑厂房空间作用时排架所承受的荷载,就可方便地求出 μR。

实际厂房在吊车荷载作用下,不是承受单个荷载作用,而是承受 T_{max} 的横向排架和其相邻两侧的横向排架,同时也承受吊车荷载,因此此时的厂房空间作用分配系数与单个荷载作用的空间作用分配系数不同。在确定多个荷载作用下的 μ 值时,需要考虑各榀排架之间的相互影响。根据对多个荷载作用厂房的实测和理论分析,给出了具有一定安全储备,可供设计参考的空间作用分配系数 μ,见表 3.13。

表 3.13　单跨厂房空间作用分配系数 μ

<table>
<tr><th colspan="2" rowspan="2">厂房情况</th><th rowspan="2">吊车起重量(kN)</th><th colspan="4">厂房长度(m)</th></tr>
<tr><th colspan="2">≤60</th><th colspan="2">>60</th></tr>
<tr><td rowspan="2">有檩屋盖</td><td>两端无山墙或一端有山墙</td><td>≤300</td><td colspan="2">0.9</td><td colspan="2">0.85</td></tr>
<tr><td>两端有山墙</td><td>≤300</td><td colspan="4">0.85</td></tr>
<tr><td rowspan="4">无檩屋盖</td><td rowspan="3">两端无山墙或一端有山墙</td><td rowspan="3">≤750</td><td colspan="4">厂房跨度(m)</td></tr>
<tr><td>12~27</td><td>>27</td><td>12~27</td><td>>27</td></tr>
<tr><td>0.90</td><td>0.85</td><td>0.85</td><td>0.80</td></tr>
<tr><td>两端有山墙</td><td>≤750</td><td colspan="4">0.80</td></tr>
</table>

注:①厂房山墙应为实心砖墙,如有开洞,洞口对山墙水平截面面积的削弱应不超过 50%,否则应视为无山墙情况;

②当厂房设有伸缩缝时,厂房长度应按一个伸缩缝区段的长度计,且伸缩缝处应视为无山墙。

3)考虑厂房整体空间作用时排架内力计算步骤

下面以单跨厂房排架结构承受吊车横向水平荷载 T_{max} 为例,介绍考虑厂房整体空间作用时排架内力分析过程,如图 3.40(a)所示。

①先假定排架柱顶无侧移,求出在吊车水平荷载 T_{max} 作用下的柱顶反力 R 或($R_A + R_B$),以及相应各柱顶剪力,如图 3.40(b)所示。

②考虑厂房空间作用后,排架柱顶反力不是($R_A + R_B$),而是变成 $\mu(R_A + R_B)$,这有别于平面排架,并将 $\mu(R_A + R_B)$ 反向施加于可侧移排架柱顶。相应可求出 A 柱、B 柱顶分别承受的剪力 $\eta_A\mu(R_A + R_B)$,$\eta_B\mu(R_A + R_B)$,如图 3.40(c)所示。

③将上述两种情况求得的柱顶剪力叠加,即为考虑空间作用的柱顶剪力。根据柱顶剪力及柱上承受的荷载,可求出各柱的内力,如图 3.40(d)所示。

比较图 3.36(c)可见,不考虑厂房整体空间作用时,柱顶剪力为:$V_i = R_i - \eta_i(R_A + R_B)$

图 3.40(d)中,考虑厂房整体空间作用时,柱顶剪力为:$V_i' = R_i - \eta_i\mu(R_A + R_B)$

由于 $\mu<1.0$,故 $V_i' > V_i$。因此,考虑厂房整体空间作用时,上柱内力将增大;又因为 V_i' 与 T_{max} 方向相反,所以下柱内力将减小。由于下柱的配筋量一般比较多,所以考虑空间作用后,柱的钢筋总用量有所减少。

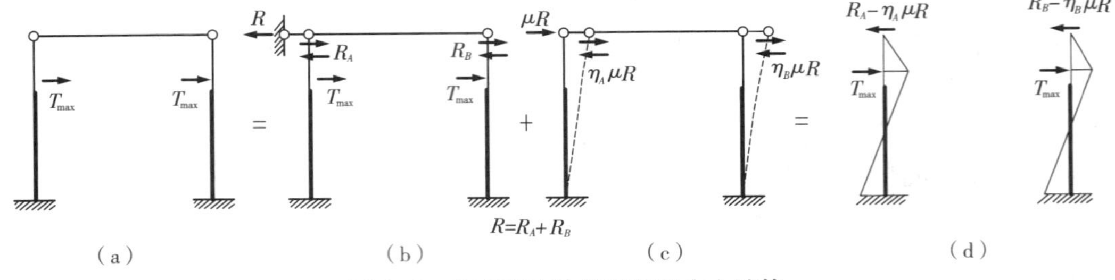

图 3.40　考虑空间作用时排架内力计算

3.5.6　排架内力组合

内力组合是对各种荷载作用下的排架柱进行内力分析，根据排架实际可能同时遇到的荷载情况进行荷载组合，将内力组合后排架柱控制截面上的最不利内力作为柱和基础在承载力和正常使用极限状态时的设计依据。因此，内力组合需要考虑 3 个方面问题：根据排架受力特点，确定排架柱的控制截面；确定柱控制截面最不利内力对应的荷载效应组合；按偏心受压构件设计的方法，确定柱控制截面相应的最不利内力。

1）柱的控制截面

排架柱的控制截面是指对柱的各区段配筋起控制作用的截面。在荷载作用下，柱的内力是沿柱的长度变化的，设计时应根据内力和截面变化情况，选取几个控制截面并找出最不利内力，作为配筋计算的依据。

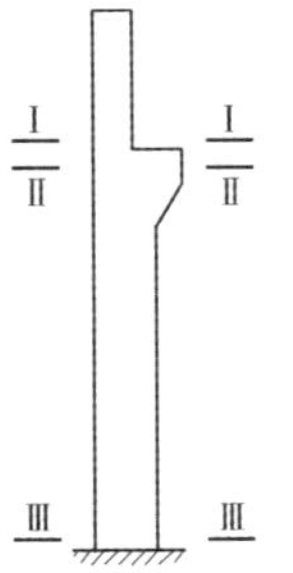

图 3.41　柱的控制截面

在图 3.41 所示的一般单阶排架柱设计时，整个上柱截面的配筋相同，整个下柱截面的配筋也相同，故应分别找出上柱和下柱的控制截面。对上柱来说，上柱底部Ⅰ—Ⅰ处的弯矩和轴力都比其他截面大，故此截面为上柱的控制截面。对下柱来说，在吊车竖向荷载作用下，牛腿顶面截面Ⅱ—Ⅱ处的弯矩最大；在风荷载和吊车横向水平荷载以及地震作用下，柱底截面Ⅲ—Ⅲ处弯矩最大。因此，对下柱取牛腿顶面截面Ⅱ—Ⅱ和柱底截面Ⅲ—Ⅲ作为下柱的控制截面。

2）荷载效应组合

在分别求出各种荷载单独作用时排架柱各截面内力值后，一方面需要确定哪几种荷载同时作用，柱可能出现最不利内力，为此要考虑荷载组合情况；另一方面还必须考虑单项荷载同时出现并达到设计值的概率，因此要注意活荷载组合值系数的取用。

根据《建筑结构荷载规范》（GB 50009—2012），一般排架、框架结构的荷载效应组合设计值应从下列组合值中取最不利值确定：

由可变荷载效应控制（设计使用年限为 50 年）的组合的表达式为：

$$S_d = \sum_{j=1}^{m} \gamma_{G_j} S_{G_j k} + \gamma_{Q_1} \gamma_{L_1} S_{Q_1 k} + \sum_{i=1}^{n} \gamma_{Q_i} \gamma_{L_i} \psi_{c_i} S_{Q_i k} \tag{3.26}$$

由永久荷载效应控制的组合表达式为：

$$S_d = \sum_{j=1}^{m} \gamma_{G_j} S_{G_j k} + \sum_{i=1}^{n} \gamma_{Q_i} \gamma_{L_i} \psi_{c_i} S_{Q_i k} \tag{3.27}$$

式中 S_{G_jk}——永久荷载效应标准值。

γ_{G_j}——永久荷载分项系数。对由可变荷载效应控制的组合应取1.2；对由永久荷载效应控制的组合应取1.35。

S_{Q_ik}——第 i 个可变荷载效应标准值。其中 S_{Q_1k} 为可变荷载 Q_1 的荷载效应标准值。

γ_{Q_i}——第 i 个可变荷载分项系数。其中 γ_{Q_1} 为可变荷载 Q_1 的分项系数。对由可变荷载效应控制的组合一般应取1.4；当工业房屋楼面活荷载大于4 kN/m^2 时，应取1.3。

ψ_{c_i}——第 i 个可变荷载的组合系数。

γ_{L_i}——可变荷载考虑使用年限的调整系数。

n——参与组合的可变荷载数。

荷载效应组合时，注意作用于排架上的可变荷载有屋面活荷载、风荷载和吊车荷载，按上述原则组合时应考虑各种可能性。

3）内力组合

单层厂房排架结构受力后，柱内同时产生弯矩 M、轴力 N 和剪力 V。排架柱应按偏心受压构件进行设计。图3.42给出了当构件截面尺寸、材料强度确定的条件下，对称配筋偏压柱 M，N 变化与截面配筋量的关系。

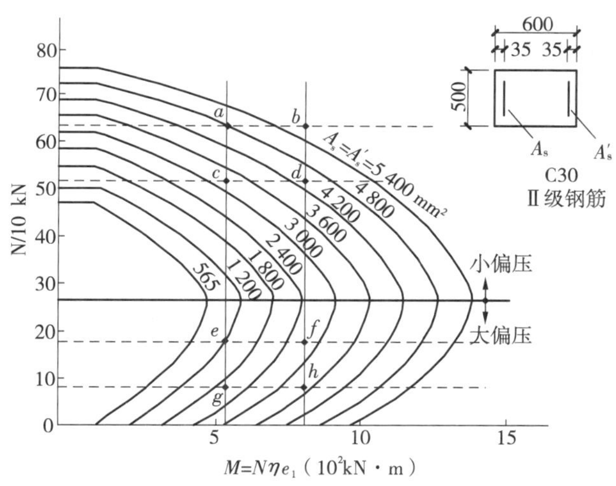

图3.42 对称配筋偏压柱 M,N 与截面配筋量的关系

由图可见，对于小偏心受压的情况，当弯矩 M 相等或相近时，轴力愈大所需配筋愈多。如 a 点（或 b 点）对应的一组内力比 c 点（或 d 点）对应的一组内力所需配筋量多。对于大偏心受压的情况，当弯矩 M 相等或相近时，轴力愈小所需配筋愈多。如 e 点（或 f 点）对应的一组内力比 g 点（或 h 点）对应的一组内力所需配筋量多。不论是大偏心受压还是小偏心受压的情况，当轴力 N 相等或相近时.弯矩 M 越大所需配筋越多。如 c 点（或 g 点）对应的一组内力比 d 点（或 h 点）对应的一组内力所需配筋量多。

根据理论分析和经验，通常应选择以下4种内力组合：

①$+M_{max}$及对应的 N,V;

②$-M_{max}$及对应的 N,V;

③N_{max}及对应的 M,V;

④N_{min}及对应的 M,V。

以上 4 种内力组合,有时不一定能求出柱截面配筋最大值。例如,对大偏心受压截面 N 值比 N_{max} 小些,但对应的 M 值却较大,这时截面配筋可能会更多,因此在组合时应注意比较。一般按上述 4 种内力组合求出的柱截面配筋已能满足工程设计要求。

4)**内力组合注意要点**

①内力组合的目标是寻找各控制截面的$+M_{max}$,$-M_{max}$,N_{max}和 N_{min}4 组内力,内力组合中特别要注意以一种内力目标来决定可变荷载项的取舍。例如取 N_{max}和 N_{min}组合目标时,应使相对应的 M 绝对值尽可能大,因此对于不产生轴力的风荷载及吊车荷载项中的弯矩值也应组合。

②每次组合都必须考虑恒荷载产生的内力。

③吊车竖向荷载 D_{max}或 D_{min}可能作用在同一跨厂房的左柱,也可能作用于右柱,只能选其中一种不利内力参与组合。

④吊车横向水平荷载 T_{max}作用在同一跨厂房两侧柱上,向左或向右,只能选其中一种不利内力参与组合。

⑤由于吊车横向水平荷载不可能脱离其竖向荷载而单独存在,所以当取用吊车横向水平荷载 T_{max}所产生的内力时,应将同跨内 D_{max}或 D_{min}产生的内力进行组合。另一方面,吊车竖向荷载却可以脱离吊车横向水平荷载而单独存在。但考虑到 T_{max}既可向左又可向右的特性,如果组合了 D_{max}或 D_{min}产生的内力,则组合相应的 T_{max}产生的内力才能得到最不利的内力组合。

⑥风荷载有向左、向右两种情况,只能选其中一种不利内力参与组合。

⑦对Ⅲ—Ⅲ截面,无吊车荷载参与的荷载效应组合(通常为永久荷载+风荷载)可能起控制作用,因无吊车荷载参与时柱的计算长度为 $1.5H$,有吊车荷载参与时柱的计算长度为 H_1。

⑧荷载效应的标准组合,用于裂缝控制和地基的承载力验算。

⑨由于多台吊车同时满载的可能性较小,《建筑结构荷载规范》(GB 50009—2012)规定,对多台吊车参加组合时,吊车荷载应乘以相应的折减系数,见表 3.14。

表 3.14　多台吊车的荷载折减系数

参与组合的吊车台数	吊车工作级别	
	A1～A5	A6～A8
2	0.9	0.95
3	0.85	0.90
4	0.8	0.85

3.6　柱的设计

目前,对常用的柱顶标高不超过 13.2 m、跨度不超过 24 m、吊车起重量不超过 30 t 的单跨、等高双跨、等高三跨和不等高三跨厂房柱有标准化设计(如标准图集 CG 335),但大部分排架柱需要设计者自行设计。设计内容包括确定柱的外形构造尺寸和截面尺寸,根据各控制截面的最不利组合的内力进行截面设计,施工吊装运输阶段的承载力和裂缝宽度验算,当有吊车时还需进行牛腿设计,与屋架、吊车梁等构件的连接构造和绘制施工图。

3.6.1　截面设计

①柱的截面形式和尺寸按 3.4 节所述确定。

②材料:混凝土强度等级可取 C20,C30 和 C40,以较高等级为宜。柱中钢筋,纵向受力钢筋宜采用 HRB400 级钢筋,横向箍筋和其他构造钢筋一般采用 HRB400 级或 HPB300 级钢筋。

③柱的计算长度:计算长度 l_0 与柱的支承条件和高度有关。计算偏心受压构件的偏心增大系数时,对单层厂房排架柱,根据理论分析和工程经验,其计算长度 l_0 可按表 3.15 所示进行取值。

表 3.15　刚性屋盖单层房屋排架柱和露天吊车柱及栈桥柱的计算长度 l_0

柱的类别		排架方向	垂直排架方向	
			有柱间支撑	无柱间支撑
无吊车厂房柱	单跨	$1.5H$	$1.0H$	$1.2H$
	两跨及多跨	$1.25H$	$1.0H$	$1.2H$
有吊车厂房柱	上柱	$2.0\ H_u$	$1.25\ H_u$	$1.5\ H_u$
	下柱	$1.0\ H_l$	$0.8\ H_l$	$1.0\ H_l$
露天吊车柱和栈桥柱		$2.0\ H_l$	$1.0\ H_l$	—

注:①表中 H 为从基础顶面算起的柱子全高;H_l 为基础顶面至装配式吊车梁底面或现浇式吊车梁顶面的柱子下部高度;H_u 为从装配式吊车梁底面或从现浇式吊车梁顶面算起的柱子上部高度。

②表中有吊车厂房排架柱的计算长度,当计算中不考虑吊车荷载时,可按无吊车厂房柱的计算长度采用,但上柱的计算长度仍可按有吊车厂房采用。

③表中有吊车厂房排架柱的上柱在排架方向的计算长度,仅适用于 $H_u/H_l \geqslant 0.3$ 的情况;当 $H_u/H_l < 0.3$ 时,计算长度宜采用 $2.5H_u$。

④配筋计算。有关内容已在《混凝土结构基本原理》中作过介绍,根据排架计算求得的控制截面最不利组合的内力 M 和 N,按偏心受压构件进行计算。一般要以 $|M_{max}|$,N_{max} 和 N_{min} 为目标内力值的 3 种较不利组合为计算依据分别计算,按配筋量最大值进行配筋。根据偏心受压构件 ηM-N 的相关曲线可知:对于大偏心受压,当 ηM 相近时,N 小者不利;对于小偏心受压,当 ηM 相近时,N 大者不利;任何情况下,N 相等或相近,ηM 大者为不利。根据上述原则,可舍弃部分内力组。

3.6.2　牛腿设计

单层厂房中柱侧伸出的牛腿是排架柱的重要部件,它支承的屋架(屋面梁)、托架、吊车梁和连系梁等大多是负荷较大或有动力作用的承重构件,这使得牛腿应力分布相当复杂。

牛腿按照其承受的竖向力作用点至牛腿根部的水平距离 a 与牛腿有效高度 h_0 之比，分为长牛腿和短牛腿。当 $a/h_0>1.0$ 时，称为长牛腿；而 $a/h_0\leqslant1.0$ 时，称为短牛腿。长牛腿的受力性能与悬臂梁相近，故可按悬臂梁进行设计。

支撑吊车梁等构件的牛腿均为短牛腿（以下简称牛腿），其受力性能与普通悬臂梁不同，实质上是一变截面深梁。

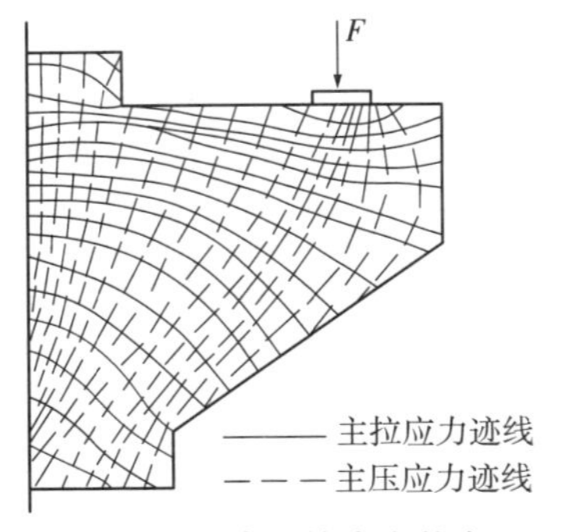

图 3.43　牛腿的应力状态

1）牛腿的应力状态

对牛腿模型进行的光弹性试验揭示了弹性阶段牛腿的应力状态，其主拉应力迹线集中分布在牛腿顶部一个较窄的区域内，而主压应力迹线则密集分布于竖向力作用点到牛腿根部之间的范围内；在牛腿和上柱相交处具有应力集中现象，如图 3.43 所示。牛腿的这种应力状态，对分析牛腿的破坏形态及牛腿的设计有着重要影响。

2）牛腿的破坏形态

对钢筋混凝土牛腿的进一步载入试验表明，随 a/h_0 值的不同，在混凝土出现裂缝后，牛腿主要有如下几种破坏形态：

①剪切破坏：当 $a/h_0\leqslant0.1$，即牛腿的截面尺寸较小时，或牛腿中箍筋配置过少时，可能发生沿加载板内侧接近垂直截面的剪切破坏，如图 3.44（a）所示。

②斜压破坏：当 $a/h_0=0.1\sim0.75$，竖向力作用点与牛腿根部之间的主压应力超过混凝土的抗压强度时，将发生斜向受压破坏，如图 3.44（b）所示。

③弯压破坏：当 $1.0>a/h_0>0.75$ 或牛腿顶部的纵向受力钢筋配置不能满足要求时，可能发生弯压破坏，如图 3.44（c）所示。

④局部受压破坏：当牛腿的宽度过小或支承垫板尺寸较小时，在竖向力作用下，可能发生局部受压破坏，如图 3.44（d）所示。

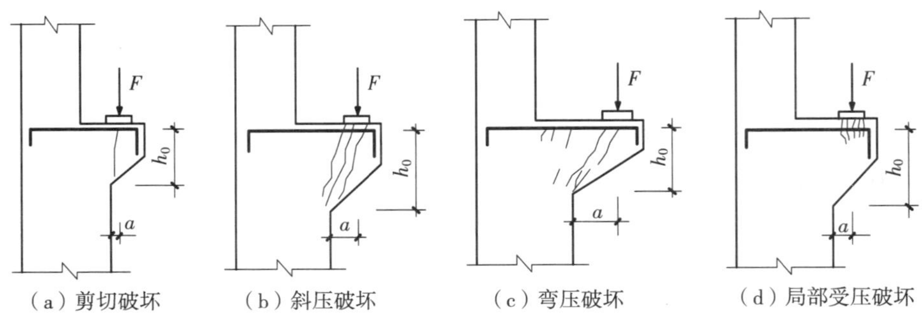

图 3.44　牛腿的破坏形态

此外，由于还有纵向受力钢筋锚固不良而被拔出的破坏。为防止牛腿发生各种可能的破坏，牛腿设计的主要内容就是：确定牛腿的截面尺寸，承载力计算以配置足够数量的各种钢筋以及配筋构造。

3）截面尺寸

牛腿的宽度通常与柱同宽。截面高度一般以斜截面的抗裂度为控制条件，即以控制牛腿

在使用阶段不出现或仅出现细微裂缝为准。因此,截面尺寸(图3.45)应符合下式要求:

$$F_{vk} \leqslant \beta\left(1 - 0.5\frac{F_{hk}}{F_{vk}}\right)\frac{f_{tk}bh_0}{0.5 + a/h_0} \quad (3.28)$$

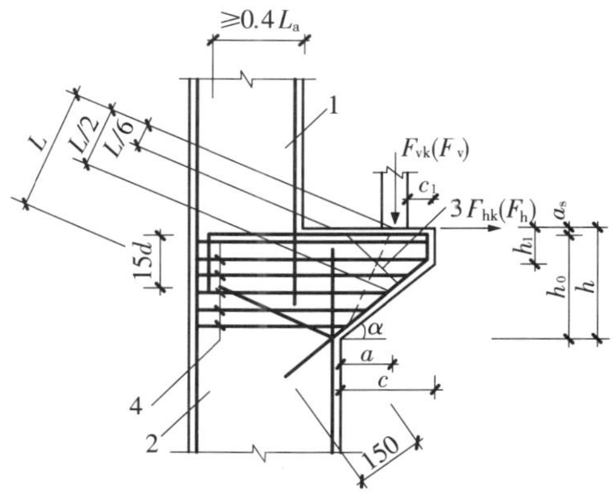

图3.45 牛腿的截面尺寸和钢筋配置

1—上柱;2—下柱;3—弯起钢筋;4—水平箍筋

式中 F_{vk}——作用于牛腿顶部按荷载效应标准组合计算的竖向力值;

F_{hk}——作用于牛腿顶部按荷载效应标准组合计算的水平拉力值;

β——裂缝控制系数,支承吊车梁的牛腿取0.65,其他牛腿取0.8;

f_{tk}——混凝土抗拉强度标准值;

b——牛腿的宽度,一般取与柱宽相同;

h_0——牛腿与下柱交接处的垂直截面有效高度,取 $h_1-a_s+c\tan\alpha$,当 $\alpha>45°$时,取45°,c 为柱边缘到牛腿外边缘的水平长度;

a——竖向力的作用点至下柱边缘的水平距离,应考虑安装偏差增大20 mm;当考虑20 mm的安装偏差后,竖向力的作用点仍位于下柱截面以内时,取 $a=0$。

牛腿的外边缘高度 h_1 不应小于其高度 h 的1/3,且不应小于200 mm。

牛腿挑出下柱边缘的长度 c 应使吊车梁外侧至牛腿外边缘的距离 c_1 不小于70 mm,以保证牛腿顶部的局部受压承载力。

牛腿的底面倾角 α 一般不超过45°。当 $c\leqslant100$ mm时,可取 $\alpha=0$,即取牛腿底面为水平面。

设计中,一般可取 $h_1=200\sim300$ mm,$\alpha=45°$,即可初步确定总高 h。

为防止牛腿发生局部受压破坏,在牛腿顶部的局部受压面上,由竖向力 F_{vk} 所引起的局部压应力不应超过 $0.75f_c$。

4)承载力计算

根据牛腿的应力状态和破坏形态,承载力计算时可将牛腿简化为顶部纵向受力钢筋为水平拉杆,竖向力作用点与牛腿根部之间受压混凝土斜撑为斜向压杆的三角形桁架,如图3.46所示。牛腿斜截面的抗剪承载力即为斜压杆的承载力,主要取决于混凝土的强度等级,与水平箍筋和弯起钢筋没有直接关系。只要牛腿中按构造要求配置一定数量的箍筋和弯起钢筋,斜截面承载力即可保证。于是,牛腿的配筋计算归结于通过水平拉杆的拉力值的计算确定纵向受力钢筋的用量上。

由 $\sum M_A=0$ 得:

$$F_v a + F_h(\gamma_0 h_0 + a_s) = A_s f_y \gamma_0 h_0$$

牛腿的纵向受力钢筋总截面面积 A_s,由承受竖向力的受拉钢筋截面面积和承受水平拉力的锚筋截面面积组成,应符合下列规定:

$$A_s \geqslant \frac{F_v a}{f_y\gamma_0 h_0} + \frac{F_h(\gamma_0 h_0 + a_s)}{f_y\gamma_0 h_0} \quad (3.29)$$

《规范》取 $\gamma_0=0.85$, $\dfrac{\gamma_0 h_0 + a_s}{\gamma_0 h_0} = 1 + \dfrac{a_s}{\gamma_0 h_0} \approx 1.2$, 则

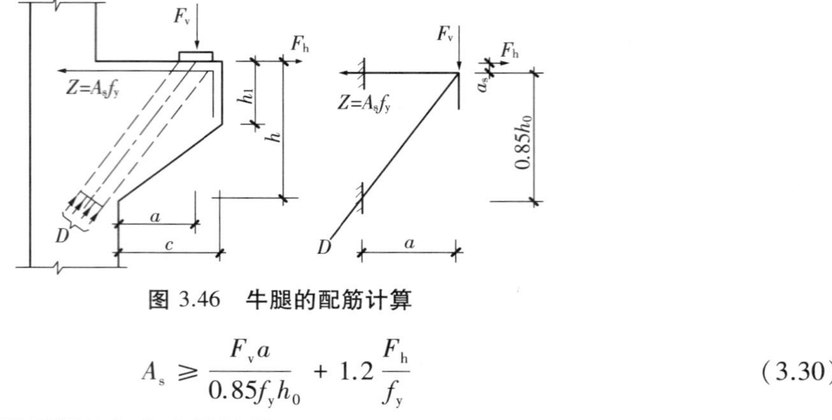

图 3.46　牛腿的配筋计算

$$A_s \geqslant \frac{F_v a}{0.85 f_y h_0} + 1.2\frac{F_h}{f_y} \tag{3.30}$$

式中　F_v——作用于牛腿顶部的竖向力设计值；

F_h——作用于牛腿顶部的水平拉力设计值。

在式(3.30)中，当 $a<0.3h_0$ 时，取 $a=0.3h_0$。

5)**配筋构造要求**

牛腿顶部的纵向受力钢筋宜采用 HRB400 级或 HRB500 级热轧带肋钢筋。全部纵向受力钢筋及弯起钢筋宜沿牛腿外边缘向下伸入下柱内 150 mm 后截断。纵向受力钢筋及弯起钢筋伸入上柱的锚固长度，当采用直线锚固时不应小于受拉钢筋的锚固长度 l_a；当上柱尺寸不满足直线锚固要求时，可将钢筋向下弯折，从上柱内边算起的水平段长度不应小于 $0.4l_a$，向下弯折的竖直段应取 $15d$(图 3.45)。

承受竖向力 F_v 的受拉钢筋配筋率，按牛腿的有效截面计算不应小于 0.2% 及 $0.45f_t/f_y$，也不宜大于 0.6%；钢筋的数量不宜少于 4 根，直径不宜小于 12 mm。

当牛腿设于上柱柱顶时，宜将牛腿对边的柱外侧纵向受力钢筋沿柱顶水平弯入牛腿顶部，作为牛腿纵向受拉钢筋使用。当牛腿顶部纵向受拉钢筋与牛腿对边的柱外侧纵向受力钢筋分开配置时，牛腿顶部的纵向受拉钢筋应向下弯入柱外侧，并保证符合框架顶层端节点处梁上部钢筋和柱外侧钢筋的有关搭接规定。

牛腿应设置水平箍筋。水平箍筋可采用 HPB235 级钢筋，直径宜为 6~12 mm，间距宜为 100~150 mm，且在牛腿上部 $2h_0/3$ 范围内的水平箍筋总截面面积不宜小于承受竖向力的受拉钢筋截面面积的 1/2。

当牛腿的剪跨比 $a/h_0 \geqslant 0.3$ 时，宜增设弯起钢筋。弯起钢筋的种类一般与纵向受力钢筋相同，并宜使其与竖向力作用点到牛腿斜边下端点连接线的交点位于牛腿上部 $l/6 \sim l/2$ 的范围内，其中 l 为该连接线的长度(图 3.43)。弯起钢筋的截面积不宜小于承受竖向力的受拉钢筋截面面积的 1/2，根数不宜少于两根，直径不宜小于 12 mm。纵向受力钢筋不得兼作弯起钢筋。

3.6.3　柱的吊装验算

钢筋混凝土排架柱一般为预制柱，采用现场预制然后吊装就位的方式施工。预制时柱为平放，直接吊装称为平吊，施工简单，但吊装时的受力状态与其在使用阶段不同，故需进行吊装时的承载力和裂缝宽度验算。当采用翻身吊时，截面的受力方向与使用阶段一致，且吊装荷载不会大于使用荷载，只要混凝土达到规定的设计强度值，承载力和裂缝宽度均能满足要求，一般不必进行验算；如果要提前吊装，也必须进行吊装验算。

平吊和翻身吊的吊点位置一般均在牛腿的下边缘处，其计算简图分别如图3.47(c)和图3.47(d)所示。吊装验算时的截面形式与尺寸，按实际受力方向确定。对于平吊时的H形截面，则可简化为宽度为$2h_f$、高度为b_f的矩形截面，如图3.47(b)所示。验算时应注意下列问题：

①考虑吊装时柱承受的动力作用，其自重须乘以动力系数1.5；

②本验算为施工阶段的验算，受力状态为临时性，结构的重要性系数可降低一级取用。

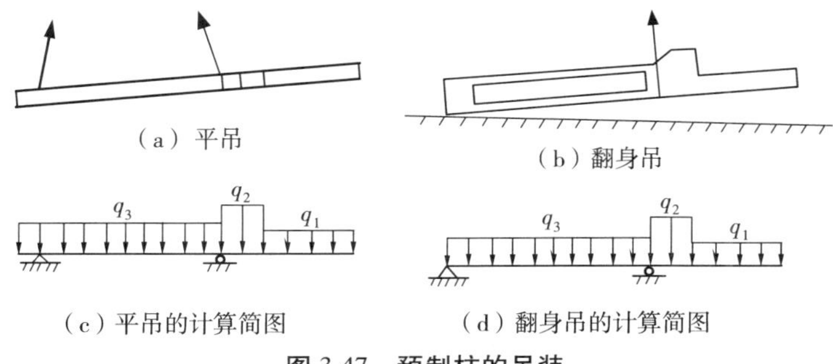

图3.47　预制柱的吊装

3.7　柱下独立基础设计

柱下独立基础的常用形式是扩展基础，有阶梯形和锥形两类。因与单层厂房预制钢筋混凝土柱连接的部分做成杯口，故又称为杯形基础。此类基础按受力性能可分为轴心受压基础和偏心受压基础，在单层厂房中，一般情况下为偏心受压基础。为防止基础及其下地基发生破坏和过大的变形，确保上部结构承受的荷载安全可靠地传给地基，柱下杯形基础的设计应包括如下几方面的内容：

①按地基承载力确定基础底面尺寸；

②按混凝土冲切、剪切强度确定基础高度；

③按基础受弯承载力计算基础底板钢筋；

④构造处理。

3.7.1　基础底面尺寸

基础底面尺寸是根据地基承载力条件和地基变形条件确定的。柱下独立基础由于底面积不太大，故假定基础是绝对刚性的，地基土反力为线性分布。由基础底面传给地基的荷载包括两部分：柱和基础梁等上部结构传来的荷载；基础及其上土层的自重。上述荷载作用下，基底压应力为均匀分布，则基础为轴心受压基础；基底压应力为线性非均匀分布，则基础为偏心受压基础。

对场地和地基条件简单、荷载分布均匀的一般工业建筑，当符合《建筑地基基础设计规范》(GB 50007—2011)可不作地基变形计算的规定时，可只按地基的承载力计算确定底面尺寸。

基础地面的压力应符合：

当轴心荷载作用时

$$p_k \leqslant f_a \tag{3.31}$$

式中　p_k——相应于荷载效应标准组合时，基础底面处的平均压力值；

f_a——经宽度和深度修正后的地基承载力特征值。

当偏心荷载作用时，除符合式（3.31）外，尚应符合下式要求：

$$p_{kmax} \leqslant 1.2f_a \tag{3.32}$$

式中　p_{kmax}——相应于荷载效应标准组合时，基础底面边缘的最大压力值。

1）轴心受压基础

轴心受压基础在荷载作用下（图 3.48）基底压力值为：

$$p_k = \frac{N_k + G_k}{A} \tag{3.33}$$

式中　N_k——上部结构传至基础顶面的竖向压力标准值；

G_k——基础及其上土的标准自重，可按 $G_k = \gamma_m Ad$ 计算，其中 γ_m 为基础及其上土的平均重度，一般取 $\gamma_m = 20\ \text{kN/m}^3$，$d$ 为基础埋置深度；

A——基础底面面积，$A = a \times b$，a，b 分别为基础底面的长度和宽度。

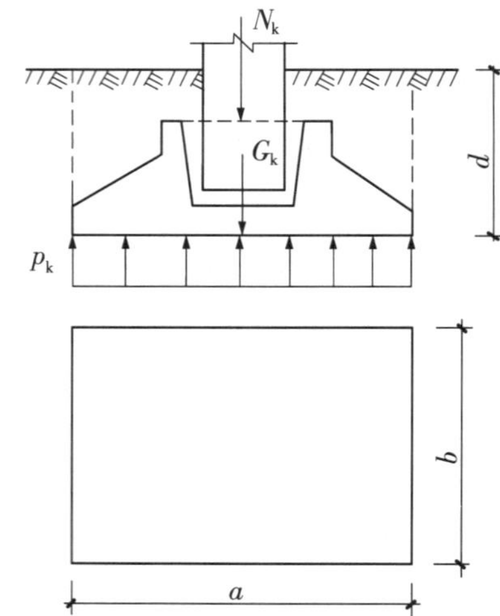

图 3.48　轴心受压基础地地面尺寸的确定

由式（3.31）可得：

$$N_k + \gamma_m Ad \leqslant f_a A \tag{3.34}$$

$$A \geqslant \frac{N_k}{f_a - \gamma_m d} \tag{3.35}$$

当基础底面为正方形时，则 $a = b = \sqrt{A}$；当基础底面为长宽较接近的矩形时，则可设定一个边长求另一边长。

2）偏心受压基础

偏心受压基础在柱及基础梁传至基础顶面的竖向压力标准值 N_k、弯矩标准值 M_k、剪力标

准值 V_k 和基础及其上土的标准自重 G_k 作用下，基础底面处两边缘的最大和最小压力值可分别按下列公式计算(图 3.49(a))：

$$p_{kmax}=\frac{N_k+G_k}{A}+\frac{M_{kb}}{W} \tag{3.36}$$

$$p_{kmin}=\frac{N_k+G_k}{A}-\frac{M_{kb}}{W} \tag{3.37}$$

式中　M_{kb}——相应于荷载效应标准组合时，作用于基础底面的力矩值，$M_{kb}=M_k \pm V_k h$；

W——基础底面的抵抗矩，对矩形底面，$W=ab^2/6$；

A——基础底面面积，当为矩形底面时，$A=a\times b$。

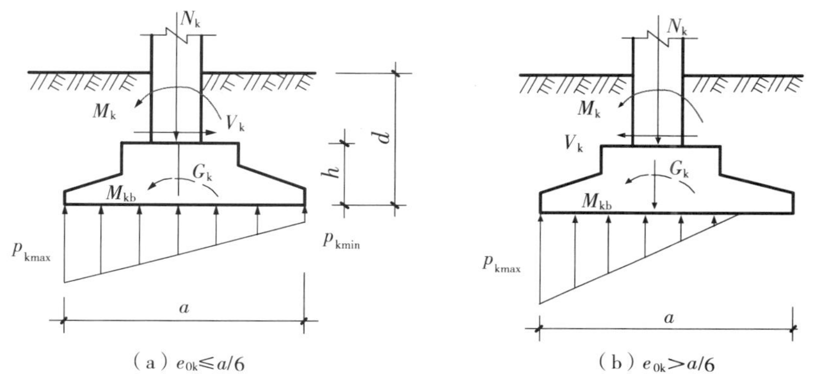

图 3.49　偏心受压基础底面尺寸的确定

当基础底面为矩形，且合力 N_k+G_k 的偏心矩 $e_{0k}=M_{kb}(N_k+G_k)$ 时，式(3.36)、式(3.37)可写为：

$$\left.\begin{matrix}p_{kmax}\\p_{kmin}\end{matrix}\right\}=\frac{N_k+G_k}{ab}\left(1\pm\frac{6e_{0k}}{a}\right) \tag{3.38}$$

由式(3.38)可见，当 $e_{0k}\leqslant a/6$ 时，则 $p_{kmax}\geqslant 0$，基础底面全部与地基接触；当 $e_{0k}>a/6$ 时，则 $p_{kmax}<0$，基础底面部分与地基脱开(图 3.47(b))，此时式(3.38)已不适用。对此种情况，根据力的平衡条件，有：

$$p_{kmax}=\frac{2(N_k+G_k)}{3(a/2-e_{0k})\,b} \tag{3.39}$$

基底平均压力值

$$p_k=\frac{p_{kmax}+p_{kmin}}{2} \tag{3.40}$$

确定偏心受压基础底面的尺寸时，应同时满足式(3.31)及式(3.32)。此外，对于有吊车厂房，为使基础底面与地基全部接触(合力 N_k+G_k 作用于基底核心以内)，尚应满足条件：

$$p_{kmin}\geqslant 0 \tag{3.41}$$

对于无吊车厂房，当基础荷载效应组合中计入风荷载引起的内力时，允许基础底面与地基局部脱开，即允许 $e_{0k}>a/6$，但应控制接触面与基础底面之比 $s/a=3c\geqslant 0.75$，亦即 $e_{0k}\leqslant a/4$，以免基础转动过大。

具体确定尺寸的方法主要通过试算法：先按轴心受压基础公式(3.35)计算底面积，将其扩大 1.2~1.4 倍作为偏心受压基础的估算底面积，按基础长、短边长之比为 $a/b=1.5\sim2.0$ 初步选定长、短边尺寸，然后验算是否满足式(3.31)及式(3.32)的要求，如不符合，则需另行假定尺寸和重算，直至满足要求。

3.7.2 基础高度

柱下杯形基础的高度除应满足有关尺寸构造要求外，还应根据柱与基础交接处混凝土抗冲切承载力要求确定(对于阶梯形基础还应按相同原则对变阶处的高度进行验算)。设计时，一般先根据有关尺寸构造要求和工程经验初步确定基础的高度(详见3.4.4节)，然后验算其抗冲切承载力。

基础和其上土的自重与由它们引起的向上的地基反力相互抵消，因此，基础承载力计算时，不考虑该部分基底反力，采用地基净反力 p_n。对轴心受压基础(图 3.50(a))，由上部结构传至基础顶面的竖向压力设计值 N 在基础底面产生的地基净反力 $p_n=N/A$。

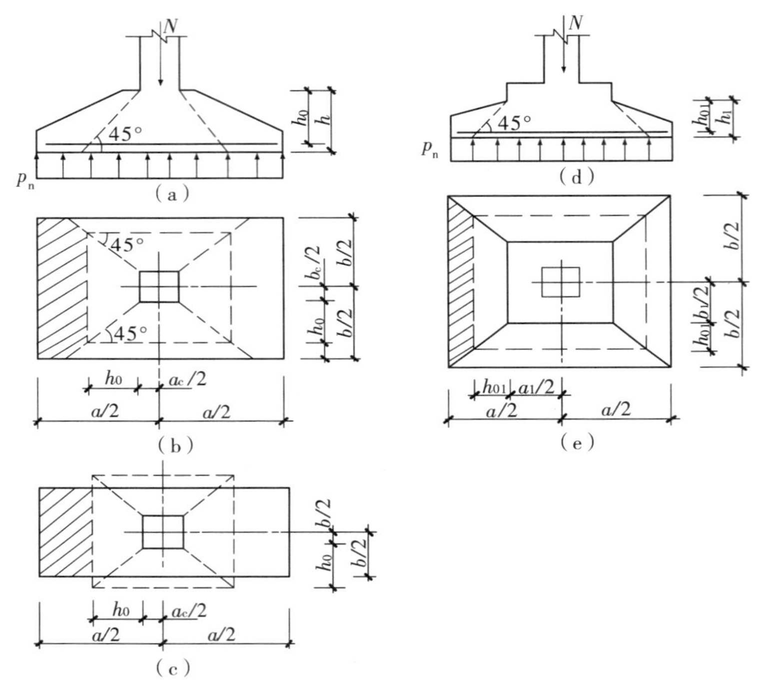

图 3.50 轴心受压基础冲切验算

当基础高度 h 较小时，在地基净反力 p_n 作用下，柱与基础交接处将产生与基础底面约为 45°的斜裂缝而破坏，称之为冲切破坏。此时，柱下将形成冲切破坏锥体，如图 3.50(a)所示。偏心受压基础地基净反力不均匀分布，冲切破坏将发生在地基净反力最大一侧，如图 3.51 所示。

同样，当基础变阶处高度 h_1 较小时，也将发生冲切破坏，如图 3.50(d)及 3.51(b)所示。为防止发生这种破坏，应对柱与基础交接处以及基础变阶处进行抗冲切承载力验算，即符合下式要求：

$$F_l \leqslant 0.7\beta_h f_t b_m h_0 \tag{3.41a}$$

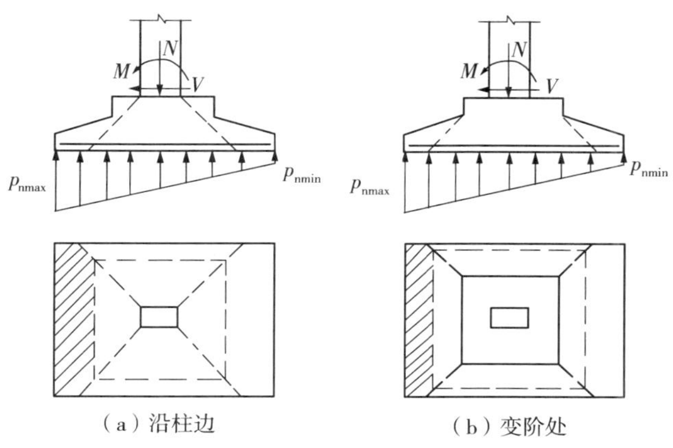

(a)沿柱边　　(b)变阶处

图3.51　偏心受压基础冲切验算

$$F_l = p_s A \tag{3.41b}$$

$$b_m = \frac{b_t + b_b}{2} \tag{3.41c}$$

式中　F_l——冲切荷载设计值。

0.7——锥体斜面上的拉应力不均匀系数。

β_h——截面高度影响系数，当 h 不大于 800 mm 时，β_h 取 1.0；当 h 不小于 2 000 mm 时，β_h 取 0.9，其间按线性内插法取用。

f_t——基础的混凝土轴心抗拉强度设计值。

h_0——基础冲切破坏锥体的有效高度，当计算柱与基础交接处的受冲切承载力时，取基础的有效高度 h_0；当计算基础变阶处的受冲切承载力时，取下阶的有效高度 h_{01}，如图 3.50(d)所示。

b_m——冲切破坏锥体最不利一侧的计算长度。

b_t——冲切破坏锥体最不利一侧斜截面的上边长，当计算柱与基础交接处的受冲切承载力时，取柱宽；当计算基础变阶处的受冲切承载力时，取上阶宽。

b_b——冲切破坏锥体最不利一侧斜截面在基础底面积范围内的下边长，当冲切破坏锥体的底面落在基础底面以内(图 3.50(b)和图 3.50(e))，计算柱与基础交接处的受冲切承载力时，取柱宽加 2 倍的基础有效高度；当计算基础变阶处的受冲切承载力时，取上阶宽加 2 倍该处的基础有效高度。当冲切破坏锥体的底面在 b 方向落在基础底面以外时(图 3.50(c))，取基础宽度 b。

p_s——按荷载效应基本组合计算并考虑结构重要性系数的基础底面地基反力设计值(可扣除基础自重及其上的土重)，当基础偏心受力时，可取用最大的地基反力设计值。

A——考虑冲切荷载时取用的多边形基底面积，即图 3.50(b)、图 3.50(c)、图 3.50(e)和图 3.51 中的阴影面积。

3.7.3　基础底面配筋计算

基础底板在地基净反力作用下，在两个方向都将产生向上的弯曲，因此基础底面需双向配置受力钢筋,可按支承于柱底的悬臂板进行受弯承载力计算。计算截面一般取柱与基础交接处和基础变阶处的截面,如图 3.52 所示为柱与基础交接处的Ⅰ—Ⅰ和Ⅱ—Ⅱ截面,分别为两个方向的控制截面。为了简化计算,可将矩形基础底面沿图 3.52 所示的虚线划分为 4 个梯形受荷面积,分别计算各个面积的地基净反力对计算截面的弯矩,并取每一方向的弯矩较大值,计算该方向的板底钢筋用量。

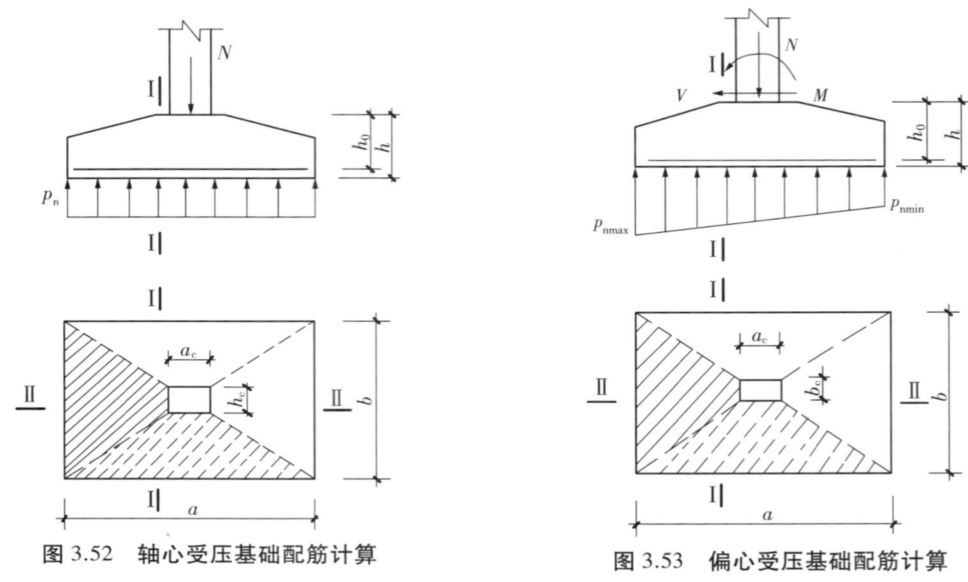

图 3.52　轴心受压基础配筋计算　　**图 3.53　偏心受压基础配筋计算**

对于轴心受压基础,在均匀的地基净反力作用下,不难求得Ⅰ—Ⅰ和Ⅱ—Ⅱ截面的弯矩。

沿长边方向
$$M_{\mathrm{I}}=\frac{p_n}{24}(a-a_c)^2(2b+b_c) \tag{3.42a}$$

沿短边方向
$$M_{\mathrm{II}}=\frac{p_n}{24}(b-b_c)^2(2a+a_c) \tag{3.42b}$$

对于偏心受压基础,考虑地基净反力的不均匀分布,p_n采用平均值,即计算 M_{I} 和 M_{II} 时,分别用$(p_{nmax}+p_{n1})/2$ 和$(p_{nmax}+p_{nmin})/2$ 替代 p_n。

基础由于配筋率较低,截面抗弯的内力臂系数 γ 变化很小,一般可近似取 0.9。沿短边方向的钢筋一般置于长边钢筋之上,于是:

沿长边方向的受拉钢筋截面面积可按式(3.43a)计算。

$$A_{s1}=\frac{M_{\mathrm{I}}}{0.9f_y h_0} \tag{3.43a}$$

沿短边方向的受拉钢筋截面面积可按式(3.43b)计算。

$$A_{s2}=\frac{M_{\mathrm{II}}}{0.9f_y(h_0-d_m)} \tag{3.43b}$$

式中　h_0——截面Ⅰ—Ⅰ的有效高度;

h_0-d_m——截面Ⅱ—Ⅱ的有效高度,d_m为两个方向钢筋直径的平均值。

对于变阶基础,可将上阶视为柱,其长和宽视为 a_c和 b_c,h_0 为下阶的有效高度,可用上述同样方法计算变阶处的弯矩 M_{III} 和 M_{IV},计算相应的长边和短边的受拉钢筋截面面积,最后比较与柱交接处的计算配筋，选用较大者进行钢筋配置。

3.7.4　构造要求

柱下单独基础除满足前述的有关尺寸构造要求外，还需符合下列要求：

①基础的混凝土强度等级不应低于 C20；基础下垫层的混凝土强度等级应为 C10，厚度不宜小于 70 mm。

②基础受力钢筋宜采用 HRB400 级钢筋，也可采用 HPB300 级、HRB335 级、HRBF335 级钢筋。受力钢筋最小直径不宜小于 10 mm，间距不宜大于 200 mm，也不宜小于 100 mm。

③当有垫层时，钢筋的保护层厚度不小于 40 mm；无垫层时，不小于 70 mm。

④当基础的边长大于或等于 2.5 m 时（图 2.57），沿该边长方向的受力钢筋长度可取边长的 0.9 倍，并应交错布置。

⑤当柱为轴心受压或小偏心受压，且杯壁厚度 t 与杯壁高度 h_2 之比 $t/h_2 \geqslant 0.65$ 时，或柱为大偏心受压且 $t/h_2 \geqslant 0.75$ 时，杯壁内一般可不配筋；当柱为轴心受压或小偏心受压，且 $0.5 \leqslant t/h_2 < 0.65$ 时，杯壁内可按表 3.16 构造配筋，钢筋位于杯口顶部，每边两根（图 3.54）。

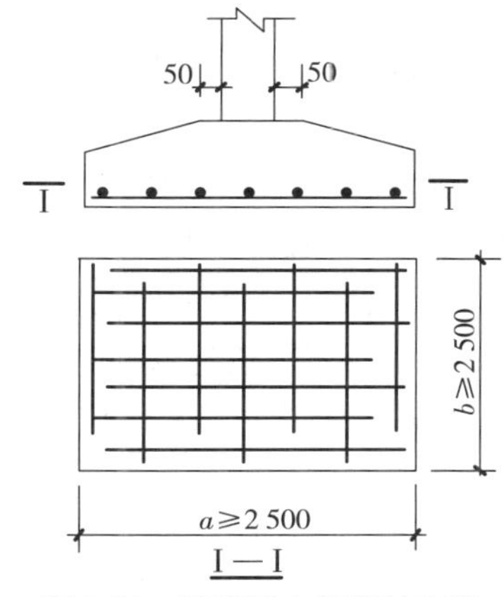

图 3.54　基础受力钢筋的布置

表 3.16　杯壁内加强钢筋直径规定

柱截面长边尺寸	$h<1\,000$	$1\,000 \leqslant h<1\,500$	$1\,500 \leqslant h<2\,000$
加强钢筋直径	8～10	10～12	12～16

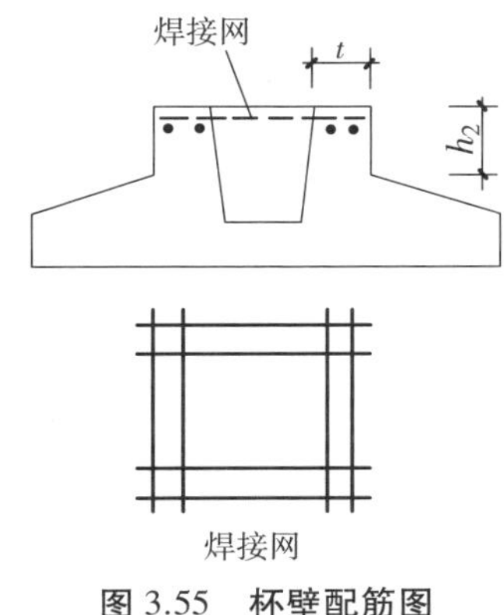

图 3.55　杯壁配筋图

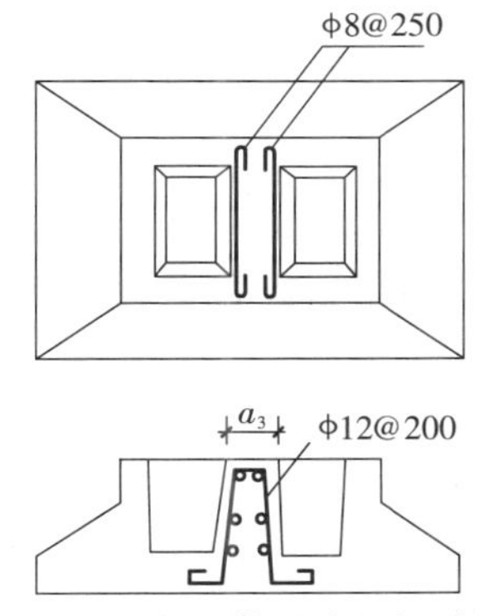

图 3.56　双杯口基础中间杯壁配筋

⑥对厂房伸缩缝处的双杯口基础（图 3.55），当两个杯口之间的宽度 $a_3<400$ mm 时，宜按图 3.56 所示的要求在中间杯壁内配筋。

3.8 钢筋混凝土屋架设计要点

屋架设计的方法:根据单层厂房的工艺、建筑、材料及施工等因素选择合适的屋架类型后,按标准图选定的屋架进行复核的方式设计,或根据使用要求自行设计。

3.8.1 屋架形式的选择

单层厂房的常用屋架形式见表3.3。屋架应满足使用要求,屋架外形应尽量与简支梁的弯矩图接近,使屋架中各构件的受力均匀。在结构受力较大时,采用折线形屋架和梯形屋架比较合理。

确定屋架的形式主要从以下几个方面考虑:

①工艺和建筑设计要求:跨度、下弦标高、吊车吨位和振动情况、有无悬挂吊车或工艺设备、有无天窗及天窗的做法、屋面排水坡度、有无天沟及天沟的做法等。

②屋面荷载情况:屋面板和天窗架集中荷载位置、屋面构造层的做法等。

③施工条件和材料供应情况:预应力设备、吊装能力、焊接技术、构件制作水平、运输能力等。

④各种屋架的适用范围和技术经济指标。

屋架是厂房结构的一个重要组成部分,屋架选型的合理与否直接关系到厂房屋盖结构的刚度和稳定性。因此,选择屋架不仅要从以上几方面考虑,而且还要把屋架与其他构件联系起来作为一个结构整体,进行全面、综合的技术经济比较后才能确定合理的屋架形式。

3.8.2 荷载及其组合

屋架所受的荷载有恒荷载和活荷载两种。恒荷载包括屋面构造层(面层、防水层、保温层、隔汽层等)、屋面板及嵌缝、天窗架、屋架及支撑等的质量;活荷载包括屋面活荷载、雪荷载、积灰荷载、悬挂吊车荷载或其他悬吊设备质量等。

为求出各杆最不利内力,必须对作用于屋架上的荷载进行组合,一般应考虑屋架上活荷载的最不利组合。

3.8.3 计算简图和内力分析

钢筋混凝土屋架严格说是多次超静定的刚接桁架,计算复杂。在计算内力时,通常将钢筋混凝土屋架的节点简化为铰接点(图3.57),按结构力学的方法分析内力,这种简化与实际情况有出入。实际上屋架节点均由混凝土整体浇注而成,并非铰接,在荷载作用下节点间产生相对位移时,各杆件将产生附加内力,这种附加内力被称为次内力,按简化铰接桁架进行计算时,应考虑“次内力”的影响。

1)计算简图和内力计算

可近似按以下两种简图分别计算:上弦弯矩可按不动铰支的折线形连续梁(图3.58(a))

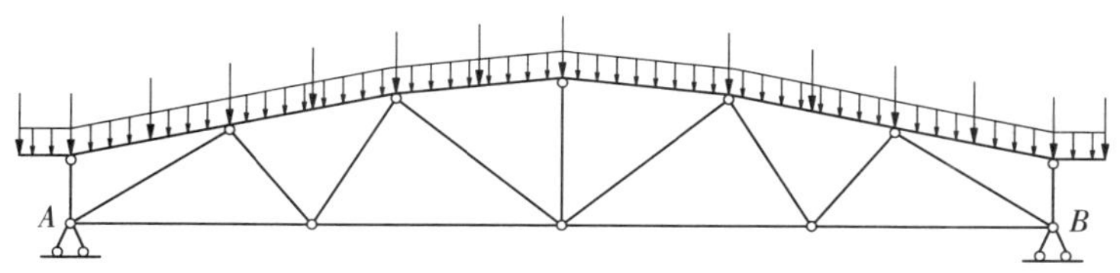

图 3.57　屋架计算简图

计算（当各节间长度相差小于 10%时，可近似按等跨连续梁利用现成的系数表计算）；上弦及其他各杆轴向力可按铰接桁架（图 3.58(b)）计算（可用图解法或数解法，也可利用现成的系数表计算）。对于下弦，一般不考虑自重引起的弯矩；当有节间荷载时，可按上弦那样计算弯矩。

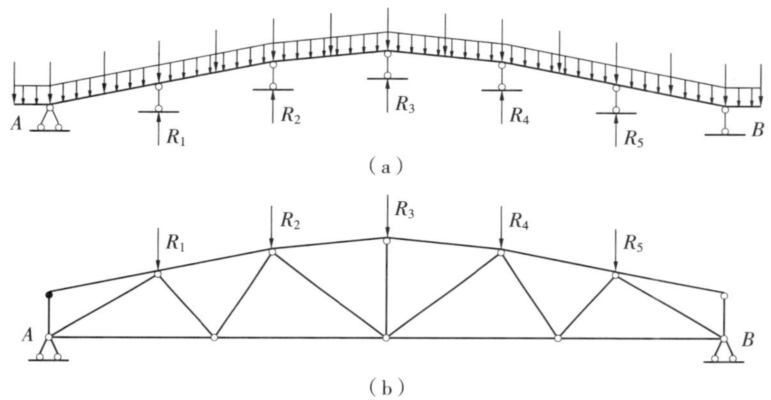

图 3.58　屋架近似计算简图

2) **次内力问题**

钢筋混凝土屋架的次内力计算是一个比较复杂的问题。目前，一般用下述方法近似考虑次内力的影响：

①对钢筋混凝土屋架，适当提高上弦及端部斜压杆的承载力可靠度（相当于取结构重要性系数 $\gamma_0=1.15$），并验算下弦杆及受拉腹杆的裂缝宽度，则可不再做次内力计算；

②对预应力混凝土屋架，当验算下弦杆的抗裂度、受拉腹杆及上弦“零杆”（有弯矩，而无轴向力）的裂缝宽度后，也可不再做次内力计算；

③对于钢筋混凝土组合屋架，因其上弦的次内力较大，故必须进行次内力计算。

3.8.4　杆件截面设计

屋架上、下弦杆及端斜压杆应采用相同的截面宽度，以利制作。上弦截面宽度不应小于 200 mm，高度不小于 180 mm；下弦高度不应小于 140 mm；当为预应力屋架时，尚应满足预应力钢筋孔道和锚具尺寸的构造要求。腹杆截面一般不小于 120 mm×100 mm；腹杆长度（中心线距离）与其截面短边之比不应大于 40（对拉杆）或 35（对压杆）。

钢筋混凝土屋架的混凝土强度等级宜采用 C30，预应力混凝土屋架的混凝土强度等级宜采用 C40。大跨度屋架，当荷载较大且施工条件允许时，尽量采用 C50。

1）上弦杆截面设计

当屋架有节间荷载作用时，在屋架平面内，上弦杆同时承受轴力和弯矩，应按偏心受压构件进行配筋计算（一般按对称配筋考虑）。上弦杆在弯矩作用平面内的计算长度应取节间长度；在平面外按轴心受压构件进行验算，其计算长度为：当屋面板的宽度不大于 3 m 且每块板与屋架有三点焊接时取 3 m。当为有檩体系时，可取横向支撑与屋架上弦连接点之间的距离（连接点应有檩条贯通）。

2）下弦杆截面设计

对屋架下弦杆，一般不考虑其自重产生的弯矩，可按轴心受拉构件进行截面设计。若考虑弯矩的影响，则应按偏心受拉构件进行计算。对于非预应力混凝土屋架，应验算裂缝宽度，最大裂缝宽度允许值为 0.2 mm。

3）腹杆截面设计

同一腹杆在不同荷载组合下，可能受拉或受压，应按轴心受拉或轴心受压构件计算。腹杆在屋架平面内的计算长度 l_0 可取 $0.8l$，但梯形屋架的端斜压杆因内力较大，其受力情况与上弦类似，故取 $l_0=l$；在屋架平面外取 $l_0=l$。以上 l 为腹杆长度，按轴心线交点间的距离计算。

屋架各杆件的配筋构造应符合有关规范规定或参考有关标准图集，此处从略。

3.8.5 节点构造

节点是屋架的重要部分。节点处截面发生突变，且一般有 3~5 根杆件汇交，受力相当复杂，如果构造处理不当或施工质量较差，在节点附近将会过早产生裂缝，影响屋架的使用和安全，因此，必须重视节点的设计。

屋架的节点处钢筋密集，应采用合理的构造方式，使其既能满足安全适用条件，又能便于浇捣混凝土，保证施工质量。图 3.59 所示为 18 m 预应力混凝土折线形屋架配筋及节点构造。

3.8.6 屋架翻身扶直验算

屋架一般平卧制作，翻身扶直的受力情况与起吊方法有关，而与使用阶段不同，故必须进行验算。在验算前应先确定吊点的数目和位置，图 3.60 所示为四点扶直起吊。

翻身扶直时下弦不离地面，整个屋架绕下弦转动。这时上弦在屋架平面外受力最为不利。因此扶直验算就是验算上弦在屋架平面外的强度和抗裂度，腹杆由于其自重产生的弯矩很小，通常不必验算。屋架吊装时的受力状态如图 3.60 所示。验算时可近似地将上弦视为一连续梁计算其平面外弯矩，荷载除上弦自重外，还有腹杆质量的一半传到上弦的相应节点上。动力系数一般取 1.5。

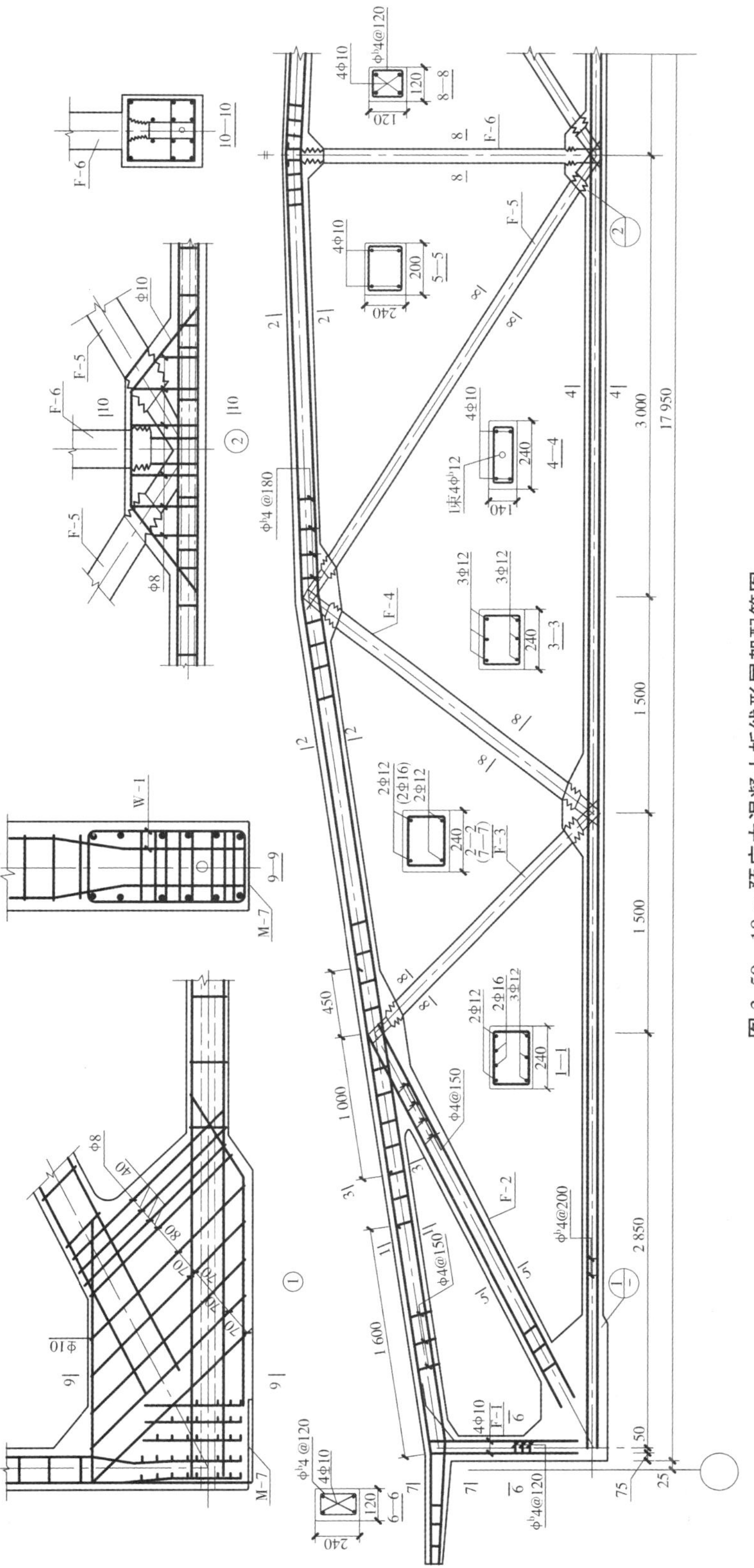

图 3.59　18 m 预应力混凝土折线形屋架配筋图

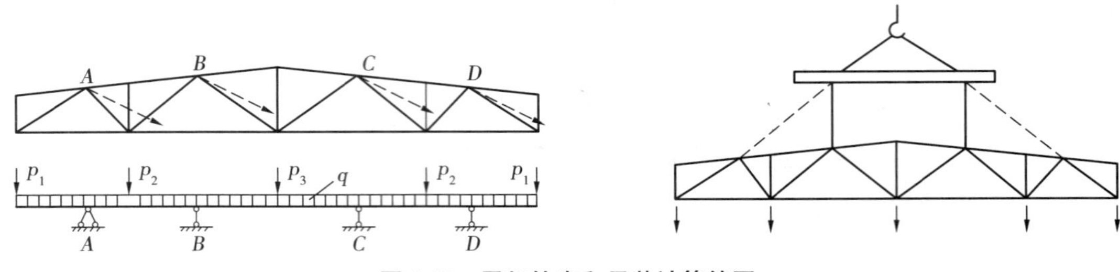

图 3.60　屋架扶直和吊装计算简图

3.9　吊车梁设计要点

吊车梁有钢筋混凝土吊车梁和预应力混凝土吊车梁，与一般受弯构件相比，其最大的特点是承受吊车在起重、运行时产生的各种移动荷载。同时，它又是厂房的纵向构件，对传递纵向水平荷载、加强厂房纵向刚度起重要作用。吊车梁一般采用预制装配式，按两端支承在排架柱上的简支梁进行设计，本节简要介绍吊车梁的设计要点。

3.9.1　材料与截面尺寸

吊车梁的混凝土强度等级采用 C30 ~ C50。钢筋混凝土吊车梁宜采用 HRB 400 级或 RRB 400级钢筋，混凝土强度等级不宜低于 C30；预应力混凝土吊车梁宜采用钢绞线、消除应力钢丝、热处理钢筋作预应力钢筋，混凝土强度等级不宜低于 C40。

一般钢筋混凝土吊车梁截面设计为 T 形，预应力混凝土吊车梁截面设计为工字形，以减轻自重。截面高度与吊车的起重量有关，一般取为梁跨度的 1/10 ~ 1/5，有 600 mm，900 mm，1 200 mm，1 500 mm 4 种。吊车梁的上翼缘宽度取为梁跨度的 1/15 ~ 1/10，一般有 400 mm，500 mm，600 mm；翼缘的厚度一般为 120 mm，140 mm。腹板厚度由抗剪和配筋构造要求确定，一般取腹板高度的 1/7 ~ 1/4，有 140 mm，160 mm，180 mm。对钢筋混凝土吊车梁，在梁端部加厚至 200 mm，250 mm，300 mm；对工字形预应力混凝土吊车梁，在梁端部加厚至 400 mm 左右成为 T 形。工字形截面的下翼缘宽度小于上翼缘，由布置预应力钢筋的构造决定，一般为 300 mm 左右。

3.9.2　吊车荷载的特点及吊车梁验算项目

设计吊车梁时需考虑：

①竖向吊车荷载的动力系数 μ（在计算吊车梁及其连接处的强度时）。

A1 ~ A5 级吊车，$\mu = 1.05$；A6 ~ A8 级吊车、硬钩吊车、特种（如磁力）吊车，$\mu = 1.1$。

②吊车荷载移动时在各控制截面可能出现的最大内力。

③重复荷载下的疲劳强度。吊车荷载是重复荷载，为此要对吊车梁的相应截面进行疲劳验算，荷载取用标准值。对于跨度不大于 12 m 的吊车梁，可取用一台吊车的的竖向荷载，且不考虑横向水平制动力。

④吊车荷载使吊车梁产生扭矩。在吊车梁的竖向、水平荷载下，吊车梁各截面产生扭矩，扭矩的值随车轮位置的移动而变化，截面扭矩影响线与截面剪力影响线相同。

吊车梁为在弯矩、剪力、扭矩共同作用下的弯、剪、扭构件，其验算项目及其相应荷载见表3.17。

表3.17　吊车梁截面验算项目

<table>
<tr><th rowspan="2">序　号</th><th rowspan="2" colspan="4">验算项目</th><th rowspan="2">恒载</th><th colspan="2">吊　车</th><th>附　注</th></tr>
<tr><th>台数</th><th>荷载</th><th></th></tr>
<tr><td>1</td><td rowspan="6">承载能力极限状态</td><td rowspan="2">受　弯</td><td colspan="2">竖向荷载下正截面受弯</td><td>g</td><td>2</td><td>$\mu F_{p,\max}$</td><td></td></tr>
<tr><td>2</td><td colspan="2">横向水平荷载下正截面受弯</td><td>—</td><td>2</td><td>T</td><td></td></tr>
<tr><td>3</td><td rowspan="2">受弯剪扭</td><td colspan="2">斜截面受剪</td><td>g</td><td>2</td><td>$\mu F_{p,\max}$</td><td></td></tr>
<tr><td>4</td><td colspan="2">扭曲截面受扭</td><td>—</td><td>2</td><td>$\mu F_{p,\max}$
T</td><td></td></tr>
<tr><td>5</td><td rowspan="2">疲　劳</td><td colspan="2">正截面</td><td>g</td><td>1</td><td>$\mu F_{p,\max}$</td><td></td></tr>
<tr><td>6</td><td colspan="2">斜截面</td><td>g</td><td>1</td><td>$\mu F_{p,\max}$</td><td></td></tr>
<tr><td>7</td><td rowspan="6">正常使用极限状态</td><td rowspan="3">正截面抗裂</td><td colspan="2">使用阶段</td><td>g</td><td>2</td><td>$\mu F_{p,\max}$</td><td></td></tr>
<tr><td>8</td><td rowspan="2">施工阶段</td><td>制作</td><td>—</td><td>—</td><td>—</td><td>①</td></tr>
<tr><td>9</td><td>运输</td><td>g</td><td>—</td><td>—</td><td>②</td></tr>
<tr><td>10</td><td colspan="3">斜截面抗裂</td><td>g</td><td>2</td><td>$\mu F_{p,\max}$</td><td></td></tr>
<tr><td>11</td><td colspan="3">裂缝宽度</td><td>g</td><td>2</td><td>$F_{p,\max}$</td><td></td></tr>
<tr><td>12</td><td colspan="3">挠度</td><td>g</td><td>2</td><td>$F_{p,\max}$</td><td></td></tr>
</table>

注：1.g为恒载，包括吊车梁及轨道连接件的重力荷载；$F_{p,\max}$为吊车最大轮压；T为吊车横向水平制动力；μ为动力系数。

2.①当为预应力混凝土吊车梁时，要进行预应力混凝土构件制作时相应的验算；②动力系数$\mu=1.5$。

3.10　单层厂房排架结构的抗震设计要点

本节简要介绍单层钢筋混凝土柱厂房的结构布置，重点讨论单层钢筋混凝土柱厂房结构的横向与纵向抗震计算要点。

3.10.1　单层厂房结构布置

1）厂房结构的总体布置

厂房结构的总体布置应力求简单、规则、对称，尽量使厂房结构的质量和刚度分布均匀、协调，尽可能使厂房的质量中心与刚度中心重合，避免产生扭转效应。

（1）厂房结构的平面布置

厂房的平面布置宜采用规整的矩形，不宜局部外突或内凹布置，多跨厂房的各跨长度宜相等。厂房的平面布置宜规则、对称,不宜在主厂房柱外侧紧贴建设局部突出长一个或几个柱距的毗邻结构,造成该毗邻区段主厂房排架地震作用的加大和变形不协调。厂房的墙体结构宜均匀对称布置,使整个厂房变形协调,地震力分布均匀。两个主厂房之间设有过渡跨时,宜至少将一个主厂房与过渡跨用防震缝分开,以避免过渡跨屋盖在地震时因两个主厂房振动不协调而造成破坏。多跨厂房当各跨都有桥式吊车时,上桥式吊车的铁梯不宜设置在厂房同一排架平面内,以防止吊车若停放在同一排架内由其桥架质量和刚度产生对排架横向地震作用增大,而导致的震害加重。

(2)厂房结构的竖向布置

厂房的竖向布置要避免质量和刚度沿高度突变。厂房横向和纵向屋盖宜在同一标高,尽量避免采用不等高厂房;尽量不采用突出屋面的天窗架结构,以使厂房结构沿竖向变形协调,受力均匀。

(3)防震缝

当厂房的平面或竖向布置较复杂时,宜设置防震缝将厂房分成平面和体型简单、规则的独立单元。在厂房的纵跨和横跨相交处、沿纵向屋盖高差错落交接处、在主厂房柱外侧与紧贴建设的毗邻结构相交处、不等高厂房高跨与低跨交接处宜设置防震缝。防震缝两侧应设置墙或柱。防震缝的宽度应满足地震时相邻单元结构相对变位的需要,在纵、横跨交接处,大柱网等可不设柱间支撑的厂房,防震缝宽度可采用 100~150 mm,其他情况可采用 50~90 mm。

2)厂房的结构选型

(1)天窗架

天窗架宜采用突出屋面较小的避风型天窗架,突出屋面较大的天窗宜采用钢天窗架;6~8 度时,可采用矩形截面杆件的桁架式钢筋混凝土天窗架。天窗屋盖、端壁板和纵向侧板宜采用轻型板材,不应采用端壁板代替端天窗架。有条件或 9 度时宜采用下沉式天窗;也可采用钢天窗架,但突出屋面高度宜尽可能低。突出屋面的天窗宜沿厂房纵向按单元设置,不宜从厂房第一柱间开始设置,不宜穿过变形缝连续设置;8~9 度时,天窗架宜从厂房端部第三柱间开始设置。

(2)屋架

当 6 度、7 度和 8 度Ⅰ、Ⅱ类场地时,可采用预应力混凝土或钢筋混凝土屋架(屋面梁);屋架跨度大于 24 m 或 8 度Ⅲ、Ⅳ类场地和 9 度时,应优先采用钢屋架。屋架跨度不大于 18 m 时,可采用预应力混凝土屋架,也可采用预应力钢筋混凝土 V 形折板等板架合一的抗震性能较好的屋盖。跨度不大于 15 m 的屋盖,可采用混凝土屋面梁或整榀式组合屋架。有突出屋面天窗架的屋盖,不宜采用钢筋混凝土或预应力混凝土空腹屋架。8 度(0.30 g)和 9 度时,跨度大于 24 m 的厂房不宜采用大型屋面板。

3)排架柱

震害调查表明,排架柱在 7 度区一般无震害,在 8 度和 9 度区出现裂缝,仅在烈度为 10 度的区域才有少数的倒塌。但柱的局部震害则较常见,主要有:

①上柱柱身变截面处、吊车梁处酥裂或折断,如图 3.61(a)所示;

②柱顶与屋面梁的连接处由于受力复杂易发生剪裂、压酥、拉裂或锚筋拔出、钢筋弯折等

震害；

③由于高振型的影响，高低跨两个屋盖产生相反方向的运动，使中柱柱肩产生竖向拉裂，如图3.61(b)所示；

④下柱下部出现横向裂缝或折断，造成倒塌等严重后果。

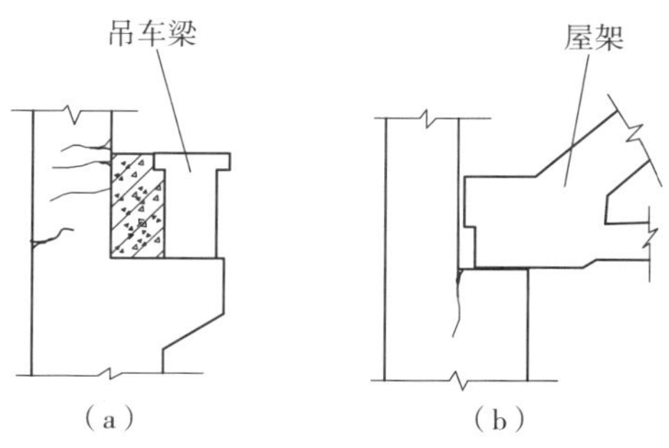

图3.61　柱的局部破坏

设计时，一般情况可采用钢筋混凝土柱，有工艺要求(如重型热加工生产厂房、高度超过20 m的高大厂房等)才采用钢柱。8度和9度时，钢筋混凝土柱宜采用矩形、工字形，不宜采用薄壁工字形柱、腹板开孔工字形柱、预制腹板的工字形柱和管柱；当采用双肢柱时，宜采用斜腹杆，不宜采用平腹杆，如采用平腹杆双肢柱，平腹杆的截面应加大，并从构造上加强其与柱肢处的抗剪承载力和刚度。任何形式的钢筋混凝土柱，柱底至室内地坪以上500 mm范围内和阶形柱的上柱应采用矩形截面，并通过配筋提高其截面延性。

对砖柱厂房，6度和7度时，可采用十字形截面的无筋砖柱；8度和9度时，应采用组合砖柱。

4) 围护墙

震害调查表明，围护墙布置不合理是造成厂房震害的重要原因之一，且大型墙板的震害明显轻于砌体墙。

设计时厂房的围护墙宜采用轻质墙板或钢筋混凝土大型墙板，外侧柱距为12 m时应采用轻质墙板或钢筋混凝土大型墙板。砌体围护墙均应采用外贴式并与柱可靠拉结，不宜采用柱间嵌砌式。若多跨厂房的砌体围护墙采用嵌砌式，边柱列(嵌砌有墙)与中柱列(一般只有柱间支撑)的刚度相差悬殊，导致边跨屋盖因扭转效应过大而发生震害。厂房内部有砌体隔墙时，也不宜嵌砌于柱间，可采用与柱脱开或与柱柔性连接的构造处理方法，以避免局部刚度过大或形成短柱而引起震害。围护墙布置应尽量均匀、对称。不等高厂房的高跨封墙和纵横向厂房交接处的悬墙宜采用轻质墙板，6度和7度采用砌体时不应直接砌在低跨屋面上。厂房端部宜设置屋架，不宜采用山墙承重。砌体女儿墙高度不宜大于1 m，且应采取措施防止地震时倾倒。

钢结构厂房的围护墙，应优先采用轻型板材，预制钢筋混凝土墙板宜与柱柔性连接；9度时宜采用轻型板材。砌体围护墙应贴砌并与柱拉结，尚应采取措施使墙体不妨碍厂房柱列沿纵向的水平位移，8度和9度时不应采用嵌砌式。

砌体围护墙应通过设置抗震圈梁增强墙体的整体性，并提高砌体的抗震强度。砌体围护墙在下列部位应设置现浇钢筋混凝土圈梁：

①梯形屋架端部上弦和柱顶的标高处应各设一道，但屋架端部高度不大于900 mm时可合

并设置；

②应按上密下稀的原则每隔 4 m 左右在窗顶增设一道圈梁，不等高厂房的高低跨封墙和纵墙跨交接处的悬墙，圈梁的竖向间距不应大于 3 m；

③山墙沿屋面应设钢筋混凝土卧梁，并应与屋架端部上弦标高处的圈梁连接。

圈梁的构造应符合下列规定：

①圈梁宜闭合，圈梁截面宽度宜与墙厚相同，截面高度不应小于 180 mm；圈梁的纵筋，6~8 度时不应少于 4Φ12，9 度时不应少于 4Φ14。

②厂房转角处柱顶圈梁在端开间范围内的纵筋，6~8 度时不宜少于 4Φ14，9 度时不宜少于 4Φ16，转角两侧各 1 m 范围内的箍筋直径不宜小于Φ8，间距不宜大于 100 mm；圈梁转角处应增设不少于 3 根且直径与纵筋相同的水平斜筋。

③圈梁应与柱或屋架牢固连接，山墙卧梁应与屋面板拉结；顶部圈梁与柱或屋架连接的锚拉钢筋不宜少于 4Φ12，且锚固长度不宜少于 35 倍钢筋直径，防震缝处圈梁与柱或屋架的拉结宜加强。

5）屋盖支撑和柱间支撑

（1）屋盖支撑

厂房必须设置屋盖支撑，所有支撑杆件均按受力构件设计。屋盖支撑的设置应与厂房列柱的支撑布置上下配套、协同工作，以形成封闭的空间桁架体系。

有檩屋盖支撑布置，应符合表 3.18 的要求。

表 3.18　有檩屋盖支撑布置

<table>
<tr><th colspan="2" rowspan="2">支撑名称</th><th colspan="3">烈度</th></tr>
<tr><th>6,7</th><th>8</th><th>9</th></tr>
<tr><td rowspan="4">屋架支撑</td><td>上弦横向支撑</td><td>单元端开间各设一道</td><td>单元端开间及单元长度大于 66 m 的柱间支撑开间各设一道；天窗开间范围内的两端各设局部支撑一道</td><td rowspan="3">单元端开间及单元长度大于 42 m 的柱间支撑开间各设一道；天窗开间范围内的两端各设局部上弦横向支撑一道</td></tr>
<tr><td>下弦横向支撑</td><td colspan="2" rowspan="2">同非抗震设计</td></tr>
<tr><td>跨中竖向支撑</td></tr>
<tr><td>端部竖向支撑</td><td colspan="3">屋架端部高度大于 900 mm 时，单元端开间及柱间支撑开间各设一道</td></tr>
<tr><td rowspan="2">天窗架支撑</td><td>上弦横向支撑</td><td>单元天窗端开间各设一道</td><td rowspan="2">单元天窗端开间及每隔 30 m各设一道</td><td rowspan="2">单元天窗端开间及每隔 18 m 各设一道</td></tr>
<tr><td>两侧竖向支撑</td><td>单元天窗端开间及每隔 36 m 各设一道</td></tr>
</table>

无檩屋盖支撑的布置：屋盖支撑的布置宜符合表 3.19 的要求，有中间井式天窗时宜符合表 3.20 的要求；8 度和 9 度跨度不大于 15 m 的厂房屋盖采用屋面梁时，可仅在厂房单元两端各设竖向支撑一道；单坡屋面梁的屋盖支撑布置，宜按屋架端部高度大于 900 mm 的屋盖支撑布置执行。

表3.19 无檩屋盖支撑布置

<table>
<tr><th colspan="3" rowspan="2">支撑名称</th><th colspan="3">烈度</th></tr>
<tr><th>6,7</th><th>8</th><th>9</th></tr>
<tr><td rowspan="6">屋架支撑</td><td colspan="2">上弦横向支撑</td><td>屋架跨度小于18 m时同非抗震设计,跨度不小于18 m时在厂房单元端开间各设一道</td><td colspan="2">单元端开间及柱间支撑开间各设一道,天窗开洞范围的两端各增设局部支撑一道</td></tr>
<tr><td colspan="2">下弦通长水平系杆</td><td rowspan="4">同非抗震设计</td><td>沿屋架跨度不大于15 m设一道,但装配整体式屋面可仅在天窗开洞范围内设置;围护墙在屋架上弦高度有现浇圈梁时,其端部可不另设</td><td>沿屋架跨度不大于12 m设一道,但装配整体式屋面可仅在天窗开洞范围内设置;围护墙在屋架上弦高度有现浇圈梁时,其端部可不另设</td></tr>
<tr><td colspan="2">下弦横向支撑</td><td rowspan="2">同非抗震设计</td><td rowspan="2">同上弦横向支撑</td></tr>
<tr><td colspan="2">跨中竖向支撑</td></tr>
<tr><td rowspan="2">两端竖向支撑</td><td>屋架端部高度≤900 mm</td><td>单元端开间各设一道</td><td>单元端开间及每隔48 m各设一道</td></tr>
<tr><td>屋架端部高度>900 mm</td><td>单元端开间各设一道</td><td>单元端开间及柱间支撑开间各设一道</td><td>单元端开间、柱间支撑开间及每隔30 m各设一道</td></tr>
<tr><td rowspan="2">天窗架支撑</td><td colspan="2">天窗两侧竖向支撑</td><td>厂房单元天窗端开间及每隔30 m各设一道</td><td>厂房单元天窗端开间及每隔24 m各设一道</td><td>厂房单元天窗端开间及每隔18 m各设一道</td></tr>
<tr><td colspan="2">上弦横向支撑</td><td>同非抗震设计</td><td>天窗跨度大于9 m时,单元端开间及柱间支撑开间各设一道</td><td>单元端开间及柱间支撑开间各设一道</td></tr>
</table>

表3.20 中间井式天窗无檩屋盖支撑布置

<table>
<tr><th colspan="2" rowspan="2">支撑名称</th><th colspan="3">烈 度</th></tr>
<tr><th>6,7</th><th>8</th><th>9</th></tr>
<tr><td colspan="2">上弦横向支撑
下弦横向支撑</td><td>厂房单元端开间各设一道</td><td colspan="2">厂房单元端开间及柱间支撑开间各设一道</td></tr>
<tr><td colspan="2">上弦通长水平系杆</td><td colspan="3">天窗范围内屋架跨中上弦节点处设置</td></tr>
<tr><td colspan="2">下弦通长水平系杆</td><td colspan="3">天窗两侧及天窗范围内屋架下弦节点处设置</td></tr>
<tr><td colspan="2">跨中竖向支撑</td><td colspan="3">有上弦横向支撑开间设置,位置与下弦通长系杆对应</td></tr>
<tr><td rowspan="2">两端竖向支撑</td><td>屋架端部高度≤900 mm</td><td colspan="2">同非抗震设计</td><td>有上弦横向支撑开间,且间距不大于48 m</td></tr>
<tr><td>屋架端部高度>900 mm</td><td>厂房单元端开间各设一道</td><td>有上弦横向支撑开间,且间距不大于48 m</td><td>有上弦横向支撑开间,且间距不大于30 m</td></tr>
</table>

屋盖支撑布置尚应满足：

①天窗开洞范围内，在屋架脊点处应设上弦通长水平压杆；8度Ⅲ，Ⅳ类场地和9度时，梯形屋架端部上节点应沿厂房纵向设置通长水平压杆。

②屋架跨中竖向支撑在跨度方向的间距，6～8度时不大于15 m，9度时不大于12 m；当仅在跨中设一道时，应设在跨中屋架屋脊处；当设二道时，应在跨度方向均匀布置。

③屋架上、下弦通长水平系杆与竖向支撑宜配合设置。

④柱距不小于12 m且屋架间距6 m的厂房，托架（梁）区段及其相邻开间应设下弦纵向水平支撑。

⑤屋盖支撑杆件宜用型钢。

（2）柱间支撑

柱间支撑是保证厂房纵向刚度和抵抗纵向地震作用的重要抗侧力构件。

①厂房柱间支撑的布置，应符合下列规定：一般情况下，应在厂房单元中部设置上、下柱间支撑，且下柱支撑应与上柱支撑配套设置；有起重机或8度和9度时，宜在厂房单元两端增设上柱支撑；厂房单元较长或8度Ⅲ，Ⅳ类场地和9度时，可在厂房单元中部1/3区段内设置两道柱间支撑。

②柱间支撑应采用型钢，支撑形式宜采用交叉式，其斜杆与水平面的交角不宜大于55°。

③支撑杆件的长细比，不宜超过表3.21的规定。

表3.21　交叉支撑斜杆的最大长细比

位　置	烈　度			
	6度和7度 Ⅰ，Ⅱ类场地	7度Ⅲ，Ⅳ类场地 和8度Ⅰ，Ⅱ类场地	8度Ⅲ，Ⅳ类场 地和9度Ⅰ，Ⅱ类场地	9度Ⅲ，Ⅳ类 场地
上柱支撑	250	250	200	150
下柱支撑	200	150	120	120

④下柱支撑的下节点位置和构造措施，应保证将地震作用直接传给基础；当6度和7度（0.10g）不能直接传给基础时，应计及支撑对柱和基础的不利影响并采取加强措施。

⑤交叉支撑在交叉点应设置节点板，其厚度不应小于10 mm，斜杆与交叉节点板应焊接，与端节点板宜焊接。

3.10.2　单层厂房横向抗震计算

厂房的横向抗震计算，根据计算原则可分为平面计算法和空间计算法。平面计算法又分为考虑厂房空间工作和不考虑厂房空间工作两种。可根据设计的厂房结构具体情况选用抗震计算方法：

①当厂房为钢筋混凝土无檩和有檩屋盖，柱顶标高不超过15 m，并符合下列要求：设防烈度为7度和8度；厂房单元长度和总跨度之比小于8或总跨度大于12 m；山墙或横墙的厚度不小于240 mm，且开洞所占水平截面积不超过总面积的50%，并与屋盖系统有良好的连接。此

时可采用考虑厂房空间工作影响调整的平面排架计算法。实际计算时可采用底部剪力法；对不等高厂房当有需要时，可采用振型分解法。

②当厂房为钢筋混凝土无檩和有檩屋盖，厂房高度超过 15 m 时，或设防烈度为 9 度时，可采用考虑屋盖为弹性变形的多质点空间分析计算法。

③当厂房为压型钢板、瓦楞铁、石棉瓦等轻型有檩屋盖，但缺少完整的支撑系统，屋盖刚度很小时，可采用完全不考虑空间工作的单榀平面排架计算法。

④对于设防烈度为 7 度，Ⅰ，Ⅱ类场地，柱高不超过 10 m 且结构单元两端均有山墙的单跨及等高多跨厂房（锯齿形厂房除外），可不进行横向及纵向的截面抗震验算，但应满足规定的抗震构造措施要求。

下面介绍考虑厂房空间工作影响调整的平面排架计算法。

1）计算模型及集中质量取值

根据厂房类型和质量分布的不同，取质量集中在不同标高处，下端固定于基础顶面的竖直弹性杆组成的体系作为计算简图。等高排架可简化为单自由度体系，如图 3.62（a）所示。不等高排架，可按不同高度处屋盖的数量和屋盖之间的连接方式，简化成多自由度体系，如图 3.62（b）所示。

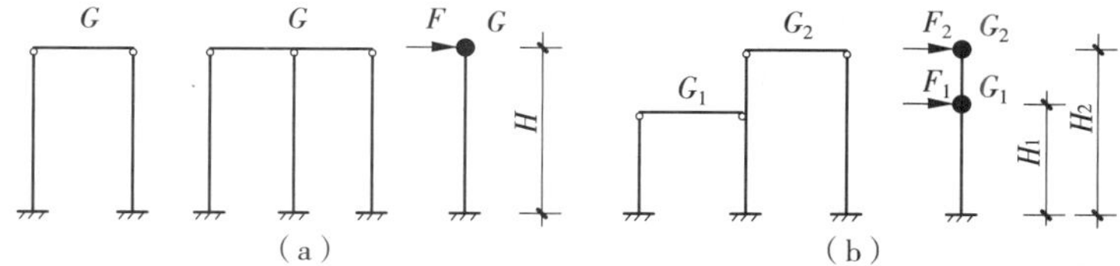

图 3.62　等高排架、不等高排架计算简图

当采用有限自由度模型时，通常需把房屋的质量集中到楼盖或屋盖处。将不同处的质量折算入总质量时需乘以的系数就是该处质量的质量集中系数。质量集中系数应根据一定的原则确定。例如，计算结构的动力特性时，应根据“周期等效”的原则；计算结构的地震作用时，对于排架柱应根据柱底“弯矩相等”的原则，对于刚性剪力墙应根据墙底“剪力相等”的原则，经过换算分析后确定。

（1）计算等高排架的集中质量

计算自振周期时的集中质量：

$G=1.0G_{屋盖}+0.5G_{吊车梁}+0.25G_{柱}+0.25G_{纵墙}$

计算地震作用时的集中质量：

$G=1.0G_{屋盖}+0.75G_{吊车梁}+0.5G_{柱}+0.5G_{纵墙}$

（2）计算不等高排架的集中质量

计算自振周期时的集中质量：

$$G_1=1.0G_{低跨屋盖}+0.5G_{低跨吊车梁}+0.25G_{低跨边柱}+0.25G_{低跨纵墙}+1.0G_{高跨吊车梁(中柱)}+0.25G_{中柱下柱}+0.5G_{中柱上柱}+0.5G_{高跨封墙}$$

$$G_2=1.0G_{高跨屋盖}+0.5G_{高跨吊车梁(边跨)}+0.25G_{高跨边柱}+0.25G_{高跨外纵墙}+0.5G_{中柱上柱}+0.5G_{高跨封墙}$$

计算地震作用时的集中质量：

$$G_1=1.0G_{低跨屋盖}+0.75G_{低跨吊车梁}+0.5G_{低跨边柱}+0.5G_{低跨纵墙}+1.0G_{高跨吊车梁(中柱)}+0.5G_{中柱下柱}+$$

$0.5G_{中柱上柱}+0.5G_{高跨封墙}$

$G_2=1.0G_{高跨屋盖}+0.75G_{高跨吊车梁(边跨)}+0.5G_{高跨边柱}+0.5G_{高跨外纵墙}+0.5G_{中柱上柱}+0.5G_{高跨封墙}$

2)自振周期的计算

对单自由度体系,自振周期为:

$$T_1=2\pi\sqrt{\frac{m}{K}} \tag{3.44a}$$

式中,m 为质量,K 为刚度。

对多自由度体系,可用能量法计算基本自振周期:

$$T_1=2\pi\sqrt{\frac{\sum_{i=1}^{n}m_iu_i^2}{\sum_{i=1}^{n}G_iu_i}} \tag{3.44b}$$

式中　m_i,G_i——分别为第 i 质点的质量和重力;

u_i——在全部 $G_i(i=1,\cdots,n)$沿水平方向作用下第 i 质点的侧移;

n——自由度数。

注意:按《建筑抗震设计规范》规定,按平面排架计算厂房的横向地震作用时,排架的基本自振周期应考虑纵墙及屋架与柱连接的固结作用。因此,按上述公式计算出的自振周期还应进行如下调整:

①由钢筋混凝土屋架或钢屋架与钢筋混凝土柱组成的排架,有纵墙时取周期计算值的80%,无纵墙时取90%。

②由钢筋混凝土屋架或钢屋架与砖柱组成的排架,取周期计算值的90%;由木屋架、钢木屋架或轻钢屋架与砖柱组成的排架,取周期计算值。

上述规定不适用于纵墙连有刚度较大的附属建筑物的房屋。

3)排架地震作用计算

排架的地震作用可用底部剪力法、振型分解法计算。底部剪力法计算简便。但对较为复杂的厂房,例如高低跨高度相差较大的厂房,采用底部剪力法时,由于主要反映了第一主振型的情况,算得的高低跨交接处上柱的地震内力偏小较多。高低跨相交处柱牛腿的水平拉力主要由高振型引起,此拉力的计算是底部剪力法无法实现的。在此类情况下,就需要采用振型分解法。

(1)底部剪力法

①计算结构总水平地震作用标准值 F_{Ek}:

$$F_{Ek}=\alpha_1G_{eq} \tag{3.45}$$

式中　α_1——相应于基本周期 T_1 的地震影响系数;

G_{eq}——等效重力荷载代表值,单质点体系取全部重力荷载代表值,多质点体系取全部重力荷载代表值的85%。当为二质点体系时,由于较为接近单质点体系,G_{eq}也可取全部重力荷载代表值的95%。

②计算质点 i 的水平地震作用标准值 F_i:

$$F_i=\frac{G_iH_i}{\sum\limits_{j=1}^{n}G_jH_j}F_{\text{Ek}} \tag{3.46}$$

式中　G_i,G_j——分别为集中于质点 i,j 的重力荷载代表值；

H_i,H_j——分别为质点 i,j 的计算高度；

n——体系的自由度数目。

通过上式求出各质点的水平地震作用后，就可用结构力学方法求出相应的排架内力。

(2)振型分解法

振型分解法的计算简图与底部剪力法相同，每个质点有一个水平自由度。以二质点的高低跨排架为例，介绍振型分解法的计算步骤如下：

①计算平面排架各振型的自振周期、振型幅值和振型参与系数。

设二质点的水平位移坐标分别为 x_1 和 x_2，其质量分别为 m_1和 m_2，第一、第二振型的圆频率分别为 ω_1 和 ω_2，则有：

$$\frac{1}{\omega_{1,2}^2}=\frac{1}{2}\left[(m_1\delta_{11}+m_2\delta_{22})\pm\sqrt{(m_1\delta_{11}-m_2\delta_{22})^2+4m_1m_2\delta_{12}\delta_{21}}\right] \tag{3.47}$$

取 $\omega_1<\omega_2$，则第一、第二自振周期分别为：

$$T_1=\frac{2\pi}{\omega_1}\qquad T_2=\frac{2\pi}{\omega_2}$$

设第 i 振型第 j 质点的幅值为 $X_{ij}(i,j=1,2)$，则有：

$$X_{11}=1\qquad X_{21}=1$$

$$X_{12}=\frac{1-m_1\delta_{11}\omega_1^2}{m_2\delta_{12}\omega_1^2}\qquad X_{22}=\frac{1-m_1\delta_{11}\omega_2^2}{m_2\delta_{12}\omega_2^2} \tag{3.48}$$

第一、第二振型参与系数：

$$\gamma_1=\frac{m_1X_{11}+m_2X_{12}}{m_1X_{11}^2+m_2X_{12}^2}\qquad \gamma_2=\frac{m_1X_{21}+m_2X_{22}}{m_1X_{21}+m_2X_{22}^2} \tag{3.49}$$

②计算各振型的地震作用标准值 F_{ij}。

设 F_{ij}为第 i 振型第 j 质点的地震作用标准值：

$$F_{ij}=\alpha_i\gamma_iX_{ij}G_j\qquad i,j=1,2$$

即

$$\begin{aligned}F_{11}&=\alpha_1\gamma_1X_{11}G_1\qquad F_{12}=\alpha_1\gamma_1X_{12}G_2\\F_{21}&=\alpha_2\gamma_2X_{21}G_1\qquad F_{22}=\alpha_2\gamma_2X_{22}G_2\end{aligned} \tag{3.50}$$

用结构力学方法求出相应的排架内力。

③求地震作用效应 S_{Ek}。

设 S_1为在第一振型地震作用下的地震作用效应，S_2 为在第二振型地震作用下的地震作用效应，则该地震作用效应的最终值 S_{Ek} 为：

$$S_{\text{Ek}}=\sqrt{S_1^2+S_2^2}$$

4)排架地震作用效应的调整

(1)考虑空间工作和扭转影响的内力调整

上述地震作用效应是根据单个平面排架推导的结果。当厂房的布置引起明显的空间作用或扭转影响时，应对排架柱的弯矩和剪力分别乘以相应的调整系数，详见《建筑抗震设计规范》。

(2)高低跨交接处上柱地震作用效应的调整

当排架按第二主振型振动时，高跨横梁和低跨横梁的运动方向相反，使高低跨交接处上柱的两端之间产生了较大的相对位移 Δ，如图 3.63 所示。而上柱的长度一般较短，侧移刚度较大，故此处产生的地震内力也较大。因此，高低跨交接处，柱牛腿以上柱截面的地震作用效应应乘以增大系数。

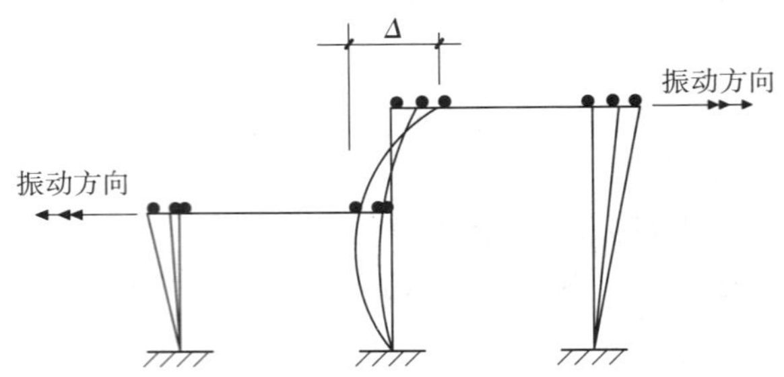

图 3.63　高跨、低跨反向运动时，柱变形示意图

(3)吊车桥架引起的地震作用效应增大系数

吊车桥架是一个较大的移动质量，在地震时往往引起厂房的强烈局部振动。因此，应考虑吊车桥架自重引起的地震作用效应，并乘以效应增大系数。

5)排架荷载组合和柱截面抗震验算

在抗震设计时，排架荷载组合是指与地震作用同时存在的其他重力荷载代表值引起的荷载效应的不利组合。在单层厂房排架的地震作用效应组合中，一般不考虑风荷载效应，不考虑吊车横向水平制动力引起的内力，也不考虑竖向地震作用，因此单层厂房地震作用效应组合的表达式为：

$$S = \gamma_G S_{GE} + \gamma_{Eh} S_{Ehk} \tag{3.51}$$

式中　γ_G, γ_{Eh}——分别为重力荷载代表值和水平地震作用的分项系数；

S_{GE}, S_{Ehk}——分别为重力荷载代表值效应和水平地震作用标准值的效应。

排架柱截面抗震验算一般表达式为：

$$S \leqslant \frac{R}{\gamma_{RE}} \tag{3.52}$$

式中　S——截面的作用效应；

R——相应的承载力设计值；

γ_{RE}——承载力抗震调整系数。

3.10.3　单层厂房纵向抗震计算

单层厂房受纵向地震力作用时的震害是较严重的，因此进行厂房纵向抗震分析十分必要。对单层厂房进行纵向抗震计算的目的在于：确定厂房纵向的动力特性和地震作用；验算厂房纵向抗侧力构件，如柱间支撑、天窗架纵向支撑等在纵向水平地震力作用下的承载能力。

纵向抗震计算可采用空间分析法、修正刚度法、拟能量法、柱列分片计算法。下面主要介绍空间分析法的计算要点。

1)空间分析法

空间分析法适用于等高和不等高的钢筋混凝土有檩和无檩屋盖及有较完整支撑系统的轻型屋盖厂房,考虑屋盖的纵向弹性变形、围护墙与隔墙的有效刚度以及扭转的影响,按多质点进行空间结构分析。这是厂房纵向抗震计算的基本方法。

具体计算时,将屋盖模型化为有限刚度的水平剪切梁,各质量均堆聚成质点。把厂房连续分布的质量分别按周期等效原则(计算自振周期时)和内力等效原则(计算地震作用时)集中至各柱列柱顶处,形成"并联多质点体系"的简化空间结构计算模型,并考虑柱、柱间支撑、纵墙等抗侧力构件的纵向刚度和屋盖的弹性变形,利用自由振动方程,求出质点水平地震作用及构件地震内力。计算步骤如下:

(1)柱列的侧移刚度和屋盖的剪切刚度计算

柱列的侧移刚度:

$$K_i = \sum_{j=1}^{m} K_{cij} + \sum_{j=1}^{n} K_{bij} + \psi_k \sum_{j=1}^{q} K_{wij} \tag{3.53}$$

式中　K_i——第 i 柱列的柱顶纵向侧移刚度;

K_{cij}——第 i 柱列第 j 柱的纵向侧移刚度;

K_{bij}——第 i 柱列第 j 片柱间支撑的侧移刚度;

K_{wij}——第 i 柱列第 j 柱间纵墙的纵向侧移刚度;

ψ_k——贴砌砖墙的刚度降低系数;

m——第 i 柱列中柱的数目;

n——第 i 柱列柱间支撑的数目;

q——第 i 柱列柱间纵墙的数目。

屋盖的纵向水平剪切刚度:

$$k_i = k_{i0} \frac{L_i}{l_i} \tag{3.54}$$

式中　k_i——第 i 跨屋盖的纵向水平剪切刚度;

k_{i0}——单位面积($1\ m^2$)屋盖沿厂房纵向的水平等效剪切刚度基本值;

L_i——厂房第 i 跨部分的纵向长度或防震缝区段长度;

l_i——第 i 跨屋盖的跨度。

(2)求结构的自振周期和振型

结构按某一振型振动时,其振动方程为:

$$-\omega^2 [\boldsymbol{m}] \{X\} + [\boldsymbol{K}] \{X\} = 0 \tag{3.55}$$

$$[\boldsymbol{K}] = [\overline{\boldsymbol{K}}] + [\boldsymbol{k}]$$

式中　ω——自由振动的圆频率;

$[\boldsymbol{m}]$——质量矩阵;

$[\boldsymbol{K}]$——刚度矩阵;

$[\overline{\boldsymbol{K}}]$——由柱列侧移刚度 K_i 组成的刚度矩阵;

$[\boldsymbol{k}]$—— 由屋盖纵向水平剪切刚度 k_i 组成的刚度矩阵；

$\{\boldsymbol{X}\}$ —— 质点纵向相对位移幅值列向量，n 为质点数。

求解方程即可得自振周期向量 $\{T\}$ 和振型矩阵 $[\boldsymbol{X}]$。

(3)求各阶振型的质点水平地震作用

各阶振型的质点水平地震作用可用矩阵 $[\boldsymbol{F}]$ 表示：

$$[\boldsymbol{F}]_{n\times s}=g[\boldsymbol{m}][\boldsymbol{X}]_{n\times s}[\boldsymbol{\alpha}][\boldsymbol{\gamma}] \tag{3.56}$$

式中，g 为重力加速度。

$[\boldsymbol{\alpha}]=diag[\alpha_1,\alpha_2,\cdots,\alpha_s]$，表示相应于各阶自振周期的地震影响系数形成的对角阵，S 为需要组合的振型数。

$[\boldsymbol{\gamma}]=diag[\gamma_1,\gamma_2,\cdots\gamma_s]$，表示各阶振型参与系数 γ_j 形成的对角阵。

(4)求各阶振型的质点侧移 $[\boldsymbol{\Delta}]$

$$[\boldsymbol{\Delta}]=[\boldsymbol{K}]^{-1}[\boldsymbol{F}] \tag{3.57}$$

式中 $[\boldsymbol{\Delta}]$——各质点的水平侧移矩阵。

(5)求柱列脱离体上各阶振型的柱顶地震力

各阶振型的质点侧移求出后，由各构件或各部分构件的刚度就可求出该构件或该部分构件所受的地震力。

$$[\overline{\boldsymbol{F}}]=[\overline{\boldsymbol{K}}][\boldsymbol{\Delta}] \tag{3.58}$$

式中 $[\overline{\boldsymbol{F}}]$——各阶振型的柱顶地震力矩阵。

(6)求构件地震作用效应 S_{Ek}

$$S_{\mathrm{Ek}_i}=\sqrt{\sum_{j=1}^{s}S_{ji}^2} \tag{3.59}$$

把所考虑的各振型的地震力进行组合，即得最后所求的柱列柱顶处的纵向水平地震力。

2)简要介绍纵向抗震计算简化方法特点

为便于计算，针对厂房情况可采用不同的纵向抗震简化计算方法。

(1)修正刚度法

此法适用于柱顶标高不大于 15 m 且平均跨度不大于 30 m 的单跨或等高多跨的钢筋混凝土柱厂房。基本思路是：取整个抗震缝区段为纵向计算单元，将厂房作为单质点体系，在求厂房自振周期和纵向抗震作用时，都考虑屋盖变形的影响进行相应的修正，对自振周期进行相应的修正，对柱列地震作用的分配引入了刚度修正系数，算出各柱列的水平地震作用，并计算出各柱列的柱、围护墙和柱间支撑的地震作用。

(2)拟能量法

此法适用于钢筋混凝土无檩和有檩的两跨不等高厂房。此法以剪扭振动空间分析结果为标准，运用能量法的原理进行试算对比，找出各柱列按跨度中线划分质量的调整系数，由此得到各柱列分离时的有效质量；然后用能量法公式确定整个厂房的振动周期，并按单独柱列计算出各个柱列的水平地震作用，并计算出各柱列的柱、围护墙和柱间支撑的地震作用。

(3)柱列分片计算法

此法适用于纵墙对称布置的单跨厂房和采用轻型屋盖的多跨厂房。对柱列进行分片独立计算是指各柱列的基本周期和纵向地震作用都分开计算。基本思路是：以厂房跨度中线为界，把柱列两侧各半跨的重力荷载分别集中到各柱列的柱顶，柱列的基本周期按柱列的侧移刚度和集中到柱顶的周期等效重力荷载进行计算，柱列的总水平地震作用按本柱列的基本周期计算确定，并计算出各柱列的柱、围护墙和柱间支撑的地震作用。

3.11　单层厂房排架结构设计实例

3.11.1　工程概况及设计依据

某金工车间单跨无天窗厂房，车间内设 A4（中级）工作级别软钩电动吊车两台。厂房跨度 $L=18$ m，吊车起重量 $Q=150/30$ kN，轨顶标志标高为 8.4 m。

建筑平面示意图如图 3.64 所示。

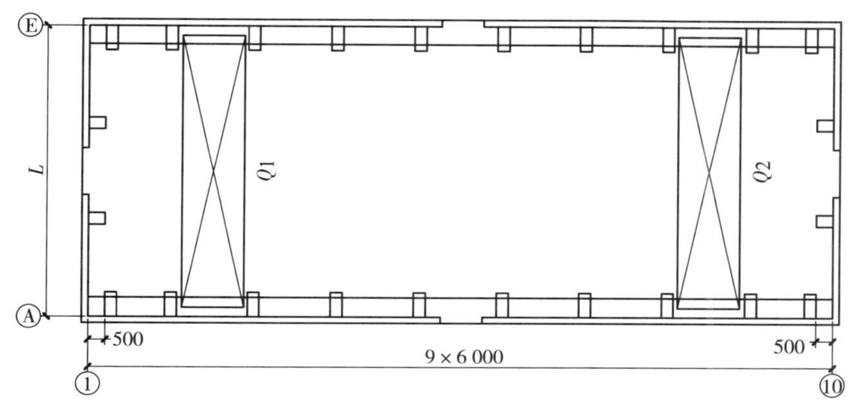

图 3.64　建筑平面示意图

①地质条件：地下水位为 −2.500 m（以室内地坪为 ±0.000），地基承载力特征值为 $f_{ak}=160$ kN/m²。

②气象资料：基本雪压 $S_0=0.25$ kN/m²，基本风压 $w_0=0.55$ kN/m²。

③屋面活荷载：不上人屋面均布活荷载标准值为 0.70 kN/m²，积灰荷载为 0.00 kN/m²。

④材料：

- 混凝土：柱采用 C30，$f_c=14.3$ N/mm²；基础采用 C20，$f_c=9.6$ N/mm²。
- 钢筋均采用 HRB400 级，$f_y=360$ N/mm²。

⑤建筑局部做法。屋面防水：一冷二毡三油一砂，下 20 mm 厚 1∶3 水泥砂浆找平（天沟、泛水处另加一毡一油）。雨落管距离≤24 m，天沟纵向排水坡度 5‰。

⑥桥式吊车资料，见表 3.22 和图 3.65。

表 3.22　桥式吊车资料表

起重量 Q(kN)	吊车跨度 L_k(m)	吊车宽度 B(mm)	轮距 K(mm)	吊车高度 H(mm)	轮外宽度 B_1(mm)	最大轮压 $F_{p,max}$(kN)	小车重 g(kN)	吊车总重 G(kN)
150/30	16.5	5 550	4 400	2 137	260	152.0	71.86	285.0

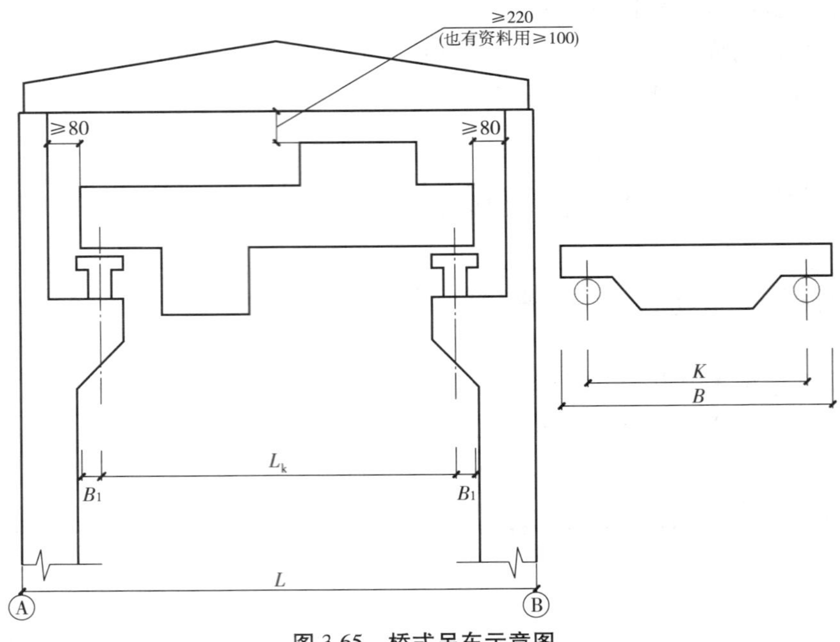

图 3.65　桥式吊车示意图

⑦建筑剖面示意图,如图 3.66 所示。

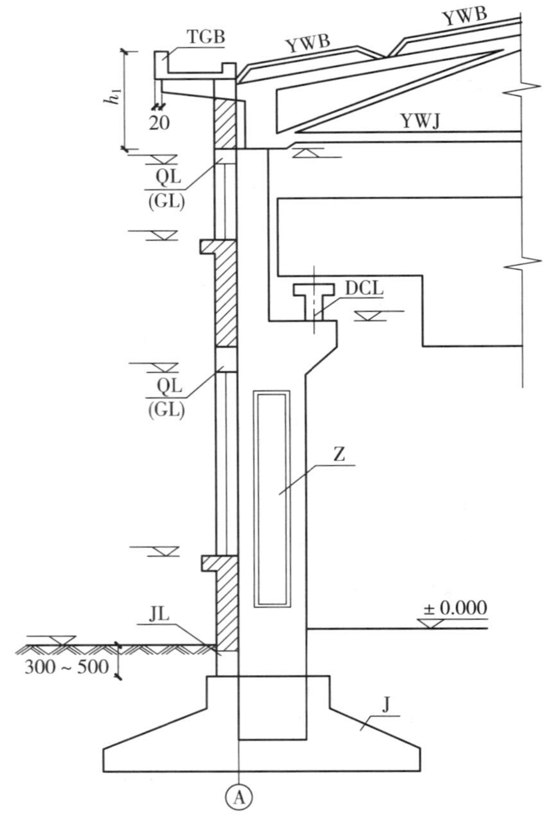

图 3.66　建筑剖面示意图

3.11.2　构件选型

1）**屋面板**{G410（一）}

查屋架屋面坡度 $i=0.2$，得 $\alpha=11.31°$，$\mathrm{Sec}\ \alpha=1.019\,8$。

一冷二毡三油一砂	$0.35\times\mathrm{Sec}\ \alpha=0.357\ \mathrm{kN/m^2}$
20 mm 厚水泥砂浆找平	$0.40\times\mathrm{Sec}\ \alpha=0.408\ \mathrm{kN/m^2}$
屋面活荷载	$=0.700\ \mathrm{kN/m^2}$
	$1.465\ \mathrm{kN/m^2}$

选 Y-WB-1_{II}（中间跨），Y-WB-$1_{\mathrm{II}S}$（中间跨），允许荷载 $1.57\ \mathrm{kN/m^2}>1.465\ \mathrm{kN/m^2}$，满足要求。

2）**屋架**{G415（一）}

屋面传来恒载	$(0.35+0.4+1.3+0.1)\times\mathrm{Sec}\ \alpha=2.193\ \mathrm{kN/m^2}$
屋面活荷载	$0.700\ \mathrm{kN/m^2}$
	$2.893\ \mathrm{kN/m^2}$

选用 YWJ-18-1Ba（无天窗，挑天沟），允许荷载 $3\ \mathrm{kN/m^2}>2.893\ \mathrm{kN/m^2}$，满足要求。

屋架自重 68.2 kN[未包括挑出牛腿部分，挑出牛腿部分根据标准图集另外计算自重，本例为 $2\times(0.8-0.075)\ \mathrm{m}\times(0.12+0.24)/2\ \mathrm{m}\times0.24\times25\ \mathrm{kN/m^2}=1.566\ \mathrm{kN}$]。

3）**天沟板**{G410（三）}

根据屋架 L 确定外天沟宽（图 3.67），本例天沟宽为 770 mm，根据天沟荷载（天沟自重除外）选天沟型号。沟壁平均厚度为 80 mm。

设落水管水平间距 24 m，天沟流水坡长 12 m，焦渣找坡取 5‰，最薄处取 20 mm。

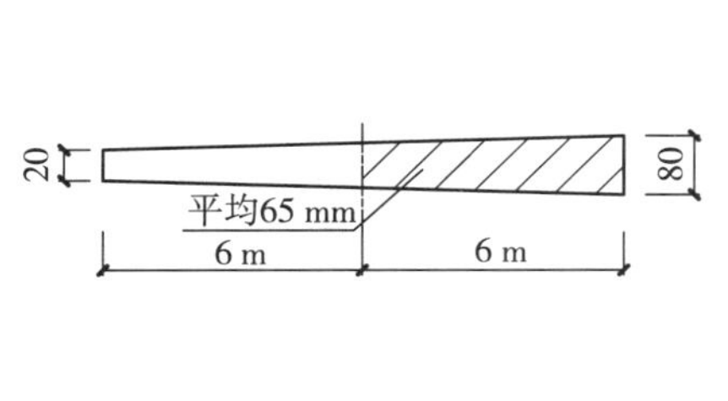

（a）天沟剖面及纵向坡水剖图

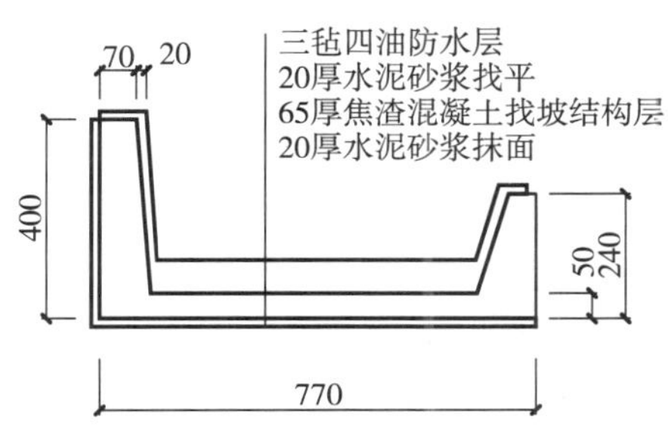

（b）天沟剖面及纵向

图 3.67　天沟

三毡四油防水层	$1.18\times0.35=0.413\ \mathrm{kN/m}$
20 mm 厚水泥砂浆找平	$1.18\times0.40=0.472\ \mathrm{kN/m}$
65 mm 厚焦渣混凝土找坡	$0.61\times0.065\times12=0.476\ \mathrm{kN/m}$
20 mm 厚水泥砂浆抹面	$1.17\times0.4=0.468\ \mathrm{kN/m}$
	$1.829\ \mathrm{kN/m}$

活荷载*(积水) $0.61\times0.1\times10=0.610$ kN/m

2.439 kN/m

注:*积水荷载取 0.1 m 高,比其他活载大,故天沟板验算取积水荷载。当排架分析时仍取屋面活荷载 0.700 kN/m^2。

选用:天沟板类型如图 3.68 所示。中间跨:TGB 77-1,TGB 77-1a{有落水洞口},TGB 77-1b{有落水洞口};端跨:TGB 77-1Sa,TGB 77-1Sb;允许荷载 3.51 kN/m>2.439 kN/m,满足要求。

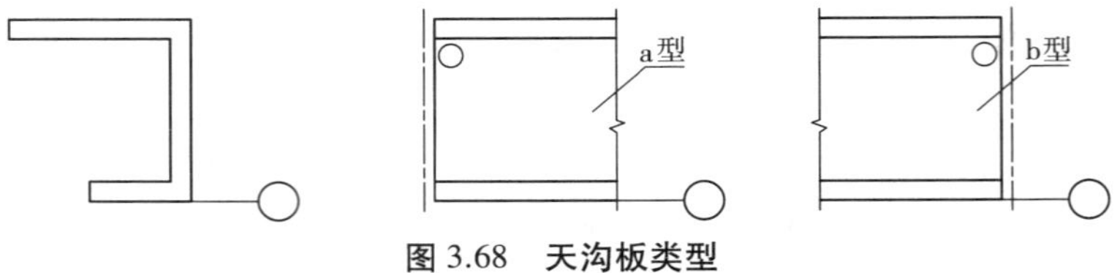

图 3.68 天沟板类型

按天沟展开面:1.18=0.4+0.24+0.77−2×(0.05+0.065);1.17=0.4+0.77;0.61=0.77−2×0.08。

4)吊车梁{G323(二)}

按 A4 级工作级别,2 台 150/50 kN,$L_k=16.5$ m,查得:

选用:中间跨 DL-8Z,重量 39.5 kN;端跨 DL-8B,重量 40.8 kN。

梁高度1 200 mm,其余尺寸详见标准图。

5)吊车轨道联结{G325}

按 A4 级工作级别,$Q=150$ kN,$L_k=16.5$ m,选用:轨道联结 DGL-16;车挡 CD-3。构造高度(轨道面至梁顶面距离)170 mm。

DGL-16

钢轨 0.387 kN/m

联结件 0.083 kN/m

弹性垫层 0.007 kN/m

混凝土找平层 $0.0138\times24=0.331$ kN/m

0.808 kN/m

6)基础梁{G320}

一般情况下纵墙和山墙的 JL 是不同的,大门要通行车辆,不宜设 JL,基础梁设置要根据:墙体情况(柱间墙,外包墙)、墙体洞口情况(实体墙,有门窗洞口墙)、柱距、墙厚等进行选型。

7)圈梁(QL)、过梁(GL)、连系梁(LL)

GL 承受过梁上部竖向荷载,设在洞口上方。LL 承受连系梁以上围护墙,或当砌体高度过大时用 LL 隔开,本设计不设连系梁。

QL 加强结构空间整体性,在下列位置应设 QL:柱顶处;当桥式吊车时在柱牛腿附近;当墙体高度过大时,适当增设。设计时三梁(或二梁)合一,此时圈梁的截面尺寸应满足 GL(或 LL)的要求。

QL 配筋一般为:纵筋:4ϕ12(上下各 2 根);箍筋:墙上ϕ6@300,洞口处ϕ6@200。

例:窗宽 3.6 m,查 G322 得截面尺寸为 $b \times h = 240\ \text{mm} \times 300\ \text{mm}$;$A_s = 2\phi 16$,则 QL 也取 240 mm×300 mm。纵筋:上部 2ϕ12,下部 2ϕ12(洞口处另加 1ϕ14 或 1ϕ12,L=4 100 mm);箍筋:墙上ϕ6@300,洞口处ϕ6@200。

8)门窗

大门尺寸应考虑载货汽车安全通行,并设 R.C 门框,门框柱应落在柱基上。窗一般设上下两层窗。下窗窗台高 1.2~1.5 m,窗高结合 QL 考虑,下窗尺寸应满足采光要求;上窗窗顶与柱顶 QL 底一致,窗高应考虑光线射入不被吊车遮挡,同时兼顾立面处理。

9)支撑

屋盖支撑:当屋架选定后,按相应图集查选。

柱间支撑:按 CG336 图集选用,当尺寸不符合时,取相邻较大者改用,并在支撑型号后附加说明。

3.11.3　柱设计

1)柱尺寸的确定

①牛腿标高(取 $3M_0$ 模数,且可在±0.2 m 范围内调整)= 轨顶标志标高-(吊车梁高+构造高度)= 8.4 m-(1.2+0.17)m=7.03 m,取 6.9 m。

②轨顶构造标高(按实际计算,不必符合 $3M_0$ 模数)= 牛腿标高+吊车梁高+构造高度 =(6.9+1.2+0.17)m=8.27 m

③柱顶标高(应符合 $3M_0$ 模数)≥轨顶构造标高+吊车高+0.22 m=(8.27+2.137+0.22)m=10.627 m,取 10.8 m。

④上柱高度 H_u=柱顶标高-牛腿标高=(10.8-6.9)m=3.9 m。

⑤下柱高度 H_l=牛腿标高-基顶标高=6.9 m-(-0.5)m=7.4 m。

⑥柱计算高度 $H=H_u+H_l=11.3$ m。

⑦柱的插入深度应满足:

a.柱纵筋的锚固长度;

b.吊装时柱的稳定性,不大于吊装时柱长的 1/20。

柱的插入深度可按表 3.23 选用(矩形或工字形柱)。

表 3.23　柱的插入深度　　单位:mm

柱断面高 h	$h<500$	$500 \leqslant h<800$	$800 \leqslant h \leqslant 1\,000$	$h>1\,000$
插入深度 H_1	$h \sim 1.2h$	h	$0.9h$ 且≥800	$0.8h$ 且≥1 000

⑧柱截面选择可参考表 3.7。在选择上柱截面时要注意验算:吊车端与上柱间空隙≥80 mm(图 3.69),即

$$h_u \leqslant 0.5(L-L_k)-(B_1+80)=0.5\times(18-16.5)\text{m}-(0.26-0.08)\text{m}=0.57\ \text{m}$$

选上柱截面尺寸矩 400 mm×400 mm，自重 4.0 kN/m，截面惯性矩 $I_u = 2.13\times10^9\ mm^4$。

选下柱截面尺寸 I 400 mm×800 mm×100 mm×150 mm，自重 4.44 kN/m，截面惯性矩 $I_l = 1.42\times10^{10}\ mm^4$。

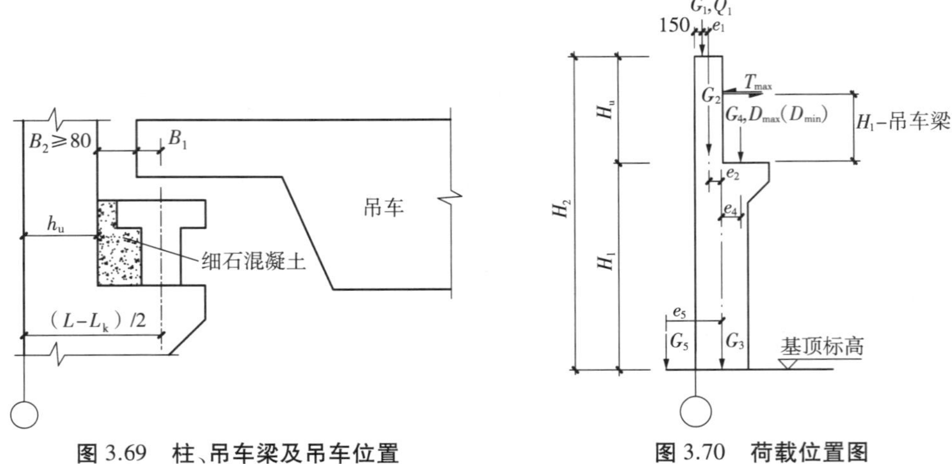

图 3.69　柱、吊车梁及吊车位置　　　　图 3.70　荷载位置图

2）荷载计算

（1）荷载位置（图 3.70）

$e_1 = h_u/2-0.15$；$e_2 = h_l/2-h_u/2$；$e_3 = 0$；$e_4 = (L-L_k)/2-h_l/2$；$e_5 = h_l/2+0.12$（0.12 为墙厚一半）

注：以上单位为 m；h_u 为上柱截面高；h_l 为下柱截面高；要求各力的符号一律按图 3.70 规定。

（2）屋盖荷载（永久荷载标准值 G_{1k}，活荷载标准值 Q_{1k}）

G_{1k} = 0.5×（跨度 L×柱距 B）×（屋面荷载+支撑荷载）+0.5×（屋架重+屋架挑牛腿）+柱距×（天沟自重+天沟构造层重）= 0.5×（18×6）×（2.193+0.05）kN+0.5×（68.2+1.566）kN+6×（2.02+1.829）kN = 179. 10 kN

Q_{1k}（挑牛腿边至轴线距离为 725 mm，天沟边至牛腿端为 20 mm，故天沟外沿相互距离为 18 m+2×0.725 m = 19.45 m）

Q_{1k} =（跨度 L/2+天沟外边至轴线距离）×活载×柱距 B =（19.45/2+0.02）×0.7×6 kN = 40.93 kN

（3）上柱自重

G_{2k} = 截面单位自重×H_u = 4.0×3.9 kN = 15.60 kN

（4）下柱自重

G_{3k} = I 截面单位自重×H_l×矩形截面部分自重增大系数 = 4.4×7.4×1.10 kN = 36.14 kN

（5）吊车梁等自重 G_{4k}

G_{4k} 包括：吊车梁重、轨道及联结重、吊车梁间灌缝、吊车梁与柱间灌缝。

G_{4k} =（39.5+0.808×6+0.46+3.32）kN = 48.134 kN

（6）吊车荷载标准值 D_{maxk}，D_{mink}，T_{maxk}（图 3.71）

吊车一般按两台考虑，当两台吊车 Q 不同时取：$S = 0.5(B_1-K_1)+0.5(B_2-K_2)$。当两台吊车 Q 相同时：$F_{p1,max} = F_{p2,max} = F_{p,max}$。

$F_{p,min} = 0.5\times(G+Q)-F_{p,max}$ = 0.5×（285+150）kN−152 kN = 65.5 kN

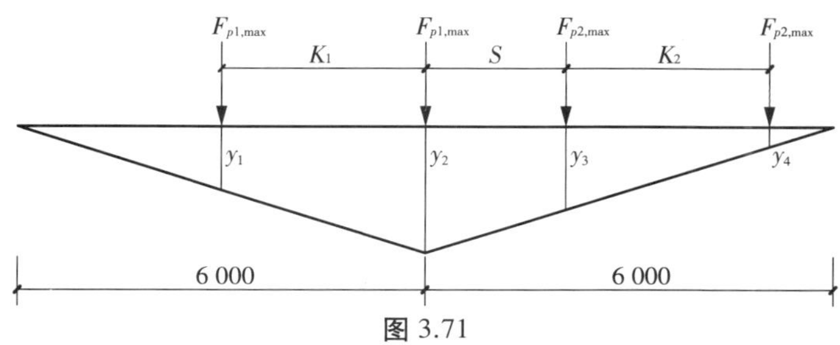

图 3.71

$T=\alpha\cdot(Q+g)/4$，式中对 α 的取值为：

软钩吊车，$Q\leqslant 100$ kN：$\alpha=0.12$；$Q\leqslant 160\sim500$ kN：$\alpha=0.10$；$Q\geqslant 750$ kN：$\alpha=0.08$。

$T=0.1\times(150+71.86)\text{ kN}/4=5.55\text{ kN}$

$$\sum y_i=y_1+y_2+y_3+y_4=\frac{6-4.4}{6}+1+\frac{6-(5.55-4.4)}{6}+\frac{6-5.55}{6}=2.167$$

多台吊车的荷载折减系数按表 3.24 取 $\beta=0.9$。

表 3.24　吊车的荷载折减系数

参与组合的吊车台数	吊车工作级别	
	A1～A5	A6～A8
2	0.9	0.95
4	0.8	0.85

$D_{\text{maxk}}=\beta F_{p,\max}\sum y_i=296.44\text{ kN}$

$D_{\text{mink}}=\beta F_{p,\min}\sum y_i=127.75\text{ kN}$

$T_{\text{maxk}}=\beta T\sum y_i=10.83\text{ kN}$

(7)围护墙等永久荷载标准值 G_{5k}(G_{5k}包括 JL、QL、墙体、门窗等重量)

每一柱距墙体宽度 6 m，高度：柱高+屋架外檐高−基础梁高=(11.3+1.5−0.45)m=12.35 m，开窗洞口 4.8 m×3.6 m，1.8×3.6 m。

实心粘土砖墙重(含双面水泥砂浆抹灰)

$$(19\times0.24+0.36\times2)\times[6\times12.35-(4.8+1.8)\times3.6]=265.80\text{ kN}$$

钢框玻璃窗　　$0.45\times(4.8+1.8)\times3.6=10.69\text{ kN}$

基础梁　　$0.5\times(0.2+0.3)\times0.45\times6\times25=16.88\text{ kN}$

293.37 kN

(8)风荷载 $q_k=\beta_z\mu_z\mu_s w_0$

单层厂房取风振系数 $\beta_z=1.0$。体型系数查规范，如图 3.72($\alpha<15°$)所示。

风压高度变化系数 μ_z 按地面粗糙变化类别为 B 类，查规范见表 3.25。

表 3.25　风压高度变化系数

离地面(或海面)高度	5 m	10 m	15 m	20 m
μ_z	1.0	1.0	1.14	1.25

根据厂房各部分的标高(图 3.72),按中间线性插入可得各部位μ_z。

屋脊标高=柱顶标高+C+下弦截面高/2+屋架中轴线高+上弦截面高/2+屋面板高+屋面构造层高=14.14 m(本例)。

$$h_1=(1.69+0.4)\text{m}=2.09\text{ m};h_2=(3.34-2.09)\text{m}=1.25\text{ m}$$

柱顶　$Z_1=(10.8+0.15)\text{m}=10.95\text{ m}$　　　$\mu_{z1}=1.027$

檐口　$Z_2=(10.8+0.15+1.69)\text{m}=12.64\text{ m}$　　　$\mu_{z2}=1.074$

屋脊　$Z_3=(14.14+0.15)\text{m}=14.29\text{ m}$　　　$\mu_{z3}=1.120$

$q_{1k}=\mu_{s1}\mu_{z1}w_0B=0.8\times1.027\times0.55\times6\text{ kN/m}=2.711\text{ kN/m}$

$q_{2k}=\mu_{s2}\mu_{z2}w_0B=-0.5\times0.1\times1.027\times0.55\times6\text{ kN/m}=-1.695\text{ kN/m}$

$F_{wk}=[(\mu_{s1}-\mu_{s2})\mu_{z2}h_1+(\mu_{s3}-\mu_{s4})\mu_{z3}h_2]w_0B$

$=[(0.8+0.5)\times1.074\times2.09+(0.6+0.5)\times1.12\times1.25]\times0.55\times6\text{ kN}=9.16\text{ kN}$

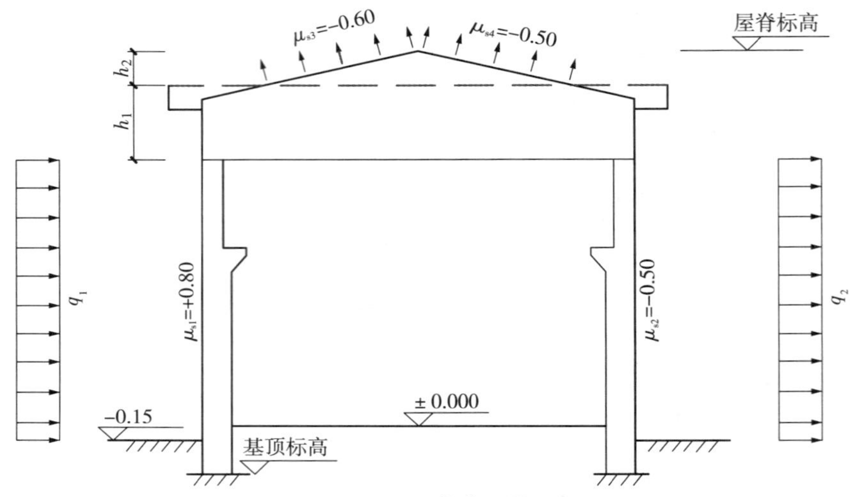

图 3.72　风荷载位置图

3)横向排架内力分析

排架内力分析采用力法和剪力分配法。本例厂房为单跨等高排架,可用剪力分配法进行排架内力分析。排架柱柱顶反力与位移的符号规定参见表 3.12。柱内力符号规定及控制截面内力以图 3.73 中箭头方向为正方向。控制截面(图 3.73)为:Ⅰ—Ⅰ上柱底面;Ⅱ—Ⅱ下柱顶面(截面尺寸取牛腿下);Ⅲ—Ⅲ基础顶面。

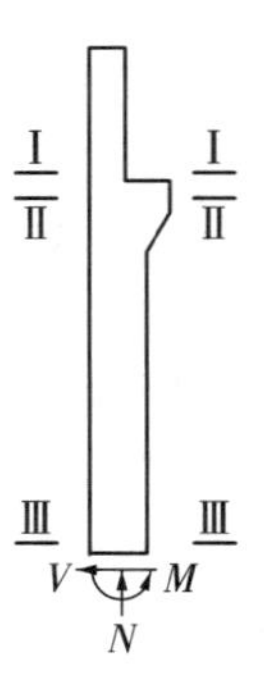

图 3.73　控制截面

(1)剪力分配系数计算

剪力分配系数可查表 3.12,计算见表 3.26。

表 3.26　剪力分配系数计算表

$n=I_u/I_l$ $\lambda=H_u/H$	$C_0=3/[1+\lambda^3(1/n-1)]$ $\delta=H^3/C_0EI_l$	A 柱、B 柱抗侧移刚度相同
$n=0.150$ $\lambda=0.345$	$C_0=2.246$ $\delta=0.228\times10^{-10}H^3/E$	$\eta_A=\eta_B=1/2$

(2)屋面恒载(G_{1k})作用下的内力计算

由于结构对称、荷载对称,故结构可取半边计算(图 3.74),上端为不动铰支座。柱顶反力系数为:

$$C_1 = \frac{3}{2}\frac{1-\lambda^2\left(1-\dfrac{1}{n}\right)}{1+\lambda^3\left(\dfrac{1}{n}-1\right)} = 2.037;C_2 = \frac{3}{2}\frac{1-\lambda^2}{1+\lambda^3\left(\dfrac{1}{n}-1\right)} = 1.072$$

$e_1=(0.2-0.15)\text{ m}=0.05\text{ m};M_{1k}=-G_{1k}e_1=-179.10\text{ kN}\times0.05\text{ m}=-8.95\text{ kN·m}$

$e_2=(0.4-0.2)\text{ m}=0.20\text{ m};M_{2k}=-G_{1k}e_2=-179.10\text{ kN}\times0.20\text{ m}=-35.82\text{ kN·m}$

$$R=\frac{M_{1k}C_1+M_{2k}C_2}{H}=\frac{-8.95\times2.037-35.82\times1.072}{11.3}=-5.01\text{ kN}(\rightarrow)$$

$V_{1k}=-R=+5.01\text{ kN}(\leftarrow)$,$A$ 柱底剪力 $V_k=+5.01\text{ kN}(\leftarrow)$

屋面恒载作用下弯矩图、轴力图及柱底剪力如图 3.74 所示。

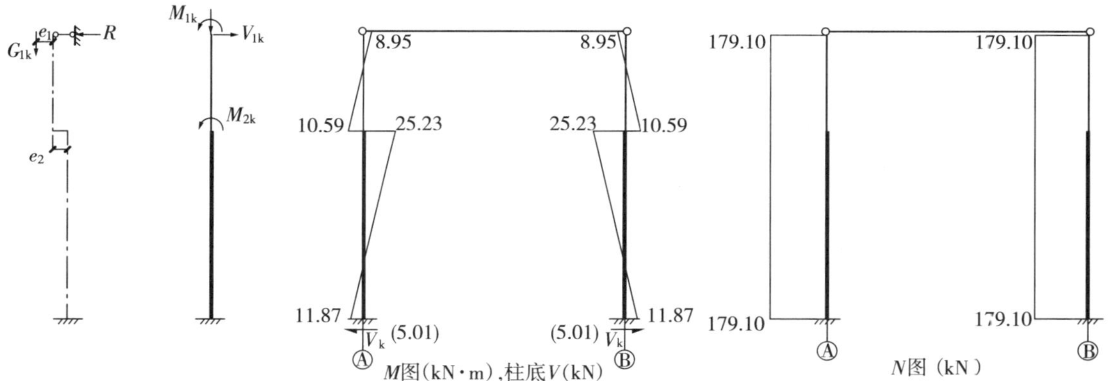

图 3.74　屋面恒载下计算简图及内力图

(3)柱及吊车梁自重(G_{2k},G_{3k},G_{4k})作用下的内力计算

因施工顺序是先吊柱,后吊吊车梁,此时尚未形成排架,故计算简图为上端自由、下端固定的变阶柱,如图 3.75 所示。

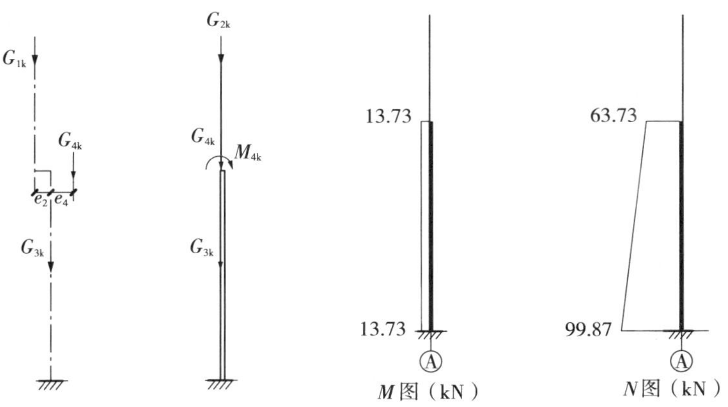

图 3.75　柱及吊车梁自重作用下计算简图及内力图

$e_4=(0.75-0.40)\text{ m}=0.35\text{ m}$

$M_{4k}=G_{4k}e_4-G_{2k}e_2=48.134\ \text{kN}\times0.35\ \text{m}-15.6\ \text{kN}\times0.2\ \text{m}=13.73\ \text{kN}\cdot\text{m}$

由于无水平荷载，全柱无剪力。

(4)屋面活荷载(Q_{1k})作用下的内力计算

排架在屋面活荷载下的受力状况与屋面恒载相同，计算简图相同，Q_{1k}内力图与G_{1k}内力图成比例，比例系数为：$k=Q_{1k}/G_{1k}=40.93/179.10=0.229$。内力图如图3.76所示。

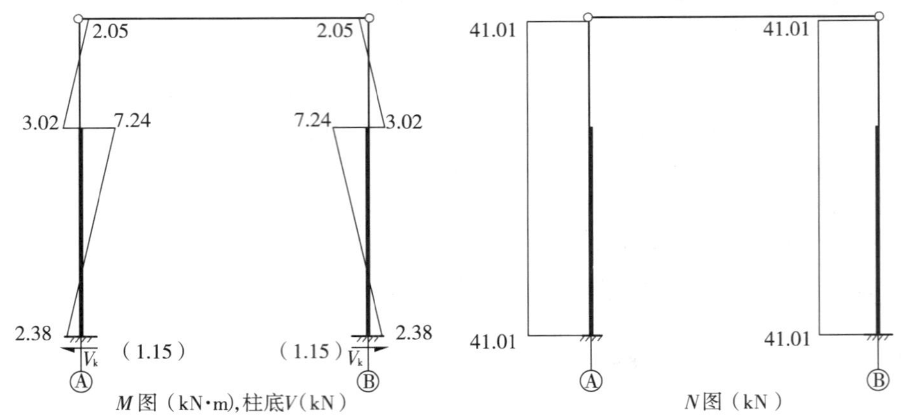

图3.76 屋面活荷载下计算简图及内力图

(5)垂直吊车荷载(D_{maxk},D_{mink})作用下的内力计算

D_{maxk}作用在A柱时，D_{mink}作用在B柱。而当D_{mink}作用在A柱时，D_{maxk}作用在B柱，利用对称性即可求出内力，两种情况不必重复计算。

$M_{Dmaxk}=D_{maxk}e_4=296.44\ \text{kN}\times0.35\ \text{m}=103.75\ \text{kN}\cdot\text{m}$

$M_{Dmink}=D_{mink}e_4=-127.75\ \text{kN}\times0.35\ \text{m}=-44.71\ \text{kN}\cdot\text{m}$

$V_{ak}=-C_2(M_{Dmaxk}-M_{Dmink})/(2H)=-1.072\times(103.75+44.71)\text{kN}/(2\times11.3)$

$=-7.04\ \text{kN}(\rightarrow)$

当D_{maxk}作用在A柱时，A柱底剪力$V_k=-7.04\ \text{kN}\ (\rightarrow)$

$V_{bk}=-V_{ak}=7.04\ \text{kN}\ (\leftarrow)$

当D_{mink}作用在A柱时，利用对称性，A柱底剪力$V_k=-7.04\ \text{kN}\ (\rightarrow)$

求得内力图如图3.77所示。

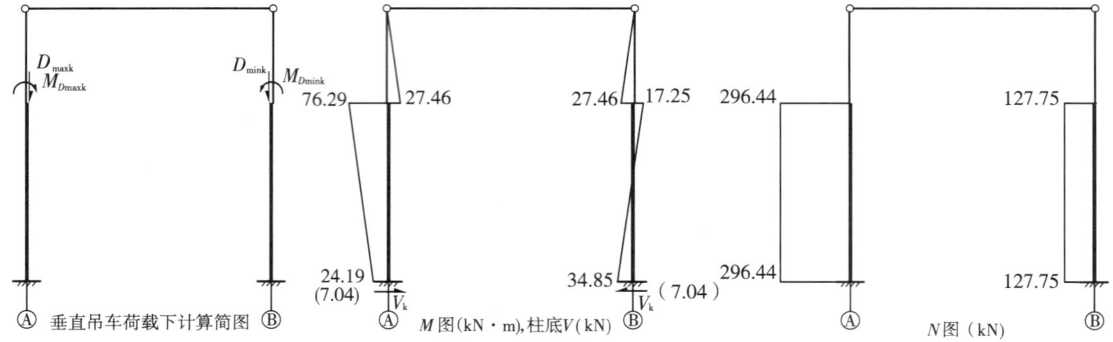

图3.77 垂直吊车荷载下计算简图及内力图

(6)水平吊车荷载(T_{maxk})作用下的内力计算

当不考虑厂房空间作用时，利用对称性可简化为静定的下端固定上端自由的二阶柱。计算简图及内力图如图3.78所示。

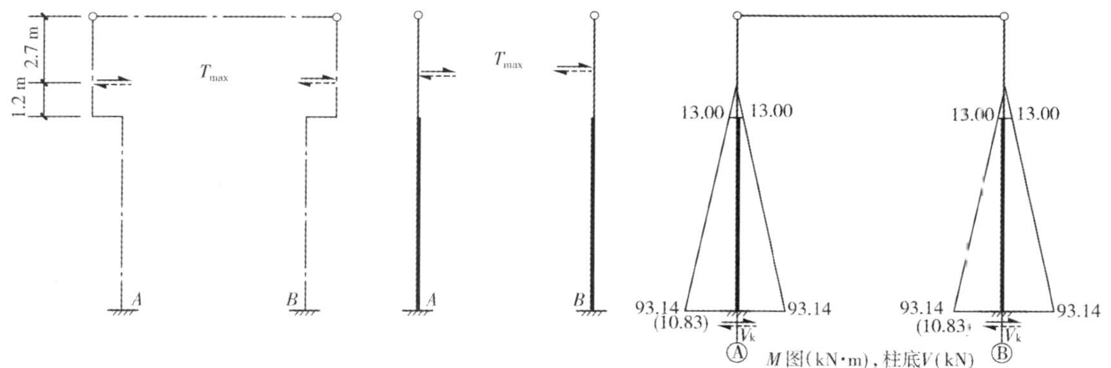

图3.78　水平吊车荷载下计算简图及内力图

(7)在风荷载(F_{wk},q_{1k},q_{2k})作用下的内力计算

以左风→作用进行计算(右风←作用时,利用对称性A,B两柱内力值对换,符号相反即可,不必另算)。计算简图如图3.79所示。

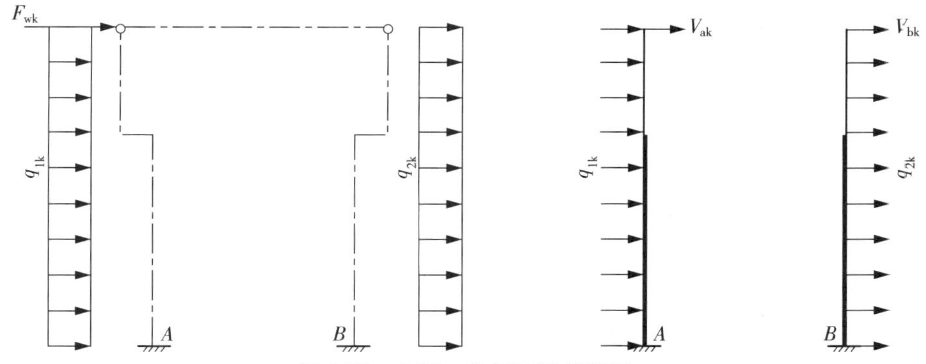

图3.79　左风→作用下计算简图

反力系数为：$C_{11}=\dfrac{3}{8}\dfrac{1+\lambda^4\left(\dfrac{1}{n}-1\right)}{1+\lambda^3\left(\dfrac{1}{n}-1\right)}=0.329$

$V_{ak}=0.5F_{wk}-0.5(q_{1k}-q_{2k})HC_{11}=0.5\times9.16\ \text{kN}-0.5\times(2.711-1.695)\times11.3\times0.329\ \text{kN}=2.69\ \text{kN}(\leftarrow)$

$V_{bk}=0.5F_{wk}+0.5(q_{1k}-q_{2k})HC_{11}=0.5\times9.16\ \text{kN}+0.5\times(2.711-1.695)\times11.3\times0.329\ \text{kN}=6.47\ \text{kN}(\leftarrow)$

A柱底 $V_k=V_{ak}+q_{1k}H=(2.69+2.711\times11.30)\text{kN}=33.32\ \text{kN}(\leftarrow)$

B柱底 $V_k=V_{bk}+q_{2k}H=(6.47+1.695\times11.30)\text{kN}=25.62\ \text{kN}(\leftarrow)$

利用对称性,右风作用下A柱底 $V_k=-25.62\ \text{kN}(\rightarrow)$

求内力图如图3.80所示。

4)荷载组合及最不利内力组合

内力组合的目的是为了求出各控制截面的最不利内力。对偏压柱,根据理论分析和经验,通常应考虑的是以下4种内力组合:

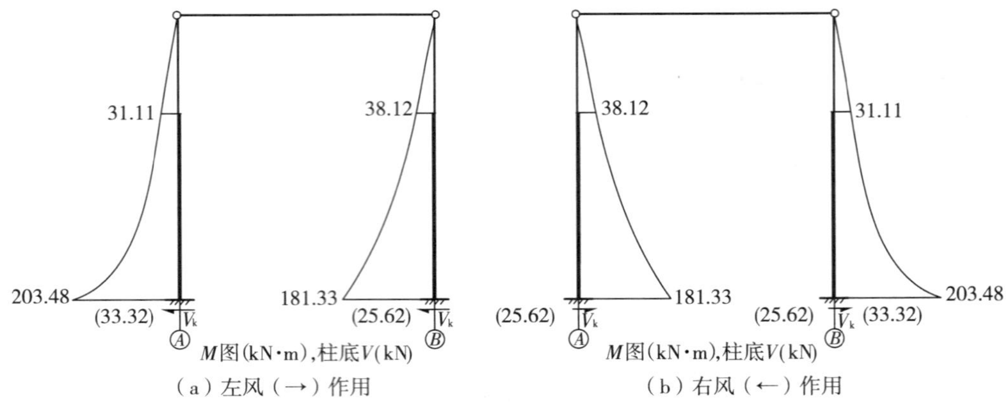

图 3.80　风荷载作用时的弯矩图

- $+M_{max}$及相应的 N,V;
- $-M_{min}$及相应的 N,V;
- N_{max}及相应的 M,V;
- N_{min}及相应的 M,V。

以上 4 种内力组合中的某一种就是我们要寻求的最不利内力(即在截面尺寸、材料强度相同条件下,使截面配筋量最大的内力)。

在寻求上述 4 种内力时,并不是将前面求出的各控制截面的内力进行简单的叠加,而必须考虑这些荷载同时出现以及同时出现且达到最大值的可能性。为此,我们在寻求最不利内力组合时还要考虑荷载组合。根据《建筑结构荷载规范》,荷载效应的基本组合有两种:一种由可变荷载效应控制的组合;另一种由永久荷载效应控制的组合。单层厂房排架的内力通常由第一种组合控制。排架结构由可变荷载效应控制的组合的表达式为:

基本组合:
$$S_d = \sum_{j=1}^{m} \gamma_{G_j} S_{G_jk} + \gamma_{Q_1} \gamma_{L_1} S_{Q_1k} + \sum_{i=2}^{n} \gamma_{Q_i} \gamma_{L_i} \psi_{c_i} S_{Q_ik}$$

标准组合:
$$S_d = \sum_{j=1}^{m} S_{G_jk} + S_{Q_1k} + \sum_{i=2}^{n} \psi_{c_i} S_{Q_ik}$$

准永久组合:
$$S_d = \sum_{j=1}^{m} S_{G_jk} + \sum_{i=1}^{n} \psi_{q_i} S_{Q_ik}$$

在进行内力组合时应注意以下要点:

①内力组合的目标是寻找各控制截面的$+M_{max}$,$-M_{min}$,N_{max}和 N_{min}4 组内力,内力组合中要注意几种荷载同时出现的可能性以及荷载的折减;

②组合原则:恒载恒在,有 T 必有 D,有 D 可无 T;

③对Ⅲ—Ⅲ截面无 D 的荷载效应组合(通常为永久荷载+风荷载),往往起控制作用,因无 D 时柱计算长度 L_0 为 $1.5H$,有 D 时 L_0 为 H_1;

④由于混凝土受压构件在大偏心受压破坏时,当 M 接近时,随 $N\uparrow$ 而 $A_s\downarrow$,组合中应注意次要因素起控制的组合;

⑤荷载效应的准永久组合用于裂缝控制验算,标准组合用于地基的承载力验算;

⑥内力组合表,见表 3.27。

表 3.27 内力组合表

控制截面	荷载	永久荷载				屋面活荷载		垂直吊车荷载				水平吊车荷载		风荷载			
	编号	①	G_{1k}	②	$G_{2k}G_{3k}G_{4k}$	③	Q_{1k}	④	D_{maxk}	⑤	D_{mink}	⑥	T_{maxk}	⑦	q_{1k}	⑧	q_{2k}
Ⅰ—Ⅰ	内力值 (M,N)	+10.59	+179.10	0.00	+15.60	+3.02	+41.01	−27.46	0.00	−27.46	0.00	±13.00	0.00	+31.11	0.00	−38.12	0.00
Ⅱ—Ⅱ		−25.23	+179.10	+13.73	+63.73	−7.24	+41.01	+76.29	+296.44	+17.25	+127.75	±13.00	0.00	+31.11	0.00	−38.12	0.00
Ⅲ—Ⅲ		+11.87	+179.10	+13.73	+99.87	+2.38	+41.01	+24.19	+296.44	−34.85	+127.75	±93.14	0.00	+203.48	0.00	−181.33	0.00

正向内力方向	截面	内力组合	荷载效应基本组合设计值			荷载效应标准组合值或准永久组合值			备注
			组合项目	M	N	组合项目	$M_q(\underline{M_k})$	$N_q(\underline{N_k})$	
	Ⅰ—Ⅰ	$+M_{max}$	$S=1.2\times$(①+②)+1.4×⑦+1.4×0.7×③	59.22	273.83	$S=$①+②+0×③+0×⑦	10.59	194.70	准永久组合值（用于裂缝验算）
		$-M_{min}$	$S=1.0\times$(①+②)+1.4×⑧+1.4×0.7×(④+⑥)	−82.43	194.7	$S=$①+②+0×⑧+0.6×(④+⑥)	−13.69	194.70	
		N_{max}	$S=1.2\times$(①+②)+1.4×③	16.94	291.05	$S=$①+②+0×③	10.59	194.70	
		N_{min}	$S=1.2\times$(①+②)+1.4×⑦	56.26	233.64	$S=$①+②+0×⑦	10.59	194.70	
	Ⅱ—Ⅱ	$+M_{max}$	$S=1.0\times$①+1.2×②+1.4×(④+⑥)+1.4×0.6×⑦	142.38	670.59	$S=$①+②+0.6×(④+⑥)+0×⑦	42.07	420.69	准永久组合值
		$-M_{min}$	$S=1.2\times$①+1.0×②+1.4×⑧+1.4×0.7×③	−77.01	318.84	$S=$①+②+0×⑧+0×③	−11.50	242.83	
		N_{max}	$S=1.2\times$(①+②)+1.4×(④+⑥)+1.4×0.7×③+1.4×0.6×⑦	130.24	746.60	$S=$①+②+0.6×(④+⑥)+0×③+0×⑦	42.07	420.69	
		N_{min}	$S=1.2\times$(①+②)+1.4×⑧	−67.17	291.40	$S=$①+②+⑧	−49.62	242.83	
	Ⅲ—Ⅲ	$+M_{max}$	$S=1.2\times$(①+②)+1.4×⑦+1.4×0.7×(③+④+⑥)	432.91	665.47	$S=$①+②+⑦+0.7×(③+④+⑥)	$\underline{312.88}$	$\underline{515.19}$	标准组合值（用于基础设计）
		$-M_{min}$	$S=1.0\times$(①+②)+1.4×⑧+1.4×0.7×(⑤+⑥)	−353.69	404.17	$S=$①+②+⑧+0.7×(⑤+⑥)	$\underline{-245.32}$	$\underline{368.40}$	
		N_{max}	$S=1.2\times$(①+②)+1.4×(④+⑥)+1.4×0.7×③+1.4×0.6×⑦	368.24	789.97	$S=$①+②+④+⑥+0.7×③+0.6×⑦	$\underline{266.68}$	$\underline{604.12}$	
		N_{min}	$S=1.2\times$(①+②)+1.4×⑦	315.59	334.76	$S=$①+②+⑦	$\underline{229.08}$	$\underline{278.97}$	
		$+M_{max}\to V$ 57.50	$-M_{min}\to V$ −48.37　$N_{max}\to V$ 35.89	$N_{min}\to V$	52.66	$S=$①+②+0.6×(④+⑥)	96.00	456.83	准永久值

注：$\underline{M_k}$，$\underline{N_k}$指荷载效应的标准组合值，为与准永久组合值区别，表中荷载效应组合的数值中带下划线者，表示该数值为标准组合值。

5）柱配筋设计

（1）正截面承载力计算

柱按对称配筋单向偏心受压构件进行正截面承载力计算。

①最不利内力组的选用。上柱：Ⅰ—Ⅰ截面中4组内力取最不利一组计算。下柱：Ⅱ—Ⅱ，Ⅲ—Ⅲ截面共8组内力取二或三组不利组合计算，其中Ⅲ—Ⅲ截面 $N_{\min}$（无 D 荷载组合）必须计算。

②初始偏心距 e_0、计算长度 l_0、P-Δ 效应增大系数 η_s 计算。$h/30=13.33<20$，附加偏心距 $e_a=20$ mm，$e_i=M_0/N+e_a$。柱在排架平面内计算长度为：

上柱：$H_u/H_l=3.9/7.4=0.527>0.3$，$l_0=2.0H_u$；

下柱：有吊车时，$l_0=1.0H_l$；无吊车时（无D荷载组合），$l_0=1.5H$。

$$\zeta_c=\frac{0.5f_cA}{N}\leqslant 1.0 \qquad \eta_s=1+\frac{1}{1\,500\dfrac{e_i}{h_0}}\left(\frac{l_0}{h}\right)^2\zeta_c$$

表3.28（a） 柱截面偏心距计算

截　面	内力组		e_0	h_0	e_i	ζ_c	l_0	h	η_s	e_0/h_0
Ⅰ—Ⅰ	M_0^*	−82.43	423.37	365	443.37	1.0	7 800	400	1.209	1.160
	N	194.7								
Ⅲ—Ⅲ	M_0	432.91	650.53	765	670.53	1.0	7 400	800	1.065	—
	N	665.47								
	M_0	315.60	942.71	765	962.71	1.0	16 950	800	1.238	1.232
	N	334.78								

注：* M_0——一阶弹性分析柱端弯矩设计值。

③柱在排架平面内的截面配筋计算。排架柱考虑二阶效应的弯矩设计值 $M=\eta_sM_0$，$\xi=N/\alpha_1f_cbh_0$，$e=e_i+h/2-a_s$，$e'=e_i-h/2+a_s'$，截面配筋按表3.28（b）进行。

表3.28（b） 截面配筋计算

截面	内力组		ξ		ξ_b / $2a_s'/h_0$	偏心情况	e/e'	$A_s=A_s'$（mm²）计算式	计算面积	实配
Ⅰ—Ⅰ	M	−99.66	0.093	<	0.518	大	608.37	$A_s=\dfrac{Ne'}{f_y(h_0-a_s')}$	456.22	461 3⌀14
	N	194.7		<	0.192		278.37			
Ⅲ—Ⅲ	M	461.05	0.152	<	0.518	大	1 035.53	$A_s'=\dfrac{Ne-\alpha_1f_cb_f'x\left(h_0-\dfrac{x}{2}\right)^*}{f_y'(h_0-a_s')}$	833.21	1 017 4⌀18
	N	665.47		>	0.092		305.53			
	M	390.71	0.077	<	0.518	大	1 127.70	$A_s=\dfrac{Ne'}{f_y(h_0-a_s')}$	1 016.2	
	N	334.78		<	0.092		797.71			

注：* $x=\xi h_0=133.11<h_f'=150$。

④柱在排架平面外（垂直排架方向）按轴心受压验算，计算长度为：

上柱：$l_0=1.25H_u$（有柱间支撑），内力取Ⅰ—Ⅰ截面，N_{max}组合，$N_{max}=194.7\ kN$；

下柱：$l_0=0.8H_l$（有柱间支撑），内力取Ⅲ—Ⅲ截面，N_{max}组合，$N_{max}=665.47\ kN$。

上柱验算：$l_0=1.25\times3.9\ m=4.875\ m$，$l_0/b=4\ 875/400=12.19$，$\varphi=0.95$。

$N_u=0.9\varphi(f_cA+2f'_yA'_s)=0.9\times0.95\times(14.3\times400\times400+2\times360\times461)\ N=2.24\times10^6\ N$
$=2\ 240\ kN>N_{max}=194.7\ kN$

下柱验算：$l_0=0.8\times7.4\ m=5.92\ m$，$i=\sqrt{I/A}=\sqrt{1.73\times10^9/1.775\times10^5}\ mm=98.7\ mm$

$l_0/i=5\ 920/98.7=59.98$，查《混凝土结构设计规范》（GB 50010—2010）表6.2.15，得 $\varphi=0.85$，则

$N_u=0.9\varphi(f_cA+2f_y'A_s')=0.9\times0.85\times(14.3\times177\ 500+2\times360\times1\ 017)\ N=2.502\times10^6\ N=2\ 502\ kN>N_{max}=665.47\ kN$

上下柱配筋均满足弯矩作用平面外的承载力要求。

（2）柱斜面承载力计算

一般情况下偏心受压柱都可满足 $V\leqslant1.75f_tbh_0/(\lambda+1)+0.07N$，可不计算斜截面受剪承载力。箍筋数量由构造要求控制。根据构造要求，上下柱均选用 8ϕ@200 箍筋。

（3）牛腿的设计

①牛腿几何尺寸确定。需确定的尺寸如图3.81所示。

牛腿截面宽度与柱相等，为400 mm；

$h_1\geqslant1/3h$ 且 $h_1\geqslant200\ mm$，取 $h_1=500\ mm$；

$c_2=70\sim100\ mm$，取 $c_2=80\ mm$；

$H\leqslant1\ 000\ mm$ 时取50倍数，当 $H>1\ 000\ mm$ 时取100倍数；吊车梁端部宽340 mm，建筑定位轴线（柱外侧）到吊车梁轴线距离750 mm，牛腿顶面长度为$(750-400+340/2+80)\ mm=600\ mm$，故 $H=(600+400)\ mm=1\ 000\ mm$。$c=H-h_b=(1\ 000-800)\ mm=200\ mm$。

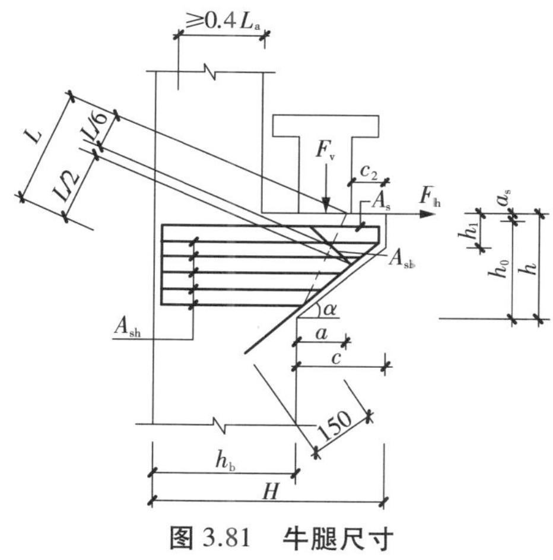

图3.81 牛腿尺寸

$\alpha\leqslant45°$，一般取 $\alpha=45°$。于是 $h=h_1+c=(500+200)\ mm=700\ mm$；$h_0=h-a_s=(700-35)\ mm=665\ mm$。$a=(L-L_k)/2-h_b=(750-800)\ mm=-50\ mm$，考虑20 mm的安装，$a=(-50+20)\ mm=-30\ mm$，取 $a=0$。

②抗裂验算——牛腿截面高度验算。根据式（3.29）验算，本设计为支承吊车梁的牛腿 $\beta=0.65$，$F_{hk}=T_{maxk}=10.83\ kN$，$F_{vk}=D_{maxk}+G_{4k}=(296.44+48.13)\ kN=344.57\ kN$。

因 F_{hk}/F_{vk}很小，可取 $F_{hk}=0$，同时 $a=0$，可得：

$$\beta\left(1-0.5\frac{F_{hk}}{F_{vk}}\right)\frac{f_{tk}bh_0}{0.5+\dfrac{a}{h_0}}=\beta\frac{f_{tk}bh_0}{0.5}=0.65\times\frac{2.01\times400\times665}{0.5}N=695.06\times10^3\ N>F_{vk}$$

故牛腿截面高度满足要求。

③局部受压验算。$F_{vk} \leqslant 0.75 f_c A$，式中 $A = ab$，a，b 分别为吊车梁底垫板长和宽。设垫板尺寸为 400 mm×400 mm，$0.75 f_c A = 0.75 \times 14.3 \times 400 \times 400$ kN = 2 852.9 kN>344.57 kN = F_{vk}，局部受压满足要求。

④受拉钢筋 A_s 计算。$A_s \geqslant F_v a / 0.85 f_y h_0$（略去 F_h 不计，式中当 $a<0.3h_0$ 时取 $a=0.3h_0$）。本例由于吊车垂直荷载作用于下柱截面内（$a<0$），故该牛腿可按构造要求配筋。根据构造要求，$A_s = \rho_{min} bh = 0.002 \times 400$ mm×600 mm = 480 mm²。实际纵筋选配 4⏀14（$A_s = 616$ mm²），水平箍筋选配⏀8@100。

6）柱的吊装验算

（1）验算与下列条件有关

①吊装方法：平吊或翻身吊（一般用翻身吊）；

②吊装时混凝土的强度为（0.7～1.0）f_{cu}，一般为 f_{cu}；

③吊点数及吊点位置（一般为单吊点，吊点在牛腿下方）。

（2）正截面承载力

①荷载计算（标准值、设计值）。采用翻身吊，按图 3.82 进行荷载及内力计算。

图中 L_1 上柱高 H_u（本例 $L_1 = 3.90$ m）；L_2 牛腿高 h（本例 $L_2 = 0.70$ m）；

$L_3 = H_1 - h$ + 插入深度[本例 $L_3 = (7.40 - 0.70 + 0.8)$ m = 7.50 m]。

$q_{ik} = \mu G_{ik} / L_i$（$i = 1,2,3$），式中 μ 为动力系数取 1.5，G_{ik} 为第 i 段构件自重。

$q_i = \gamma_0 \gamma_G q_{ik} = 1.215 q_{ik}$，式中 $\gamma_0 = 0.9$（结构重要性系数降低一级），$\gamma_G = 1.35$。

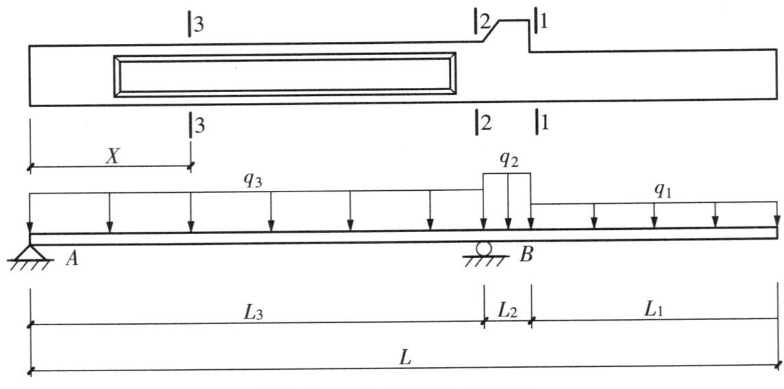

图 3.82　柱吊装计算简图

本例：

$q_{1k} = 1.5 \times 0.4 \times 0.4 \times 25$ kN/m = 6 kN/m；$q_1 = 1.215 \times 6$ kN/m = 7.29 kN/m

$q_{2k} = 1.5 \times [0.4 \times (1.0 \times 0.7 - 0.2^2/2) \times 25] / 0.7$ kN/m = 14.57 kN/m；$q_2 = 1.215 \times 14.57$ kN/m = 17.70 kN/m

$q_{3k} = 1.5 \times 25 \times 0.1775$ kN/m = 6.66 kN/m；$q_3 = 1.215 \times 6.66$ kN/m = 8.09 kN/m

②内力计算。

控制截面：1—1 上柱下端；2—2 吊点处（牛腿下端）；3—3 下柱 M_{max} 处。

$M_1 = 0.5 q_1 L_1^2 = 0.5 \times 7.29 \times 3.9^2$ kN·m = 55.44 kN·m

$M_2 = 0.5 q_1 (L_1 + L_2)^2 + 0.5 (q_2 - q_1) L_2^2 = M_B = 0.5 \times 7.29 \times (3.9 + 0.7)^2$ kN·m + 0.5×(17.70−7.29)×

0.7^2 kN·m = 79.68 kN·m

$R_A = 0.5q_3L_3 - M_B/L_3 = 0.5\times8.09\times7.5\ \text{kN} - 79.68/7.5\ \text{kN} = 19.71\ \text{kN}$

$x = R_A/q_3 = 19.71/8.09\ \text{m} = 2.436\ \text{m}$

$M_3 = R_Ax - 0.5q_3x^2 = 19.7\times2.436\ \text{kN·m} - 0.5\times8.09\times2.436^2\ \text{kN·m} = 24.01\ \text{kN·m}$

③正截面承载力验算。

考虑柱为双筋矩形截面，且 $A_sf_y = A'_sf'_y$，故取 $\gamma_sh_0 = h_0 - a'_s$，$M_u = A_sf_y(h_0 - a'_s)$。上柱：截面 1—1，$M_u = 360\times461\times(365-35)\times10^{-6}$kN·m = 54.77 kN·m<$M_1$，不满足要求。改配上柱柱筋为 3⌀16($A_s = A'_s = 603\ \text{mm}^2$)，$M_u = 71.64$ kN·m>M_1，满足要求。

下柱：截面 2—2，$M_u = 360\times1\,017\times(765-35)\times10^{-6}$kN·m = 267.27 kN·m>$M_2$，满足要求。

7)裂缝宽度验算

排架柱的裂缝控制等级为三级，按荷载准永久组合并考虑长期作用影响计算最大裂缝宽度 w_{max}，应验算正常使用时柱作为偏压构件的 $w_{max} \leqslant w_{lim} = 0.3$ mm，以及吊装过程中柱作为受弯构件的 $w_{max} \leqslant 0.3$ mm。

(1)正常使用下的裂缝宽度验算

对 $e_0/h_0 \leqslant 0.55$ 的偏心受压构件，可不进行裂缝宽度验算。

上柱：$|M_{qmax}| = 13.69$ kN·m，$N_q = 194.70$ kN。$e_0 = |M_{qmax}|/N = 70.31$ mm，$h_0 = (400-20-8-8)$ mm = 364 mm，$e_0/h_0 = 0.19 < 0.55$，可不验算。

下柱：$|M_{qmax}| = 96.00$ kN·m，$N_q = 456.83$ kN。$e_0 = |M_{qmax}|/N = 210.14$ mm，$h_0 = (800-20-8-9)$ mm = 763 mm，$e_0/h_0 = 0.28 < 0.55$，可不验算。

(2)吊装裂缝宽度验算

上柱：$M_q = 0.5q_{1k}L_1^2 = 0.5\times6\times3.9^2\ \text{kN·m} = 45.63\ \text{kN·m}$

$$\sigma_s = \sigma_{sq} = \frac{M_q}{A_s\eta h_0} = \frac{45.63\times10^6}{1\,017\times0.87\times364}\ \text{N/mm}^2 = 141.68\ \text{N/mm}^2$$

$$\rho_{te} = \frac{A_s}{0.5bh} = \frac{603}{0.5\times400\times400} = 0.007\,5 < 0.01，取\ \rho_{te} = 0.01$$

$$\psi = 1.1 - 0.65\frac{f_{tk}}{\rho_{te}\sigma_s} = 1.1 - 0.65\times\frac{2.01}{0.01\times141.68} = 0.178 < 0.2，取\ \psi = 0.2$$

对受弯构件，$\alpha_{cr} = 1.9$，$C_s = (20+8+8)$ mm = 36 mm。

$$w_{max} = 1.9\psi\frac{\sigma_s}{E_s}\left(1.9C_s + 0.08\frac{d_{eq}}{\rho_{te}}\right) = 1.9\times0.2\times\frac{141.68}{2.0\times10^5}\times\left(1.9\times36 + 0.08\times\frac{18}{0.01}\right) =$$

$0.057(\text{mm}) < w_{lim} = 0.3$ mm

满足要求。

3.11.4　基础设计

根据《建筑地基基础设计规范》“可不作地基变形计算设计等级为丙级的建筑物范围”的规定，对于单层排架结构(6 m 柱距)，吊车额定起重量 150~200 kN、单跨、厂房跨度≤24 m、

100 kPa≤f_{ak}<130 kP a时,可不作变形验算。本例满足上述要求。

所给f_{ak}当基础宽度 b>3 m 或埋深 d>0.5 m 时,除岩石地基外,其修正后地基承载力特征值应按下式进行计算:

$$f_a = f_{ak} + \eta_b \gamma (b-3) + \eta_d \gamma_m (d-0.5)$$

本例取:$\gamma = 18\ kN/m^3$;$\gamma_m = 20\ kN/m^3$;$\eta_b = 0.3$;$\eta_d = 1.6$;d 按图 3.83 所示取值,假定基础高度 $h = (800+50+250)\ mm = 1\ 100\ mm$,$d = (1\ 100+500)\ mm = 1\ 600\ mm$。

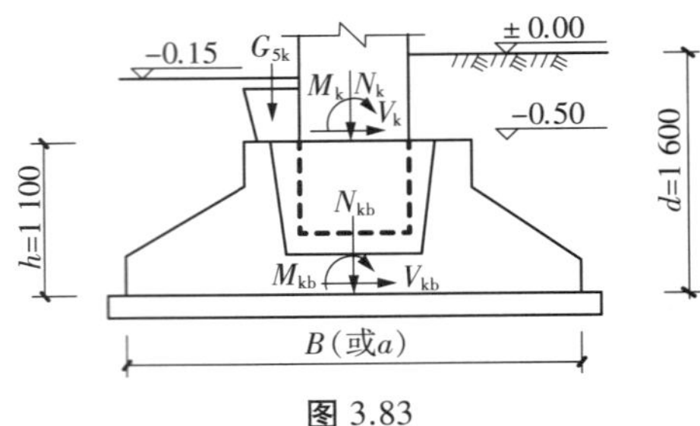

图 3.83

图中:N_k,M_k,V_k为柱Ⅲ—Ⅲ截面 4 组内力标准值作用于基顶,箭头方向为正方向。N_{kb},M_{kb},V_{kb}作用于基础底面,其值按下列公式计算:

$N_{kb} = N_k + G_{5k} + \gamma_m abd$

$M_{kb} = M_k + V_k h - G_{5k} e_5$

$V_{kb} = V_k$

1)基础尺寸确定

(1)底面尺寸 a,b($A = ab$)

按轴心受压初步计算

$$A_c \geqslant \frac{N_{kmax} + G_{5k}}{f_{ak} - \gamma_m d} = \frac{604.12 + 293.37}{160 - 20 \times 1.6}\ m^2 = 7.02\ m^2$$

考虑偏心受压增大 20%~40%,$A = (1.2 \sim 1.4) A_c = 8.42 \sim 9.83\ m^2$。

设 $a/b = 1 \sim 2$(通常取 1.5 左右),初步确定 $b = 2.37 \sim 2.56\ m$,$a = 3.56 \sim 3.84\ m$。满足 M_0 模数,取 $b = 2.4\ m$,$a = 3.6\ m$。

(2)基础底面压力验算

$f_a = 160\ kN/m^2 + 0.3 \times 18 \times (3.0-3)\ kN/m^2 + 1.6 \times 20 \times (1.6-0.5)\ kN/m^2 = 195.20\ kN/m^2$

$N_{kb} = N_k + G_{5k} + \gamma_m abd = 604.12\ kN + 293.37\ kN + 20 \times 2.4 \times 3.6 \times 1.5\ kN = 1\ 156.69\ kN$

$V_{kb} = V_k = 29.60\ kN$

$M_{kb} = M_k + V_k h - G_{5k} e_5 = 266.68\ kN \cdot m + 29.60 \times 1.1\ kN \cdot m - 293.95 \times 0.55\ kN \cdot m = 137.57\ kN \cdot m$

$e_{0k} = M_{kb}/N_{kb} = 137.57/1\ 156.69\ m = 0.119\ m < a/6 = 0.6\ m$

$$\left.\begin{matrix} p_{kmax} \\ p_{kmin} \end{matrix}\right\} = \frac{N_{kb}}{ab}\left(1 \pm \frac{6e_{0k}}{a}\right) = \frac{1\ 174}{2.4 \times 3.6} \times \left(1 \pm \frac{6 \times 0.117}{3.6}\right)$$

$p_{kmax} = 160.43\ kN/m^2 < 1.2 f_a = 234.24\ kN/m^2$

$p_{kmin} = 107.32\ kN/m^2 > 0$

$p_k=(p_{kmax}+p_{kmin})/2=133.88\ \text{kN/m}^2<f_a=195.20\ \text{kN/m}^2$

按上述方法分别取Ⅲ—Ⅲ截面 M_{kmax}，M_{kmin} 对应的 N_k，V_k 及 N_{kmin} 对应的 M_k，V_k 等三组内力进行验算。e_{0k}，p_{kmax}，p_{kmin}，p_k 分别为（0.182，163.67，87.49，125.58）、（−0.472，194.02，23.17，108.60）、（0.129，119.37，77.12，98.25），均符合要求。

（3）基础其他尺寸

杯形基础杯底和杯壁厚度应满足规范构造要求（见表 3.10），高度满足抗冲切要求。对于角柱基础（①，⑩轴）尚应满足山墙基础梁搁置要求。厂房大门，门框下基础还要考虑搁置门框的要求。初步确定基础剖面如图 3.84 所示。

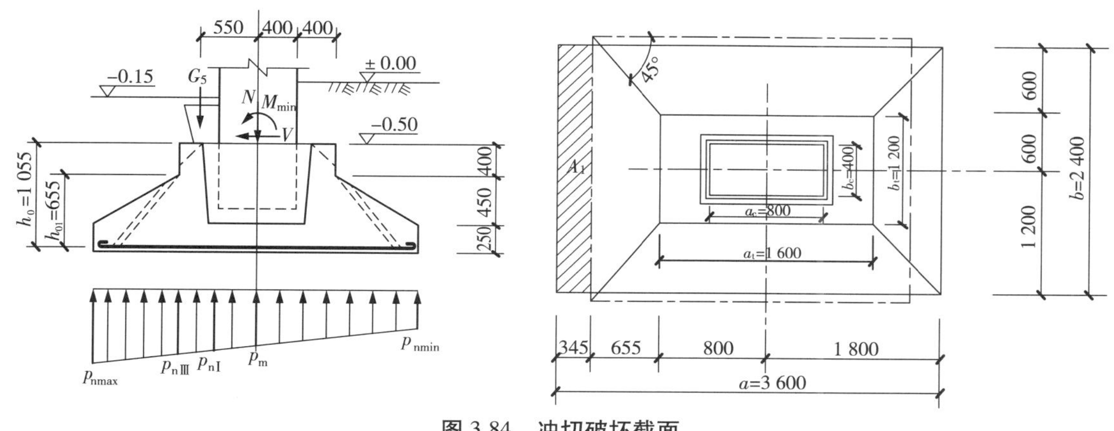

图 3.84　冲切破坏截面

2）基础高度验算——抗冲切验算

这时应采用基底净反力设计值 p_n，基底内力基本组合值 M_b，N_b 为：

$M_b=M+Vh-G_5e_5$　　$N_b=N+G_5$（不含基底以上土和基础的自重）

$e_0=M_b/N_b$　　$p_n=N_b(1+6e_0/a)/(ab)$（当 $e_0>a/6$ 时，$p_n=2N_b/[3(a/2-e_0)b]$）

对应柱Ⅲ—Ⅲ截面各组内力，可得（见表 3.29）$p_s=p_{nmax}=208.81\ \text{kN/m}^2$。

表 3.29　基础底面净反力设计值计算表

类别	$+M_{max\to}$	$(N_{max\to})$	V	$-M_{min\to}$	N	V	M	$N_{min\to}$	V
	432.91	665.47	57.50	−353.69	404.17	−48.37	315.59	334.76	52.66
M_b	432.91+57.50×1.1−1.2×293.37×0.55=302.54			−353.69−48.37×1.1−1.2×293.37×0.55=−600.52			315.59+52.66×1.1−1.2×293.37×0.55=179.89		
N_b	665.47+1.2×293.37=1 017.51			404.17+1.2×293.37=756.21			334.76+1.2×293.37=686.80		
e_0	302.54÷1 017.51=0.297<$a/6$			600.52÷756.21=0.794>$a/6$			179.89÷686.80=0.262<$a/6$		
p_{nmax} p_{nmin}	176.06 59.47			208.80 0			114.20 44.78		
p_n	117.77			104.40			79.49		

因杯口台阶高度与台阶宽度相等，上阶底面落在柱边破坏锥面以内，所以只需验算变阶处

的受冲切承载力(图 3.84)。

变阶处截面有效高度 $h_{01}=1\ 100\ \text{mm}-400\ \text{mm}-(40+5)\text{mm}=655\ \text{mm}$。基础宽度 $b<$冲切体底边宽度$[b_t+2h_{01}=1\ 200\ \text{mm}+2\times655\ \text{mm}=2\ 510\ \text{mm}]$,破坏锥体在底板外,$b_b=b$(图 3.84)。

$A_1=(0.5a-0.5a_t-h_{01})b=(0.5\times3.6-0.5\times1.6-0.655)\times2.4\ \text{m}^2=0.828\ \text{m}^2$

$F_1=p_sA=208.80\times0.828\ \text{kN}=172.89\ \text{kN}$

$h=700\ \text{mm}<800\ \text{mm}$,$\beta_h$取 1.0;$b_m=(b_t+b_b)/2=(1\ 200+2\ 400)\text{mm}/2=1\ 800\ \text{mm}$

$0.7\beta_h f_t b_m h_0=0.7\times1.0\times1.1\times1\ 800\times655\ \text{N}=907.83\times10^3\ \text{N}=907.83\ \text{kN}>F_1$

故基础高度满足要求。

3)底板配筋计算

基础底板配筋计算包括长边和短边两个方向,计算截面分别取两个方向的柱边和变阶处,如图 3.85 所示。

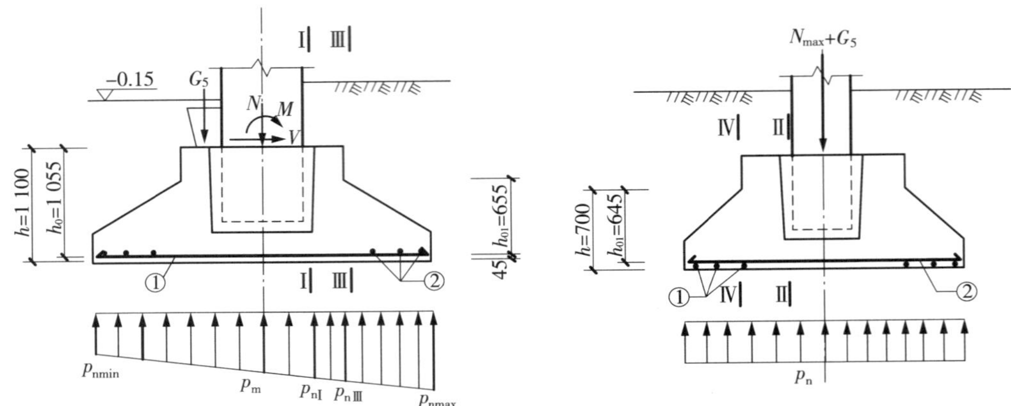

图 3.85 基础底面配筋计算截面

由前表 3.29 所列三组内力组合下基底净反力分析可知,沿长边方向应比较第一、第二组内力下的基底净反力后计算配筋;沿短边方向基础为轴心受压,按第一组内力下的平均基底净反力即可进行计算配筋。

(1)沿长边方向配筋计算

Ⅰ—Ⅰ截面 $p_{nmax}=208.80\ \text{kN/m}^2$,$p_{nⅠ}=112.01\ \text{kN/m}^2$,$p_n=(p_{nmax}+p_{n1})/2=160.41\ \text{kN/m}^2$

$p_{nmax}=176.06\ \text{kN/m}^2$,$p_{nⅠ}=130.72\ \text{kN/m}^2$,$p_n=(p_{nmax}+p_{n1})/2=153.39\ \text{kN/m}^2$

$$M_Ⅰ=\frac{p_n}{24}(a-a_c)^2(2b+b_c)=\frac{160.41}{24}\times(3.6-0.8)^2\times(2\times2.4+0.4)\text{kN}\cdot\text{m}=272.48\ \text{kN}\cdot\text{m}$$

$$A_{s1}=\frac{M_Ⅰ}{0.9f_yh_0}=\frac{272.48\times10^6}{0.9\times360\times1\ 055}\ \text{mm}^2=797.14\ \text{mm}^2$$

Ⅲ—Ⅲ截面 $p_{nmax}=208.80\ \text{kN/m}^2$,$p_{nⅢ}=139.66\ \text{kN/m}^2$,$p_n=(p_{nmax}+p_{n1})/2=174.23\ \text{kN/m}^2$

$p_{nmax}=176.06\ \text{kN/m}^2$,$p_{nⅢ}=143.67\ \text{kN/m}^2$,$p_n=(p_{nmax}+p_{n1})/2=159.87\ \text{kN/m}^2$

$$M_Ⅲ=\frac{p_n}{24}(a-a_c)^2(2b+b_c)=\frac{174.23}{24}\times(3.6-1.6)^2\times(2\times2.4+1.2)\text{kN}\cdot\text{m}=174.23\ \text{kN}\cdot\text{m}$$

$$A_{s1}=\frac{M_{Ⅲ}}{0.9f_y h_0}=\frac{174.23\times10^6}{0.9\times360\times655}\text{mm}^2=820.99\ \text{mm}^2$$

选用 13ϕ10(ϕ10@200)，$A_s=1\,020.5\ \text{mm}^2>820.99\ \text{mm}^2$

(2)沿短边方向配筋计算

Ⅱ—Ⅱ截面　$p_n=(p_{nmax}+p_{nmin})/2=117.77\ \text{kN/m}^2$

$$M_{Ⅱ}=\frac{p_n}{24}(b-b_c)^2(2a+a_c)=\frac{117.77}{24}\times(2.4-0.4)^2(2\times3.6+0.8)\text{kN}\cdot\text{m}=157.03\ \text{kN}\cdot\text{m}$$

$$A_{s2}=\frac{M_{Ⅱ}}{0.9f_y(h_0-d_m)}=\frac{157.03\times10^6}{0.9\times360\times(1\,055-10)}\text{mm}^2=463.79\ \text{mm}^2$$

Ⅳ—Ⅳ截面　$p_n=(p_{nmax}+p_{nmin})/2=117.77\ \text{kN/m}^2$

$$M_{Ⅳ}=\frac{p_n}{24}(b-b_c)^2(2a+a_c)=\frac{117.77}{24}\times(2.4-1.2)^2(2\times3.6+1.6)\text{kN}\cdot\text{m}=62.18\ \text{kN}\cdot\text{m}$$

$$A_{s2}=\frac{M_{Ⅳ}}{0.9f_y(h_0-d_m)}=\frac{62.18\times10^6}{0.9\times360\times(655-10)}\text{mm}=297.54\ \text{mm}^2$$

选用 19ϕ10(ϕ10@200)，$A_s=1\,491.5\ \text{mm}^2>463.79\ \text{mm}^2$。

4)配筋构造要求

①受力筋 $d\geqslant8$ mm；

②受力筋间距 100 mm≤@≤200 mm；

③长向钢筋在短向钢筋下面；

④当基础边长大于 3 m 时，沿此方向的钢筋长度可减短 10%，并应交错放置。

本例配筋如图 3.86 所示。

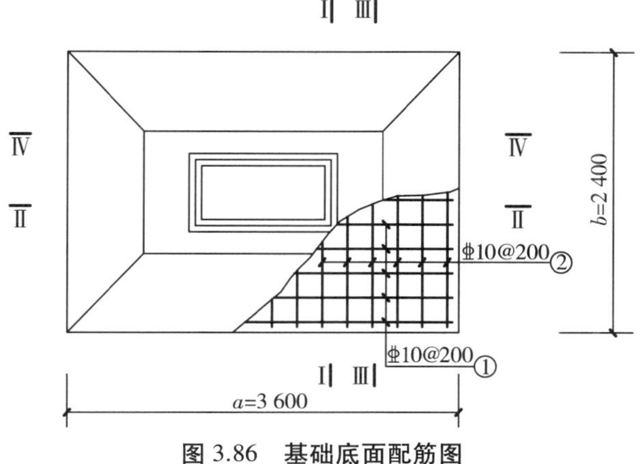

图 3.86　基础底面配筋图

5)绘制施工图

单层厂房施工图如图 3.87 所示。

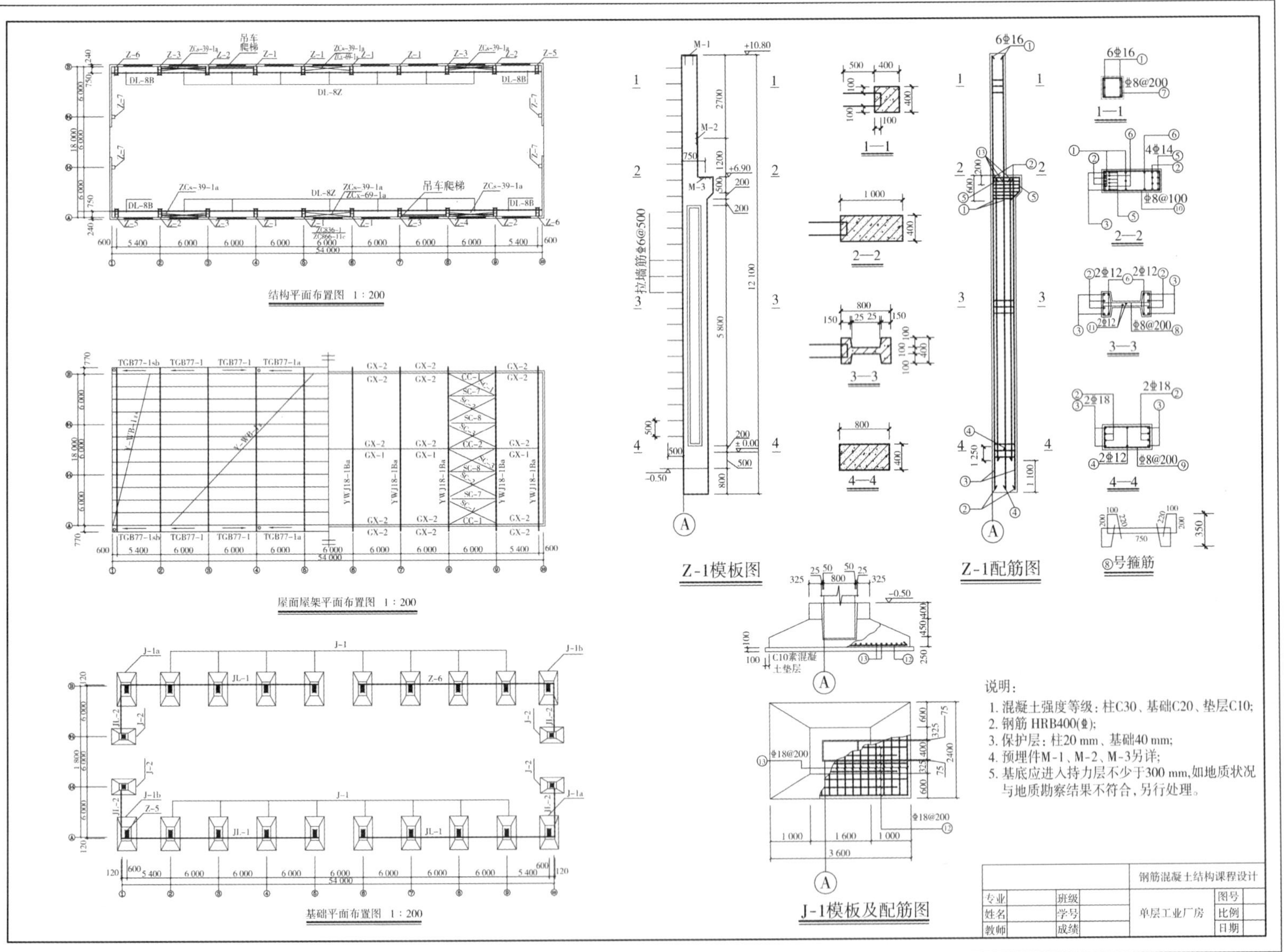

图 3.87 单层厂房施工图实例

本章小结

(1)单层厂房结构设计,包括结构方案设计、结构分析计算、构件截面配筋计算、构造措施处理和绘制施工图。其中结构方案设计合理与否,将直接影响厂房结构的技术合理、可靠、经济及使用方便,设计时应慎重考虑。

(2)单层厂房排架结构是一个复杂的空间受力体系。结构分析时一般将其简化为横向平面排架和纵向平面排架。横向平面排架由横向柱列、横梁和基础组成;厂房结构受到的竖向荷载和横向水平荷载由横向平面排架承受,并通过它传给基础及地基。纵向平面排架由纵向柱列、连系梁、吊车梁、柱间支撑和基础组成;其作用是保证厂房结构的纵向刚度和稳定性,承受厂房结构受到的纵向水平荷载,并将其传给基础。

(3)单层厂房的结构布置包括屋面结构、柱及柱间支撑、吊车梁、过梁、圈梁、基础梁和围护墙等结构构件的布置。合适的支撑(屋盖支撑、柱间支撑)布置可以保证厂房的整体刚度和稳定性,有效传递水平荷载。

(4)排架分析包括横向、纵向平面排架分析。非抗震设计时,横向平面排架结构分析的主要内容:确定计算简图、计算作用在排架上的各种荷载(除地震作用外)、排架内力计算及分析、柱控制截面最不利截面内力组合等,确定柱、基础的配筋和尺寸。纵向平面排架结构分析,一般根据工程经验及标准图集确定柱间支撑,不必进行计算。考虑抗震设计时,应在内力组合时增加地震作用对排架产生的内力。横向平面排架抗震设计分析主要内容:确定计算模型及集中质量取值、自振周期计算、用底部剪力法或振型分解法计算排架的地震作用、排架内力计算。纵向平面排架结构抗震设计分析,可用空间分析法及简化方法(修正刚度法、拟能量法、柱列分片计算法),考虑柱、柱间支撑、纵墙等抗侧力构件的纵向刚度和屋盖的弹性变形,求出质点水平地震作用及构件地震内力。

(5)横向平面排架结构内力计算一般采用力法。如为等高排架,采用剪力分配法较方便。对于承受任意荷载的等高排架,先在排架柱顶附加不动铰支座并求出相应的支座反力,然后用剪力分配法求出各柱内力。

(6)单层厂房是一个空间结构,当厂房的各榀横向排架(山墙为广义排架)刚度不同或各榀横向排架承受的外荷载不同时,抽象成平面排架结构进行计算,则与实际情况有差异,需考虑厂房整体空间作用的影响。厂房整体空间作用与屋盖刚度、山墙刚度、山墙间距、荷载类型有关。

(7)排架柱内力组合,通常将各单项荷载作用下的内力分别计算出来,考虑作用在排架柱上荷载出现的各种可能性,求出柱控制截面可能产生的最不利内力,作为柱、基础设计的依据。

(8)对于预制钢筋混凝土排架柱设计,应包括在使用阶段排架平面内(偏心受压)、平面外(轴心受压)各截面配筋计算,施工阶段的吊装验算以及牛腿的设计,并满足裂缝宽度限值的要求。

(9)柱牛腿分为长牛腿和短牛腿。长牛腿按悬臂受弯构件设计;短牛腿为一变截面深梁,短牛腿设计时一般以不出现斜裂缝作为控制条件来确定牛腿的截面高度;其纵向钢筋一般由计算确定,水平钢筋和弯起钢筋按构造要求设置。

(10)预制钢筋混凝土屋架属超静定平面桁架,可采用简化分析方法计算内力。按具有不动铰支座的连续梁计算上弦杆的内力,按铰接桁架计算各杆件的轴力,同时应考虑屋架次内力的影响。屋架应进行使用阶段的承载力计算及变形和裂缝宽度验算;施工阶段的扶直、吊装验算。

(11)吊车梁是一种受力复杂简支梁。在施工及使用阶段,除需进行竖向、横向受弯承载力和受弯剪扭承载力验算外,还需进行疲劳强度验算、裂缝宽度和挠度验算。

(12)单层钢筋混凝土厂房的抗震设计,要注意厂房的结构布置有利于抗震,熟悉抗震规范的相关要求,了解单层厂房结构的横向和纵向抗震设计要点。

思考题

3.1 单层厂房结构有哪几部分?各部分中哪些构件是主要构件?

3.2 简述横向平面排架承受的竖向荷载和横向水平荷载以及纵向平面排架承受的纵向水平荷载的传力途径。

3.3 装配式钢筋混凝土排架结构单层厂房中一般应设置哪些支撑?简述支撑系统的作用及设置原则。

3.4 一般单层厂房结构受力分析时,计算简图如何选取?

3.5 D_{max},D_{min}和T_{max}是怎样求得的?

3.6 什么是等高排架?简述任意荷载下等高排架内力计算的主要步骤。

3.7 什么是单层厂房的整体空间作用?影响单层厂房空间作用的因素主要有哪些?哪些荷载作用下厂房的整体空间作用最明显?

3.8 什么是荷载组合?什么是内力组合?内力组合时应注意哪些事项?

3.9 牛腿有哪两种类型?牛腿的尺寸和配筋如何确定?

3.10 简述柱下独立基础的设计步骤。为什么确定基底尺寸与确定基础高度及基底配筋时采用不同的基底反力?各采用什么地基反力?

3.11 屋架的设计要点是什么?

3.12 吊车梁的受力特点是什么?

3.13 为减轻地震作用对单层厂房的影响,对布置山墙、纵墙有何要求?

3.14 单层厂房满足什么条件时,横向抗震计算可采用考虑空间工作影响的平面排架计算法。

3.15 单层厂房纵向抗震计算可采用哪几种方法?

习 题

3.1 某单跨单层厂房跨度18 m,柱距6 m,设有两台20/5 t中级工作制的吊车,吊车跨度16.5 m,吊车最大宽度$B=5.65$ m,轮距$K=4.44$ m,小车重89 kN,最大轮压标准值$F_{pk,max}=185$ kN,最小轮压标准值$F_{pk,min}=65$ kN。试求柱承受的吊车竖向荷载D_{max},D_{min}及横向水平荷载T_{max}。

3.2　习题图 3.1 所示排架结构，各柱沿高度均为等截面，截面抗弯刚度如图所示。求该排架在柱顶水平力作用下各柱承受的剪力并绘制弯矩图。

3.3　习题图 3.2 所示单跨排架结构，两柱截面尺寸相同，上柱截面惯性矩 $I_u = 2.13 \times 109\ \text{mm}^4$，下柱截面惯性矩 $I_l = 14.2 \times 109\ \text{mm}^4$。混凝土强度等级为 C30。由吊车垂直荷载在牛腿顶面处产生的力矩分别为 $M_{D\max} = 190\ \text{kN·m}$，$M_{D\min} = 56.4\ \text{kN·m}$。求排架柱承受的剪力并绘制弯矩图。

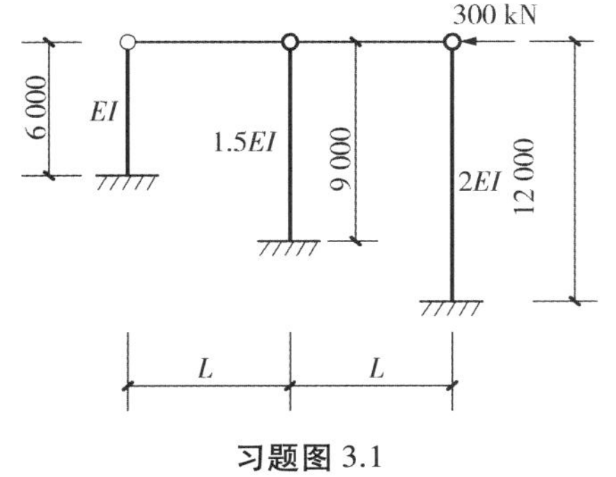

习题图 3.1

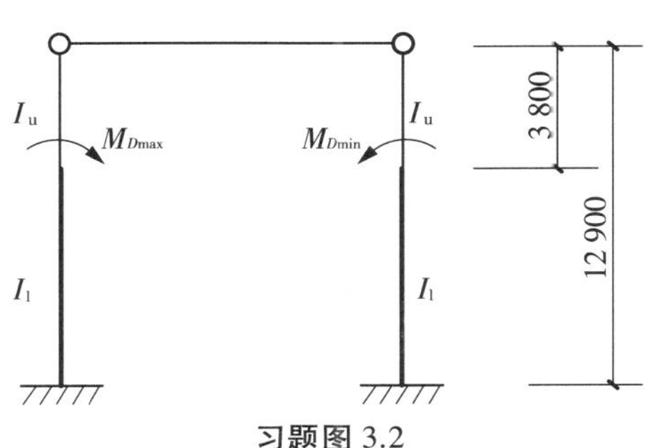

习题图 3.2

3.4　习题图 3.3 所示两跨排架结构，作用吊车水平荷载 $T_{\max} = 18\ \text{kN}$。三柱截面尺寸、高度均同上题，求各柱剪力并绘制弯矩图。如空间分配系数 $\mu = 0.9$，重新计算并比较计算结果。

3.5　某单层厂房预制排架柱（截面 400 mm×800 mm）下独立基础，杯口顶面承受的轴向力设计值 $N_c = 760\ \text{kN}$，弯矩设计值 $M_c = 438\ \text{kN·m}$，剪力设计值 $V_c = 54\ \text{kN}$，修正后地基承载力特征值 $f_a = 195\ \text{kN/m}^2$。基础埋深 $d = 1.55\ \text{m}$，垫层厚度 100 mm，基础混凝土强度等级为 C20，钢筋强度等级 HRB400 级。基础及其台阶上回填土平均重度为 $20\ \text{kN/m}^3$。试设计该基础。

3.6　习题图 3.4 所示两跨不等高单层厂房，已知：$G_1 = 600\ \text{kN}$，$G_2 = 800\ \text{kN}$，厂房位于北京Ⅲ类场地，基本自振周期 $T_1 = 0.58\ \text{s}$。用底部剪力法计算排架的横向地震作用。

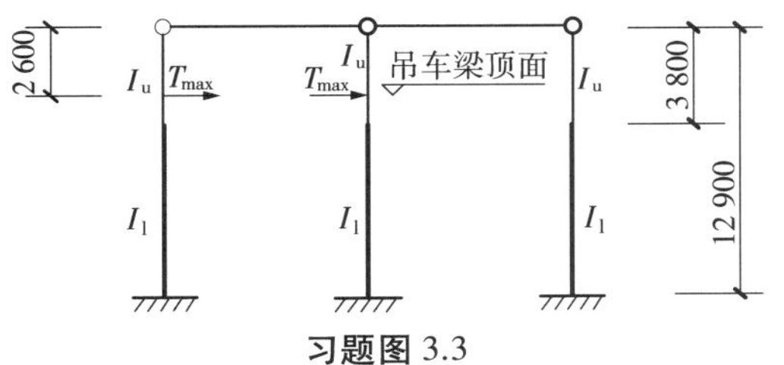

习题图 3.3

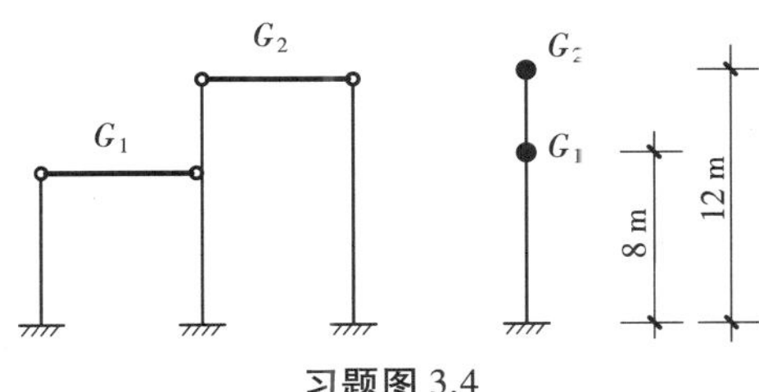

习题图 3.4

Chapter 4 Design of Reinforced Concrete Frame Structures

第4章 混凝土框架结构设计

本章导读

基本要求:掌握框架结构布置和构件选型;掌握钢筋混凝土框架结构的荷载计算、内力计算及内力组合;掌握钢筋混凝土框架结构梁、柱构件的计算;理解基本构造要求的目的及意义,熟悉基本构造要求的要点;掌握钢筋混凝框架结构的抗震设计要点;理解基本抗震措施的目的及意义,熟悉基本抗震措施的要点。

重点:框架结构的结构布置原则和方法;竖向和水平作用计算、内力计算及内力组合;钢筋混凝土框架梁、柱的配筋计算及构造要求;框架结构抗震设计的基本原则和要求,以及概念设计及其抗震措施。

难点:框架结构的内力计算及组合;框架结构的抗震设计方法和梁柱构件的内力调整及计算。

4.1 框架结构体系概述

多高层钢筋混凝土结构是空间的整体结构体系。平面框架是其中最基本的结构之一。框架结构体系一般由纵横或斜方向的平面框架组成。框架还可以与剪力墙组成框架-剪力墙结构体系,以及与剪力墙筒体组成框架-核心筒结构体系和筒中筒结构体系等。

多高层房屋建筑结构体系包括水平分体系(楼、屋盖)和竖向分体系(墙、柱)。其中水平分体系中的楼(屋)盖结构承受并传递竖向荷载给竖向构件,同时作为刚性隔板连接各竖向构件,并协调各抗侧力构件的变形和位移。竖向构件承受并传递竖向荷载,竖向分体系中的墙、柱与水平分体系中的梁、板共同组成房屋的空间抗侧力结构,共同抵抗水平作用。

框架结构是由梁和柱为主要构件组成的承受竖向和水平作用的结构。平面框架是多高层房屋中最基本的一种结构。在混凝土结构中通常把由纵横向或斜方向的平面框架组成的所谓“纯框架结构”称为框架结构,而把框架-剪力墙以及框架-筒体结构中的平面框架称为框架。

在实际工程中，绝大部分框架的梁、柱都是由现场施工浇筑而成的，称为现浇框架结构，如图 4.1 所示。框架结构的楼盖和屋盖多为现浇的，也有装配整体式的。梁、板、柱均为预制而在现场装配而成的框架结构称为装配式框架。由于装配式框架难以保证梁柱在节点连接处的承载力和变形要求，因其抗震性能较差现在已很少使用。框架结构一般均是指现浇框架结构。

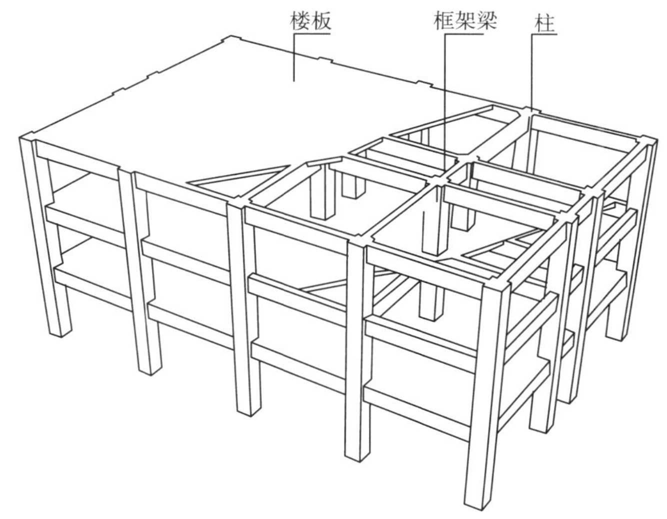

图 4.1　现浇框架结构

在进行结构分析时，框架结构可归类为一种梁、柱杆件由节点刚性连接组成的高次超静定的空间杆系结构。框架的节点刚性连接是指框架节点核心区以及被连接的梁端和柱端，在弹性分析计算时始终维持其刚性，梁、柱杆件轴线之间的夹角保持不变。框架的节点刚性假定是经过大量的试验并经过工程实践验证可行的一种力学的近似假定。通过这个假定，就可以应用结构力学中分析刚架的方法分析框架结构。在结构分析时，为了避免复杂的空间计算和说明主要受力特点，通常把整体空间的框架结构沿各个方向的柱列简化为二维的平面框架，如图 4.2 所示。

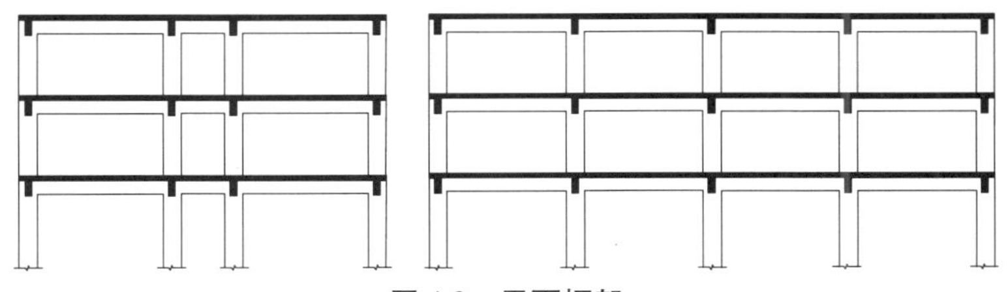

图 4.2　平面框架

框架结构建筑的特点是柱网布置灵活，便于获得开敞的较大使用空间。框架结构的延性较好，但横向侧移刚度小，水平位移大。随着建筑高度的增加，框架结构在风荷载和水平地震作用下，其侧向位移随着底部剪力增长较快，从而不易满足正常使用的侧移限制要求，以致还会由此造成梁、柱截面过大而影响建筑的使用功能且经济性较差，因此，框架结构比较适合用于非抗震设计时体型较规则、平面和竖向刚度较均匀的多、高层建筑。由于框架结构抗侧刚度较差，有抗震设防要求时，不宜用于高度较高的建筑。根据工程经验，框架结构适宜高度建议为：6 度时，不宜超过 30 m；7 度时，不宜超过 7 层（28 m）；8 度时，不宜超过 6 层（22 m）。抗震设计的高烈度区（抗震设防烈度不小于 8 度的地区）的高层建筑不宜采用纯框架结构，宜优先考虑框架-剪力墙结构。高层建筑是指 10 层及 10 层以上或房屋高度大于 28 m 的住宅建筑和房屋高度大于 24 m 的其他高层民用建筑。

钢筋混凝土框架结构设计的基本内容包括：

①结构方案设计，包括结构的总体形状、平面布置、竖向布置、构件选型等；

②结构的作用及其效应分析，包括结构竖向和水平作用效应的计算以及效应的组合；

③构件计算和验算，包括框架梁、板、柱、节点的承载能力极限状态计算和正常使用极限状态验算；

④构件的连接和构造，包括钢筋的粘结、锚固要求，以及一些保证混凝土构件能满足其基本性能的规定，如温度变形、收缩、混凝土保护层厚度、最小配筋率等构造要求。

上述 4 项钢筋混凝土框架结构设计的基本内容也是混凝土结构设计的基本步骤，同时还是混凝土结构设计内容重要性的排序。

4.2 框架结构布置

4.2.1 结构布置原则

1）结构布置的设计条件和依据

建筑工程项目的设计一般划分为方案设计阶段、初步设计阶段和施工图设计阶段。在结构方案设计阶段，首先必须对房屋的建筑使用功能、建筑平面、立面、剖面设计及其空间的相互关系，有准确的了解和把握；对结构设计的使用年限、自然环境条件、建设场地的工程地质等基本的结构设计条件和资料，有充分的准备和详细地解读。其次根据建筑设计方案，从结构规则性的概念设计要求，对整体结构的形体进行分析，分析框架结构的平面形状、高度、平面沿高度的变化、层数、高宽比、总长度、长宽比等指标。然后再根据这些指标，依据相关设计标准判断应采用的建筑结构安全等级、建筑抗震设防类别、钢筋混凝土结构的抗震等级、建筑防火分类等级和耐火等级、地下室防水等级、地基基础的设计等级等强制性的设计等级标准。这些都是进行结构布置及结构设计的基本条件和依据。

2）结构布置时一般应满足的原则

①满足建筑使用功能，结构的单元划分、平面、竖向立面、剖面布置与建筑设计一致。

②满足给排水、暖通、消防、供配电各建筑设备专业的要求。

③结构单元划分力求形体规则简单、变形缝设置合理、尽可能地避免或减小风荷载和水平地震作用产生的扭转效应，以及由温度变化、混凝土收缩、结构差异沉降等作用可能产生的不利影响。

④结构平面布置尽可能规则对称，结构平面的质量中心和刚度中心尽可能重合。竖向构件（柱）要上下连续，水平构件（梁）尽可能对齐，梁柱轴线尽可能重合。应避免平面上过大和连续的开洞，保证结构有可靠和简捷的传递竖向和水平力的途径。

⑤构件的尺寸尽可能统一，规格尽可能较少，利于施工方便和降低结构造价。

合理的建筑形体和结构布置是结构设计中的首要问题，也是对结构性能起决定性作用的先决条件。合理的结构体系选型和结构布置，能使建筑功能得到充分有效的利用甚至有所发挥，并且更易于在合理的经济条件下，满足结构安全性、适用性、耐久性，以及发生偶然事件时整体稳固性的功能要求。

在结构布置时，不可避免地会出现结构布置与建筑、给排水、暖通、消防、供配电等相互关联专业发生矛盾和冲突的情况，这要求结构专业在方案设计阶段提前介入，与其他各专业充分配合协调，取得统一认可的结构布置方案，以避免在后续设计阶段返工。

4.2.2　结构布置方法

框架结构是一个由纵横向框架组成的空间结构体系。传统的框架结构有单向布置和双向布置方案，单向布置即仅在横向或纵向布置平面框架，而双向布置是在纵、横向均布置平面框架。横向布置方案是指仅在结构的短方向（横向）布置平面框架而在结构的长方向（纵向）由连续梁来连接框架柱。同样，仅在结构的长方向布置平面框架的称为纵向布置方案。按照框架布置方向的不同，框架结构体系可分为横向布置、纵向布置和双向布置 3 种方案，如图 4.3 所示。

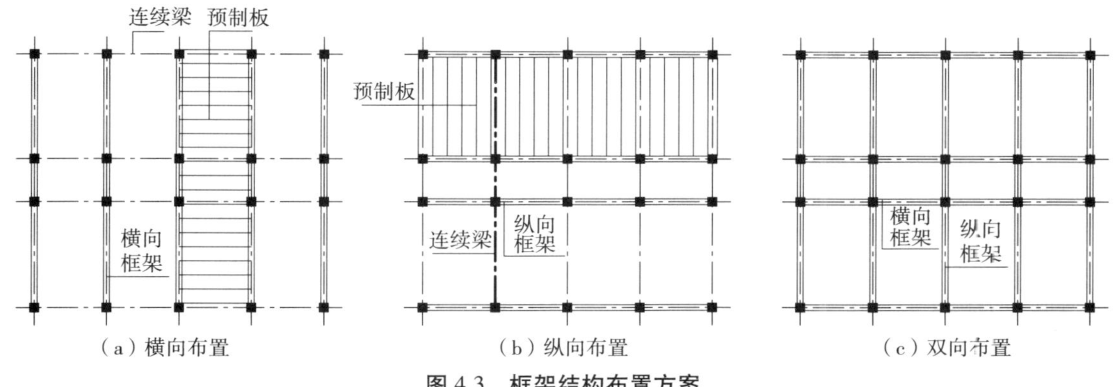

图 4.3　框架结构布置方案

单向布置的横向框架布置方案是在计算机结构三维分析软件未能普及应用之前常用的一种框架布置方案。由于当时的条件限制，内力分析主要是以手算为主，计算机辅助设计只能进行简单的平面框架内力分析，所以房屋建筑往往布置为横向框架、纵向联系梁的结构形式，其特点是横向框架承担竖向荷载和横向的水平作用。纵向框架布置方案也是一种平面框架类型，其特点是纵向框架承担竖向荷载和纵向水平作用。单向布置方案的缺陷是在未布置平面框架的方向，联系梁与柱不能形成有足够抗侧刚度的抗侧力结构，由于单向布置方案不能形成双向梁柱抗侧力体系，因此单向布置的横向布置和纵向布置方案仅适用于非抗震设防且高宽比不大的多层框架结构。

在有抗震要求的房屋和高层结构设计中，要求框架必须双向布置，形成双向框架结构方案，以抵抗风荷载及水平地震作用。双向框架结构布置方案具有较强的空间整体性，可以承受各个方向的水平作用，与纵、横向布置的单向框架比较，具有较好的抗震性能。

平面布置时框架梁、柱中心线宜重合。当梁、柱中心线不能重合时，在计算中应考虑偏心对梁柱节点核心区受力和构造的不利影响，以及梁荷载对柱子的偏心影响。梁、柱中心线之间的偏心距，一般要求不大于柱截面在该方向宽度的1/4，当大于时，可采取增设梁的水平加腋等措施。设置水平加腋后，仍须考虑梁柱偏心的不利影响。

4.3 构件选型

一般民用建筑常用的框架结构其柱网的跨度为4~9 m，从结构设计的角度来看这也是较为经济合理的跨度。过大或过小的柱网尺寸都是不经济的，过大的柱网会使梁柱截面和配筋量偏大，过小的柱网会使结构不能充分发挥其效能。一般混凝土结构设计的经济性指标是以单位面积钢筋和混凝土的耗用量来衡量的。合理的构件选型和材料选择对结构设计的经济性有重要的影响。

选择轻质高强的建筑材料对于混凝土结构本身而言是比较困难的，但可以适当选择较高强度等级的钢筋和混凝土。受力钢筋的等级一般不低于HRB400级，柱的混凝土强度等级不低于C30，梁板的混凝土强度等级不低于C25，这有利于减小梁柱截面的尺寸。框架结构设计时由于对框架柱的承载力和变形要求高于梁板，因此框架柱和梁板的混凝土强度等级经常不相同。一般当梁柱的混凝土强度等级相差不超过两个等级时，在设计和施工时不必特殊处理；当梁柱的混凝土强度等级相差超过两个等级时，应采取相应的措施，如用梁柱节点处混凝土的折算强度验算节点的承载力，或采取有效的施工措施保证梁柱节点处混凝土的强度。

框架填充墙、隔墙、屋面隔热保温层等非结构构件宜采用如轻质墙板、轻质砌体、发泡混凝土等各类轻质材料，这对降低建筑自重和结构综合造价是非常显著的。

4.3.1 框架梁

框架结构的框架梁截面高度一般可按计算跨度的1/10~1/18进行估算，同时还应考虑框架所承担的竖向荷载和水平作用。为了保证框架结构有较好的受力性能，梁净跨与截面高度之比不宜小于4，梁的截面宽度不宜小于梁截面高度的1/4，也不宜小于200 mm。当框架梁截面高度和截面宽度在上述范围之内时，一般都易于满足正常使用对挠度和裂缝宽度限制的有关要求。

当因建筑净高限制梁截面高度时，可采用梁高较小的扁梁，扁梁截面高度一般可按计算跨度的1/18~1/25进行选择，梁截面宽度可取其高度的1~3倍。当梁高较小或采用扁梁时，除应进行承载力验算外，还应特别注意验算满足刚度和裂缝的正常使用要求。

在工程设计中，框架梁的截面尺寸都不太可能一次选定，往往要经过多次反复的调整优化才最终确定。在计算梁的挠度时，可扣除梁的合理起拱值；对现浇梁板结构，宜考虑梁受压翼缘的有利影响。

4.3.2　框架柱

框架柱边长可按建筑层高的 1/15~1/10 估算。矩形截面柱的边长不宜小于 300 mm。柱边长与柱净高之比不宜大于 2，柱截面高宽比不宜大于 3。在抗震设计中，还可以按上部结构荷载通过轴压力设计值与柱全截面面积和混凝土轴心抗压强度设计值乘积的比值 N/f_cA，即轴压比，初步确定柱截面尺寸。对一般民用建筑框架结构，可按 11~13 kN/m^2 初步估算柱的轴向力设计值。

4.4　计算简图的确定

框架结构是一个由纵横向框架组成的空间结构体系。目前在工程设计中一般都是应用结构设计软件按空间结构体系进行分析计算。一般情况下为简化计算，对于体型规则的框架结构，可沿柱列分解为不同方向的平面框架结构分别进行分析。如图 4.4 所示的双向布置的框架结构体系，可把结构分别简化为横向平面框架和纵向平面框架。在计算竖向荷载时，可按梁、柱从属面积的原则分配荷载；在计算水平作用时，对于现浇或装配整体式结构，可假定楼盖在其自身平面内为无限刚性而按平面框架各自的抗侧刚度分配其效应。

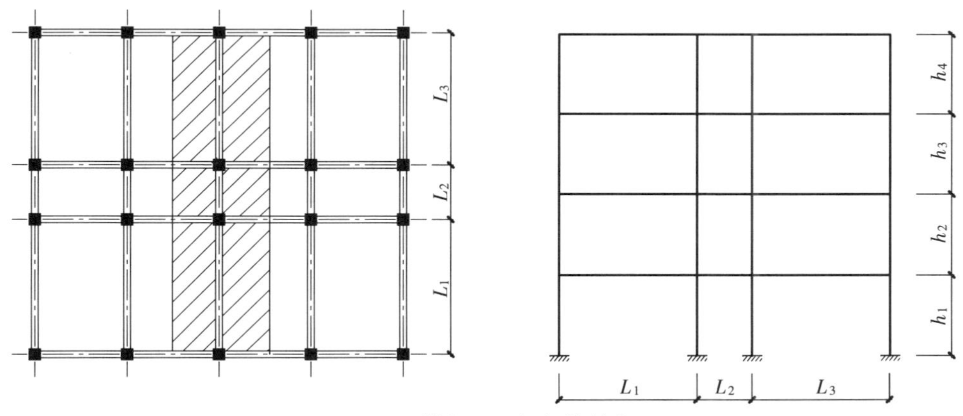

图 4.4　横向平面框架的简化

在进行框架结构设计时，一般可分别取各方向的荷载及结构布置相同且具有代表性的几榀平面框架进行内力分析。

1) 框架的跨度与层高

梁柱构件的轴线取截面几何中心的连线。框架的跨度 L 按柱的轴线距离确定。框架的层高 h，当不设地下室时，底层取基础顶面到一层楼盖顶面的高度；当设有地下室时，底层取嵌固部位到一层楼盖顶面的高度；对其余各层柱，为上下两层楼盖顶面之间的高度。

2) 梁柱节点

现浇结构和装配整体式框架结构的梁柱节点、柱与基础连接处可作为刚结。当梁、柱间连接部分的刚度远大于杆件中间截面的刚度时（如壁式框架），在计算模型中可作为刚域处理。

梁柱节点区的刚域长度可按图 4.5 所列取用，当计算的刚域长度为负值时，应取为零。

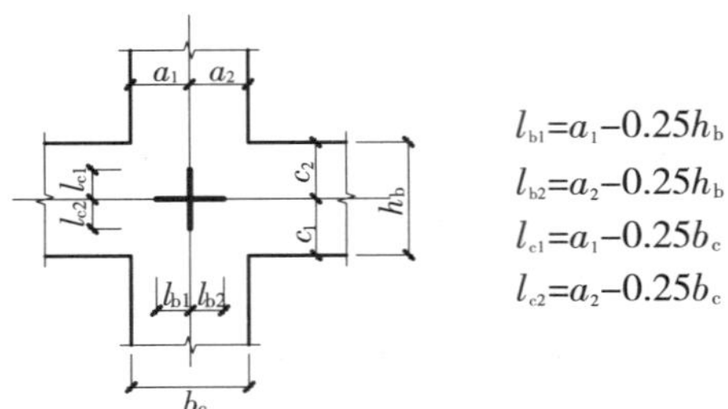

图 4.5　梁、柱节点区的刚域长度

3）**梁柱线刚度**

钢筋混凝土框架梁的线刚度与结构力学中杆系结构的线刚度是不完全相同的。结构力学中杆件的线刚度为 $i=EI/L$。在混凝土结构计算中，E 取为混凝土的弹性模量 E_c，梁柱的计算长度分别取梁的跨度 L 和柱的层高 h。由于现浇楼盖和装配整体式楼盖框架结构的框架梁与楼板共同工作，在计算线刚度时宜考虑楼板作为翼缘对梁截面刚度的有利影响。梁受压区有效翼缘计算宽度 b_f' 可按《混凝土结构设计规范》(GB 50010—2010)表5. 2. 4所列情况中的最小值取用。刚度增大系数应根据梁有效翼缘尺寸与梁截面尺寸的相对比例确定，也可按表 4.1 所列的梁惯性矩系数近似考虑刚度的增大，表中的 I_0 为梁按矩形截面计算的惯性矩。

表 4.1　框架梁惯性矩增大系数表

楼盖类型	中框架梁	边框架梁
现　浇	$2.0I_0$	$1.5I_0$
装配整体式	$1.5I_0$	$1.2I_0$

4.5　荷载计算

结构最基本的功能是能承受在施工和使用期间可能出现的各种作用。框架结构上的作用按作用方向可以分为竖向作用和水平作用；按作用随时间的变化可以分为永久作用和可变作用及偶然作用。在工程设计中习惯于将大多数由重力产生的直接作用称为竖向荷载。结构在使用期间的作用主要依据结构的使用功能和所在地的自然环境条件确定；而施工期间的荷载，对于现浇和装配整体式结构一般在施工方案中采取支撑措施加以解决。但对于预制构件，在吊装和运输过程中产生的作用应在设计中加以考虑。

4.5.1　竖向荷载计算

框架结构的竖向荷载包括永久荷载和可变荷载。永久荷载主要有梁柱和楼板的结构和粉刷装饰层的自重，隔墙、填充墙、永久性设备的自重等。框架的隔墙、填充墙自重对结构总重影响较大，设计时应充分重视墙体材料的选择。对结构自重，可按构件的设计尺寸与材料单位体积的自重计算确定。各种材料的自重可按《建筑结构荷载规范》(GB 50009—2012)附录A常用材料和构件的自重表取值。

竖向荷载中可变荷载主要有楼面及屋面活荷载、雪荷载。楼面及屋面活荷载标准值必须按《建筑结构荷载规范》(GB 50009—2012)规定取值。对于一些不太常用的荷载规范中未列出的楼面活荷载,可由《全国民用建筑工程设计技术措施》(结构体系)附录F荷载参考资料中查取。在进行梁柱的楼面活荷载计算时,应特别注意按梁从属面积和楼层数折减活荷载。雪荷载的基本雪压应按《建筑结构荷载规范》(GB 50009—2012)附录E中附表E.4给出的50年一遇的雪压采用,计算时应特别注意屋面均布活荷载不应与雪荷载同时组合。

4.5.2　水平作用计算

框架结构的水平作用包括风荷载和水平地震作用。框架结构计算时,风荷载作用面积应取垂直于风向的最大投影面积。垂直于建筑物表面的单位面积风荷载标准值应按式(4.1)计算:

$$w_k=\beta_z\mu_s\mu_z w_0 \tag{4.1}$$

式中,风荷载体型系数μ_s,对迎风面为风压力取+0.8,对背风面为风吸力取-0.5,计算时可以两个面叠加取为1.3;风压高度变化系数μ_z,应根据地面粗糙度类别按《建筑结构荷载规范》(GB 50009—2012)表8.2.1确定;高度z处(从室外地面算起)的风振系数β_z,对于高度不大于30 m且高宽比不大于1.5的框架结构房屋,可不考虑风振的影响取$\beta_z=1.0$,当不满足上述条件时应按《建筑结构荷载规范》(GB 50009—2012)的规定计算。

水平地震作用应按《建筑抗震设计规范》(GB 50011—2010)的规定进行计算。对于高度不超过40 m、以剪切变形为主且质量和刚度沿高度分布比较均匀的框架结构,可采用底部剪力法等简化方法。其他情况宜采用振型分解反应谱法。

4.6　内力计算

随着计算机的普及,以及商业化的结构设计软件的成熟开发应用,工程设计目前都是应用计算机和结构设计软件进行精确的内力分析。设计者在设计时可针对不同的结构选择空间杆系、空间杆-薄壁杆系、空间杆-墙板元及其他组合有限元等计算模型进行结构分析。对于复杂的结构,甚至可以选择两个或两个以上的不同结构分析软件对分析结果进行比较验证。

计算机结构分析软件的广泛应用和普及,使设计者摆脱了过去必须进行的大量手算工作,工作效率得以大幅度的提高。但与此同时,也使设计者对结构计算软件的依赖性越来越大,忽视了结构设计最基本的一些力学概念和基本方法对结构设计的重要性。掌握一些基本的内力手算分析方法,熟悉结构在竖向和水平作用下的内力和变形特点,是结构工程师应该具备的工程素养,也是必须的基本工程设计能力,它有助于我们建立正确的力学概念和结构工程概念,有助于我们思路清晰地对结构方案进行分析,并能有所把握地对计算机结构分析软件的计算结果进行判断。

4.6.1 竖向荷载作用内力计算

平面框架结构手算内力和位移的方法有很多，从计算的精度上分有位移法、渐近法和近似法等。一般在结构初步设计阶段为了估算结构的内力及位移的大小和方向，以及在采用手算时，可选用最为快捷简单的近似法。

1）竖向荷载作用下的内力近似计算——分层法

根据用位移法计算多层多跨框架在竖向荷载作用下的结果可知，结构在竖向荷载作用下的侧移很小，而且每层楼面上的荷载对其他各层梁的影响也很小。为了简化计算作如下假定：

①竖向荷载作用下，多层多跨框架的侧移可忽略不计；

②每层楼面梁上的荷载对其他各层梁的影响可忽略不计。

按上述假定，计算时可将各层梁和与其相连的上下层柱所组成的框架作为一个独立的计算单元分层计算。分层计算所得梁的弯矩即为其最后的弯矩；而每一柱分属上、下两层，所以每一柱的弯矩需由上、下两层计算所得的弯矩值叠加而得到。分层法适用于节点梁柱线刚度比 $\sum i_b / \sum i_c \geq 3$ 的平面框架结构。

图 4.6(a)所示的三层平面框架在竖向荷载作用下的弯矩可分解为图 4.6(b)所示的 3 个部分的分层框架计算简图进行计算。

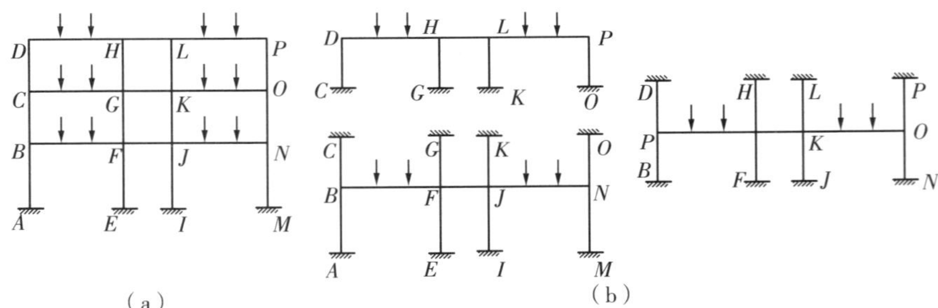

图 4.6　分层法计算简图

对图 4.6(b)所示分层框架的计算简图可以用力矩分配法求出各层框架的弯矩图，然后叠加，即可得到最终弯矩值。在分层计算时，由于假定上、下柱的远端是固定的，而实际上是有转角产生，是弹性约束端，为了修正由于这种假定带来的误差，除底层各柱以外，可将其他各层柱的线刚度乘以折减系数 0.9，传递系数由 1/2 改为 1/3。框架节点上的最终弯矩之和通常不等于零而接近于零，这是由于分层计算所引起的。若需要进一步修正，可对此节点的不平衡弯矩再作一次弯矩分配。

2）楼面活荷载的不利布置

楼面活荷载的作用位置是随时间变化的，由于它作用的位置不确定，会使构件截面的内力发生改变。《高层建筑混凝土结构技术规程》(JGJ 3—2010)规定，高层建筑结构内力计算中，当楼面活荷载大于 4 kN/m^2 时，应考虑楼面活荷载不利布置引起的结构内力的增大；当整体计算中未考虑楼面活荷载不利布置时，应适当增大楼面梁的计算弯矩。多层框架结构原则上也应考虑楼面活荷载的不利布置影响。对于大多数民用建筑，楼面活荷载一般都不会大于 4 kN/m^2，这种情况下在框架内力计算时可不考虑楼面活荷载的不利布置。由楼面活荷载不利布置引起的结构内力的增大，在计算楼面活荷载时通常采用“满布活荷载法”计算。这种方法是将楼面活荷载在框架的各层各跨满布，由此求得的楼面梁弯矩在支座处与按最不利荷载位置法求得的弯矩极为相近。但求得的梁跨中弯矩却比不利荷载位置布置计算结果略小，对此可将求出的跨中弯矩乘以 1.1~1.2 的系数予以增大，以近似考虑楼面活荷载的不利布置影响。

3）梁端弯矩调幅

由于钢筋混凝土框架梁端支座处按弹性计算的弯矩较大，考虑钢筋混凝土构件塑性内力重分布的受力性质，框架结构在承载力计算的内力分析时，对重力荷载作用下的框架按弹性分析求得内力后，可对支座弯矩进行适度调幅，并确定相应的跨中弯矩。梁支座负弯矩调幅幅度不宜大于 25%，一般对现浇楼盖框架结构取 15%~20%，对装配整体式楼盖框架结构取 20%~25%。调幅应满足的限制条件以及确定相应跨中弯矩的计算方法，参见本教材第 2 章。梁端弯矩调幅后可减少梁端负弯矩钢筋的配筋量，有利于塑性铰首先出现在框架的梁端，且施工方便，易于保证节点混凝土的浇筑质量。

4.6.2　水平荷载作用内力计算

1）水平荷载作用下的内力近似计算——反弯点法

（1）水平荷载作用下框架结构的受力特点

风荷载或水平地震对框架结构的作用，一般可简化为作用于框架节点上的水平集中力，在此荷载的作用下，框架结构上的弯矩图如图 4.7（a）所示，变形特征如图 4.7（b）所示。

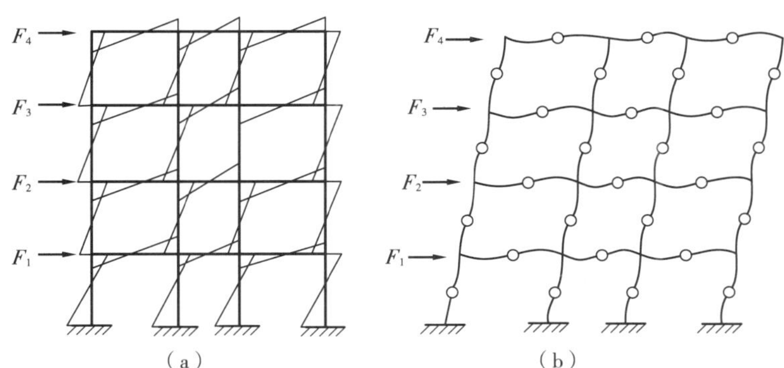

图 4.7　水平荷载作用下框架结构的受力及反弯点

平面框架在节点水平集中力作用下的弯矩与变形具有如下特点：

①各杆件的弯矩图为直线形分布，且每个杆件均有一个零弯矩点，即反弯点；

②在底部固定端处，角位移为零，但上部各层节点均有转角存在，节点的转角随梁柱线刚度比的增大而减小；

③忽略梁的轴向变形，同层内各节点具有相同的侧向位移，同层各柱具有相同的层间位移。

由于框架结构在水平集中力作用下具有上述受力特点，所以只要求出各柱的反弯点位置以及反弯点处的剪力,就可以非常容易地利用静力平衡条件求出各杆件的内力。

(2)反弯点法的基本假定

由上述受力特点可知,框架受力后节点会产生转角和侧移,但计算分析表明,当梁与柱的线刚度之比大于 3 时,节点转角很小,对内力影响不大,故可忽略而取节点转角 $\theta=0$(图 4.8),即梁的线刚度趋于无穷大。

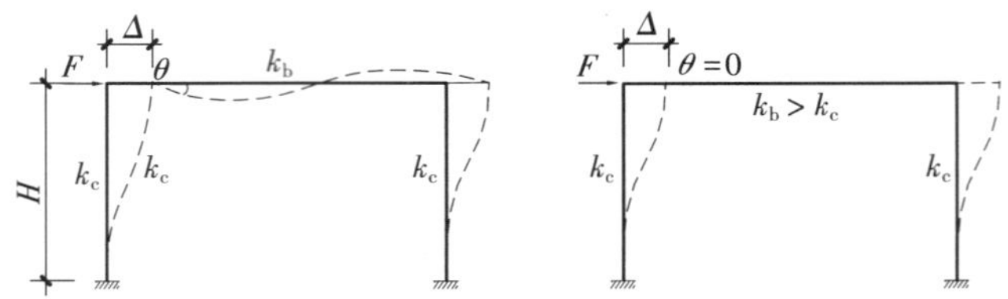

图 4.8 框架结构水平侧移

基本假定如下:

①在求各柱子的剪力时,假定梁与柱的线刚度之比为无穷大,即各节点转角为零;

②在确定各柱的反弯点位置时,假定除底层外其余各层柱上下两端的转角相同,反弯点在柱中部,而底层在 2/3 层高处;

③不考虑梁柱的轴向变形,同一层各节点的水平层间位移相等;

④梁端弯矩可按梁的线刚度进行分配。

(3)各柱反弯点处的剪力计算

设平面框架共 n 层,每层有 m 列柱子,水平节点荷载为 $F_1, F_2, F_j, F_{j+1}, \cdots, F_n$,节点水平层间位移为 Δu_i,如图 4.9 所示。

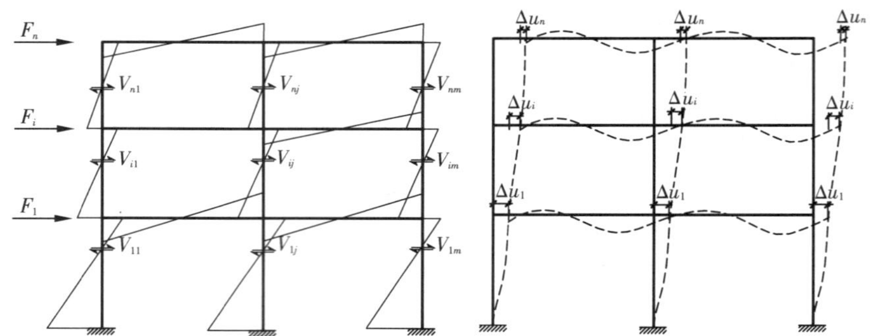

图 4.9 平面框架在节点水平集中力作用下的弯矩和侧移示意图

第 i 层所受到的楼层剪力,可将框架沿第 i 层各柱的反弯点处切开,如图 4.9 所示,由平衡条件 $\sum X=0$,则楼层剪力为:

$$V_i = \sum_{j=1}^{m} V_{ij} = F_i + F_{i+1} + \cdots + F_n = \sum_{j=i}^{n} F_j \tag{4.2}$$

同层中各柱所分担的剪力 V_{ij}的大小,与柱的抗侧移刚度有关,由物理条件可得到:

$$V_{ij} = d_{ij}\Delta u_{ij} \tag{4.3}$$

式中,$d_{ij}=12i_c/h_i^2$为柱的抗侧移刚度。由基本假定③可知,同层各柱水平层间位移相同,由几何条件可得到:

$$\Delta u_{i1} = \Delta u_{i2} = \Delta u_{ij} = \cdots = \Delta u_{im} = \Delta u_i \tag{4.4}$$

一般情况下水平节点荷载 F_i 和柱的抗侧移刚度 d_{ij} 为已知，由式(4.2)、式(4.3)、式(4.4)即可求出楼层的水平层间位移和楼层各柱的剪力。

水平层间位移：
$$\Delta u_i = \frac{V_i}{\sum_{j=1}^{m} d_{ij}} = \frac{\sum_{j=i}^{n} F_j}{\sum_{j=1}^{m} d_{ij}} \tag{4.5}$$

柱的剪力：
$$V_{ij} = \frac{d_{ij}}{\sum_{j=1}^{m} d_{ij}} V_i = \frac{d_{ij}}{\sum_{j=1}^{m} d_{ij}} \sum_{j=i}^{n} F_j \tag{4.6}$$

(4)柱端弯矩的计算

由基本假定②已经求出了每一层中各柱的反弯点高度，柱端弯矩可按下式计算：

柱上端弯矩
$$M_{ij}^{\mathrm{t}} = V_{ij} y h \tag{4.7}$$

柱下端弯矩
$$M_{ij}^{\mathrm{b}} = V_{ij}(1-y)h \tag{4.8}$$

式中　y——反弯点距柱下端的高度与柱高的比值，即反弯点高度比；

h——第 i 层的层高。

(5)梁端弯矩的计算

梁端弯矩可由节点平衡求出，如图 4.10 所示。

对于边柱节点
$$M_{\mathrm{b}}^{\mathrm{l}} = (M_{\mathrm{c}}^{\mathrm{t}} + M_{\mathrm{c}}^{\mathrm{b}}) \tag{4.9}$$

对于中柱左端
$$M_{\mathrm{b}}^{\mathrm{l}} = (M_{\mathrm{c}}^{\mathrm{t}} + M_{\mathrm{c}}^{\mathrm{b}}) \frac{i_{\mathrm{b}}^{\mathrm{l}}}{i_{\mathrm{b}}^{\mathrm{l}} + i_{\mathrm{b}}^{\mathrm{r}}} \tag{4.10}$$

对于中柱右端
$$M_{\mathrm{b}}^{\mathrm{r}} = (M_{\mathrm{c}}^{\mathrm{t}} + M_{\mathrm{c}}^{\mathrm{b}}) \frac{i_{\mathrm{b}}^{\mathrm{r}}}{i_{\mathrm{b}}^{\mathrm{l}} + i_{\mathrm{b}}^{\mathrm{r}}} \tag{4.11}$$

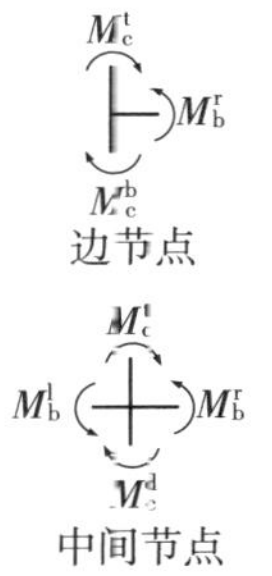

式中　$i_{\mathrm{b}}^{\mathrm{l}}, i_{\mathrm{b}}^{\mathrm{r}}$——分别为左边梁和右边梁的线刚度。

$M_{\mathrm{c}}^{\mathrm{t}}$ $M_{\mathrm{b}}^{\mathrm{r}}$ $M_{\mathrm{c}}^{\mathrm{b}}$

边节点

$M_{\mathrm{c}}^{\mathrm{t}}$ $M_{\mathrm{b}}^{\mathrm{l}}$ $M_{\mathrm{b}}^{\mathrm{r}}$ $M_{\mathrm{c}}^{\mathrm{d}}$

中间节点

图 4.10　节点受力图

(6)其他内力的计算

其他内力的计算可根据力的平衡条件，由梁两端的弯矩求出梁的剪力；由梁的剪力，根据节点的平衡条件，可求出柱的轴力。

2)水平荷载作用下框架内力的计算——*D* 值法

由于反弯点法的基本假定为梁柱之间的线刚度比为无穷大，因此不考虑节点转动，从而使柱的抗侧刚度只与柱的线刚度及层高有关，而且柱的反弯点高度为一定值，这样就使反弯点法计算框架结构在侧向荷载作用下的内力大为简化。但是，在实际工程中，梁与柱的线刚度一般比较接近，特别是在抗震设计的情况下，柱的线刚度可能会大于梁的线刚度。

基于反弯点法的基本假定，反弯点法并不能准确地反映框架梁及框架柱线刚度对框架结构抗侧移刚度的影响。针对以上问题，日本武藤清教授于 1933 年提出 *D* 值法，近似考虑节点转动的影响，并考虑对反弯点高度的修正。基本方法如下：

(1)修正柱的侧移刚度

节点转动影响柱的抗侧移刚度，所以柱的侧移刚度不但与柱本身的线刚度和层高有关，而且还与梁的线刚度有关。取图 4.11 所示框架中的柱 *AB* 进行分析，并假定：

①柱 *AB* 及其上下相邻柱子的线刚度为 i_{c}；

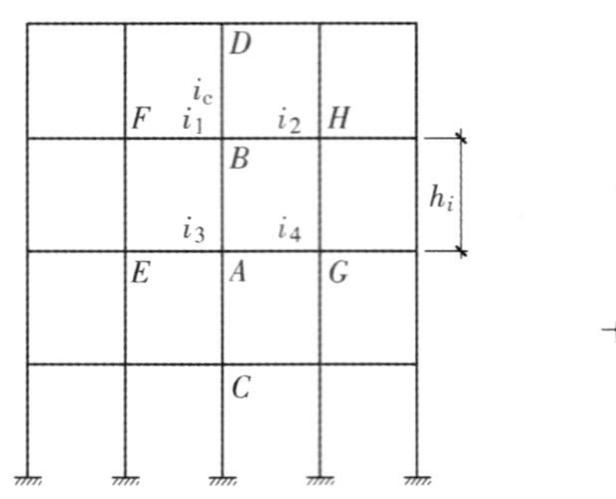

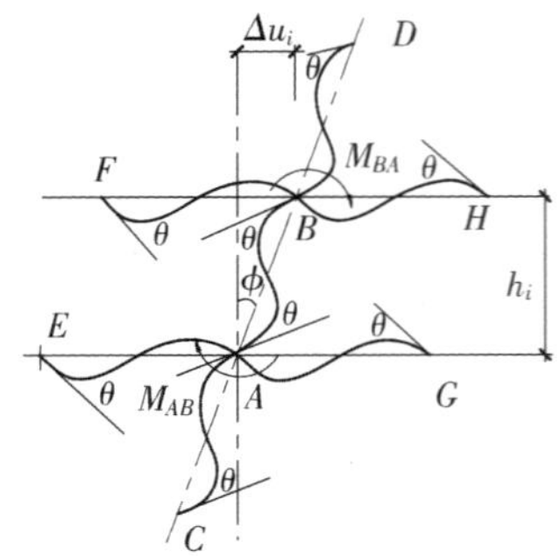

图 4.11　柱的线刚度计算

②柱 AB 及其上下相邻柱子的层间位移为 Δu_i；

③柱 AB 两端节点及上下左右相邻各节点的转角均为 θ；

④与柱 AB 相交的梁的线刚度分别为 i_1, i_2, i_3, i_4。

于是有弦转角：

$$\phi=\frac{\Delta u_i}{h_i} \tag{4.12}$$

由 $\sum M_A=0$ 得 $4(i_3+i_4+i_c+i_c)\theta+2(i_3+i_4+i_c+i_c)\theta-6(i_c\phi+i_c\phi)=0$　(4.13)

由 $\sum M_B=0$ 得 $4(i_1+i_2+i_c+i_c)\theta+2(i_1+i_2+i_c+i_c)\theta-6(i_c\phi+i_c\phi)=0$　(4.14)

式(4.12)和式(4.13)相加可得到

$$\theta=\frac{2}{2+K}\phi \tag{4.15}$$

令　$K=\frac{\sum i}{2i_c}, \sum i=i_1+i_2+i_3+i_4$

AB 柱所受的剪力为：

$$V_{ij}=\frac{12i_c}{h_i}(\phi-\theta)=\frac{K}{2+K}\frac{12i_c}{h_i^2}\Delta u_i$$

设 $\alpha=\frac{K}{2+K}, D_{ij}=\alpha\frac{12i_c}{h_i^2}$

AB 柱所受的剪力可表示为：

$$V_{ij}=D_{ij}\Delta u_i=\alpha\frac{12i_c}{h_i^2}\Delta u_i \tag{4.16}$$

D 值法中的 D 即修正后的柱的抗侧移刚度 $D_{ij}=\alpha 12i_c/h_i^2$，与反弯点法中柱的抗侧移刚度 $d_{ij}=12i_c/h_i^2$ 相比，就是通过系数 α 近似考虑了节点转动对柱抗侧移刚度的修正。式中 α 为与梁、柱线刚度有关的修正系数，表 4.2 给出了各种情况下 α 值和 K 值的计算公式。

表 4.2　抗侧移刚度修正系数 α

位　置	边　柱		中　柱		α
楼　层	简　图	K	简　图	K	
一般层		$K=\dfrac{i_2+i_4}{2i_c}$		$K=\dfrac{i_1+i_2+i_3+i_4}{2i_c}$	$\alpha=\dfrac{K}{2+K}$
底　层		$K=\dfrac{i_2}{i_c}$		$K=\dfrac{i_1+i_2}{i_c}$	$\alpha=\dfrac{0.5+K}{2+K}$

由表 4.2 中的公式可以看出，梁柱线刚度的比 K 值愈大，α 值也愈大。当梁柱线刚度比值趋于无穷时，$\alpha=1$，这时 D 值就等于反弯点法中采用的抗侧移刚度 d。

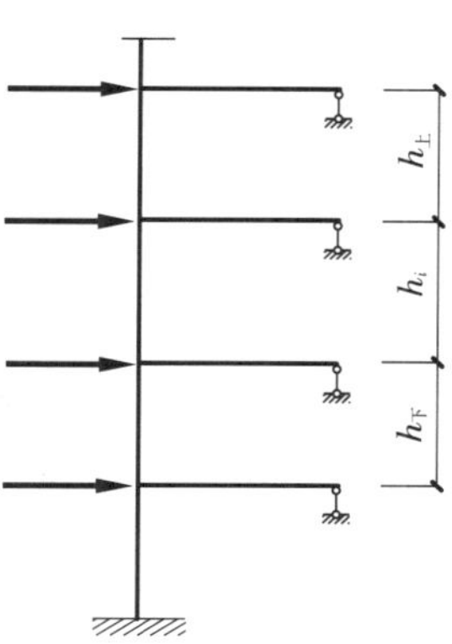

图 4.12　力学模型

(2)修正反弯点的高度

节点转动同样还影响反弯点高度位置，柱的反弯点高度偏向转动较大的节点一端。节点转动的大小取决于节点受约束的程度，即取决于四周与节点连接的梁柱的线刚度。可用图 4.12 所示的力学模型进行分析，分别考虑各种因素对反弯点位置的影响。

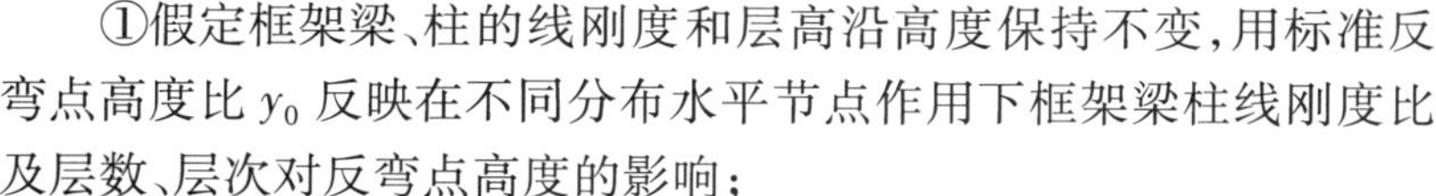

①假定框架梁、柱的线刚度和层高沿高度保持不变，用标准反弯点高度比 y_0 反映在不同分布水平节点作用下框架梁柱线刚度比及层数、层次对反弯点高度的影响；

②当上下横梁刚度不同时，对 y_0 加一增量 y_1 进行修正；

③当上下层层高变化时，对 y_0 加增量 y_2，y_3 进行修正。

则反弯点位置可用式(4.17)表达：

$$yh=(y_0+y_1+y_2+y_3)\,h \tag{4.17}$$

式中　y——反弯点高度比；

y_0——标准反弯点高度比；

y_1——考虑上、下横梁线刚度不相等时引入的修正值；

y_2，y_3——考虑上层、下层层高变化时引入的修正值；

h——层高。

为了方便使用，计算出的系数 y_0，y_1，y_2，y_3 已制成表格，当手算时可通过查表的方式确定其数值。

(3)工程设计的基本概念

由上述框架受竖向荷载和水平作用的力学分析，我们对框架结构的内力分布特点和抗侧移刚度的力学概念有了更加深入的理解。水平节点荷载作用下框架结构的楼层剪力分布规律是自上而下增加的，底部的剪力最大，底部的柱承担了全部水平作用产生的剪力。框架水平层间位移的分布与楼层剪力的分布规律相同，一般将框架的侧移变形称之为剪切型变形。在层高变化不大的框架结构中，最大的层间位移应发生在底层。同样框架的梁端和柱端的弯矩也是自上而下增加的，底部的弯矩最大，底部的柱承担了全部水平作用产生的弯矩。同时考虑竖向荷载的作用，框架柱的轴力也是自上而下增加的，底部的轴力也是最大的，底部的柱承担了全部竖向荷载产生的轴力。

由于框架的这些受力特点，在工程结构设计中根据基本力学概念与混凝土结构设计原理形成了一些基本的工程设计概念。

①在框架结构构件设计时，应使构件的承载力和刚度与框架的内力和变形的分布相适应。结构设计时构件的承载力和刚度也应是自上而下增加的，应避免承载力和刚度的突变，这对于高层建筑尤为重要。

②由于框架结构的底部是受力最不利的部位，同时也是保证结构整体稳固性的关键部位，所以应特别要求对框架底部的梁柱构件的承载力和变形能力给予适当地加强。这一点对抗震结构设计是一个重要的工程设计概念。

③水平节点荷载作用下，框架柱受到的剪力是按各自的抗侧刚度的大小来进行分配的。框架柱的抗侧刚度主要取决于柱的线刚度，同时还与上下层梁的线刚度以及层高有关。对于这一点，在设计时由于疏忽或某种原因减小了某层柱的数量或截面尺寸，或者是增大了柱的计算高度或是层高，则会导致刚度突变使层间位移过大，形成承载力或刚度相对薄弱的楼层或构件。另一种情况是由于某种原因减小了柱的计算高度，将会导致柱的剪跨比过小，形成工程中所谓的“短柱”。这也会导致框架柱抗侧刚度的突变，使“短柱”被分配到的剪力过大，就有可能使柱的破坏性质发生改变，产生脆性的剪切破坏或是先于其他柱发生破坏。同样的理由，在构件布置时也不能随意加大某一梁的截面尺寸，或者使梁的跨高比过小，形成所谓的“短梁”。

4.7 内力组合

结构设计第二部分的主要内容是结构的作用及其效应分析。这部分内容包括结构内力分析和内力组合。在框架的内力分析部分，可使用不同的方法将框架结构在各种荷载作用下的内力分别求出来，但这不能直接作为进行构件截面设计的内力。由于结构在整个使用期间会受到永久荷载和可变荷载这两种或两种以上荷载的同时作用，从结构可靠度理论的角度而言，只有使构件截面发生失效概率最高的效应的组合才是构件的设计内力，通常称为最不利内力组合。内力组合就是通过分析各种内力同时出现的可能性，以及它们对构件截面失效性质的影响，按照一定的规则寻求构件截面设计的最不利内力的过程。

4.7.1 控制截面

构件的控制截面是指构件上那些效应较大的截面，对于承载力设计有梁、柱的正截面、斜截面、扭曲截面等。在构件设计中当这些截面的承载力得到满足后，即可认为构件的承载力满足要求。

1）梁的控制截面

框架梁是受弯构件，一般情况在竖向和水平力作用下，梁两端负弯矩最大；跨中附近正弯矩最大；而剪力则在两端为最大值，最大正弯矩处剪力为零。在设计时，常取梁两端及跨中作为梁的 3 个控制截面来进行梁配筋设计。

2）柱的控制截面

框架柱是偏心受压构件，一般情况在竖向和节点水平力作用下，柱上下两端弯矩最大，柱下端截面轴力最大，剪力沿柱高不变。在设计时，可取柱上下两端作为控制截面。

4.7.2　控制截面的最不利内力

1）框架梁控制截面的最不利内力

框架梁在设计时必须进行正截面受弯和斜截面受剪承载力的计算。梁控制截面的最不利内力类型应取控制截面的最大弯矩和最大剪力的基本组合。

2）框架柱控制截面的最不利内力

框架柱一般是偏心受压构件，设计时必须进行正截面和斜截面受剪承载力的计算。由混凝土设计原理中的大、小偏心受压构件的轴力-弯矩的计算曲线可知，对于大偏心受压的情况，当弯矩 M 相等或相近时，轴力愈小所需配筋愈多；对于小偏心受压的情况，当弯矩 M 相等或相近时，轴力愈大所需配筋愈多；不论是大偏心受压还是小偏心受压的情况，当轴力 N 相等或相近时，弯矩 M 愈大所需配筋愈多。偏心受压构件的最不利内力与轴力和弯矩均有关联，因此正截面设计的最不利内力应取控制截面的以下基本组合：

①截面最大正弯矩 $+M_{max}$ 及相应的轴力 N；

②截面最大负弯矩 $-M_{max}$ 及相应的轴力 N；

③截面最大轴力 N_{max} 及相应的弯矩 M；

④截面最小轴力 N_{min} 及相应的弯矩 M。

而斜截面受剪的最不利内力应取柱上下端控制截面的设计弯矩，由平衡条件求出剪力设计值：

$$V_c = (M_c^t + M_c^b)/h \tag{4.18}$$

4.7.3　控制截面的最不利内力计算

《建筑结构荷载规范》（GB 50009—2012）的规定对于基本组合，荷载效应组合的设计值 S 应从下列组合值中取最不利值确定：

1）由可变荷载效应控制的组合

$$S_d = \gamma_G S_{Gk} + \gamma_{Q_1}\gamma_{L_1}S_{Q_1k} + \sum_{i=2}^{n}\psi_{c_i}\gamma_{Q_i}\gamma_{L_i}S_{Q_ik} \tag{4.19}$$

2) **由永久荷载效应控制的组合**

$$S_d = \gamma_G S_{Gk} + \sum_{i=1}^{n} \psi_{c_i} \gamma_{Q_i} S_{Q_ik} \tag{4.20}$$

由永久荷载效应控制的组合仍按式(4.20)采用。

基本组合的荷载分项系数,应按下列规定采用:

①γ_G——永久荷载的分项系数,取值原则为:

a.当其效应对结构不利时:对由可变荷载效应控制的组合,应取 1.2;对由永久荷载效应控制的组合,应取 1.35。

b.当其效应对结构有利时的组合,应取 1.0。

②γ_{Q_i}——第 i 个可变荷载的分项系数,取值原则为:

a.一般情况下取 1.4;

b.对标准值大于 4 kN/m^2 的工业建筑楼面结构的活荷载取 1.3。

③S_{G_k}——按永久荷载标准值 G_k 计算的荷载效应值;

④S_{Q_ik}——按可变荷载标准值 Q_{ik} 计算的荷载效应值,其中 S_{Q_1k} 为诸可变荷载效应中起控制作用者;

⑤ψ_{c_i}——可变荷载 Q_i 的组合值系数,应分别按《建筑结构荷载规范》(GB 50009—2012)各章的规定采用;

⑥n——参与组合的可变荷载数;

⑦γ_{L_i}——第 i 个可变荷载考虑设计使用年限的调整系数,设计使用年限为 50 年取 1.0。

⑧其他:

a.基本组合中的设计值仅适用于荷载与荷载效应为线性的情况。

b.当对 S_{Q_1k} 无法明显判断时,轮次以各可变荷载效应为 S_{Q_1k},选其中最不利的荷载效应组合。

4.8 框架结构侧移的控制和验算

框架结构在水平荷载作用下的侧移变形由两部分组成:第一部分是由梁柱杆件弯曲引起的侧移,称为剪切变形,如图 4.13(a)所示;第二部分是由柱轴向变形引起的侧移,称为整体弯曲变形,如图 4.13(b)所示。

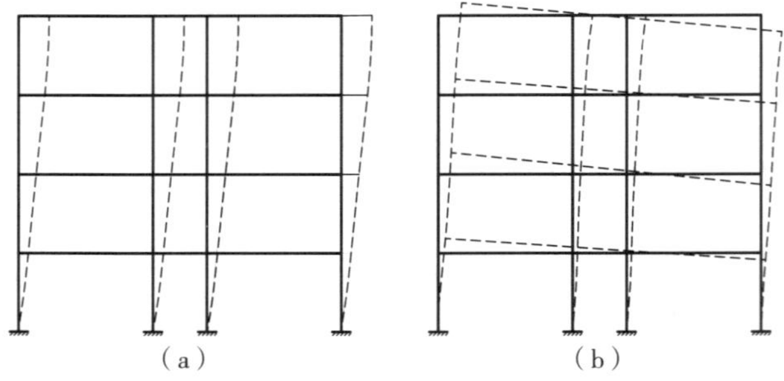

图 4.13 框架结构的侧移

对于多层框架结构,剪切变形相对较大,而整体弯曲变形相对很小可忽略不计。水平作用下楼层的水平层间位移 Δu_i 可以用 D 值法求出:

$$\Delta u_i = \frac{V_i}{\sum D} \tag{4.21}$$

式中的 V_i，当验算正常使用条件下的侧移变形时，应采用风荷载或多遇地震作用下的楼层剪力标准值。对于高层框架结构则应考虑剪切变形和整体弯曲变形对侧移的影响，也可用结构力学的方法求出其侧移。

在正常使用条件下，应对建筑结构的侧移变形进行限制，限制的主要目的有两点：

①保证主体结构基本处于弹性受力状态，对钢筋混凝土框架结构来讲，要避免混凝土柱出现裂缝；同时，将混凝土梁等楼面构件的裂缝数量、宽度和高度限制在规范允许范围之内，防止因梁柱出现裂缝后因刚度减小所产生过大的位移而影响结构的承载力、稳定性。

②保证填充墙、隔墙和幕墙等非结构构件的完好，避免产生明显损伤而影响使用要求。

对结构侧移的限制是以最大层间水平位移 $\Delta u_e = \max\{\Delta u_i\}$ 与层高 h 之比，亦即最大层间位移角 $\theta_e = \Delta u_e / h$ 来进行验算限制的。在《建筑抗震设计规范》(GB 50011—2010)和《高层建筑混凝土结构技术规程》(JGJ 3—2 010)中均规定为：框架结构按弹性方法计算的风荷载或多遇地震标准值作用下的楼层层间最大水平位移角 $\theta_e \leqslant [\theta] = 1/550$。这里的 $[\theta]$ 是框架结构的最大层间位移角限值。依据国内外大量的试验研究和有限元分析的结果，$[\theta] = 1/550$ 相当于钢筋混凝土框架柱开裂时的层间位移角。

4.9　框架结构配筋计算及构造要求

4.9.1　框架结构配筋计算

1) 框架梁

框架梁应对各控制截面分别进行正截面和斜截面承载力的计算，配置纵向钢筋和横向钢筋。对各控制截面分别进行以下计算。

(1) 梁两端支座控制截面

①计算时应采用梁端截面的内力 M_b，而不是轴线处的内力 M_0，如图 4.14 所示，$M_b = M_0 - V \cdot b/2$；

②应取基本组合中的最大负弯矩 $-M_{max}$ 计算截面上部的纵向钢筋，截面可按矩形截面计算；

③应取基本组合中的最大正弯矩 $+M_{max}$ 验算截面下部的纵向钢筋，此时应注意由永久荷载产生的内力对截面有利，γ_G 应取 1.0，截面可按 T 形截面计算；

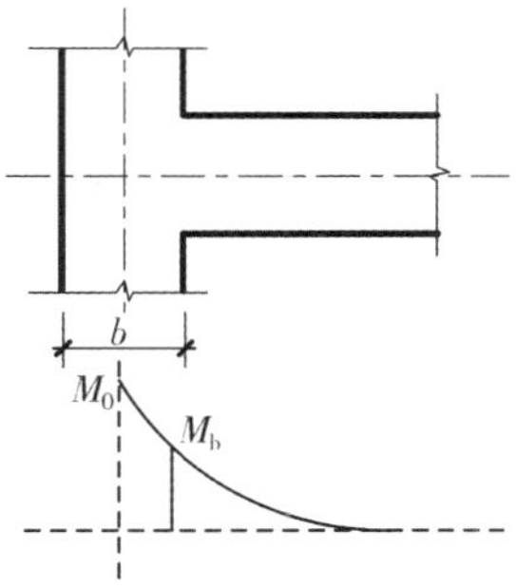

图 4.14　梁端控制截面

④应取基本组合中的最大剪力 V_{max} 进行截面验算和配置横向钢筋。

(2) 梁跨中控制截面

①应取基本组合中的最大正弯矩 $+M_{max}$ 计算截面下部的纵向钢筋，截面可按 T 形截面计算；

②由于竖向荷载和水平力作用的不同，跨中截面可能并不是正弯矩最大处，这时可用结构

力学方法求出剪力为零的截面位置,从而求得最大正弯矩。由于这样求得的值往往与跨中弯矩相差不多,为了简化计算,可以近似用跨中弯矩进行配筋计算;

③当水平作用较大时,尚应考虑跨中附近也可能有较大的负弯矩,这时应求出梁跨中附近截面基本组合的最大负弯矩$-M_{max}$验算截面上部钢筋;

④当有次梁的梁端支承在框架梁上时,还要计算由此产生的扭矩并验算梁的抗扭承载力。

2)框架柱

(1)框架柱正截面

框架柱正截面一般采用对称配筋,应在两个主轴方向分别按单向偏心受压计算确定各边钢筋的截面积$A'_s=A_s$。因为框架柱的每个控制截面有4组不利内力,每根柱可计算出8个对应的$A'_s=A_s$,应取其中的最大值作为柱的计算配筋值。为减少计算的工作量,计算时可利用偏心受压构件的轴力-弯矩的计算曲线进行判断,筛选出不利的内力再进行计算。一般多层房屋中梁柱为刚接的框架结构,各层柱的计算长度l_0可由表4.3取用。

表4.3　框架结构各层柱的计算长度

楼盖类型	柱的类别	l_0
现浇楼盖	底层柱	1.0 h
	其余各层柱	1.25 h
装配整体式楼盖	底层柱	1.25 h
	其余各层柱	1.5 h

注:表中h为底层柱从基础顶面到一层楼盖顶面的高度;对其余各层柱为上下两层楼盖顶面之间的高度。

(2)框架柱斜截面

①应取基本组合中的最大剪力V_{max}进行截面验算,截面受剪应符合下列要求:

$$V \leqslant 0.25\beta_c f_c b h_0 \tag{4.22}$$

②矩形截面偏心受压框架柱,其斜截面受剪承载力应按下列公式计算:

$$V \leqslant \frac{1.75}{\lambda + 1} f_t b h_0 + f_{yv} \frac{A_{sv}}{s} h_0 + 0.07N \tag{4.23}$$

式中　λ——框架柱的剪跨比。反弯点位于柱高中部的框架柱,可取柱净高与计算方向2倍柱截面有效高度之比值;当$\lambda<1$时,取$\lambda=1$;当$\lambda>3$时,取$\lambda=3$。

N——考虑风荷载或地震作用组合的框架柱轴向压力设计值,当$N>0.3f_cA_c$时,取$N=0.3f_cA_c$。

③矩形截面框架柱出现拉力时,其斜截面受剪承载力应按下列公式计算:

$$V \leqslant \frac{1.75}{\lambda + 1} f_t b h_0 + f_{yv} \frac{A_{sv}}{s} h_0 - 0.2N \tag{4.24}$$

式中　N——与剪力设计值对应的轴向拉力值,取绝对值。

4.9.2　框架结构构造要求

构造设计是混凝土结构设计中的最后一个设计内容,由于构造设计的特点往往是不需要对构件进行复杂的计算而是针对构件细部做法的规定或要求,因此称为构造规定或构造要求。工程结构的受力性能只有在可靠的构造措施和良好的工程质量的保证下才能得到充分发挥。在结构分析计算简图中采用的各种支承连接条件如嵌固、刚性、铰接的基本假定都是依赖于有效的构造措施来保证的。在结构分析中除了竖向荷载和水平风荷载之外,其他作用如温度变化、混凝土的收缩、徐变、地基的差异沉降等作用效应的影响,我们并没有直接考虑。这些影响目前更多的还是通过构造要求来控制的。在混凝土设计规范中对构件的每一项有关构造规定都是经专项研究或以事故教训及工程经验来确定的。

构造设计的另一个特点是分门别类地针对梁、板、柱等各类构件的构造规定,其中的条款细致、项目繁多。但这些规定基本上仍可概括为:对钢筋的粘结、锚固要求;对纵向钢筋和横向钢筋配置的要求;保证混凝土构件能满足其基本性能的规定,如各类变形缝设置规定、混凝土保护层厚度、最小配筋率、最小截面限制等构造要求。对于构造规定重要的不是要强记,这些在规范中可以随时查到,重要的是要理解规定的意义和规定所要求达到的目的。

1)框架梁的构造要求(非抗震设计)

①梁的纵向钢筋配置,应符合下列规定:

a.纵向受拉钢筋的最小配筋百分率 ρ_{min}(%),不应小于 0.2 和 $45f_t/f_y$ 二者的较大值;

b.沿梁全长顶面和底面应至少各配置两根纵向配筋,钢筋直径不应小于 12 mm;

c.框架梁的纵向钢筋不应与箍筋、拉筋及预埋件等焊接。

②框架梁箍筋配筋构造应符合下列规定:

a.应沿梁全长设置箍筋,第一个箍筋应设置在距支座边缘 50 mm 处。

b.截面高度大于 800 mm 的梁,其箍筋直径不宜小于 8 mm;其余截面高度的梁不应小于 6 mm。在受力钢筋搭接长度范围内,箍筋直径不应小于搭接钢筋最大直径的 1/4。

c.箍筋间距不应大于表 4.4 的规定;在纵向受拉钢筋的搭接长度范围内,箍筋间距尚不应大于搭接钢筋较小直径的 5 倍,且不应大于 100 mm;在纵向受压钢筋的搭接长度范围内,箍筋间距尚不应大于搭接钢筋较小直径的 10 倍,且不应大于 200 mm。

表 4.4　非抗震设计梁箍筋最大间距　　单位:mm

h_b	$V>0.7f_tbh_0$	$V\leqslant 0.7f_tbh_0$
$h_b<300$	150	200
$300<h_b\leqslant 500$	200	300
$500<h_b\leqslant 800$	250	350
$h_b>800$	300	400

d.承受弯矩和剪力的梁,当设计剪力值大于 $0.7f_tbh_0$ 时,其箍筋的面积配筋率应符合式(4.25)的规定。

$$\rho_{sv}\geqslant 0.24\frac{f_t}{f_{yv}} \tag{4.25}$$

e.承受弯矩、剪力和扭矩的梁,其箍筋的面积配筋率和受扭纵向配筋的面积配筋率应分别符合式(4.26)和式(4.27)的规定。

$$\rho_{sv} \geqslant 0.28 \frac{f_t}{f_{yv}} \tag{4.26}$$

$$\rho_{tl} = 0.6\sqrt{\frac{T}{Vb}} \frac{f_t}{f_y}（当 T/(VB)>2.0 时，取 2.0） \tag{4.27}$$

式中　T,V——分别为扭矩和剪力设计值；

ρ_{tl},b——分别为受扭纵向钢筋的面积配筋率和梁宽。

f.当梁中配有计算需要的纵向受压钢筋时，其箍筋配置尚应符合下列规定：箍筋直径不应小于纵向受压钢筋最大直径的 1/4；箍筋应做成封闭式；箍筋间距不应大于 $15d$ 且不应大于 400 mm；当一层内的受压钢筋多于 5 根且直径大于 18 mm 时，箍筋间距不应大于 $10d$（d 为纵向受压钢筋的最小直径）；当梁截面宽度大于 400 mm 且一层内的纵向受压钢筋多于 3 根时，或当梁截面宽度不大于 400 mm 但一层内的纵向受压钢筋多于 4 根时，应设置复合箍筋。

2）框架柱的构造要求（非抗震设计）

①柱纵向钢筋配置应符合下列要求：

a.纵向受力钢筋直径不宜小于 12 mm。柱全部纵向钢筋的配筋率，不应小于 0.5%。当采用 335 MPa 级、400 MPa 级纵向受力钢筋时，应分别按 0.6%和 0.55%采用；当混凝土强度等级高于 C60 时，上述数值应增加 0.1%采用。

b.柱纵向钢筋间距不宜大于 300 mm，柱纵向钢筋净距均不应小于 50 mm。

c.全部纵向钢筋的配筋率，非抗震设计时不宜大于 5%、不应大于 6%。

d.柱的纵筋不应与箍筋、拉筋及预埋件等焊接。

②柱箍筋配置应符合下列要求：

a.箍筋直径不应小于最大纵向钢筋直径的 1/4，且不应小于 6 mm。

b.箍筋间距不应大于 400 mm，且不应大于构件截面的短边尺寸和最小纵向受力钢筋直径的 15 倍。

c.周边箍筋应为封闭式。

d.当柱中全部纵向受力钢筋的配筋率超过 3%时，箍筋直径不应小于 8 mm，箍筋间距不应大于最小纵向钢筋直径的 10 倍，且不应大于 200 mm，箍筋末端应做成 135°弯钩且弯钩末端平直段长度不应小于 10 倍箍筋直径。

e.当柱每边纵筋多于 3 根时，应设置复合箍筋。

f.柱内纵向钢筋采用搭接做法时，搭接长度范围内箍筋直径不应小于搭接钢筋较大直径的 1/4；在纵向受拉钢筋的搭接长度范围内的箍筋间距不应大于搭接钢筋较小直径的 5 倍，且不应大于 100 mm；在纵向受压钢筋的搭接长度范围内的箍筋间距不应大于搭接钢筋较小直径的 10 倍，且不应大于 200 mm。当受压钢筋直径大于 25 mm 时，尚应在搭接接头端面外 100 mm 的范围内各设置两道箍筋。

g.框架节点核心区应设置水平箍筋，且箍筋配置应符合上述第 a.至第 f.条的有关规定，但箍筋间距不宜大于 250 mm；对四边有梁与之相连的节点，可仅沿节点周边设置矩形箍筋。

3）梁柱节点的构造要求（非抗震设计）

（1）梁上部纵向钢筋伸入节点的锚固

①当采用直线锚固形式时，锚固长度不应小于 l_a，且应伸过柱中心线，伸过的长度不宜小

于 $5d$，d 为梁上部纵向钢筋的直径。

②当柱截面尺寸不满足直线锚固要求时，梁上部纵向钢筋也可采用 90°弯折锚固的方式，此时梁上部纵向钢筋应伸至柱外侧纵向钢筋内边并向节点内弯折，其包含弯弧在内的水平投影长度不应小于 $0.4l_{ab}$，弯折钢筋在弯折平面内包含弯弧段的投影长度不应小于 $15d$，如图 4.15 所示。

③梁的上部纵向钢筋应贯穿节点或支座。

(2)框架梁下部纵向钢筋伸入端节点的锚固

①当计算中充分利用该钢筋的抗拉强度时，钢筋的锚固方式及长度应与上部钢筋的规定相同；

②当计算中不利用该钢筋的强度或仅利用该钢筋的抗压强度时，伸入节点的锚固长度同本教材第 2 章连续梁中间支座纵向钢筋的锚固。

(3)框架柱纵向钢筋伸入节点的锚固

①柱纵向钢筋应贯穿中间层的中间节点或端节点，接头应设在节点区以外；

②柱纵向钢筋在顶层中节点的锚固应符合图 4.15(a)，(b)所示的要求。

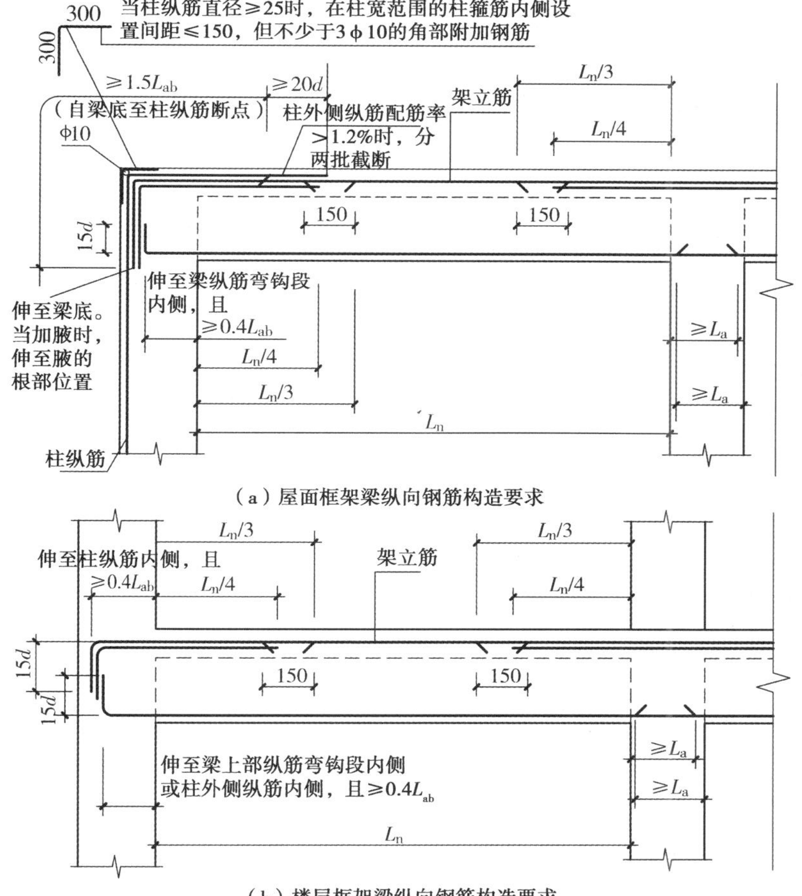

图 4.15　非抗震设计框架纵向钢筋的构造要求

框架结构的有关构造规定在《混凝土结构设计规范》(GB 50010—2010)、《建筑抗震设计规范》(GB 50011—2010)、《高层建筑混凝土结构技术规程》(JGJ 3—2 010)以及《全国民用建筑工程设计技术措施》结构篇中,分别从不同的角度有非常严格和详尽的表述。在《混凝土结构施工图平面整体表示方法制图规则和构造详图》(11G 101—1)更有详尽的图文表示,限于篇幅,本节不再赘述。

4.10 多层框架结构的抗震设计要点

4.10.1 框架结构抗震设计的基本原则和一般规定

1)结构抗震设计的基本原则

现行的《建筑抗震设计规范》(GB 50011—2010)根据我国现有的科学水平和经济条件,对建筑抗震继续保持1989规范提出的"三水准设防和两阶段设计"的抗震设计的基本原则。三水准设防是指当建筑遭受低于本地区抗震设防烈度的多遇地震影响时,主体结构不受损坏或不需修理可继续使用;当遭受相当于本地区抗震设防烈度的设防地震影响时,可能发生损坏,但经一般性修理仍可继续使用;当遭受高于本地区抗震设防烈度的罕遇地震影响时,不致倒塌或发生危及生命的严重破坏。上述设防目标通常被表达为易于理解的"小震不坏,中震可修,大震不倒"。这里所讲的小震、中震、大震,分别指 50 年超越概率为 63%,10%,2%~3%的多遇地震、设防烈度地震、罕遇地震。两阶段抗震设计是指建筑方案在满足抗震概念设计一般规则性要求的前提下,用重力荷载与多遇地震的效应组合,对结构进行第一阶段的构件承载力和弹性变形验算,使结构在"小震"时保持完好,变形小于弹性位移限制,满足正常使用的要求。这样既满足了在第一水准下具有必要的承载力可靠度,又满足第二水准的损坏可修的目标。对大多数的结构,可只进行第一阶段设计,而通过概念设计及其抗震构造措施来满足第三水准的设计要求。第二阶段设计是弹塑性变形验算,对地震时易倒塌的结构、有明显薄弱层的不规则结构以及有专门要求的建筑,除进行第一阶段设计外,还要进行结构薄弱部位的弹塑性层间变形验算并采取相应的抗震构造措施,实现第三水准的设防要求。

2)框架结构抗震设计的一般规定

(1)适用最大高度的限制

房屋高度指室外地面到主要屋面板板顶的高度,不包括局部突出屋顶部分。抗震设计的框架结构从安全和经济诸方面综合考虑,其适用最大高度应有限制。当钢筋混凝土结构的房屋高度超过最大适用高度时,应通过专门研究,采取有效加强措施。平面和竖向均不规则的结构,适用的最大高度宜适当降低,一般减少 10%左右。适用的现浇钢筋混凝土框架结构的最大高度应符合表 4.5 的要求。

表4.5 适用的现浇钢筋混凝土框架结构最大高度 单位:m

结构类型	烈 度				
	6	7	8(0.2 g)	8(0.3 g)	9
框架结构	60	50	40	30	24

(2)钢筋混凝土房屋的抗震措施与抗震等级

抗震措施是在按多遇地震作用进行构件截面承载力设计的基础上,保证抗震结构在所在地可能出现的最强地震地面运动下具有足够的整体延性和塑性耗能能力,保持对重力荷载的承载能力,维持结构不发生严重损毁或倒塌的基本措施。其中主要包括两类措施:一类是宏观限制或控制条件和对重要构件在考虑多遇地震作用的组合内力设计值时进行调整增大,即本章4.10.4节内力调整计算的内容;另一类则是保证各类构件基本延性和塑性耗能能力的各类抗震构造措施,其中也包括对柱的轴压比上限控制条件,即本章4.10.5节的内容。

由于对不同抗震条件下各类结构构件的抗震措施要求不同,故用"抗震等级"对其进行分级。抗震等级按抗震措施,从强到弱分为一、二、三、四级。根据我国抗震设计经验,应按设防类别、建筑物所在地的设防烈度、结构类型、房屋高度以及场地类别的不同分别选取不同的抗震等级。钢筋混凝土房屋的抗震等级是抗震设计重要的设计参数。对大多数丙类建筑的抗震等级应按表4.6确定,而对乙类建筑应提高一度查表4.6确定其抗震等级。

表4.6 现浇钢筋混凝土框架结构的抗震等级

结构类型		设防烈度						
		6		7		8		9
框架结构	高度(m)	≤24	>24	≤24	>24	≤24	>24	≤24
	框 架	四	三	三	二	二	一	一
	大跨度框架	三		二		一		一

注:①建筑场地为Ⅰ类时,除6度外应允许按表内降低一度所对应的抗震等级采取抗震构造措施,但相应的计算要求不应降低;

②接近或等于高度分界时,应允许结合房屋不规则程度及场地、地基条件确定抗震等级;

③大跨度框架指跨度不小于18 m的框架。

(3)承载力抗震调整

当用有地震作用效应的基本组合验算混凝土结构构件的承载力时,均应按承载力抗震调整系数γ_{RE}进行调整,构件截面承载力验算的表达式为:$S \leqslant R/\gamma_{RE}$。式中的$S$是有地震作用效应的基本组合;$R$仍然是各类构件截面的抗力,与非抗震设计相同。承载力抗震调整系数是在采用多遇地震作用取值和地震作用分项系数取值的前提下,为了使抗震设计验算不致过于复杂可以继续使用各类构件抗力,并且使多遇地震作用组合下的各类构件承载力具有适宜的安全性水准而采取的对抗力项的必要调整措施。采用抗震调整系数γ_{RE}以后,构件的截面抗震验算就可以与非抗震一样采用相同的承载力计算式。混凝土结构构件的承载力抗震调整系数γ_{RE}应按表4.7采用。

表 4.7　混凝土结构构件承载力抗震调整系数

结构构件类别	正截面承载力计算				斜截面承载力计算	受冲切承载力计算	局部承压承载力计算
	受弯构件	偏心受压柱		偏心受拉构件	各类构件和框架节点		
		轴压比小于 0.15	轴压比不小于 0.15				
γ_{RE}	0.75	0.75	0.8	0.85	0.85	0.85	1.0

注:当仅计算竖向地震作用时,各类结构构件的承载力抗震调整系数 γ_{RE} 均应取为 1.0。

(4)抗震锚固长度 l_{aE} 的规定

在地震作用下,钢筋在混凝土中的锚固端可能处于拉、压反复受力状态或拉力大小交替变化状态,其粘结锚固性能较静力粘结锚固性能偏弱。为保证在反复荷载作用下钢筋与其周围混凝土之间具有必要的粘结锚固性能,根据试验结果并参考国外规范的规定,在静力要求的纵向受拉钢筋锚固长度 l_a 的基础上,对一、二、三级抗震等级的构件,规定应乘以不同的抗震锚固长度修正系数 ζ_{aE},对一、二级抗震等级取 1.15,对三级抗震等级取 1.05,对四级抗震等级取 1.0。

(5)设置防震缝的规定

①钢筋混凝土房屋框架结构需要设置防震缝时,防震缝宽度应符合下列规定:当高度不超过 15 m 时,不应小于 100 mm;当高度超过 15 m 时,6 度、7 度、8 度和 9 度分别每增加高度 5 m、4 m、3 m 和 2 m,宜加宽 20 mm。

②8 度、9 度框架结构房屋防震缝两侧结构层高相差较大时,防震缝两侧框架柱的箍筋应沿房屋全高加密,并可根据需要在缝两侧沿房屋全高各设置不少于两道垂直于防震缝的抗撞墙。抗撞墙的布置宜避免加大扭转效应,其长度可不大于 1/2 层高,抗震等级可同框架结构。框架构件的内力应按设置和不设置抗撞墙两种计算模型的不利情况取值。

(6)结构布置的规定

①框架结构的框架应双向设置,柱中线、梁中线与柱中线之间偏心距大于柱宽的 1/4 时,应计入偏心的影响。

②甲、乙类建筑以及高度大于 24 m 的丙类建筑,不应采用单跨框架结构;高度不大于 24 m 的丙类建筑,不宜采用单跨框架结构。

(7)楼梯间的规定

①宜采用现浇钢筋混凝土楼梯。

②对于框架结构,楼梯间的布置不应导致结构平面特别不规则;楼梯构件与主体结构整浇时,应计入楼梯构件对地震作用及其效应的影响,应进行楼梯构件的抗震承载力验算;宜采取构造措施,减少楼梯构件对主体结构刚度的影响。

③楼梯间两侧填充墙与柱之间应加强拉结。

(8)砌体填充墙的规定

①砌体填充墙应计入其刚度影响,可采用周期调整等简化方法,对框架结构可取周期调整系数 0.6~0.7;一般情况下不应计入其抗震承载力,当有专门的构造措施时,尚可按有关规定计入其抗震承载力。

②宜优先采用轻质墙体材料,采用砌体墙时,应采取措施减少对主体结构的不利影响,并应设置拉结筋、水平系梁、圈梁、构造柱等与主体结构可靠拉结。

③填充墙在平面和竖向的布置,宜均匀对称,宜避免形成薄弱层或短柱。

④砌体的砂浆强度等级不应低于 M5;实心块体的强度等级不宜低于 MU2.5,空心块体的强度等级不宜低于 MU3.5;墙顶应与框架梁密切结合。

⑤填充墙应沿框架柱全高每隔 500~600 mm 设 2ϕ6 拉筋,拉筋伸入墙内的长度,6 度、7 度时宜沿墙全长贯通,8 度、9 度时应全长贯通。

⑥墙长大于 5 m 时,墙顶与梁宜有拉结;墙长超过 8 m 或层高 2 倍时,宜设置钢筋混凝土构造柱;墙高超过 4 m 时,墙体半高宜设置与柱连接且沿墙全长贯通的钢筋混凝土水平系梁。

⑦楼梯间和人流通道的填充墙,尚应采用钢丝网砂浆面层加强。

4.10.2　框架结构的抗震概念设计

1)结构抗震设计的特殊性和现行规范设计方法

破坏性地震是一种巨大的自然灾害,具有突发性而且可预报性很低,给人类社会造成的损失严重,是人类面临的最为严重的自然灾害之一。由于地震作用对结构效应的影响因素太多,人们对它的认识还很不足,因此其不确定性远远大于其他荷载。以我们所知的结构设计理论中承载力极限状态的验算表达式 $\gamma_0 S \leqslant R$ 为例来说,此时式中结构构件截面的效应 S 是建立在结构构件满足线弹性基本假定基础上的计算内力并以叠加方式得到的组合;而截面的抗力 R 主要是建立在以静力为主的材料和构件试验统计的基础上的以材料强度和截面几何参数表达的函数。由于结构在“中震”和“大震”作用下一些构件已经不同程度地进入了弹塑性受力状态,并且发生了塑性内力重分布。这时重力荷载与地震作用产生的效应若再以弹性方法计算并以内力叠加方式进行组合显然是不合理的。而在地震不同的频谱、振幅和不同持续时间的反复作用下,构件材料力学性能的改变,以及由此导致各类构件截面承载力破坏模式的变化,使得建立在材料和结构构件静力实验统计基础上的抗力 R 事实上已经不再完全适用。因此我们应该非常清楚地认识到,在前述的“三水准设防和两阶段设计”抗震设计中“小震”的地震作用是建立在弹性的振型分解反应谱基础上的,并且“小震”作用下结构基本处于弹性状态,第一阶段设计的内力组合及其承载力的验算仅仅是对应于“小震”作用下构件截面的验算。这里的结构承载力极限状态实际上只是验算针对于强度起控制作用的结构构件截面破坏这一极限状态。由于结构在“中震”和“大震”作用下基于线弹性基本假定的内力分析以构件截面承载力验算为主的设计方法已经不再适用,而事实上在强震下结构的承载力极限状态是整个结构作为刚体失去平衡,此时结构材料的强度不起控制作用。我们这时更为注重的是控制结构转变为机动体的过程。

由于上述抗震设计的特殊性,目前我国规范所采用的两阶段的设计方法,对大多数一般常规结构并不要求进行“中震”和“大震”作用下的结构承载力验算。这种设计方法以“概念设计”为主导思想,以控制整体结构破坏机制和构件破坏形态为设计重点。这种方法要求结构在强震时转变为预计的破坏机制前有足够的延性,并且在构件发生延性破坏前不产生脆性破坏,以较高的结构延性来保证结构不发生严重损毁或倒塌。允许结构在形成破坏机构之前部分构件的局部进入弹塑性或塑性,以结构局部损坏和降低结构多余约束次数为代价来换取结构的整体稳定性，并由此产生较大的变形来消耗地震的能量。但这种方法存在的不足是对构件缺少相应地震作用下的承载力验算，对结构在强震后损坏的程度，或者说对强震后结构性能的影响程度还不能定量控制。

针对上述方法存在的不足，《建筑抗震设计规范》(GB 50011—2010)提出了"实现抗震性能设计目标的参考方法"，这是一种既验算强震下的结构构件的承载力，又控制结构的位移的设计方法。当采用这种方法设计时，可将整个结构不同部位的构件，按其重要性选用不同的抗震性能要求。结构构件就可按不同的性能目标要求，选择实现抗震性能要求的抗震承载力、变形能力和构造的抗震等级。规范也提出了结构构件对应于不同性能要求的承载力参考指标、层间位移参考指标和抗震构造等级。由于强震下抗震承载力、变形弹塑性分析的困难和复杂性，其分析结果与采用的计算手段和方法不同而差异较大，因此这种方法在我国规范中也是一种参考的方法，尚不能广泛应用于大量的一般常规结构的设计。

2)控制框架结构的破坏机制的概念设计

框架结构在大震下抗倒塌能力和破坏机制密切相关。试验研究和理论分析常用如图 4.16 所示两种典型的破坏机构来进行分析。

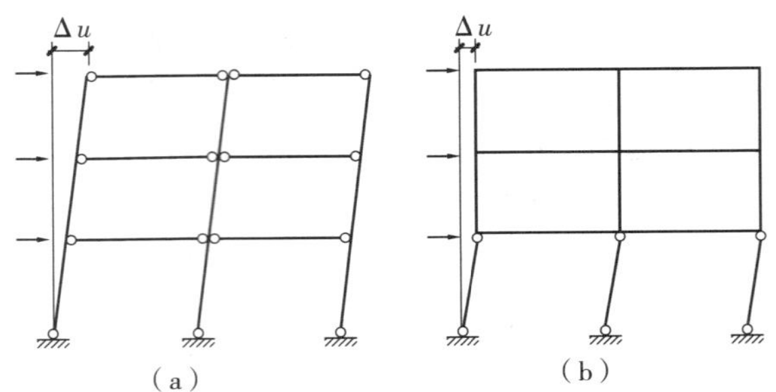

图 4.16　框架的典型破坏机构

理想的破坏机制是梁端屈服型框架，在大震时各个梁端逐个出现塑性铰，最终极限状态时才出现底层柱嵌固端的塑性铰，形成如图 4.16(a)所示的破坏机构；而柱端屈服型框架在受力最不利的底层的柱端首先出现塑性铰，随即形成如图 4.16(b)所示的破坏机构。比较这两种典型的破坏机构，显然梁端屈服型框架极限层间位移大，塑性铰数量多，有较大的塑性内力重分布和能量消耗能力。由于梁端屈服型框架具有较高的延性，因而抗震性能好，是钢筋混凝土框架理想的破坏机构。而柱端屈服型框架正好与其相反，容易形成倒塌机制，显然是我们不希望出现的破坏机构。梁端屈服型框架的破坏机制主要是通过"强柱弱梁"的概念设计来实现的。"强柱弱梁"的概念设计就是使节点处柱端的实际受弯承载力大于梁端的实际受弯承载力。实现这一概念设计的思路就是通过人为地增大柱端的设计内力，引导塑性铰首先出现在梁端而不是柱端。同时还要控制梁端截面的相对受压区高度，使其塑性铰具有足够的转动能力以保证框架具有较高的延性。具体针对框架结构"强柱弱梁"概念设计，体现在对梁、柱的内力调整计算和抗震构造措施中。

3)控制框架结构的破坏形态的概念设计

实现梁端屈服型框架的破坏机制的必要前提条件之一是框架梁、柱在弯曲屈服前不出现剪切破坏，也就是要控制梁柱构件的截面破坏形态，在梁端塑性铰出现直至塑性内力重分布充分完成之前不能出现脆性的剪切破坏。控制这种破坏形态是通过"强剪弱弯"的概念设计来实现的。"强剪弱弯"的意义是构件的受剪承载力要大于构件弯曲时实际达到的剪力。实现这一概念设计的思路同样是通过人为地增大梁、柱端截面的受剪承载力,以及增强构造措施。具体的增强措施主要是采用内力调整计算时增大梁、柱端截面组合的剪力设计值,并且控制梁、柱端截面的剪压比以保证梁、柱端截面尺寸不致过小。构造措施主要是对梁、柱端的箍筋配置在形式和用量上要求采取强制性的规定。

4.10.3　水平地震作用及其效应计算

地震对结构的作用分为水平作用和竖向作用,一般情况下对于框架结构,应至少在框架结构的两个主轴方向分别计算水平地震作用,各方向的水平地震作用应由该方向的框架承担。对于有斜交布置框架的框架结构,当相交角度大于 15°时,应分别计算各斜交布置框架方向的水平地震作用;对于质量和刚度分布明显不对称的框架结构,应计入双向水平地震作用下的扭转影响;其他情况,应允许采用调整地震作用效应的方法计入扭转影响。8 度、9 度时的大跨度和长悬臂结构及 9 度时的高层建筑,应计算竖向地震作用。

对于高度不超过 40 m、以剪切变形为主且质量和刚度沿高度分布比较均匀的框架结构,可采用底部剪力法等简化方法。其他情况宜采用振型分解反应谱法。

在工程中设计中框架结构在水平地震作用下的效应计算,目前一般应用计算机软件采用振型分解反应谱法,并考虑各个振型平扭耦联的二次项组合(CQC 法)求其效应。

当手算时,仅限于高度不大、平面和竖向布置规则、质量和刚度分布基本对称、可不考虑扭转影响的现浇或现浇整体式框架结构。对于这类框架结构,在水平地震作用下的效应计算方法及步骤如下。

1)计算重力荷载代表值 G_i

建筑的重力荷载代表值应取结构和构配件自重标准值和各可变荷载组合值之和。各可变荷载的组合值系数,应按表 4.8 采用。

表 4.8　组合值系数

可变荷载种类		组合值系数
雪荷载		0.5
屋面积灰荷载		0.5
屋面活荷载		不计入
按实际情况计算的面活荷载		1.0
按等效均布荷载计算的楼面活荷载	藏书库、档案库	0.8
	其他民用建筑	0.5
起重机悬吊物重力	硬钩吊车	0.3
	软钩吊车	不计入

注:硬钩吊车的吊重较大时,组合值系数应按实际情况采用。

2）计算结构基本自振周期 T_1

将框架结构各楼层的重力荷载代表值 G_i 作为各楼层的水平节点作用，用 D 值法求出各楼层的水平节点位移 $u_i = \sum \Delta u_i$，由能量法公式求出：

$$T_1 = 2\psi_T \sqrt{\frac{\sum_{i=1}^{n} G_i u_i^2}{\sum_{j=1}^{n} G_i u_i}} \tag{4.28}$$

式中 ψ_T——自振周期折减系数，对框架结构可取 0.6~0.7；

u_i——各楼层的水平节点位移，m。

3）采用底部剪力法求各楼层的水平地震作用标准值

$$F_{Ek} = \alpha_1 G_{eq} \tag{4.29}$$

$$F_i = \frac{G_i H_i}{\sum_{j=1}^{n} G_j H_j} F_{Ek}(1 - \delta_n) \quad (i = 1, 2, \cdots, n) \tag{4.30}$$

$$\Delta F_n = \delta_n F_{Ek} \tag{4.31}$$

式中 F_{Ek}——结构总水平地震作用标准值；

α_1——相应于结构基本自振周期的水平地震影响系数值，应按《建筑抗震设计规范》（GB 50011—2010）第5. 1. 4，5. 1. 5条确定；

G_{eq}——结构等效总重力荷载，$G_{eq} = 0.85\sum G_i$；

F_i——质点 i 的水平地震作用标准值；

G_i, G_j——分别为集中于质点 i, j 的重力荷载代表值；

H_i, H_j——分别为质点 i, j 的计算高度；

δ_n——顶部附加地震作用系数，多层钢筋混凝土和钢结构房屋可按表 4.9 采用，其他房屋可采用 0.0；

ΔF_n——顶部附加水平地震作用。

表 4.9 顶部附加地震作用系数

T_g(s)	$T_1 > 1.4T_g$	$T_1 \leqslant 1.4T_g$
$T_g \leqslant 0.35$	$0.08T_1 + 0.07$	0.0
$0.35 < T_g \leqslant 0.55$	$0.08T_1 + 0.01$	
$T_g > 0.55$	$0.08T_1 - 0.02$	

4）求各楼层的水平地震剪力标准值验算剪重比

$$V_{Eki} = \sum_{j=i}^{n} F_j \tag{4.32}$$

抗震验算时，结构任一楼层的水平地震剪力应符合式（4.33）的要求：

$$V_{\mathrm{Ek}i} > \lambda \sum_{j=i}^{n} G_j \tag{4.33}$$

式中　$V_{\mathrm{Ek}i}$——第 i 层对应水平地震作用标准值的楼层剪力；

λ——剪力系数，不应小于表 4.10 规定的楼层最小地震剪力系数值，对竖向不规则结构的薄弱层，表中数值尚应乘以 1.15 的增大系数；

G_j——第 j 层重力荷载代表值。

表 4.10　楼层最小地震剪力系数值

类　别	6 度	7 度	8 度	9 度
扭转效应明显或基本周期小于 3.5 s 的结构	0.008	0.016(0.024)	0.036(0.048)	0.064
基本周期大于 5.0 s 的结构	0.006	0.012(0.018)	0.024(0.036)	0.048

5）采用 D 值法求各楼层各柱的水平地震剪力标准值

假定各楼层的楼盖在自身平面内的刚度趋于无穷大，结构的质量中心与刚度中心重合，不考虑扭转的影响。楼层各柱的水平地震剪力 V_{ij} 按各柱的抗侧移刚度 D_{ij} 分配如下：

$$V_{ij} = \frac{D_{ij}}{\sum_{j=1}^{m} D_{ij}} V_{\mathrm{Ek}i} = \frac{D_{ij}}{\sum_{j=1}^{m} D_{ij}} \sum_{j=i}^{n} F_i \tag{4.34}$$

剪力求出后可以用本章4.6.2节的 D 值法计算各榀平面框架的弯矩、轴力等效应。对平行于地震作用方向的两个边榀框架，其地震作用效应应乘以增大系数。一般情况下，短边可按 1.15 采用，长边可按 1.05 采用；角柱宜同时乘以两个方向各自的增大系数。

4.10.4　内力组合及内力调整计算

1）内力组合

构件控制截面应分别计算有地震作用效应和其他荷载效应的基本组合，以及无地震作用效应的其他荷载效应的基本组合，并取其不利者作为设计值。地震作用效应和其他荷载效应的基本组合应按式(4.35)计算：

$$S_{\mathrm{d}} = \gamma_{\mathrm{G}} S_{\mathrm{GE}} + \gamma_{\mathrm{Eh}} S_{\mathrm{Ehk}} + \gamma_{\mathrm{Ev}} S_{\mathrm{Evk}} + \psi_{\mathrm{w}} \gamma_{\mathrm{w}} S_{\mathrm{wk}} \tag{4.35}$$

式中　S_{d}——结构构件内力组合的设计值，包括组合的弯矩、轴向力和剪力设计值等；

γ_{G}——重力荷载分项系数，一般情况应采用 1.2，当重力荷载效应对构件承载能力有利时，不应大于 1.0；

γ_{Eh}，γ_{Ev}——分别为水平、竖向地震作用分项系数，应按表 4.11 采用；

γ_{w}——风荷载分项系数，应采用 1.4；

S_{G}——重力荷载代表值 G_i 的效应，但有吊车时，尚应包括悬吊物重力标准值的效应；

S_{Ehk}——水平地震作用标准值的效应，尚应乘以相应的增大系数或调整系数；

S_{Evk}——竖向地震作用标准值的效应，尚应乘以相应的增大系数或调整系数；

S_{wk}——风荷载标准值的效应；

ψ_w——风荷载组合值系数，一般结构取0.0，风荷载起控制作用的建筑应采用0.2。

表4.11　地震作用分项系数

地震作用	γ_{Eh}	γ_{Ev}
仅计算水平地震作用	1.3	0.0
仅计算竖向地震作用	0.0	1.3
同时计算水平与竖向地震作用（水平地震作用为主）	1.3	0.5
同时计算水平与竖向地震作用（竖向地震作用为主）	0.5	1.3

2）内力调整计算

（1）对应于“强柱弱梁”概念设计的内力调整计算

为了使柱端组合的弯矩设计值 $\sum M_c$ 大于梁端组合的弯矩设计值 $\sum M_b$，引导在梁端先出现塑性铰，使用柱端弯矩增大系数 η_c 来增大柱端组合的弯矩设计值。

①对于一、二、三、四级抗震等级框架的梁柱节点处，除框架顶层和柱轴压比小于0.15者，柱端组合的弯矩设计值应符合下式要求：

$$\sum M_c = \eta_c \sum M_b \tag{4.36}$$

一级的框架结构和9度的一级框架可不符合式(4.36)要求，但应符合式(4.37)要求：

$$\sum M_{cb} = 1.2 \sum M_{bua} \tag{4.37}$$

式中　$\sum M_c$——节点上下柱端截面顺时针或逆时针方向组合的弯矩设计值之和，节点上下柱端的弯矩可按弹性分析分配。

$\sum M_b$——节点左右梁端截面逆时针或顺时针方向组合的弯矩设计值之和，一级抗震等级框架节点左右梁端均为负弯矩时，绝对值较小的弯矩应取零。

$\sum M_{bua}$——节点左右梁端截面逆时针或顺时针方向实配的正截面抗震受弯承载力所对应的弯矩值之和，根据实配钢筋面积（计入梁受压筋和相关楼板钢筋）和材料强度标准值确定。

η_c——框架柱端弯矩增大系数；对框架结构，一、二、三、四级抗震等级可分别取1.7，1.5，1.3，1.2；其他结构类型中的框架，一级可取1.4，二级可取1.2，三、四级可取1.1。

当反弯点不在柱的层高范围内时，柱端截面组合的弯矩设计值可乘以上述柱端弯矩增大系数。

②为了防止框架结构计算嵌固端所在层即底层的柱下端过早出现塑性铰，将嵌固端截面乘以弯矩增大系数，增加框架结构底层柱的抗弯能力，避免形成柱端屈服型框架。对一、二、三、四级抗震等级的框架结构的底层，柱下端截面组合的弯矩设计值，应分别乘以增大系数1.7，1.5，1.3和1.2。底层柱纵向钢筋应按上下端的不利情况配置。

(2)对应于"强剪弱弯"概念设计的内力调整计算

①一、二、三级抗震等级的框架梁,其梁端截面组合的剪力设计值应按式(4.38)调整:

$$V=\eta_{vb}(M_b^l+M_b^r)/l_n+V_{Gb} \tag{4.38}$$

四级抗震等级,取地震组合下的剪力设计值。

一级的框架结构和 9 度的一级框架可不按式(4.38)调整,但应符合式(4.39)要求:

$$V=\eta_{vb}(M_{bua}^l+M_{bua}^r)/l_n+V_{Gb} \tag{4.39}$$

式中　V——梁端截面组合的剪力设计值;

l_n——梁的净跨;

V_{Gb}——梁在重力荷载代表值(9 度时高层建筑还应包括竖向地震作用标准值)作用下,按简支梁分析的梁端截面剪力设计值;

M_b^l,M_b^r——分别为梁左右端逆时针或顺时针方向组合的弯矩设计值,一级抗震等级的框架两端弯矩均为负弯矩时,绝对值较小的弯矩应取零;

M_{bua}^l,M_{bua}^r——分别为梁左右端逆时针或顺时针方向实配的正截面抗震受弯承载力所对应的弯矩值,根据实配钢筋面积(计入受压筋和相关楼板钢筋)和材料强度标准值确定;

η_{vb}——梁端剪力增大系数,一级可取 1.3,二级可取 1.2,三级可取 1.1。

②一、二、三、四级抗震等级的框架柱组合的剪力设计值应按式(4.40)调整:

$$V=\eta_{vc}(M_c^t+M_c^b)/H_n \tag{4.40}$$

一级的框架结构和 9 度的一级框架可不按式(4.40)调整,但应符合式(4.41)的要求:

$$V=\eta_{vc}(M_{cua}^t+M_{cua}^b)/H_n \tag{4.41}$$

式中　V——柱端截面组合的剪力设计值。

H_n——柱的净高。

M_c^t,M_c^b——分别为柱的上下端顺时针或逆时针方向截面组合的弯矩设计值,应符合上述"强柱弱梁"概念设计的内力调整计算的规定。

M_{cua}^t,M_{cua}^b——分别为偏心受压柱的上下端顺时针或逆时针方向实配的正截面抗震受弯承载力所对应的弯矩值,根据实配钢筋面积、材料强度标准值和轴压力等确定。

η_{vc}——柱剪力增大系数;对框架结构,一、二、三、四级可分别取 1.5,1.3,1.2,1.1;对其他结构类型的框架,一级可取 1.4,二级可取 1.2,三、四级可取 1.1。

③对于一、二、三、四抗震等级的框架结构的角柱,在以往震害中角柱震害相对较重,且受扭转、双向剪切等不利作用,其受力复杂,当其内力计算按两个主轴方向分别考虑地震作用时,其弯矩、剪力设计值应取经调整后的弯矩、剪力设计值再乘以不小于 1.1 的增大系数。

(3)对应于"强剪弱弯"概念设计的截面控制条件

钢筋混凝土框架结构中跨高比大于 2.5 的梁和剪跨比大于 2 的柱,其截面组合的剪力设计值应符合下列要求:

$$V\leqslant(0.2f_cbh_0)/\gamma_{RE} \tag{4.42}$$

跨高比不大于 2.5 的梁和剪跨比不大 2 的柱,其截面组合的剪力设计值应符合下列要求:

$$V\leqslant(0.15f_cbh_0)/\gamma_{RE} \tag{4.43}$$

剪跨比应按式(4.44)计算:

$$\lambda = M^c / (V^c h_0) \tag{4.44}$$

式中 λ——剪跨比,应按柱端截面组合的弯矩计算值 M^c、对应的截面组合剪力计算值 V^c 及截面有效高度 h_0 确定,并取上下端计算结果的较大值;反弯点位于柱高中部的框架柱可按柱净高与 2 倍柱截面高度之比计算。

V——按式(4.38)至式(4.41)各式调整后的梁端、柱端截面组合的剪力设计值。

f_c——混凝土轴心抗压强度设计值。

b——梁、柱截面宽度,圆形截面柱可按面积相等的方形截面柱计算。

h_0——截面有效高度。

4.10.5 多层框架结构的抗震构造措施

抗震构造措施是内力调整之外另一项实现"强柱弱梁"和"强剪弱弯"概念设计的措施。这些构造措施的主要目的是保证框架梁、柱构件的基本延性和塑性耗能能力。

1)框架梁的抗震构造措施

框架梁的抗震构造措施基本上都是针对强震时梁端可能出现塑性铰区域的构造要求,通过这些规定使塑性铰形成后在混凝土受压区混凝土压溃前不产生剪切破坏,并且有较大的转动能力。

①框架梁截面尺寸应符合下列要求:截面宽度不宜小于 200 mm;截面高度与宽度的比值不宜大于 4;净跨与截面高度的比值不宜小于 4。

②梁正截面受弯承载力计算中,计入纵向受压钢筋的梁端混凝土受压区高度应符合下列要求:一级抗震等级 $x \leqslant 0.25h_0$;二、三级抗震等级 $x \leqslant 0.35h_0$。设计框架梁时,控制负弯矩下截面下部的混凝土受压区高度的目的是控制梁端塑性铰区具有较大的塑性转动能力,以保证框架梁端截面具有足够的曲率延性。根据国内的试验结果和参考国外经验,当相对受压区高度控制在 0.25~0.35 时,梁的位移延性可达到 4.0~3.0。在确定混凝土受压区高度时,可把截面内的受压钢筋计算在内。

③框架梁的纵向钢筋配置应符合下列规定:

a.纵向受拉钢筋的配筋率不应小于表 4.12 规定的数值。

表 4.12 框架梁纵向受拉钢筋的最小配筋百分率(%)

抗震等级	梁中位置	
	支座	跨中
一级	0.4 和 $80f_t/f_y$ 中的较大值	0.3 和 $65f_t/f_y$ 中的较大值
二级	0.3 和 $65f_t/f_y$ 中的较大值	0.25 和 $55f_t/f_y$ 中的较大值
三、四级	0.25 和 $55f_t/f_y$ 中的较大值	0.2 和 $45f_t/f_y$ 中的较大值

b.框架梁梁端截面的底部和顶部纵向受力钢筋截面面积的比值,除按计算确定外,一级抗

震等级不应小于 0.5；二、三级抗震等级不应小于 0.3。梁端截面由于有可能在较强地震下出现偏大的正弯矩，故需在底部正弯矩受拉钢筋用量上给予一定储备，以免下部钢筋过早屈服甚至拉断；另一方面，提高梁端底部纵向钢筋的数量，也有助于改善梁端塑性铰区在负弯矩作用下的延性性能。

c.梁端纵向受拉钢筋的配筋率不宜大于 2.5%。沿梁全长顶面和底面至少应各配置两根通长的纵向钢筋，对一、二级抗震等级，钢筋直径不应小于 14 mm，且分别不应少于梁两端顶面和底面纵向受力钢筋中较大截面面积的 1/4；对三、四级抗震等级，钢筋直径不应小于 12 mm。

④框架梁的箍筋配置应符合下列规定：

a.梁端箍筋的加密区长度、箍筋最大间距和箍筋最小直径，应按表 4.13 采用；当梁端纵向受拉钢筋配筋率大于 2%时，表中箍筋最小直径应增大 2 mm。

表 4.13　框架梁梁端箍筋的加密区的构造要求

抗震等级	加密区长度(mm)	箍筋最大间距(mm)	箍筋最小直径(mm)
一级	2 倍梁高和 500 中的较大值	纵向钢筋直径的 6 倍，梁高的 1/4 和 100 中的最小值	10
二级	1.5 倍梁高和 500 中的较大值	纵向钢筋直径的 8 倍，梁高的 1/4 和 100 中的最小值	8
三级		纵向钢筋直径的 8 倍，梁高的 1/4 和 150 中的最小值	8
四级		纵向钢筋直径的 8 倍，梁高的 1/4 和 150 中的最小值	6

注：箍筋直径大于 12 mm，数量不少于 4 肢且肢距不大于 150 mm 时，一、二级的最大间距应允许适当放宽但不得大于 150 mm。

b.梁箍筋加密区长度内的箍筋肢距：一级抗震等级，不宜大于 200 mm 和 20 倍箍筋直径的较大值；二、三级抗震等级，不宜大于 250 mm 和 20 倍箍筋直径的较大值；各抗震等级下，均不宜大于 300 mm。

c.梁端设置的第一个箍筋距框架节点边缘不应大于 50 mm。非加密区的箍筋间距不宜大于加密区箍筋间距的 2 倍。

d.沿梁全长箍筋的面积配筋率 ρ_{sv} 应符合表 4.14 的规定。

表 4.14　沿梁全长箍筋的面积配筋率

抗震等级	面积配筋率
一级抗震等级	$\rho_{sv} \geqslant 0.30 f_t/f_{yv}$
二级抗震等级	$\rho_{sv} \geqslant 0.28\, f_t/f_{yv}$
三、四级抗震等级	$\rho_{sv} \geqslant 0.26\, f_t/f_{yv}$

梁端塑性铰区箍筋的构造要求极其重要，它是保证该塑性铰区延性能力的基本构造措施。根据试验和震害经验，梁端的破坏主要集中在 1.5~2 倍梁高的长度范围内。当箍筋间距小于纵向钢筋直径的 6~8 倍时，混凝土压溃前受压钢筋一般不致压屈，延性较好。上述对梁端箍筋的构造措施规定了箍筋加密区的最小长度、箍筋最大间距、箍筋最小直径，限制了箍筋最大肢距，其目的是从构造上对框架梁塑性铰区的受压混凝土提供约束，并约束纵向受压钢筋，防止

它在保护层混凝土剥落后过早压屈,及其后受压区混凝土的随即压溃。

2)框架柱的抗震构造措施

(1)框架柱的截面尺寸

框架柱的截面尺寸应符合下列要求:矩形截面柱,抗震等级为四级或层数不超过2层时,其最小截面尺寸不宜小于300 mm,一、二、三级抗震等级且层数超过2层时不宜小于400 mm;圆柱的截面直径,抗震等级为四级或层数不超过2层时不宜小于350 mm,一、二、三级抗震等级且层数超过2层时不宜小于450 mm。柱的剪跨比宜大于2;柱截面长边与短边的边长比不宜大于3。

(2)框架柱轴压比限制

框架柱轴压比是柱地震作用组合的轴向压力设计值与柱的全截面面积和混凝土轴心抗压强度设计值乘积之比值。受压构件的位移延性随轴压比增加而减小,因此对设计轴压比上限进行控制就成为保证框架柱具有必要延性的重要措施之一。抗震设计时,限制框架柱轴压比的目的是对于可能进入屈服的框架柱,并希望这些柱最终的破坏形态为延性较大的大偏心受压破坏,这样可保证框架柱的塑性变形能力和保证框架的抗倒塌能力。对于一、二、三、四级抗震等级的框架结构柱的轴压比不宜大于表4.15规定的限值。

表4.15　框架结构柱轴压比限值

结构类型	抗震等级			
	一级	二级	三级	四级
框架结构	0.65	0.75	0.85	0.9

当混凝土强度等级为C65,C70时,轴压比限值宜按表4.15中数值减小0.05;当混凝土强度等级为C75,C80时,轴压比限值宜按表中数值减小0.10。表内限值适用于剪跨比大于2,混凝土强度等级不高于C60的柱;剪跨比不大于2的柱,轴压比限值应降低0.05;剪跨比小于1.5的柱,轴压比限值应专门研究并采取特殊构造措施。

(3)柱的纵向钢筋配置

柱的纵向钢筋配置应符合下列规定:

①柱的纵向钢筋宜对称配置。截面边长大于400 mm的柱,纵向钢筋间距不宜大于200 mm。柱总配筋率不应大于5%。剪跨比不大于2的一级框架柱,每侧纵向钢筋配筋率不宜大于1.2%。边柱、角柱及抗震墙端柱在小偏心受拉时,柱内纵筋总截面面积应比计算值增加25%。柱纵向钢筋的绑扎接头应避开柱端的箍筋加密区。

②框架柱中全部纵向受力钢筋的配筋率不应小于表4.16规定的数值,同时,每一侧的配筋率不应小于0.2%。

表4.16　框架柱中全部纵向受力钢筋的配筋率(%)

柱类型	抗震等级			
	一级	二级	三级	四级
框架中柱、边柱	1.0	0.8	0.7	0.6

续表

柱类型	抗震等级			
	一级	二级	三级	四级
框架角柱、框支柱	1.2	1.0	0.9	0.8

当柱中纵向受力钢筋强度标准值小于 400 MPa 时，表 4.16 中数值应增加 0.1；钢筋强度标准值为 400 MPa 时，表中数值应增加 0.05；当柱的混凝土强度等级高于 C60 时，上述数值应相应增加 0.1。

框架柱纵向钢筋最小配筋率是抗震设计中的一项较重要的构造措施。考虑到实际地震作用在大小及作用方式上的随机性，经计算确定的配筋数量仍可能在结构中造成某些估计不到的薄弱构件或薄弱截面。通过纵向钢筋最小配筋率规定可以对这些薄弱部位进行补救，以提高结构整体地震反应能力的可靠性。纵向钢筋最小配筋率同样可以保证柱截面开裂后抗弯刚度不致削弱过多。最小配筋率还可以使设防烈度不高地区一部分框架柱的抗弯能力在“强柱弱梁”措施基础上有进一步提高，这也相当于对“强柱弱梁”措施的某种补充。

(4)框架柱的箍筋配置

框架柱的箍筋配置应符合下列规定：

①框架柱两端箍筋应加密。框架柱的箍筋加密区长度，应取柱截面长边尺寸(或圆形截面直径)、柱净高的 1/6 和 500 mm 中的最大值；一、二级抗震等级的角柱应沿柱全高加密箍筋。底层柱根箍筋加密区长度应取不小于该层柱净高的 1/3；当有刚性地面时，除柱端箍筋加密区外，尚应在刚性地面上、下各 500 mm 的高度范围内加密箍筋。

②加密区箍筋的最大间距和最小直径，应按表 4.17 采用。

表 4.17　柱端箍筋加密区的构造要求

抗震等级	箍筋最大间距(mm)	箍筋最小直径(mm)
一级	纵向钢筋直径的 6 倍和 100 中的较小值	10
二级	纵向钢筋直径的 8 倍和 100 中的较小值	8
三级	纵向钢筋直径的 8 倍和 150(柱根 100)中的较小值	8
四级	纵向钢筋直径的 8 倍和 150(柱根 100)中的较小值	6(柱根 8)

③柱箍筋加密区内的箍筋肢距：一级抗震等级不宜大于 200 mm；二、三级抗震等级不宜大于 250 mm 和 20 倍箍筋直径中的较大值；四级抗震等级不宜大于 300 mm。每隔一根纵向钢筋宜在两个方向有箍筋或拉筋约束；当采用拉筋且箍筋与纵向钢筋有绑扎时，拉筋宜紧靠纵向钢筋并勾住箍筋。

④柱箍筋加密区箍筋的体积配筋率，应符合下列规定：

$$\rho_v = \frac{(n_1 A_{s1} l_1 + n_2 A_{s2} l_2)}{A_c s} \geq \frac{\lambda_v f_c}{f_{yv}} \tag{4.45}$$

式中　ρ_v——加密区箍筋的体积配筋率；

A_c——柱的截面面积；

n_1, A_{s1}——柱截面宽度方向箍筋的肢数、单肢箍筋的截面面积；

n_2, A_{s2}——柱截面高度方向箍筋的肢数、单肢箍筋的截面面积；

s——柱箍筋加密区箍筋的间距。

表 4.18　柱箍筋加密区的箍筋最小配箍特征值 λ_v

抗震等级	箍筋形式	轴压比								
		≤0.3	0.4	0.5	0.6	0.7	0.8	0.9	1.0	1.05
一级	普通箍、复合箍	0.10	0.11	0.13	0.15	0.17	0.20	0.23	—	—
	螺旋箍、复合或连续复合矩形螺旋箍	0.08	0.09	0.11	0.13	0.15	0.18	0.21	—	—
二级	普通箍、复合箍	0.08	0.09	0.11	0.13	0.15	0.17	0.19	0.22	0.24
	螺旋箍、复合或连续复合矩形螺旋箍	0.06	0.07	0.09	0.11	0.13	0.15	0.17	0.20	0.22
三级	普通箍、复合箍	0.06	0.07	0.09	0.11	0.13	0.15	0.17	0.20	0.22
	螺旋箍、复合或连续复合矩形螺旋箍	0.05	0.06	0.07	0.09	0.11	0.13	0.15	0.18	0.20

⑤对一、二、三、四级抗震等级的柱，其箍筋加密区的箍筋体积配筋率分别不应小于 0.8%，0.6%，0.4%和 0.4%。

⑥当剪跨比λ不大于 2 时，宜采用复合螺旋箍或井字复合箍，其箍筋体积配筋率不应小于 1.2%；9 度设防烈度一级抗震等级时，不应小于 1.5%。

⑦框架节点核心区应设置水平箍筋，箍筋的最大间距和最小直径宜符合表 4.17 规定。

⑧在箍筋加密区外，箍筋的体积配筋率不宜小于加密区配筋率的一半；对一、二级抗震等级，箍筋间距不应大于 $10d$；对三、四级抗震等级，箍筋间距不应大于 $15d$，此处，d 为纵向钢筋直径。

由于框架柱在框架结构中的作用极为重要，柱作为竖向承重构件要承担全部竖向荷载产生的轴力，而底部的柱要承担全部水平作用产生的剪力，边柱和角柱还要受到水平作用产生的扭转影响。与水平构件梁相比，水平构件破坏只影响局部，而柱的破坏则影响到相关的传力区域，甚至发生连续垮塌。柱在框架结构的整体稳固性中起到了关键作用。大量的震害调查统计表明，框架柱中尤其是底层柱和角柱破坏的可能性极大，且引发连续垮塌。柱端由于剪力的反复作用是最易破坏的关键部位，因此柱端的承载力、变形能力必须加强。柱端箍筋加密区的一系列构造措施的目的就是使柱端这一抗震的关键部位能形成有效地约束混凝土的作用，使其具有足够的承载力和必要的延性和塑性耗能能力。

4.11　多层框架结构设计例题

4.11.1　工程概况

本例题为某企业办公楼。办公楼平面图如图 4.17 所示。建筑沿 X 方向长度为 27.2 m，沿 Y 方向长度为 17.8 m。建筑层数为三层，各层层高均为 3.6 m，楼梯间局部出屋面部分高 3 m，女儿墙高度为 1.2 m,室内外高差 0.3 m,室外地面至屋面的总高度为 11.1 m,室外地百至女儿墙的总高度为 12.3 m,无地下室。上部主体结构为钢筋混凝土框架结构体系。基础采用钢筋混凝土柱下独立基础。基础顶面(相对一层室内地面标高±0.000)的标高为-0.800 m。

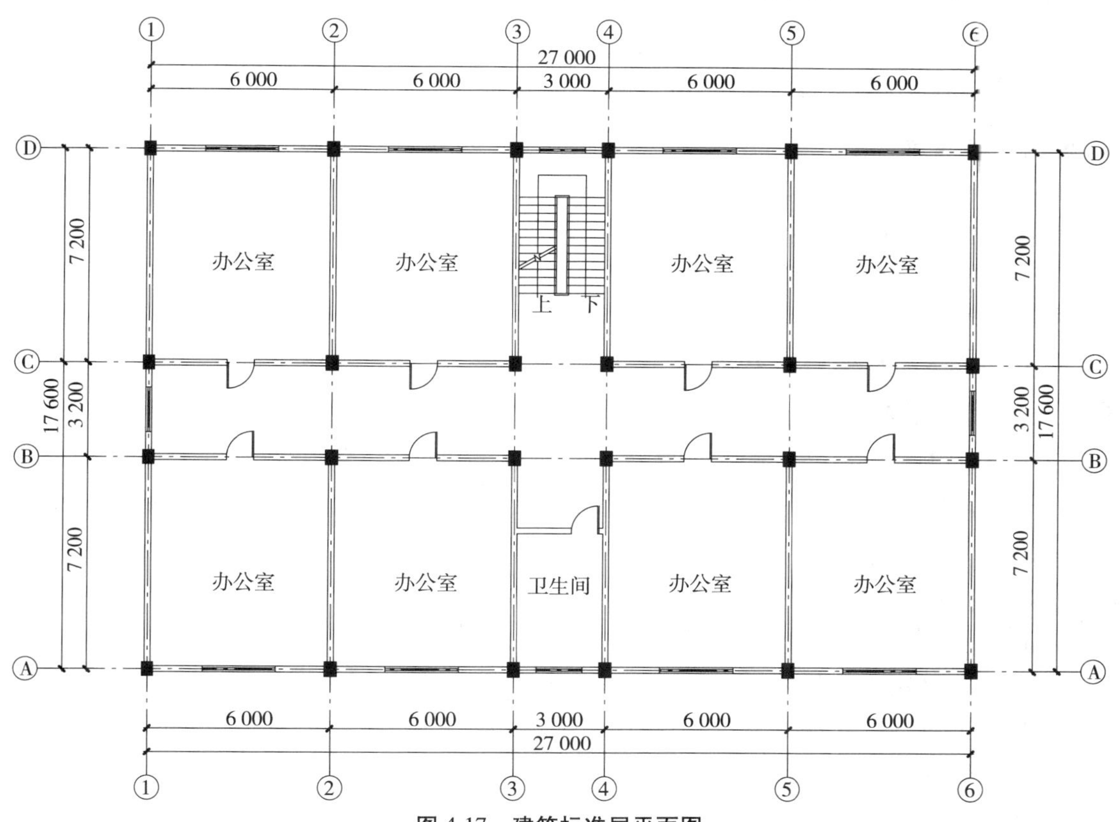

图 4.17　建筑标准层平面图

4.11.2　设计依据

1) 设计使用年限

主体结构设计使用年限为 50 年。

2) 自然条件

①当地的基本风压 $W_0=0.35\ kN/m^2$;

②基本雪压 $S_0=0.30\ kN/m^2$;

③抗震设防烈度 7 度;

④依据所提供的工程地质勘察报告:可采用天然地基上浅基础,基础底面置于地质勘察报告的第②层,圆砾层。基础范围内的圆砾层分布均匀,厚度大于 15 m。承载力标准值 $f_k=$ 350 kPa。

3)设计所采用的主要标准

①《建筑结构荷载规范》(GB 50009—2012);

②《建筑抗震设计规范》(GB 50011—2010);

③《混凝土结构设计规范》(GB 50010—2010);

④《建筑地基基础设计规范》(GB 50007—2011)。

4)建筑分类等级

①建筑结构安全等级为二级;

②建筑抗震设防类别为丙类;

③钢筋混凝土结构的抗震等级为三级;

④地基基础的设计等级为丙级;

⑤建筑防火分类为多层民用建筑、耐火等级为二级。

5)主要荷载(作用)取值

①楼面活荷载取 2.0 kN/m^2,上人屋面活荷载取 2.0 kN/m^2;

②基本风压 W_0 = 0.35 kN/m^2,地面粗糙度类别 C 类,体型系数取 1.3,风振系数取 1.0;

③基本雪压 S_0 = 0.30 kN/m^2。

6)抗震设计参数

①抗震设防烈度 7 度(0.15g);

②设计地震分组为第二组;

③场地类别为Ⅱ类,场地属抗震有利地段;

④多遇地震的水平地震影响系数最大值 α_{max} = 0.12;

⑤特征周期 T_g = 0.4 s;

⑥结构阻尼比 0.05。

7)主要结构材料

①混凝土强度等级柱 C30、梁板 C25、其他构件 C20;

②纵向受力钢筋和箍筋采用 HRB400 级,其他 HPB300 级;

③填充墙砌体采用蒸压加气混凝土砌块,砌块强度等级不小于 MU5.0,砂浆强度 M5.0,混凝土砌块容重不大于 6 kN/m^3。

4.11.3 计算简图及梁、柱刚度计算

1)结构平面布置图

本办公楼的标准层结构平面布置图如图 4.18 所示。框架梁的截面高度按照跨度的 1/8~1/12 选取,次梁按 1/14~1/18 选取,框架柱按轴压比控制。

2)梁、柱惯性矩、刚度计算

对于梁,需要考虑楼板作为翼缘对梁刚度和承载力的影响,梁的有效受压翼缘计算宽度 b_f

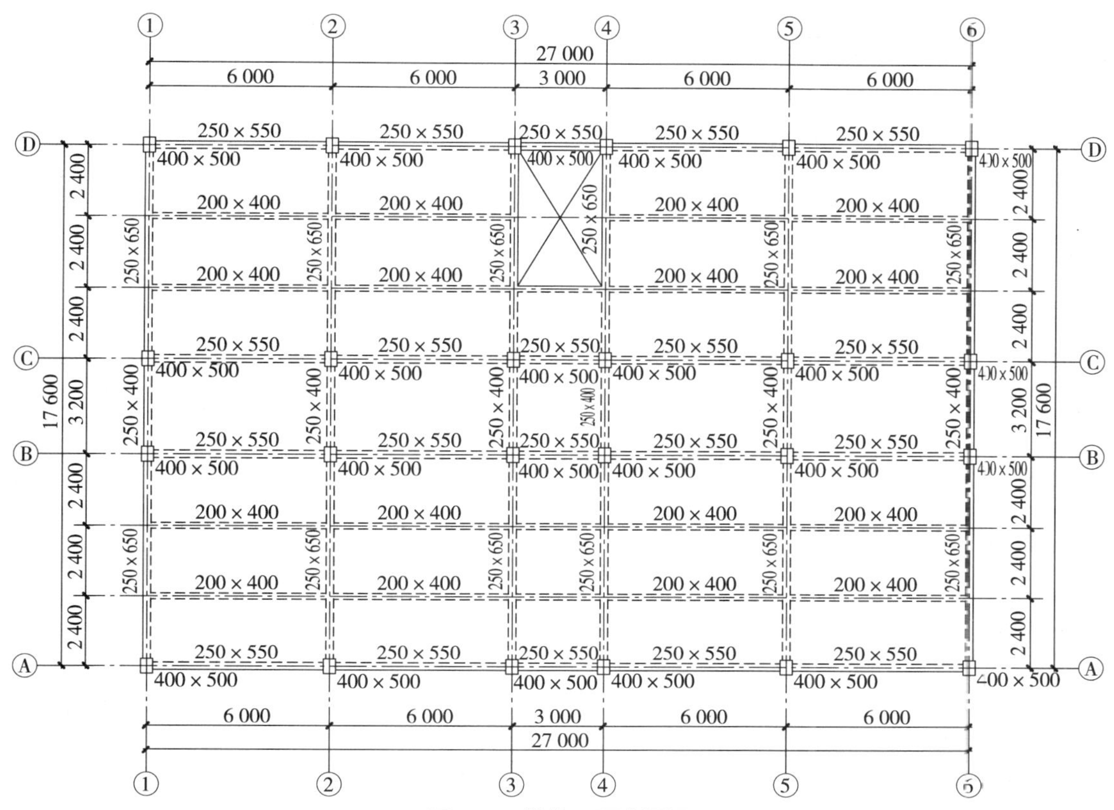

图 4.18　结构平面布置图

可按《混凝土结构设计规范》(GB 50010—2010)第5. 2. 4条规定计算。本例为了简便,将中梁刚度乘以 2,边梁刚度乘以 1.5,以此来近似考虑楼板作用。

计算得到惯性矩 I,列于表 4.19 中。

表 4.19　梁柱惯性矩及刚度计算

类　别	E_c (kN/m²)	$b \times h$ (m×m)	柱刚度 E_cI_0 (kN·m²)	中梁刚度 $2E_cI_0$ (kN·m²)	边梁刚度 $1.5E_cI_0$ (kN·m²)
AB 跨梁	2.8×10^7	0.25×0.65	1.60×10^5	3.20×10^5	2.40×10^5
BC 跨梁	2.8×10^7	0.25×0.4	0.373×10^5	0.747×10^5	0.56×10^5
柱子	3.0×10^7	0.4×0.5	1.25×10^5	—	—

(1)中柱抗侧移刚度 D 值计算

D 值计算结果列于表 4.20 至表 4.23 中。

表 4.20　中框架柱 2 层、3 层柱 D 值计算

构件名称	$i=\dfrac{i_b}{2i_c}$	$\alpha_c=\dfrac{i}{2+i}$	$D=\alpha_c\times i_c\times\dfrac{12}{h^2}$ (kN/m)
Ⓐ轴柱	$\dfrac{2\times3.2\times10^5/7.2}{2\times1.25\times10^5/3.6}=1.28$	0.390	12 538. 58

续表

构件名称	$i=\frac{i_b}{2i_c}$	$\alpha_c=\frac{i}{2+i}$	$D=\alpha_c\times i_c\times\frac{12}{h^2}$ (kN/m)
Ⓑ轴柱	$\frac{2\times(3.20\times10^5/7.2+7.47\times10^4/3.2)}{2\times1.25\times10^5/3.6}=1.952$	0.494	15 882. 20
Ⓒ轴柱	$\frac{2\times(3.2\times10^5/7.2+7.47\times10^4/3.2)}{2\times1.25\times10^5/3.6}=1.952$	0.494	15 882. 20
Ⓓ轴柱	$\frac{2\times3.2\times10^5/7.2}{2\times1.25\times10^5/3.60}=1.28$	0.39	12 538. 58
总　和			56 841. 56

表 4.21　中框架柱 1 层柱 D 值计算

构件名称	$i=\frac{i_b}{i_c}$	$\alpha_c=\frac{0.5+i}{2+i}$	$D=\alpha_c\times i_c\times\frac{12}{h^2}$ (kN/m)
Ⓐ轴柱	$\frac{3.2\times10^5/7.2}{1.25\times10^5/4.4}=1.564$	0.579	10 195. 58
Ⓑ轴柱	$\frac{3.20\times10^5/7.2+7.47\times10^4/3.2}{1.25\times10^5/4.4}=2.386$	0.658	11 586. 68
Ⓒ轴柱	$\frac{3.20\times10^5/7.2+7.47\times10^4/3.2}{1.25\times10^5/4.4}=2.386$	0.658	11 586. 68
Ⓓ轴柱	$\frac{3.2\times10^5/7.2}{1.25\times10^5/4.4}=1.564$	0.579	10 195. 58
总　和			43 564. 52

注：底层柱 $h=3.6\text{ m}+0.8\text{ m}=4.4\text{ m}$。

(2)边柱抗侧移刚度 D 值计算

表 4.22　边框架柱 2 层、3 层柱 D 值计算

构件名称	$i=\frac{i_b}{2i_c}$	$\alpha_c=\frac{i}{2+i}$	$D=\alpha_c\times i_c\times\frac{12}{h^2}$ (kN/m)
Ⓐ轴柱	$\frac{2\times2.4\times10^5/7.2}{2\times1.25\times10^5/3.6}=0.96$	0.324	10 416. 67
Ⓑ轴柱	$\frac{2\times(2.4\times10^5/7.2+5.6\times10^4/3.2)}{2\times1.25\times10^5/3.6}=1.464$	0.423	13 599. 54
Ⓒ轴柱	$\frac{2\times(2.4\times10^5/7.2+5.6\times10^4/3.2)}{2\times1.25\times10^5/3.6}=1.464$	0.423	13 599. 54
Ⓓ轴柱	$\frac{2\times2.4\times10^5/7.2}{2\times1.25\times10^5/3.6}=0.96$	0.324	10 416. 67
总　和			48 032. 42

表 4.23　边框架柱 1 层柱 D 值计算

构件名称	$i=\frac{i_b}{i_c}$	$\alpha_c=\frac{0.5+i}{2+i}$	$D=\alpha_c\times i_c\times\frac{12}{h^2}$ (kN/m)
Ⓐ轴柱	$\frac{2.4\times10^5/7.2}{1.25\times10^5/4.4}=1.173$	0.527	9 279.91
Ⓑ轴柱	$\frac{2.4\times10^5/7.2+5.6\times10^4/3.2}{1.25\times10^5/4.4}=1.789$	0.604	10 635.8
Ⓒ轴柱	$\frac{2.4\times10^5/7.2+5.6\times10^4/3.2}{1.25\times10^5/4.4}=1.789$	0.604	10 635.8
Ⓓ轴柱	$\frac{2.4\times10^5/7.2}{1.25\times10^5/4.4}=1.173$	0.527	9 279.91
总　和			39 831.42

注：底层柱 h=3.6 m+0.8 m=4.4 m。

(3)各层 D 值求和

2 层、3 层整层柱 D 值之和：$\sum D$ =56 841. 56×4+48 032. 42×2=323 431. 08(kN/m)

1 层整层柱 D 值之和：$\sum D$ =43 564. 52×4+39 831. 42×2=253 920. 52(kN/m)

4.11.4　荷载计算

1)永久荷载

屋面恒载：

保温防水(西南图集 03J 201-1-10-2106a)	3.13 kN/m^2
结构层(现浇钢筋混凝土板，厚 100 mm)	2.5 kN/m^2
顶面抹灰(10 mm 厚水泥砂浆)	0.2 kN/m^2
	合计　5.83 kN/m^2

2)标准层楼面恒载

楼面装修(西南 04J 312-8-3 131a)	1.2 kN/m^2
结构层(现浇钢筋混凝土板，厚 100 mm)	2.5 kN/m^2
顶面抹灰(10 mm 厚水泥砂浆)	0.2 kN/m^2
	合计　3.90 kN/m^2

3)梁自重

纵向框架梁 KL1 自重：

$b\times h$=250 mm×650 mm　　(0.65−0.1)×0.25×25=3.44 kN/m

抹灰(10 mm 厚水泥砂浆)　　$0.01\times(0.55\times2+0.25)\times20=0.27$ kN/m

合计　3.71 kN/m

纵向框架梁 KL2 自重:

$b\times h=250$ mm×400 mm　　$(0.4-0.1)\times0.25\times25=1.88$ kN/m

抹灰(10 mm 厚水泥砂浆)　　$0.01\times(0.3\times2+0.25)\times20=0.17$ kN/m

合计　2.05 kN/m

横向框架梁 KL3 自重:

$b\times h=250$ mm×550 mm　　$(0.55-0.1)\times0.25\times25=2.81$ kN/m

抹灰:10 mm 厚水泥砂浆　　$0.01\times(0.45\times2+0.25)\times20=0.23$ kN/m

合计　3.04 kN/m

次梁 L1 自重:

$b\times h=200$ mm×400 mm　　$(0.40-0.1)\times0.20\times25=1.50$ kN/m

抹灰(10 mm 厚水泥砂浆)　　$0.01\times(0.3\times2+0.20)\times20=0.16$ kN/m

合计　1.66 kN/m

4)柱自重

$b\times h=400$ mm×500 mm　　$0.40\times0.50\times25=5$ kN/m

抹灰(10 mm 厚水泥砂浆)　　$0.01\times(0.4+0.5)\times2\times20=0.36$ kN/m

合计　5.36 kN/m

5)墙体自重

外纵墙自重:标准层(层高 3.6 m,梁高 550 mm)

纵墙　　$0.2\times(3.6-0.55)\times6=3.66$ kN/m

内外侧抹灰　　$0.02\times2\times(3.6-0.55)\times20=2.44$ kN/m

合计　6.10 kN/m

考虑窗折减:6.10 kN/m×0.9=5.49 kN/m

内纵墙 1 自重:顶层(层高 3.6 m,梁高 550 mm)

纵墙　　$0.2\times(3.6-0.55)\times6=3.66$ kN/m

双面抹灰(10 mm 厚水泥砂浆)

$0.02\times2\times(3.6-0.55)\times20=2.44$ kN/m

合计　6.20 kN/m

考虑窗折减:6.20 kN/m×0.9=5.49 kN/m

内纵墙 2 自重:标准层(层高 3.6 m,梁高 650 mm,无窗)

纵墙　　$0.2\times(3.6-0.65)\times6=3.54$ kN/m

双面抹灰(10 mm 厚水泥砂浆)　　$0.02\times2\times(3.6-0.65)\times20=2.36$ kN/m

合计　5.90 kN/m

女儿墙自重(墙高1 000 mm,200 m 混凝土压顶)　　$0.2\times1.0\times6+0.3\times0.2\times25=2.7$ kN/m

10 mm 厚混合砂浆两面抹灰　　$1.2\times0.01\times2\times20=0.48$ kN/m

合计　3.18 kN/m

出屋面楼梯间隔墙自重(层高 3.0 m)

纵墙　　$0.2\times(3.0-0.4)\times6=3.12$ kN/m

内外侧抹灰　　$0.02\times2\times(3.0-0.4)\times20=2.08$ kN/m

合计　5.20 kN/m

内纵墙 3 自重:底层(至基础高 4.4 m,梁高 550 mm)

纵墙　　$0.2\times(4.4-0.55)\times6=4.62$ kN/m

双面抹灰(10 mm 厚水泥砂浆)　　$0.02\times2\times(4.4-0.55)\times20=3.08$ kN/m

合计　7.70 kN/m

考虑窗折减　　7.70 kN/m$\times0.9=6.93$ kN/m

内纵墙 4 自重:底层(至基础高 4.4 m,梁高 650 mm,无窗)

纵墙　　$0.2\times(4.4-0.65)\times6=4.50$ kN/m

双面抹灰(10 mm 厚水泥砂浆)　　$0.02\times2\times(4.4-0.65)\times20=3.00$ kN/m

合计　7.50 kN/m

6) 活载标准值计算

查《建筑结构荷载规范》(GB 50009—2012):

- 楼面均布活荷载标准值为 2.0 kN/m^2;
- 上人屋面均布活荷载标准值为 2.0 kN/m^2;
- 走廊均布活荷载标准值为 2.5 kN/m^2;
- 雪荷载为 0.3 kN/m^2。

另外根据《建筑抗震设计规范》5. 1. 3条,计算屋面重力荷载代表值时不计屋面活荷载,只计雪荷载。

4.11.5　风荷载计算及其作用下弹性层间侧移验算

1) 集中风荷载标准值计算

集中风荷载标准值计算公式为:

$$W_k = (w_{k+1} \times h_{k+1}/2 + w_k \times h_k/2) \times B$$

式中，风压标准值为 $w_k = \beta_z \mu_s \mu_z w_0$，本地区基本风压为 $w_0 = 0.35\ \text{kN/m}^2$；$B$ 为整个房屋的纵向计算长度，为 27 m；h_k 为第 k 层高度；楼高 $h<30$ m，地面粗糙类别为 C 类，取 $\beta_z = 1.0$；$\mu_s = 0.8-(-0.5) = 1.3$；μ_z 可查表《建筑结构荷载规范》(GB 50009—2012)表8.2.1得到。

集中风荷载标准值计算见表 4.24。

表 4.24 集中风荷载标准值计算

层 数	离地高度(m)	风压高度系数 μ_z	风振系数 β_z	风载体型系数 μ_s	基本风压 w_0	层高 h (m)	长度(m)	w_k (kN/m²)	W_k (kN)
女儿墙	12.3	0.65	1	1.3	0.35	1.2	27.2	0.296	
3	11.1	0.65	1	1.3	0.35	3.6	27.2	0.296	24.15
2	7.5	0.65	1	1.3	0.35	3.6	27.2	0.296	28.98
1	3.9	0.65	1	1.3	0.35	3.6	27.2	0.296	30.19

2)风荷载作用下的位移验算

各层风荷载作用的标准值、楼层剪力以及楼层间位移值计算见表 4.25。

表 4.25 各层风荷载作用的标准值、楼层剪力以及楼层间位移值计算

层 数	层高 h(m)	F_i	V_i	$\sum D$(kN/m)	Δu_j(m)	$\Delta u_j/h$
3	3.6	24.15	24.15	323 431.08	7.47×10^{-5}	1/48 213
2	3.6	28.98	53.13	323 431.08	1.64×10^{-4}	1/21 915
1	4.4	30.19	83.32	253 920.52	3.28×10^{-4}	1/13 409

通过计算可知，所有弹性层间位移角均满足规范规定的位移角限值 1/550 的要求。

上述风荷载由 6 榀框架共同承担，分到②轴的水平地震作用和地震剪力如图 4.19 所示。

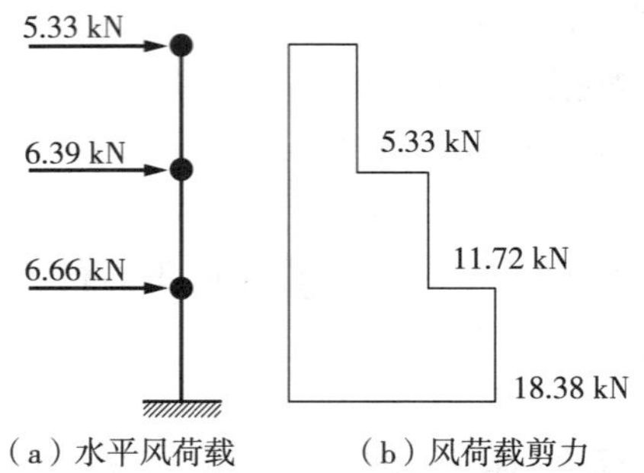

(a) 水平风荷载　　(b) 风荷载剪力

图 4.19 KJ-2 框架各层水平风荷载和风荷载剪力

4.11.6　水平地震荷载作用下计算及其弹性层间侧移验算

1）重力荷载代表值计算

按照《抗规》，计算重力荷载代表值时，屋面部分不计活荷载，但要考虑雪荷载。

（1）出屋面（高度 3 m）重力荷载代表值

板传恒载：$7.4 \times 3.2 \times 0.1 \times 25 = 59.20(\text{kN})$

板传雪荷载：$7.4 \times 3.2 \times 0.3 = 7.10(\text{kN})$

梁自重：$(7.0 \times 2 + 2.8 \times 2) \times (0.4 - 0.1) \times 0.20 \times 25 = 29.4(\text{kN})$

柱子自重：$0.4 \times 0.5 \times 3 \times 6 \times 25 = 90(\text{kN})$

隔墙自重：$[7.4 \times 2 + (3.0 - 0.2)] \times 5.2 = 91.52(\text{kN})$

合计出屋面层重力荷载代表值为：$(59.2 + 29.4 + 90 + 91.52) + 7.10 \times 0.5 = 273.67(\text{kN})$

（2）第 3 层屋面层重力荷载代表值

板传恒载：$(27.2 \times 17.8 - 7.2 \times 3) \times 5.83 + 7.2 \times 3 \times 6.5$（楼梯间）$= 2\,837.13(\text{kN})$

板传雪荷载：$(27.2 \times 17.8 - 10.6 \times 3.2) \times 0.3 = 135.07(\text{kN})$

梁自重：$[(17.6 - 0.5 \times 3) \times (0.65 - 0.1) \times 0.25 \times 6 + (27 - 0.4 \times 5) \times (0.55 - 0.1) \times 0.25 \times 4 + 5.8 \times (0.4 - 0.1) \times 0.20 \times 16] \times 25 = 752.52(\text{kN})$

屋面女儿墙自重：$(27.0 + 17.6) \times 2 \times 3.18 = 283.7(\text{kN})$

半层柱子自重：$0.4 \times 0.5 \times 3.6/2 \times 24 \times 25 = 216(\text{kN})$

半层内外墙自重：$[(27 \times 4 - 3 \times 2) \times 5.49 + (17.6 \times 6 - 3.2 \times 4) \times 5.90]/2 = 553.75(\text{kN})$

合计第 3 层屋面层重力荷载代表值为：$(2\,837.13 + 752.52 + 216 + 283.7 + 553.75) + 135.07 \times 0.5 = 4\,710.64(\text{kN})$

（3）第 2 层楼面层重力荷载代表值

板传恒载：$(27.2 \times 17.8 - 7.2 \times 3) \times 3.9 + 7.2 \times 3 \times 6.5$（楼梯间）$= 1\,944.38(\text{kN})$

板传活载：$(27.2 \times 17.8 - 7.2 \times 3 - 27 \times 3.2) \times 2.0 + 7.2 \times 3 \times 2.5 + 27 \times 3.2 \times 2.5 = 1\,022.32(\text{kN})$

梁自重：$[(17.6 - 0.5 \times 3) \times (0.65 - 0.1) \times 0.25 \times 6 + (27 - 0.4 \times 5) \times (0.55 - 0.1) \times 0.25 \times 4 + 5.8 \times (0.4 - 0.1) \times 0.20 \times 16] \times 25 = 752.52(\text{kN})$

内外墙自重：$(27 \times 4 - 3 \times 2) \times 5.49 + (17.6 \times 6 - 3.2 \times 4) \times 5.94 = 1\,107.50(\text{kN})$

柱子自重：$0.4 \times 0.5 \times 3.6 \times 24 \times 25 = 432(\text{kN})$

合计第 2 层重力荷载代表值为：$(1\,944.38 + 752.52 + 1\,107.50 + 432) + 1\,022.32 \times 0.5 = 4\,747.56(\text{kN})$

（4）第 1 层重力荷载代表值

板传恒载：$(27.2 \times 17.8 - 7.2 \times 3) \times 3.9 + 7.2 \times 3 \times 6.5 = 1\,944.38(\text{kN})$

板传活载：$(27.2 \times 17.8 - 7.2 \times 3 - 27 \times 3.2) \times 2.0 + 7.2 \times 3 \times 2.5 + 27 \times 3.2 \times$

2.5 = 1 022. 32(kN)

梁自重:[(17.6 − 0.5 × 3) × (0.65 − 0.1) × 0.25 × 6 + (27 − 0.4 × 5) × (0.55 − 0.1) × 0.25 ×4 + 5.8 × (0.4 − 0.1) × 0.20 × 16] × 25 = 752. 52(kN)

内外墙自重:(27 × 4 − 3 × 2) × (5.49 + 6.93)/2 + (17.6 × 6 − 3.2 × 4) × (5.90 + 7.5)/2 = 1 255.18(kN)

柱子自重:0.4 × 0.5 × (3.6 + 4.4)/2 × 24 × 25 = 480(kN)

合计第 1 层重力荷载代表值为:(1 944. 38 + 752. 52 + 1 255.18 + 480) + 1 022. 32 × 0.5 = 4 943. 24(kN)

总重力荷载代表值 $\sum_{1}^{4} G_i$ = 273. 67 + 4 710. 64 + 4 747. 56 + 4 943. 24 = 14 675. 11 (kN)

2)水平地震作用标准值和顶点位移的计算

用顶点位移法计算框架基本自振周期。

按经验公式计算 T_1:

$$T_1 = 1.7\psi_T\sqrt{u_T}$$

式中 ψ_T——考虑非结构墙体刚度的影响的周期折减系数,当采用实砌体填充墙时取 0.6~0.7,当采用轻质隔墙、外挂隔墙时取 0.8;

u_T——结构顶点假想位移,m。

u_T计算为:将集中在各楼层处的重力荷载代表值 G_i作为水平荷载施加到框架楼层处,按照弹性方法所求得的结构顶点位移,计算结果列于表 4.26 中。

表 4.26 顶点位移计算表

层 数	G_i(kN)	V_i	$\sum D$(kN/m)	Δu_j	$\sum \Delta u_j$
3	4 984. 31	4 984. 31	323 431. 08	0. 015 41	0. 103 29
2	4 747. 56	9 731. 87	323 431. 08	0. 030 09	
1	4 943. 24	14 675. 11	253 920. 52	0. 057 79	

u_T=0. 103 29,取 ψ_T=0.65,则

$T_1 = 1.7\psi_T\sqrt{u_T} = 1.7 \times 0.65 \times \sqrt{0.103\ 29} = 0.355(\text{s})$

多遇地震作用下,设防烈度为 7 度(0.15g),场地类别Ⅱ类,查表 $\alpha_{\max}$=0.12,反应谱特征周期查表

$$T_g = 0.40\ \text{s}, 0.1 < T_1 < T_g = 0.40\ \text{s}$$

查表得:$\alpha_1 = \alpha_{\max} = 0.12$

3)水平地震作用计算

用底部剪力法计算结构总水平地震作用标准值:

$$F_{\text{Ek}} = \alpha_1 G_{\text{eq}} = 0.12 \times 0.85 \times 14\ 675.\ 11 = 1\ 496.\ 86(\text{kN})$$

$$F_i = \frac{G_i H_i}{\sum_{i=1}^{3} G_i H_i} F_{\mathrm{Ek}}(1 - \delta_n)$$

因为 $T_1 = 0.355\ \mathrm{s} < 1.4T_g = 1.4 \times 0.40\ \mathrm{s} = 0.56\ \mathrm{s}$，所以不需要考虑顶部附加水平地震作用，即 $\delta_n = 0$。

各层水平地震作用的标准值、楼层剪力以及楼层间位移计算结果列于表 4.27 口。

表 4.27　各层水平地震作用的标准值、楼层剪力以及楼层间位移值计算

层数	G_i(kN)	H_i(m)	G_iH_i	$\sum G_iH_i$	F_i	V_i	$\sum D$(kN/m)	Δu_j(m)	$\Delta u_j/h$
3	4 984. 31	11.6	57 817. 996	117 548. 732	736. 25	736. 25	323 431. 08	0. 002 276	1/1 581
2	4 747. 56	8.0	37 980. 48		483. 64	1 219. 89	323 431. 08	0. 003 772	1/954
1	4 943. 24	4.4	21 750. 256		276. 97	1 496. 86	253 920. 52	0. 005 895	1/746

最大层间位移 $\frac{\Delta u_j}{h} = \frac{1}{746} < \frac{1}{550}$，满足《建筑抗震设计规范》(GB 50011—2010)弹性层间位移限值的要求。

上述地震力由 6 榀框架共同承担，并按刚度的比例分配到②轴的水平地震作用和地震剪力如图 4.20 所示。

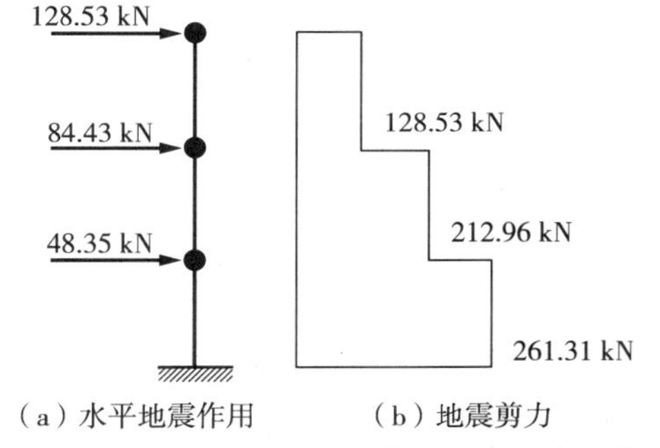

图 4.20　KJ-2 框架各层水平地震作用和地震剪力

上述地震和风荷载作用下的位移满足后，可取一榀框架进行内力配筋计算。

4.11.7　确定框架计算简图及竖向荷载作用下框架受荷总图

选取②轴的一榀框架进行计算，计算简图及板传荷载示意图如图 4.21 和图 4.22 所示。

1) 计算简图

选取典型的②轴框架作为计算单元，梁柱尺寸如图 4.21 所示。

由于楼板长短边之比均小于 3，故按双向板计算和传递荷载，并将其传到梁上的梯形荷载或三角形荷载按梁端弯矩等效的原则转化为均布荷载。

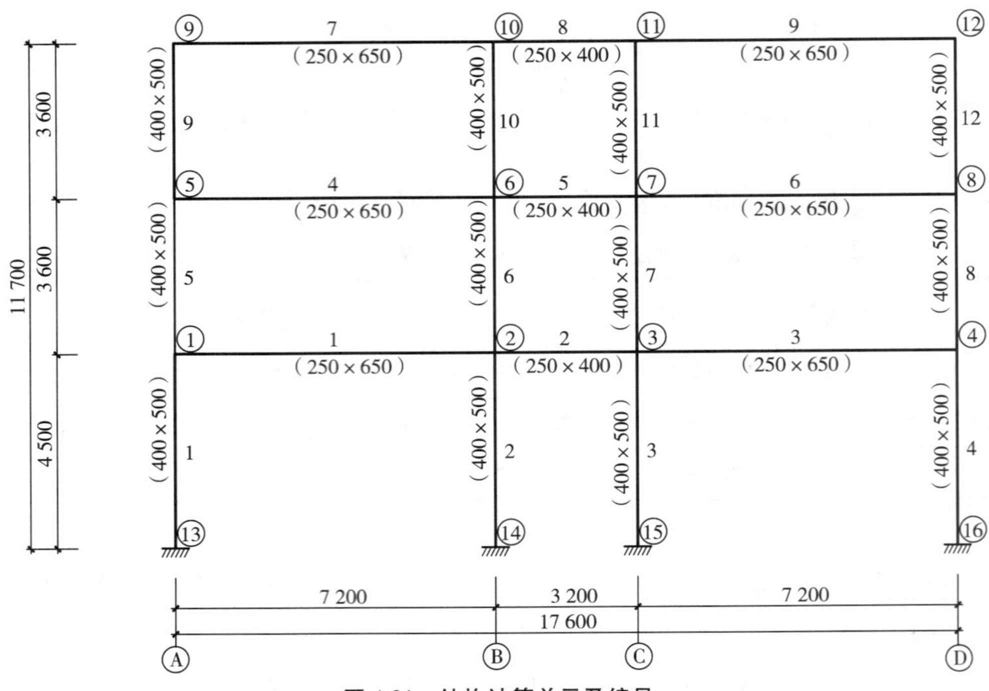

图 4.21　结构计算单元及编号

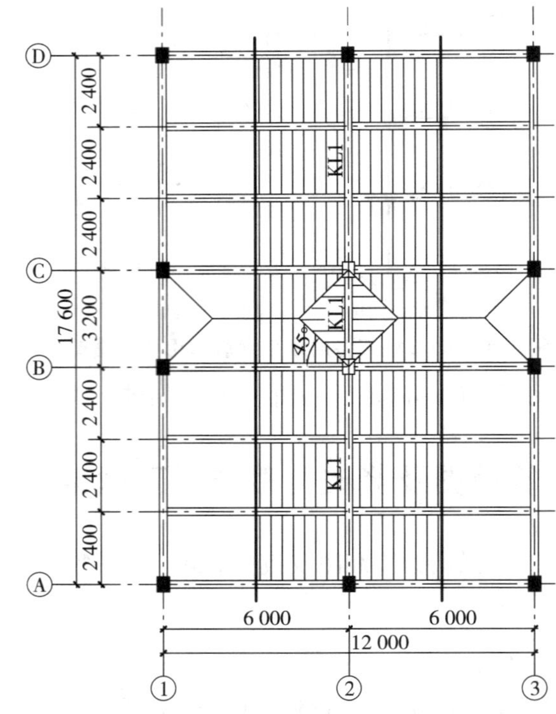

图 4.22　板传荷载示意图

2）梁荷载计算

屋面次梁 L1（$b\times h=200\ \text{mm}\times400\ \text{mm}$）：

梁自重　　1.66 kN/m

板传荷载　　$[1-2\times(1.2/6)^2+(1.2/6)^3]\times5.83\times1.2\times2=12.98$ kN/m

---

恒载合计　　14.64 kN/m

活载　　$[1-2\times(1.2/6)^2+(1.2/6)^3]\times2.0\times1.2\times2=4.45$ kN/m

楼面次梁 L1（$b\times h=200\ \text{mm}\times400\ \text{mm}$）：

梁自重　　1.66 kN/m

板传荷载　　$[1-2\times(1.2/6)^2+(1.2/6)^3]\times3.9\times1.2\times2=8.67$ kN/m

---

恒载合计　　10.33 kN/m

活载　　$[1-2\times(1.2/6)^2+(1.2/6)^3]\times2.0\times1.2\times2=4.45$ kN/m

Ⓐ,Ⓓ轴屋面框架梁 KL3（$b\times h=250\ \text{mm}\times550\ \text{mm}$）：

梁自重　　3.04 kN/m

板传荷载　　$[1-2\times(1.2/6)^2+(1.2/6)^3]\times5.83\times1.2=6.49$ kN/m

女儿墙自重　　3.18 kN/m

恒载合计　　12.71 kN/m

活载　　$[1-2\times(1.2/6)^2+(1.2/6)^3]\times2.0\times1.2=2.23$ kN/m

Ⓐ,Ⓓ轴楼面框架梁 KL3（$b\times h=250\ \text{mm}\times550\ \text{mm}$）：

梁自重　　3.04 kN/m

板传荷载　　$[1-2\times(1.2/6)^2+(1.2/6)^3]\times3.9\times1.2=4.34$ kN/m

外墙自重　　5.49 kN/m

恒载合计　　12.87 kN/m

活载　　$[1-2\times(1.2/6)^2+(1.2/6)^3]\times2.0\times1.2=2.23$ kN/m

Ⓑ,Ⓒ轴屋面框架梁 KL3（$b\times h=250\ \text{mm}\times550\ \text{mm}$）：

梁自重　　3.04 kN/m

板传荷载　　$[1-2\times(1.2/6)^2+(1.2/6)^3]\times5.83\times1.2+[1-2\times(1.6/6)^2+(1.6/6)^3]\times5.83\times1.6=$ 14.67 kN/m

---

恒载合计　　17.71 kN/m

活载

$[1-2\times(1.2/6)^2+(1.2/6)^3]\times2.0\times1.2+[1-2\times(1.6/6)^2+(1.6/6)^3]\times2.0\times1.6=5.03$ kN/m

Ⓑ,Ⓒ轴楼面框架梁 KL3($b\times h=250$ mm×550 mm):

梁自重 3.04 kN/m

板传荷载

$[1-2\times(1.2/6)^2+(1.2/6)^3]\times3.9\times1.2+[1-2\times(1.6/6)^2+(1.6/6)^3]\times3.9\times1.6=9.81$ kN/m

内墙自重 5.49 kN/m

恒载合计 18.34 kN/m

活载

$[1-2\times(1.2/6)^2+(1.2/6)^3]\times2.0\times1.2+[1-2\times(1.6/6)^2+(1.6/6)^3]\times2.5\times1.6=5.73$ kN/m

第②轴线屋面框架梁 KL1($b\times h=250$ mm×650 mm):

均布恒载

梁自重 3.71 kN/m

板传荷载 5/8×5.83×1.2×2=8.75 kN/m

均布恒载合计 12.46 kN/m

均布活载 5/8×2.0×1.2×2=3.0 kN/m

集中恒载(L1 传来) 2.875×14.64×2=84.18 kN

集中活载(L1 传来) 2.875×4.45×2=25.59 kN

第②轴线楼面框架梁 KL1($b\times h=250$ mm×650 mm):

均布恒载:

梁自重 3.71 kN/m

板传荷载 5/8×3.9×1.2×2=5.85 kN/m

内隔墙自重 5.9 kN/m

均布恒载合计 15.46 kN/m

均布活载 5/8×2.0×1.2×2=3.0 kN/m

集中恒载(L1 传来) 2.875×10.35×2=59.51 kN

集中活载(L1 传来) 2.875×4.45×2=25.59 kN

第②轴线屋面框架梁 KL2($b\times h=250$ mm×400 mm):

均布恒载:

梁自重 2.05 kN/m

板传荷载 5/8×5.83×1.6×2=11.66 kN/m

均布恒载合计 13.71 kN/m

均布活载 5/8×2.0×1.6×2=4.0 kN/m

第②轴线楼面框架梁 KL2（$b \times h$ = 250 mm×400 mm）：

均布恒载：

梁自重　2.05 kN/m

板传荷载　5/8×3.9×1.6×2 = 7.8 kN/m

均布恒载合计　9.85 kN/m

均布活载　5/8×2.5×1.6×2 = 5.0 kN/m

3）柱纵向集中荷载计算

（1）Ⓐ,Ⓓ轴柱纵向集中荷载的计算

顶层柱：

纵梁传来的恒载　2.80×12.71×2 = 71.18 kN

柱自重　5.36×3.6−（0.4+0.125）×0.25×0.55×25 = 17.49 kN

恒载合计　88.67 kN

纵梁传来的活载　2.80×2.23×2 = 12.49 kN

标准层柱：

纵梁传来的恒载　2.80×12.87×2 = 72.07 kN

柱自重　5.36×3.6−（0.4+0.125）×0.25×0.55×25 = 17.49 kN

恒载合计　89.56 kN

纵梁传来的活载　2.80×2.23×2 = 12.49 kN

底层柱：

纵梁传来的恒载　2.80×12.87×2 = 72.07 kN

柱自重　5.36×4.4−（0.4+0.125）×0.25×0.55×25 = 21.78 kN

恒载合计　93.85 kN

纵梁传来的活载　2.80×2.23×2 = 12.49 kN

（2）Ⓑ,Ⓒ轴柱纵向集中荷载的计算

顶层柱：

纵梁传来的恒载　2.80×17.71×2 = 99. 18 kN

柱自重　5.36×3.6−（0.4+0.125×2）×0.25×0.55×25 = 17.06 kN

恒载合计　116. 24 kN

纵梁传来的活载　2.80×5.03×2 = 28.17 kN

标准层柱：

纵梁传来的恒载　2.80×18.34×2 = 102. 70 kN

柱自重	5.36×3.6−(0.4+0.125×2)×0.25×0.55×25 = 17.06 kN
	恒载合计　119. 76 kN
纵梁传来的活载	2.80×5.73×2 = 32.09 kN

底层柱：

纵梁传来的恒载	2.80×18.34×2 = 102. 70 kN
柱自重	5.36×4.4−(0.4+0.125×2)×0.25×0.55×25 = 21.35 kN
	恒载合计　124. 05 kN
纵梁传来的活载	2.80×5.73×2 = 32.09 kN

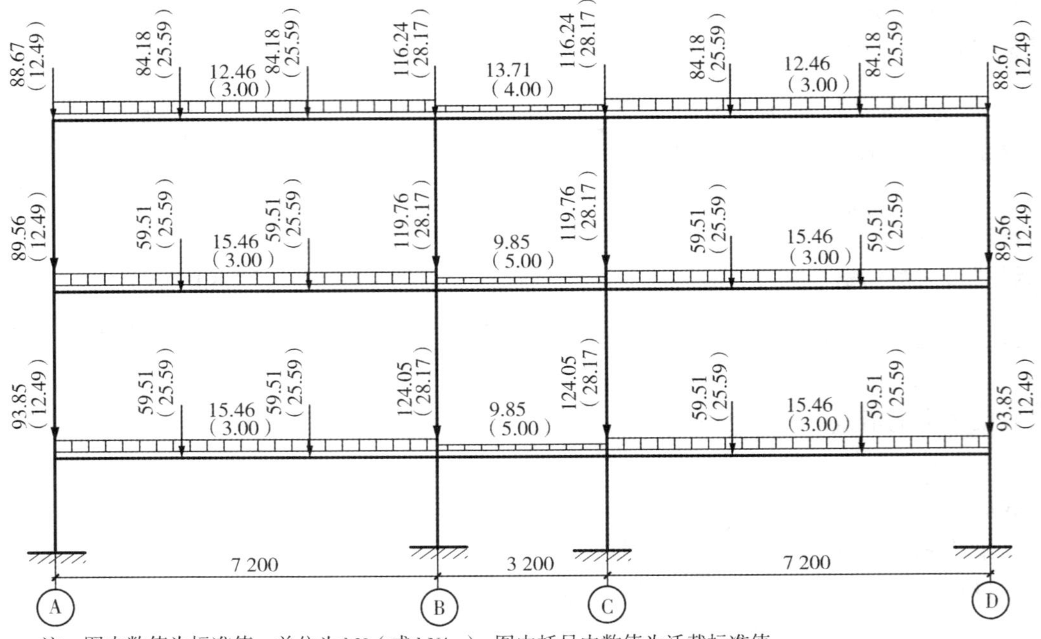

注：图中数值为标准值，单位为 kN（或 kN/m）；图中括号内数值为活载标准值。

图 4.23　恒、活载竖向受荷总图

4.11.8　恒、活载内力计算

恒、活载内力计算可采用手算或电算方法得到（本算例采用结构力学求解器计算，计算过程略）。

考虑钢筋混凝土框架结构塑性内力重分布的性质，对梁端弯矩进行调幅，根据规范的相关规定，本算例调幅系数取 0.85；另外，活荷载由于为考虑最不利布置，因此活荷载跨中弯矩在计算结果的基础上乘以 1.2 的增大系数，以下弯矩图括号内的数值为调幅后的结果，如图 4.24 至图 4.29 所示。

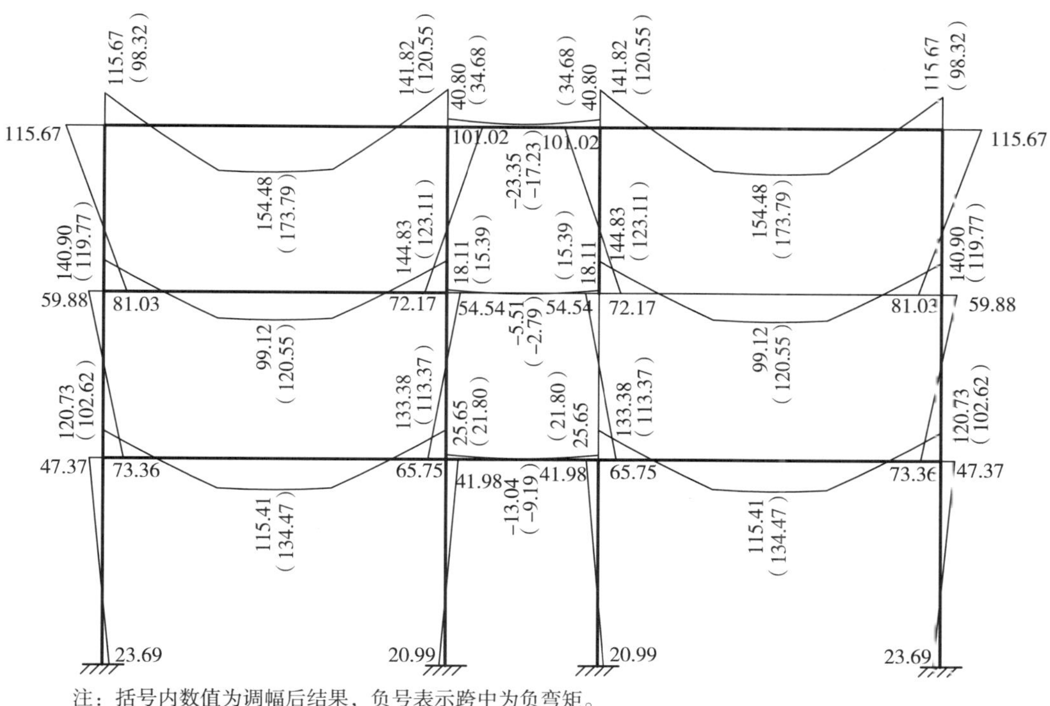

注：括号内数值为调幅后结果，负号表示跨中为负弯矩。

图 4.24　KJ-2 恒载弯矩图(单位:kN·m)

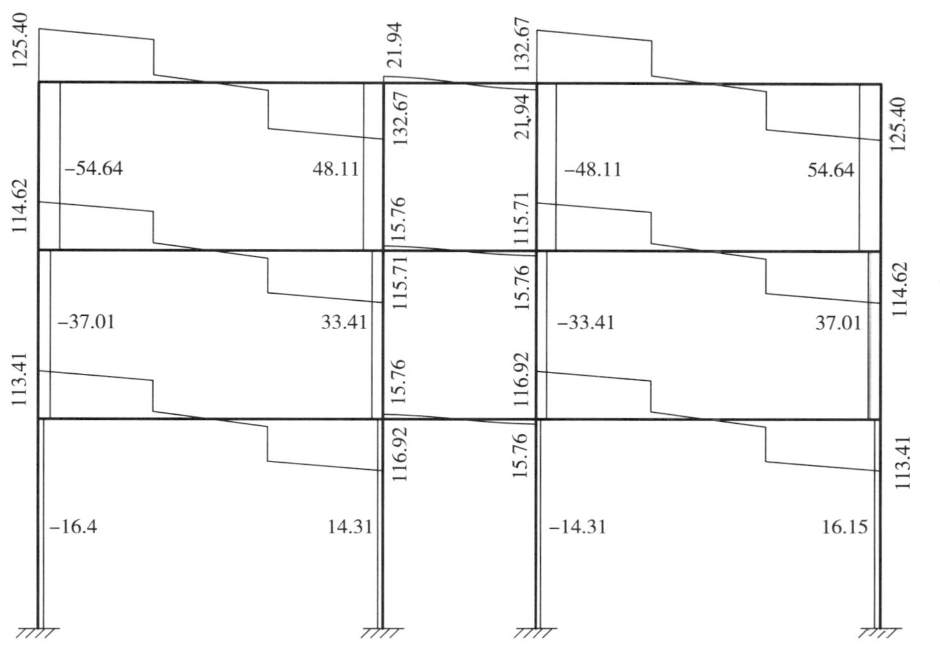

图 4.25　KJ-2 恒载剪力图(单位:kN)

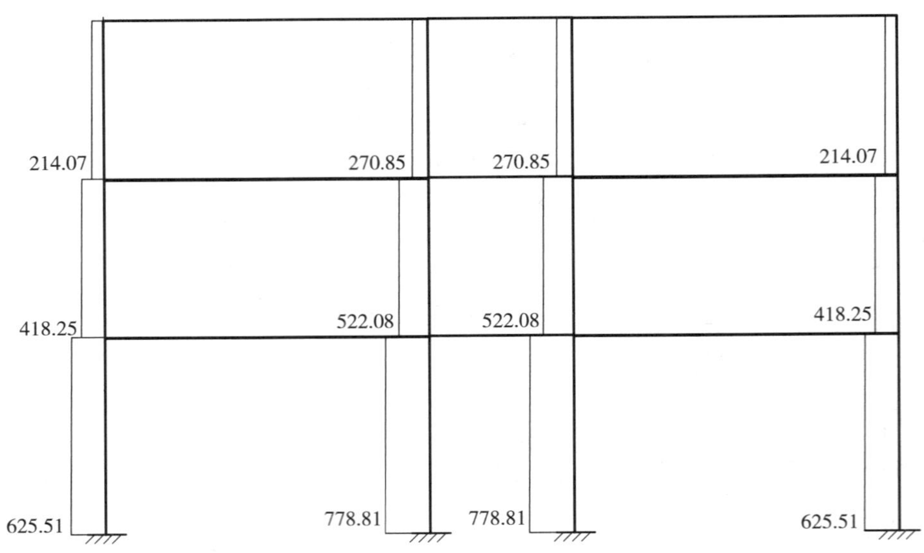

图 4.26 KJ-2 恒载轴力图

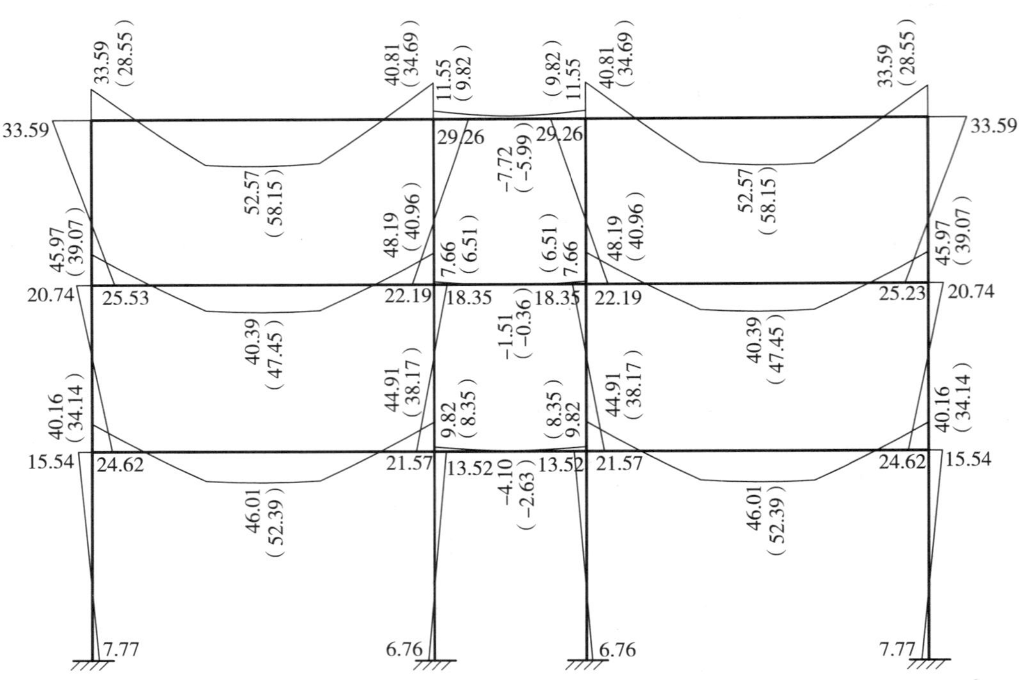

注：括号内数值为调幅后结果，负号表示跨中为负弯矩。

图 4.27 KJ-2 活载弯矩图

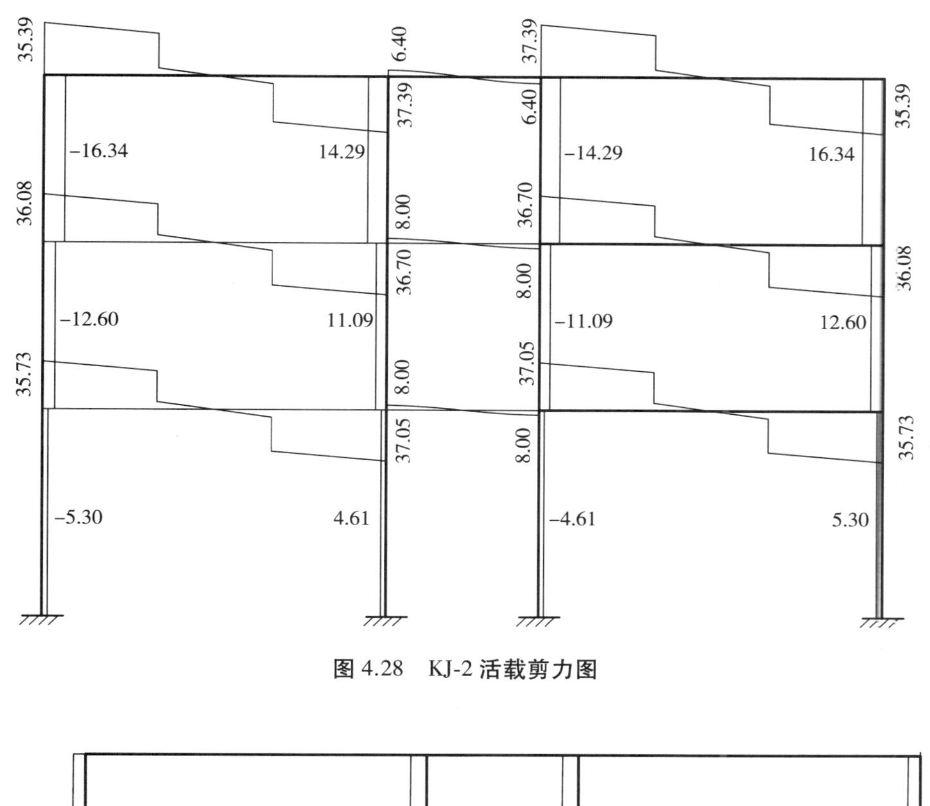

图 4.28　KJ-2 活载剪力图

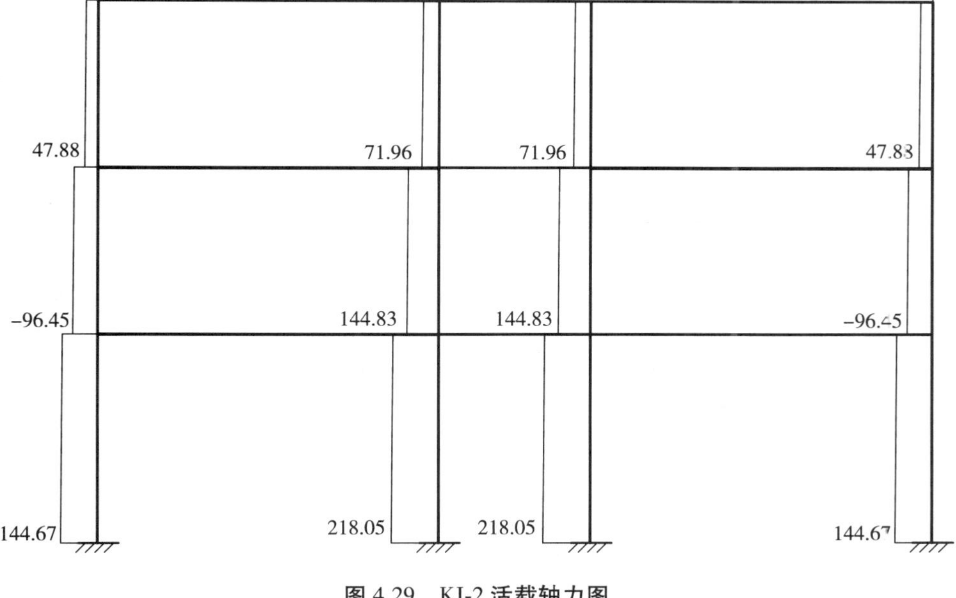

图 4.29　KJ-2 活载轴力图

4.11.9　单榀框架水平地震作用计算

在4.11.6节已经计算出了整体框架的地震剪力，并在图 4.20 算出了分到一榀框架的地震剪力,依据上述地震剪力可算出该榀框架的内力,如图 4.30 至图 4.32 所示。

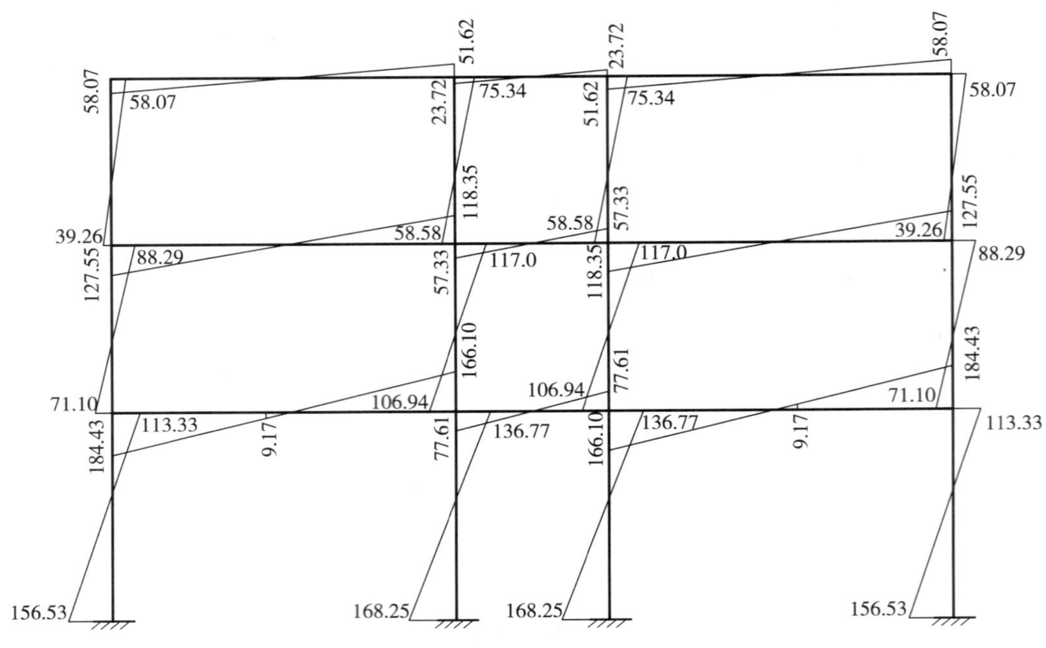

图 4.30 KJ-2 左地震弯矩图

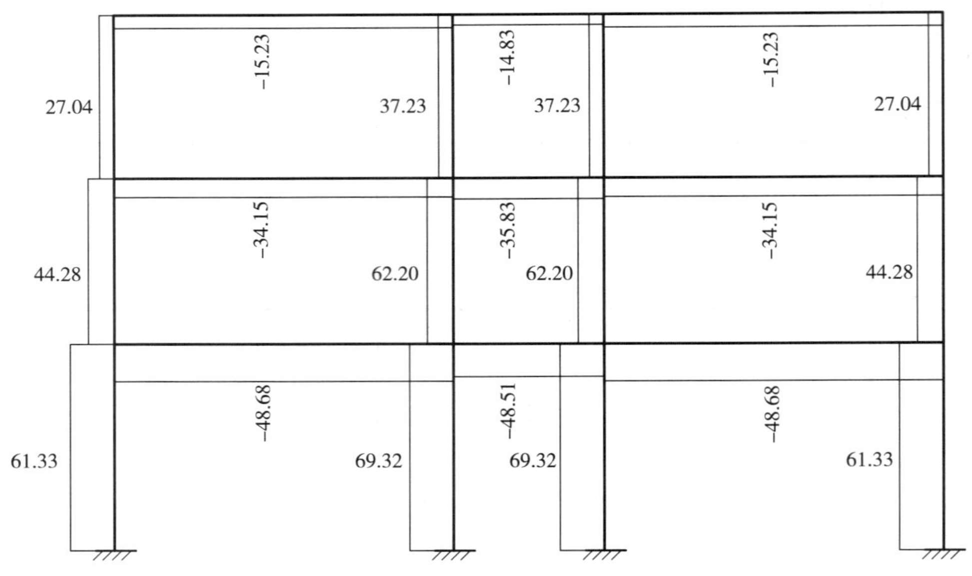

图 4.31 KJ-2 左地震剪力图

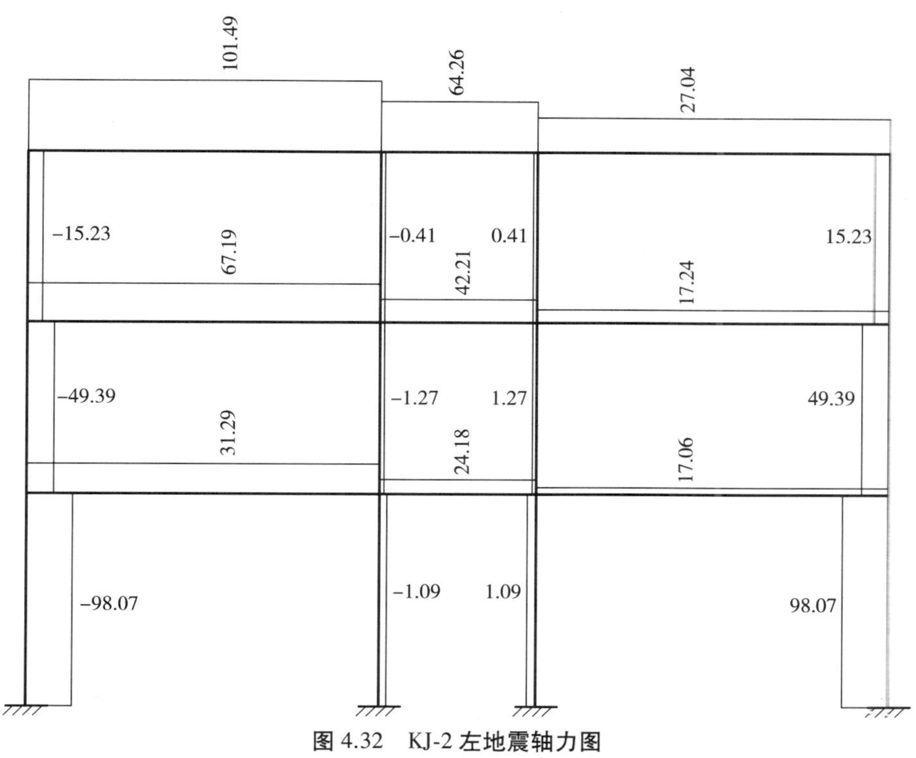

图 4.32　KJ-2 左地震轴力图

4.11.10　单榀框架风荷载计算

同水平地震内力计算原理，可得到风荷载作用下该榀框架的内力，如图 4.33 至图 4.35 所示。

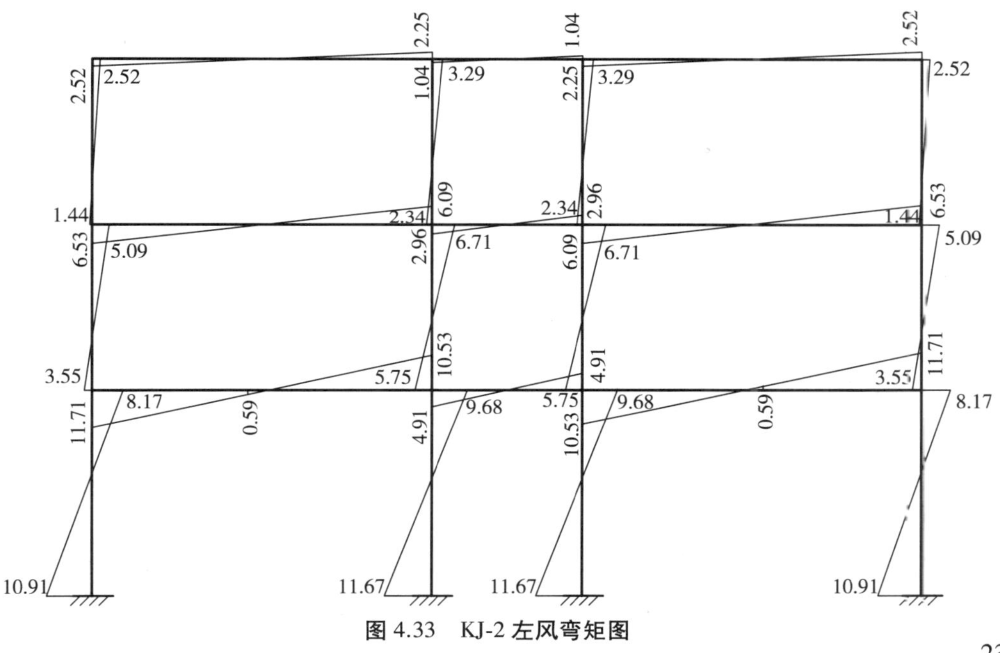

图 4.33　KJ-2 左风弯矩图

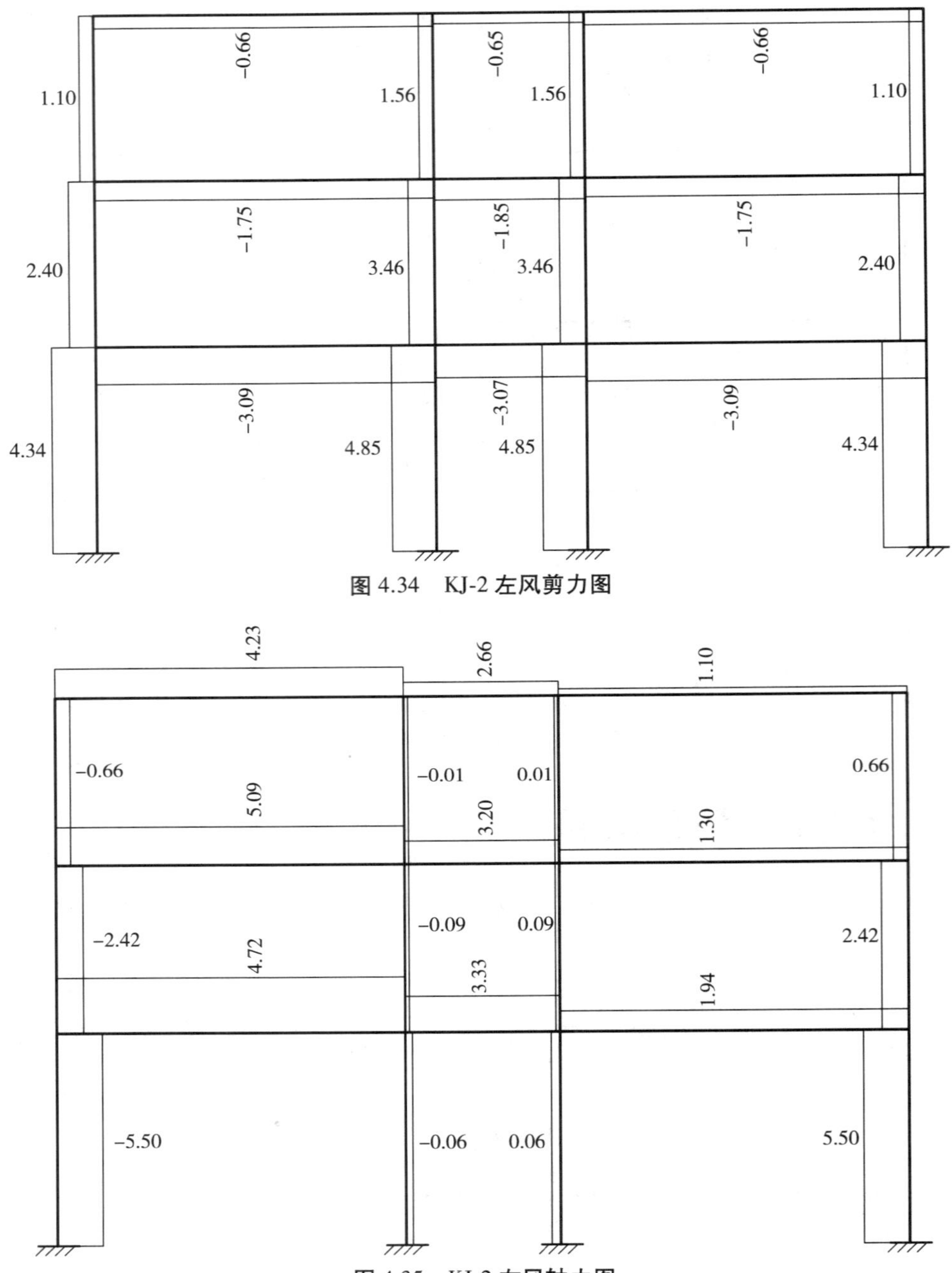

图 4.34　KJ-2 左风剪力图

图 4.35　KJ-2 左风轴力图

4.11.11　荷载组合及调整

根据以上内力计算结果，即可进行各梁柱各控制截面上的内力组合，其中梁的控制截面为梁端及跨中，柱每层有两个控制截面，即柱顶和柱底。根据《建筑抗震设计规范》规定，多层结构的风荷载与地震作用不同时考虑，所以本算例同时考虑了无地震作用组合与有地震参与的组合。同时为了简化计算，荷载组合值取轴线处的内力值，所计算的配筋会稍微偏大。

按照《建筑结构荷载规范》(GB 50009—2012)第 3.2.3 条,荷载基本组合的效应设计值 S_d 计算时,可变荷载应乘以考虑设计使用年限的调整系数 γ_L,因为本例设计使用年限为 50 年,$\gamma_L = 1.0$,故在下面荷载组合中不再写出 γ_L。

框架在各种荷载作用下,其组合为:

1)无地震组合

(1)恒载起控制作用的组合

$$S_d = 1.35S_{Gk} + 1.4\times0.7S_{Qk} + 1.4\times0.6S_{wk}$$

(2)活载起控制作用的组合

$$S_d = 1.2S_{Gk} + 1.4S_{Qk} + 1.4\times0.6S_{wk}$$

$$S_d = 1.2S_{Gk} + 1.4\times0.7S_{Qk} + 1.4S_{wk}$$

2)有地震组合

$$S_E = \gamma_G S_{GEk} + \gamma_{Eh} S_{Ehk}$$

式中　S_{Gk},S_{Qk},S_{wk}——分别为恒荷载、活荷载和风荷载内力标准值;

γ_G——重力荷载分项系数,一般情况应采用 1.2,当重力荷载效应对构件承载力有利时不应大于 1.0;

S_{GEk}——重力荷载代表值效应,$S_{GEk} = S_{Gk} + \psi S_{Qk}$;

ψ——组合值系数,按照《建筑抗震设计规范》5.1.3的规定取值;

γ_{Eh}——水平地震作用分项系数,取 1.3。

3)无地震组合计算

按上述组合原则计算梁端内力,其结果列于表 4.28 中,柱端内力计算结果列于表 4.29 和表 4.30 中。

表 4.28　无地震组合梁端截面组合计算表

位置			恒载	活载	左风	右风	1.35恒+1.4×0.7活+1.4×0.6左风	1.35恒+1.4×0.7活+1.4×0.6右风	1.2恒+1.4活+1.4×0.6左风	1.2恒+1.4活+1.4×0.6右风	1.2恒+1.4×0.7活+1.4左风	1.2恒+1.4×0.7活+1.4右风	M_{max}及相应的V	M_{min}及相应的V	$\lvert V\rvert_{max}$及相应的M
第一层	AB跨	$M_左$	-102.62	-34.14	11.71	-11.71	—	-181.83	—	-180.78	—	-173.00	—	-181.83	-181.83
		$V_左$	113.41	35.73	-3.09	3.09	—	190.71	—	188.71	—	175.43	—	190.71	190.71
		$M_中$	134.47	52.39	0.59	-0.59	233.37	—	235.21	—	213.53	—	**235.21**	—	—
		$M_右$	-113.37	-38.17	-10.53	10.53	-199.30	—	-198.33	—	-188.19	—	—	**-199.30**	-199.30
		$V_右$	-116.92	-37.05	-3.09	3.09	-196.75	—	-194.77	—	-180.94	—	—	-196.75	**-196.75**
	BC跨	$M_左$	-21.8	-8.35	4.91	-4.91	—	-41.74	—	-41.97	—	-41.22	—	-41.97	-41.97
		$V_左$	15.76	8	-3.07	3.07	—	31.69	—	32.69	—	31.05		32.69	32.69
		$M_中$	-9.19	-2.63	0	0	-14.98	—	-14.71	—	-13.61	—	-14.98	—	—
		$M_右$	-21.8	-8.35	-4.91	4.91	-41.74	—	-41.97	—	-41.22	—	—	-41.97	-41.97
		$V_右$	-15.76	-8	-3.07	3.07	-31.69	—	-32.69	—	-31.05	—	—	-32.69	-32.69

表 4.29　无地震组合Ⓐ轴柱端截面组合计算表

位置			恒载	活载	左风	右风	1.35 恒+1.4×0.7 活+1.4×0.6 左风	1.35 恒+1.4×0.7 活+1.4×0.6 右风	1.0 恒+1.4 活+1.4×0.6 左风	1.0 恒+1.4×0.7 活+1.4 左风	1.2 恒+1.4 活+1.4×0.6 右风	1.2 恒+1.4×0.7 活+1.4 右风	N_{max} 及相应的 M,V	N_{min} 及相应的 M,V	$\|M\|_{max}$ 及相应的 N,V
第一层	Ⓐ轴	$M_{顶}$	-47.37	-15.54	8.17	-8.17	-72.32	-86.04	-62.26	-51.16	-85.46	-83.51	-86.04	-51.16	-83.51
		$N_{顶}$	625.51	144.67	-5.5	5.5	981.60	990.84	823.43	759.59	957.77	900.09	990.84	759.59	900.09
		$M_{底}$	23.69	7.77	-10.91	10.91	30.43	48.76	25.40	16.03	48.47	51.32	48.76	16.03	51.32
		$N_{底}$	625.51	144.67	-5.5	5.5	981.60	990.84	823.43	759.59	957.77	900.09	990.84	759.59	900.09
		V	-16.4	-5.3	4.34	-4.34	-23.69	-30.98	-20.17	-15.52	-30.75	-30.95	-30.98	-15.52	-30.95

表 4.30　无地震组合Ⓑ轴柱端截面组合计算表

位置			恒载	活载	左风	右风	1.35 恒+1.4×0.7 活+1.4×0.6 左风	1.35 恒+1.4×0.7 活+1.4×0.6 右风	1.0 恒+1.4 活+1.4×0.6 左风	1.0 恒+1.4×0.7 活+1.4 左风	1.2 恒+1.4 活+1.4×0.6 右风	1.2 恒+1.4×0.7 活+1.4 右风	N_{max} 及相应的 M,V	N_{min} 及相应的 M,V	$\|M\|_{max}$ 及相应的 N,V
第一层	Ⓑ轴	$M_{顶}$	41.98	13.52	9.68	-9.68	78.05	61.79	52.78	41.68	77.44	77.18	61.79	41.68	77.18
		$N_{顶}$	778.81	218.05	-0.06	0.06	1 265.03	1 265.13	1 084.13	992.58	1 239.79	1 148.18	1 265.13	992.58	1 148.18
		$M_{底}$	-20.99	-6.76	-11.67	11.67	-44.76	-25.16	-20.65	-11.28	-44.45	-48.15	-25.16	-11.28	-48.15
		$N_{底}$	778.81	218.05	-0.06	0.06	1 265.03	1 265.13	1 084.13	992.58	1 239.79	1 148.18	1 265.13	992.58	1 148.18
		V	14.31	4.61	4.85	-4.85	27.91	19.76	16.69	12.04	27.70	28.48	19.76	12.04	28.48

4)有地震组合计算

在抗震设计时,荷载组合应采用基本组合(恒+活)及地震组合,两者比较选最不利值作为设计值。其中,基本组合可选无地震组合值。地震组合应注意:当房屋高度低于 60 m 时不计风荷载;一般情况下地震组合只考虑水平地震作用;对 9 度设防区及 8 度大跨或长悬臂结构除了要考虑水平地震作用外,还要考虑竖向地震作用。

对于有地震组合,要按照《建筑抗震设计规范》6.2 节的内容进行强柱弱梁、强剪弱弯的调整,涉及梁端剪力调整、柱端弯矩调整、柱端剪力调整以及底层柱端弯矩和角柱剪力的放大等,以下将以第 1 层为例,叙述梁、柱组合及调整的过程(本例可验算 1 层柱轴压比大于 0.15,故需要进行调整)。

(1)梁端弯矩计算

梁端弯矩不涉及内力调整,故列表计算,见表 4.31。

表 4.31　抗震组合的梁端弯矩计算表

位置			恒载	活载	左地震	右地震	1.2 恒+1.4 活	1.2(恒+0.5 活)+1.3 左地震	1.2(恒+0.5 活)+1.3 右地震	M_{max} 及相应的 V	M_{min} 及相应的 V	$\lvert V\rvert_{max}$ 及相应的 V
第一层	AB 跨	$M_{左}$	−102.62	−34.14	184.43	−184.43	−170.94	—	−383.39	—	**−383.39**	−383.39
		$V_{左}$	113.41	35.73	−48.68	48.68	186.11	—	220.81	—	220.81	220.81
		$M_{中}$	134.47	52.39	9.17	−9.17	234.71	204.72	—	**204.72**	—	—
		$M_{右}$	−113.37	−38.17	−166.10	166.10	−189.48	−374.88	—	—	−374.88	−374.88
		$V_{右}$	−116.92	−37.05	−48.68	48.68	−192.17	−225.82	—	—	−225.82	**−225.82**
	BC 跨	$M_{左}$	−21.8	−8.35	77.61	−77.61	−37.85	—	−132.06	—	−132.06	−132.06
		$V_{左}$	15.76	8	−48.51	48.51	30.11	—	86.78	—	86.78	86.78
		$M_{中}$	−9.19	−2.63	0.00	0.00	−14.71	−12.61	−12.61	−12.61	—	
		$M_{右}$	−21.8	−8.35	−77.61	77.61	−37.85	−132.06	—	—	−132.06	−132.06
		$V_{右}$	−15.76	−8	−48.51	48.51	−30.11	−86.78	—	—	−86.78	−86.78

(2)梁端剪力计算

按照式(4.39)计算,在进行梁端剪力调整前需要先计算出梁端的顺时针和逆时针的弯矩组合值,见表 4.32。

表 4.32　抗震组合的梁端剪力调整弯矩计算表

位置			恒载	活载	左地震	右地震	顺时针弯矩调整		逆时针弯矩调整	
							1.2(恒+0.5 活)+1.3 左地震	1.0(恒+0.5 活)+1.3 左地震	1.2(恒+0.5 活)+1.3 右地震	1.0(恒+0.5 活)+1.3 右地震
第一层	AB 跨	$M_{左}$	−102.62	−34.14	184.43	−184.43	—	120.07	−383.39	—
		$M_{右}$	−113.37	−38.17	−166.10	166.10	−374.88	—	—	83.48
	BC 跨	$M_{左}$	−21.8	−8.35	77.61	−77.61	—	74.92	−132.06	—
		$M_{右}$	−21.8	−8.35	−77.61	77.61	−132.06	—	—	74.92

有了上述调整需要用到的顺时针和逆时针弯矩,便可进行梁端剪力的调整,见表 4.33。

表 4.33　梁端剪力调整计算表

位置		L_N	重力荷载代表值均布荷载 q_k(kN/m)	重力荷载代表值集中荷载 P_k(kN)	V_{Gb}	顺时针 $M_{B左}$	顺时针 $M_{B右}$	逆时针 $M_{B左}$	逆时针 $M_{B右}$	调整后顺时针 V	调整后逆时针 V
第一层	AB 跨	6.80	16.96	119.02	140.61	120.07	−374.88	−383.39	83.48	**220.67**	216.13
	BC 跨	2.80	12.35	0	20.75	74.92	−132.06	−132.06	74.92	**102.06**	102.06

说明:重力荷载代表值为“恒+0.5 活”,恒、活荷载查图 4.23;$V_{Gb}=1.2P_k/2+1.2\times q_k l_n/2$;$V=\eta_{vb}(M_b^l+M_b^r)/l_n+V_{Gb}$,抗震等级三级 $\eta_{vb}=1.1$。

(3)柱端弯矩计算

按照式(4.37)计算,在进行柱端弯矩计算前需要先算出柱所在节点的梁的顺时针和逆时针的弯矩组合值,以及该柱的顺时针和逆时针的弯矩组合值,见表4.34至表4.36。

表4.34　用于柱端弯矩调整的梁端弯矩计算表

位置			恒载	活载	左地震	右地震	边节点		中间节点			
							梁杆端逆时针	梁杆端顺时针	梁杆端逆时针		梁杆端顺时针	
							1.2(恒+0.5活)+1.3右地震	1.0(恒+0.5活)+1.3左地震	1.0(恒+0.5活)+1.3右地震	1.2(恒+0.5活)+1.3右地震	1.2(恒+0.5活)+1.3左地震	1.0(恒+0.5活)+1.3左地震
第一层梁	AB跨	$M_{左}$	−102.62	−34.14	184.43	−184.43	−383.39	120.07	—	—	—	—
		$M_{右}$	−113.37	−38.17	−166.10	166.10	—	—	83.48	—	−374.88	—
	BC跨	$M_{左}$	−21.8	−8.35	77.61	−77.61	—	—	—	−132.06	—	74.92
		$M_{右}$	−21.8	−8.35	−77.61	77.61	—	—	—	—	—	—

表4.35　用于柱端弯矩调整的Ⓐ轴柱(边柱)弯矩计算表

位置			恒载	活载	左地震	右地震	杆端顺时针	杆端逆时针
							1.2(恒+0.5活)+1.3右地震	恒+0.5活+1.3左地震
第二层	Ⓐ轴	$M_{底}$	73.36	24.62	−70.1	70.1	193.93	−5.46
		$N_{底}$	418.25	96.45	−49.39	49.39	623.98	402.27
		V	−37.01	−12.6	44.28	−44.28	−109.54	14.25
第一层	Ⓐ轴	$M_{顶}$	−47.37	−15.54	113.33	−113.33	−213.50	92.19
		$N_{顶}$	625.51	144.67	−98.07	98.07	964.91	570.35
		$M_{底}$	23.69	7.77	−156.53	156.53	236.58	−175.91
		$N_{底}$	625.51	144.67	−98.07	98.07	964.91	570.35
		V	−16.4	−5.3	61.33	−61.33	−102.59	60.68

表4.36　用于柱端弯矩调整的Ⓑ轴柱(中柱)弯矩计算表

位置			恒载	活载	左地震	右地震	杆端逆时针	杆端顺时针
							1.2(恒+0.5活)+1.3左地震	恒+0.5活+1.3右地震
第二层	Ⓑ轴	$M_{顶}$	−65.75	−21.57	−106.94	106.94	−230.86	62.49
		$N_{顶}$	522.08	144.83	−1.27	1.27	711.74	596.15
		V	33.41	11.09	62.2	−62.2	127.61	−41.91
第一层	Ⓑ轴	$M_{顶}$	41.98	13.52	136.77	−136.77	236.29	−129.06
		$N_{顶}$	778.81	218.05	−1.09	1.09	1 063.99	889.25
		$M_{底}$	−20.99	−6.76	−168.25	168.25	−247.97	194.36
		$N_{底}$	778.81	218.05	−1.09	1.09	1 063.99(**886.42** 考虑重量荷载代表值有利的组合)	**889.25**
		V	14.31	4.61	69.32	−69.32	110.05	−73.50

有了上述调整需要用到的顺时针和逆时针弯矩,便可进行梁端剪力的调整,见表 4.37 和表 4.38。

表 4.37　柱内力调整表(一)

位　置	左梁端逆时针弯矩	右梁端逆时针弯矩	上柱顺时针弯矩	下柱顺时针弯矩	$1.3\sum M_b$	$\sum M_c$	判别	节点上柱端弯矩调整值 M	节点下柱端弯矩调整值 M	边柱弯矩放大值 M	柱端剪力 V
一层左边柱节点	0.00	-383.39	193.93	-213.50	498.40	407.43	$\sum M_c<$ 1.3 $\sum M_b$	237.24	-261.17	-28728	181.99
一层中柱节点	83.48	-132.06	62.49	-129.06	280.20	191.55	$\sum M_c<$ 1.3 $\sum M_b$	91.41	-188.79		**141.27**
左边柱柱底弯矩放大	—	—	—	236.58	—	—	—	—	307.55	338.31	
中柱柱底弯矩放大	—	—	—	194.36	—	—	—	—	**252.66**		

注:①本表为梁端逆时针弯矩、柱端顺时针弯矩的调整(即右地震参与组合的调整);

②在弯矩、剪力调整时,对于底层边柱柱底、柱顶的弯矩、剪力设计值乘以了 1.1 倍的角柱放大系数;

③与该调整相应的轴力可在表 4.35、表 4.36 中得到。

④上述弯矩以 kN·m 为单位,剪力以 kN 为单位。

表 4.38　柱内力调整表(二)

节点号	左梁端逆时针弯矩	右梁端逆时针弯矩	上柱顺时针弯矩	下柱顺时针弯矩	$1.3\sum M_b$	$\sum M_c$	判别	节点上柱端弯矩调整值 M	节点下柱端弯矩调整值 M	边柱弯矩放大值 M	柱端剪力 V
一层左边柱节点	0.00	120.07	-5.46	92.19	156.09	97.65	$\sum M_c<$ 1.3 $\sum M_b$	-8.73	147.36	162.10	-120.34
一层中柱节点	-374.88	74.92	-230.86	236.29	584.73	467.15	$\sum M_c<$ 1.3 $\sum M_b$	-288.97	295.76	—	**-197.80**
左边柱柱底弯矩放大	—	—	—	-175.91	—	—	—	—	-228.69	-251.56	—

续表

节点号	左梁端逆时针弯矩	右梁端逆时针弯矩	上柱顺时针弯矩	下柱顺时针弯矩	$1.3\sum M_b$	$\sum M_c$	判别	节点上柱端弯矩调整值 M	节点下柱端弯矩调整值 M	边柱弯矩放大值 M	柱端剪力 V
中柱柱底弯矩放大	—	—	—	−247.97	—	—	—	—	**−322.36**	—	—

注：①本表为梁端顺时针弯矩、柱端逆时针弯矩的调整（即左地震参与组合的调整）；

②在弯矩、剪力调整时，对于底层边柱柱底、柱顶的弯矩、剪力设计值乘以了 1.1 倍的角柱放大系数；

③与该调整相应的轴力可在表 4.35、表 4.36 中得到。

④上述弯矩以 kN·m 为单位，剪力以 kN 为单位。

在调整完成后便可选出顺时针和逆时针调整二者的最大值进行配筋设计。

4.11.12　框架梁配筋计算

框架梁的混凝土采用 C25，纵向受力钢筋采用 HRB400 级，箍筋采用 HRB400 级。钢筋保护层厚度（混凝土外边缘到受力钢筋外边缘的距离）25 mm（保护层厚度按照《混凝土结构设计规范》8. 2. 1-2 确定，梁为一类环境，柱二 a 类环境，包括其注 1 和条文说明），并可求得梁纵向受力钢筋合力点到混凝土外边缘距离 $a_s=25+10+20/2=45$（mm），所以可得 $h_0=650-45=605$（mm）。

其他参数：$\alpha_1=1.0, f_c=11.9\ \text{N/mm}^2, f_t=1.27\ \text{N/mm}^2, f_y=360\ \text{N/mm}^2$。

另外根据《建筑抗震设计规范》6. 3. 3条规定，本工程抗震等级为三级，需满足：

①$x\leqslant 0.35h_0$；

②$A_{s底}/A_{s顶}\geqslant 0.3$；

③如果梁端纵向受拉钢筋配筋率大于 2%时，箍筋配置最小直径应比《建筑抗震设计规范》6. 3. 3条规定的最小数值大 2 mm。

现以第 1 层 AB 跨 250 mm×650 mm 框架梁为例，说明框架梁的配筋过程。

由于本工程考虑了地震作用，按照《混凝土结构设计规范》11. 1. 6条规定，考虑地震组合验算混凝土构件承载力时，均应按承载力抗震调整系数 γ_{RE} 进行调整，对于梁等受弯构件正截面承载力计算 $\gamma_{RE}=0.75$，对于斜截面受剪承载力计算 $\gamma_{RE}=0.85$，同时应与非抗震组合的验算结果相比较。

1）计算公式

非地震作用组合：$\alpha_1 f_c bx=f_y A_s-f'_y A'_s, M\leqslant\alpha_1 f_c bx(h_0-x/2)+f'_y A'_s(h_0-A'_s)$

地震作用组合：$\alpha_1 f_c bx=f_y A_s-f'_y A'_s, M\leqslant\dfrac{1}{\gamma_{RE}}[\alpha_1 f_c bx(h_0-x/2)+f'_y A'_s(h_0-A'_s)]$

2）跨中正截面受弯承载力计算（按照双筋 T 形截面计算 $b_f=1\ 450$ mm，上部通长钢筋假定 2⌀20）

跨中正弯矩：考虑地震作用的组合 $M=204.72$ kN·m

不考虑地震作用的组合 $M=235.21\ \mathrm{kN\cdot m}$

支座负弯矩：考虑地震作用的组合 $M=383.39\ \mathrm{kN\cdot m}$（左右支座二者取大值）

不考虑地震作用的组合 $M=199.30\ \mathrm{kN\cdot m}$

由于跨中弯矩不考虑地震作用的组合比考虑地震作用的组合的值大，且考虑地震作用的组合的值还要乘以折减系数 γ_{RE}，所以计算结果是不考虑地震作用的组合的要大。本例仅计算不考虑地震作用的组合计算。

判断受压区是否在翼缘高度范围内

$\alpha_1 f_c b'_f h'_f(h_0-h'_f/2)+f'_y A'_s(h_0-A'_s)=1.0\times11.9\times1\ 450\times100\times(605-100/2)+360\times628\times(605-45)=1\ 084.3\ (\mathrm{kN\cdot m})>M=235.21\ \mathrm{kN\cdot m}$

（注：若考虑地震作用组合，则判定式应为 $\dfrac{1}{\gamma_{RE}}[\alpha_1 f_c b'_f h'_f(h_0-h'_f/2)+f'_y A'_s(h_0-A'_s)]\geqslant M$）

故可按宽度为 b_f 的矩形截面梁计算。

$$\alpha_s=\frac{M-f'_y A'_s(h_0-A'_s)}{\alpha_1 f_c b h_0^2}=\frac{235.21\times10^6-360\times628\times(605-45)}{1.0\times11.9\times1\ 450\times605^2}=0.017\ 2$$

$$\xi=1-\sqrt{1-2\alpha_s}=0.017\ 3$$

$$x=\xi h_0=0.017\ 3h_0<0.35h_0$$

且 $x=\xi h_0=10.5\ \mathrm{mm}<2a'=90\ \mathrm{mm}$

由于 $x<2a'$，所以受压钢筋不屈服，应按照《混凝土结构设计规范》6.2.14条公式和单筋截面分别计算并取大值。

$$A_{s1}=\frac{M}{f_y(h-a_s-a'_s)}=\frac{235.21\times10^6}{360\times(650-45-45)}=1\ 167(\mathrm{mm}^2)$$

(1)按照《混凝土结构设计规范》6.2.14条公式计算

①按照单筋截面计算：

$$\alpha_s=\frac{M}{\alpha_1 f_c b h_0^2}=\frac{235.21\times10^6}{1.0\times11.9\times1\ 450\times605^2}=0.037\ 2$$

$$\xi=1-\sqrt{1-2\alpha_s}=0.038$$

$$x=\xi h_0=0.038h_0<0.35h_0$$

则 $A_{s2}=\dfrac{\alpha_1 f_c b'\xi h_0}{f_y}=\dfrac{1.0\times11.9\times1\ 450\times0.038\times605}{360}=1\ 102(\mathrm{mm}^2)$

所以取上述二者较大值 $A_s=1\ 167\ \mathrm{mm}^2$，下部选用钢筋 4⌀20（$1\ 256\ \mathrm{mm}^2$）。

跨中纵向钢筋配筋率应满足《混凝土结构设计规范》11.3.6条规定：

$$\rho=\frac{A_s}{bh}\times100\%=\frac{1\ 256}{250\times650}\times100\%=0.84\%>\rho_{min}=\max\left\{0.20\%,45\frac{f_t}{f_y}\times100\%=0.16\%\right\}=0.2\%$$

②左边支座截面（按照双筋矩形截面计算）。按考虑地震作用组合值计算，原理同上。

$M=383.39\ \mathrm{kN\cdot m}$

$$\alpha_s = \frac{M - f'_y A'_s (h_0 - A'_s)}{\frac{1}{\gamma_{RE}} \alpha_1 f_c b h_0^2} = \frac{383.39 \times 10^6 - 360 \times 1\,256 \times (605 - 45)}{\frac{1}{0.75} \times 1.0 \times 11.9 \times 250 \times 605^2} = 0.089\,7$$

$$\xi = 1 - \sqrt{1 - 2\alpha_s} = 0.094$$

$$x = \xi h_0 = 0.094 h_0 < 0.35 h_0$$

且 $x = \xi h_0 = 57\ \text{mm} < 2a' = 90\ \text{mm}$

由于 $x<2a'$，所以受压钢筋不屈服，应按照《混凝土结构设计规范》6. 2. 14条公式和单筋截面分别计算并取大值。

(2)按照《混凝土结构设计规范》6. 2. 14条公式计算

$$A_{s1} = \frac{M}{\frac{1}{\gamma_{RE}} f_y (h - a_s - a'_s)} = \frac{0.75 \times 383.39 \times 10^6}{360 \times (650 - 45 - 45)} = 1\,426(\text{mm}^2)$$

按照单筋截面计算：

$$\alpha_s = \frac{M}{\frac{1}{\gamma_{RE}} \alpha_1 f_c b h_0^2} = \frac{383.39 \times 10^6}{\frac{1}{0.75} \times 1.0 \times 11.9 \times 250 \times 605^2} = 0.264$$

$$\xi = 1 - \sqrt{1 - 2\alpha_s} = 0.313$$

$$x = \xi h_0 = 0.313 h_0 < 0.35 h_0$$

则：

$$A_{s2} = \frac{\alpha_1 f_c b \xi h_0}{f_y} = \frac{1.0 \times 11.9 \times 250 \times 0.313 \times 605}{360} = 1\,565(\text{mm}^2)$$

所以取上述二者较大值 $A_s = 1\,565\ \text{mm}^2$，支座钢筋选用4Φ22($1\,521\ \text{mm}^2$)(相差2.9%，可以)

支座纵向钢筋配筋率应满足《混凝土结构设计规范》11. 3. 6条规定：

$$\rho = \frac{A_s}{bh} \times 100\% = \frac{1\,521}{250 \times 650} \times 100\% = 1.01\% > \rho_{min} = \max\left\{0.25\%, 55\frac{f_t}{f_y} \times 100\% = 0.19\%\right\} = 0.25\%$$

$A_{s底}/A_{s顶} = 1\,256/1\,521 = 0.826 \geqslant 0.3$，满足要求。

由于梁端纵向受拉钢筋总配筋率为1.01%，因此配置箍筋时不必再在最小直径的基础上增加2 mm。梁截面配筋如图4.36所示。

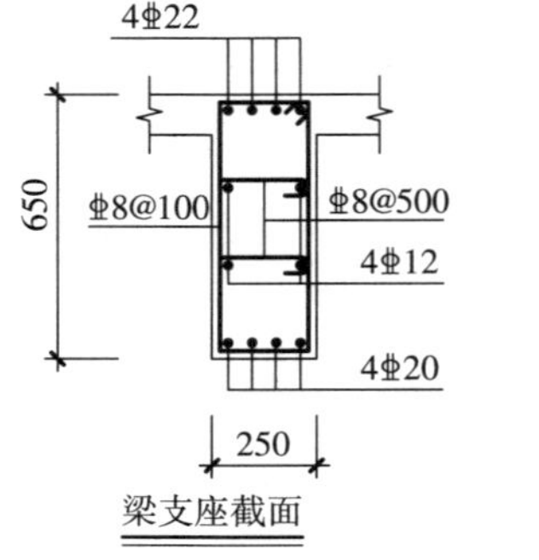

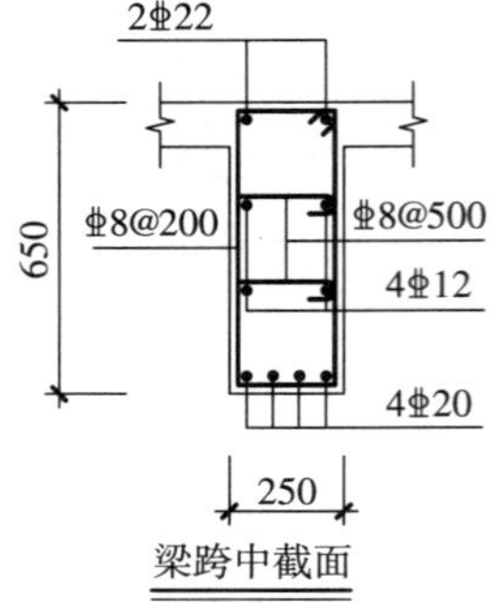

图4.36　梁截面配筋

3）斜截面受剪承载力计算

对于考虑地震作用组合的值：调整过的剪力 $V_b = 220.67$ kN，但它小于未经过调整的 225.82 kN，所以取地震作用组合的值为 225.82 kN。

不考虑地震作用组合的值：196.75 kN。

由于 $V_b\gamma_{RE} = 225.82 \times 0.85 = 191.45$（kN）< 196.75 kN，所以按不考虑地震作用组合的值计算。

根据《混凝土结构设计规范》第6.3.1条，验算截面控制条件 $V < 0.25\beta_c f_c b h_0$（若考虑抗震组合，则为 $V < \dfrac{1}{\gamma_{RE}} 0.25\beta_c f_c b h_0$）。

$0.25\beta_c f_c b h_0 = 0.25 \times 1.0 \times 11.9 \times 250 \times 605 = 450(\text{kN}) > V_b$，满足要求。

又根据《混凝土结构设计规范》第6.3.4条，当仅配置箍筋时，斜截面受剪承载力按照下式计算：

$$V_{cs} = \alpha_{cv} f_t b h_0 + f_{yv} \frac{A_{sv}}{s} h_0, V_b \leqslant V_{cs}$$

（注：若考虑地震作用组合，则上式应该为 $V_b \leqslant \dfrac{1}{\gamma_{RE}} V_{cs}$）

$\dfrac{A_{sv}}{s} = \dfrac{V_b - 0.7 f_t b h_0}{f_{yv} h_0} = \dfrac{196.75 \times 10^3 - 0.7 \times 1.27 \times 250 \times 605}{360 \times 605} = 0.286$，按计算配筋，取双肢箍⌀8@200(2)。

箍筋配箍率 $\rho_{sv} = \dfrac{3.14 \times 8^2 \times 2}{200 \times 250} \times 100\% = 0.8\% > 0.26 \dfrac{f_t}{f_{yv}} \times 100\% = 0.091\%$，满足要求。

4.11.13　框架柱配筋计算

柱的混凝土均为C30。柱纵向钢筋全部采用HRB400级，箍筋采用HRB400级，$h_0 = 500 - 45 = 455$ mm（具体可参照梁确定方法）。

以底层Ⓑ轴中柱为例。

其他参数：$\alpha_1 = 1.0$，$f_c = 14.3\ \text{N/mm}^2$，$f_t = 1.43\ \text{N/mm}^2$，$f_y = 360\ \text{N/mm}^2$。

考虑地震作用参与的二组组合（顺时针调整和逆时针调整）：

①$M_1 = 295.76$ kN·m，$M_2 = 322.36$ kN·m，相应的 $N = 886.42$ kN，$V = 197.80$ kN（M，V 为调整后的值）；

②$M_1 = 188.79$ kN·m，$M_2 = 252.66$ kN·m，相应的 $N = 889.25$ kN，$V = 141.27$ kN（M，V 为调整后的值）。

选取弯矩和轴力都较大的第①组进行计算。

1）轴压比验算

对于Ⓑ轴底层柱的组合内力，最大组合为“1.35恒+1.4×0.7活+1.4×0.6右风”，其值为1 256.13 kN。

$$\frac{N}{f_c A}=\frac{1\ 256.13\times 10^3}{14.3\times 400\times 500}=0.439<0.85$$，满足要求。

2）柱正截面受弯承载力计算

（1）判断是否需要考虑二阶效应

$A=b\times h=400\times 500=200\ 000(\text{mm}^2)$

$I=bh^3/12=400\times 500^3/12=4.17\times 10^9(\text{mm}^4)$

$i=\sqrt{I/A}=\sqrt{4.17\times 10^9/200\ 000}=144.33\ (\text{mm})$

因为 $\frac{l_0}{i}=\frac{4\ 400}{144.33}=30.48>34-12\times\frac{249.18}{301.73}=24.09$，故需要考虑二阶效应的影响。

（2）计算控制截面的弯矩设计值

$C_m=0.7+0.3\times M_1/M_2=0.975$

$e_a=20$ mm 或 $h/30=500/30$ 的较大值，$e_a=20$ mm

$h_0=h-a_s=500-45=455(\text{mm})$

$\zeta_c=0.5f_cA/N=0.5\times 14.3\times 200\ 000/886.42\times 10^3=1.61>1$，取 $\zeta_c=1$

$$\eta_{ns}=1+\frac{1}{1\ 300(M_2/N+e_a)/h_0}\left(\frac{l_c}{h}\right)^2\zeta_c$$

$$=1+\frac{1}{1\ 300\times(322.36\times 10^6/886.42\times 10^3+20)/455}\left(\frac{4\ 400}{500}\right)^2\times 1=1.07$$

所以控制截面的弯矩设计值：

$M=\eta_{ns}C_mM_2=1.07\times 0.975\times 322.36=336.30(\text{kN}\cdot\text{m})$

（3）判别大、小偏心受压（偏心受压柱且混凝土不小于 0.15 时，$\gamma_{RE}=0.8$）

$$\xi=\frac{\gamma_{RE}N}{\alpha_1 f_c bh_0}=\frac{0.8\times 886.42\times 10^3}{1\times 14.3\times 400\times 455}=0.272<\xi_b=0.518$$，属大偏心受压，且

$x=\xi h_0=0.272\times 455=123.8>2a_s=80$

（4）计算配筋

$$e_0=\frac{M}{N}=\frac{336.3\times 10^6}{886.42\times 10^3}=379.40(\text{mm})$$

$e_i=e_0+e_a=379.40+20=399.40(\text{mm})$

$e=e_i+h/2-a_s=399.40+500/2-45=604.40(\text{mm})$

根据《混凝土结构设计规范》（GB 50010—2010）第6.2.18计算配筋。

$$Ne=\frac{1}{\gamma_{RE}}[\alpha_1 f_c bx(h_0-x/2)+f'_yA'_s(h_0-a'_s)]$$ 得：

$$A_s=A'_s=\frac{\gamma_{RE}Ne-\alpha_1 f_c bx(h_0-x/2)}{f'_y(h_0-a'_s)}$$

$$=\frac{0.8\times 886.42\times 10^3\times 604.40-1\times 14.3\times 400\times 123.8\times(455-123.8/2)}{360\times(455-45)}$$

$$=1\ 018(\text{mm})$$

最小总配筋率 $\rho_{min}=0.75\%$

$A_{s,min}=A'_{s,min}=0.75\%\times400\times500=1\ 500(\mathrm{mm}^2)$

单边最小配筋率 $\rho_{min}=0.2\%$

$A_{s1,min}=A'_{s1,min}=0.2\%\times400\times500=400(\mathrm{mm}^2)$

于是 400 方向配 2⌀20+1⌀18（$A_s=879\ \mathrm{mm}^2$），500 方向（框架内）配 2⌀20+2⌀18（$A_s=1\ 130\ \mathrm{mm}^2$）。

3）柱斜截面受剪承载力计算

（1）截面尺寸复核

取 $h_0=455$ mm，$V_{max}=197.80$ kN，$\lambda=M_c/(V_c h_0)=322.36\times10^6/(197.80\times10^3\times455)=3.58>3$，取 $\lambda=3$。

$$\frac{1}{\gamma_{RE}}(0.2\beta_c bh_0)=0.2\times14.3\times400\times455/0.85=612.4(\mathrm{kN})>197.80\ \mathrm{kN}$$

抗剪截面满足要求。

（2）求柱箍筋加密区箍筋的体积配箍率

按照《建筑抗震设计规范》6.3.7条规定，抗震等级三级的框架柱箍筋最小直径为 8 mm，于是本工程取柱箍筋直径为 8 mm，结合柱纵筋配置情况，箍筋肢数取 3×4（中间设拉钩），根据上述条件计算柱箍筋加密区箍筋的体积配箍率。

柱轴压比为 0.439，查《混凝土结构设计规范》11.4.17条 $\lambda_v=0.078$，于是柱箍筋加密区箍筋的体积配箍率不小于：

$$\rho_v\geqslant\lambda_v\frac{f_c}{f_{yv}}=0.078\times16.7/360=3.62\times10^{-3}$$（混凝土强度按照 C35 取）

即：$$\rho_v=\frac{[(400-35\times2)\times4+(500-35\times2)\times3]\times\pi\times8^2/4}{400\times500\times s}\geqslant3.62\times10^{-3}$$

可算得 $s=181.2$ mm，即柱箍筋直径取 8 mm 的前提下，加密区箍筋间距不大于 181.2 mm。

（3）验算柱斜截面受剪承载力

按照《建筑抗震设计规范》6.3.7条规定，柱根箍筋加密区间距不大于 100 mm，假定柱加密区箍筋配⌀8@100（3×4），根据《混凝土结构设计规范》11.4.7条公式验算。

由于 $N=886.42\ \mathrm{kN}>0.3f_cA=0.3\times14.3\times400\times500=858(\mathrm{kN})$，取 $N=858$ kN。

$$\frac{1}{\gamma_{RE}}\left[\frac{1.05}{\lambda+1}f_t bh_0+f_{yv}\frac{A_{sv}}{s}h_0+0.056N\right]$$

$=[1.05\times1.43\times400\times445/3+360\times50.3\times3/100\times455+0.056\times858]/0.85=396(\mathrm{kN})>197.80\ \mathrm{kN}$

所以柱端加密区配⌀8@100（3×4）满足抗剪要求。柱截面配筋如图 4.37 所示。

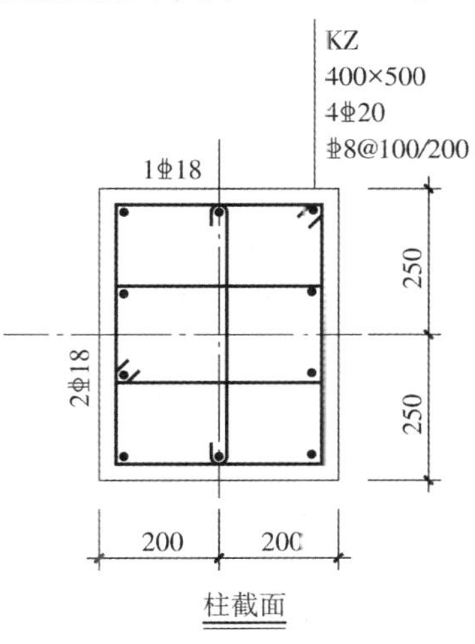

图 4.37　柱截面配筋

本章小结

(1)框架结构是多高层房屋中最基本的一种结构体系。框架结构一般是指梁、柱由节点刚性连接组成的高次超静定的空间杆系结构。框架结构的特点是柱网布置灵活,便于获得开敞的较大使用空间。框架结构的延性较好,但横向侧移刚度小,水平位移大。当建筑的高度较高时,框架结构在风荷载和水平地震作用下,不易满足正常使用的侧移限制要求。框架结构比较适用于非抗震设计时体形较规则、平面和竖向刚度较均匀的多、高层建筑,和有抗震设防要求的多层建筑。

(2)钢筋混凝土框架结构设计的基本内容及其步骤主要有:结构方案设计,平面、竖向布置和构件选型;结构的作用及其效应分析及效应的组合;结构变形验算和构件计算和验算;结构及构件的各类构造措施设计。

(3)结构布置的一般原则是在满足建筑和设备各专业要求的条件下,力求形体规则简单、变形缝设置合理;结构平面布置尽可能规则对称,柱要上下连续,水平构件梁尽可能对齐,梁柱轴线尽可能重合;应避免平面上过大和连续的开洞,保证结构有可靠和简捷的传递竖向和水平力的途径;构件的尺寸尽可能统一规格较少。

(4)框架结构有单向布置和双向布置方案。单向布置方案仅适用于非抗震设防且高宽比不大的多层框架结构。在有抗震要求的房屋和高层结构设计中,要求框架必须双向布置,双向框架结构布置方案具有较强的空间整体性和较好的抗震性能。

(5)对于体形规则的框架结构,可沿柱列分别简化为横向平面框架和纵向平面框架。在计算竖向荷载时可按梁、柱从属面积的原则分配荷载。在计算水平作用时,按平面框架各自的抗侧刚度分配其效应。

(6)掌握竖向荷载和水平作用下的内力手算基本方法,熟悉结构在竖向和水平作用下的内力和变形特点,是结构设计最基本的工程能力。

(7)内力组合就是通过分析各种内力同时出现的可能性,以及它们对构件截面失效性质的影响,按照规范规定的规则寻求构件截面设计的最不利的内力的过程。

(8)正常使用条件下,应对建筑结构的侧移变形进行限制。框架结构按弹性方法计算的风荷载或多遇地震标准值作用下的楼层层间最大水平位移角 $\theta_e \leqslant 1/550$。

(9)构造是不需要对构件进行复杂的计算而是针对构件细部做法的规定或要求。工程结构的受力性能是靠构造措施和良好的工程质量来保证的。其他作用如温度变化、混凝土的收缩、徐变、地基的差异沉降等作用效应的影响更多还是通过构造要求来控制的。在规范中对构件的有关构造规定都是经专项研究或以事故教训及工程经验来确定的。

(10)抗震设防目标是“小震不坏,中震可修,大震不倒”。抗震设计的基本方法是对结构进行第一阶段的构件承载力和弹性变形验算,满足在第一水准下具有必要的承载力可靠度,又满足第二水准的损坏可修的目标。对大多数的结构,可只进行第一阶段设计,而通过概念设计及其抗震构造措施来满足第三水准的设计要求。

(11)“强柱弱梁”和“强剪弱弯”的概念设计是框架结构抗震设计方法的精髓。

(12)框架结构梁端和柱端是框架结构抗震设计的关键部位。框架结构梁端和柱端的抗震措施是框架结构抗震性能的基本保证。

思考题

4.1　框架结构布置的一般原则是什么？

4.2　框架结构在哪些情况下采用？

4.3　现浇框架结构设计的主要内容和步骤是什么？

4.4　简述框架结构形式的受力特点及优缺点。

4.5　简述框架结构设计的主要内容和一般步骤。

4.6　框架结构内力计算的分层法采用了哪些假定？主要计算步骤是什么？

4.7　框架结构内力计算反弯点法各采用了哪些假定？主要计算步骤是什么？

4.8　框架结构内力计算 D 值法各采用了哪些假定？与反弯点法相比有何改进？

4.9　构造规定的目的是什么？框架结构构造规定的主要内容有哪些？

4.10　什么是结构的概念设计？简述框架结构抗震概念设计的主要内容。

4.11　“强柱弱梁”的抗震措施主要有哪些计算和规定？

4.12　“强剪弱弯”的抗震措施主要有哪些计算和规定？

4.13　为什么要控制框架柱的轴压比？

4.14　为什么说梁端和柱端是框架结构抗震设计的关键部位？

习　题

某 6 层框架结构办公楼，平面为矩形，其典型计算单元框架有三跨，第四层梁跨中控制截面内力如下表所示，表中的数据均为标准值，试求控制截面处的最不利内力设计值。要求写出组合项和对应的数据。

框架内力分析结果表

梁	截　面	内　力	恒荷载①	活荷载②	风荷载③	荷载组合方式		
BC	梁左	M(kN·m)	−15.12	−2.63	11.65	1	2	3
		V(kN)	7.67	3.03	14.52			
	跨中	M(kN·m)	−17.89	−1.41	0.0			

表中荷载组合方式的 1,2,3 项如下：

1:1.35×恒载+1.4×活载

2:1.2×恒载+1.4×活载+1.4×0.6×风载

3:1.2×恒载+1.4×0.7×活载+1.4×风载

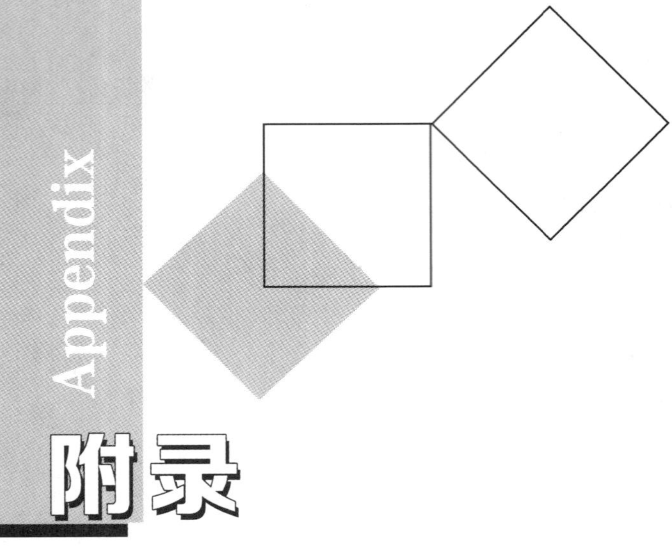

附录 1　等截面等跨连续梁在常用荷载作用下的内力系数表

说明：

(1)在均布荷载作用下　M=表中系数×ql^2，V=表中系数×ql

(2)在集中荷载作用下　M=表中系数×Gl，V=表中系数×G

(3)内力正负号规定　M——使截面上部受压、下部受拉为正；V——对邻近截面所产生的力矩沿顺时针方向者为正。

附表 1.1　两跨梁

序号	荷载简图	跨内最大弯矩		支座弯矩	支座剪力			
		M_1	M_2	M_B	V_A	V_{Bl}	V_{Br}	V_C
1	q A B C t_0 t_0	0.070	0.070 3	−0.125	0.375	−0.625	0.625	−0.375
2	q M_1 M_2	0.096	−0.025	−0.063	0.437	−0.563	0.063	0.063
3	G G	0.156	0.156	−0.188	0.312	−0.688	0.688	−0.312
4	G	0.203	−0.047	−0.094	0.406	−0.594	0.094	0.094
5	G G G G	0.222	0.222	−0.333	0.667	−1.334	1.334	−0.667

续表

序号	荷载简图	跨内最大弯矩		支座弯矩	支座剪力			
		M_1	M_2	M_B	V_A	V_{Bl}	V_{Br}	V_C
6	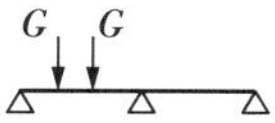	0. 278	−0. 056	−0. 167	0. 833	−1. 167	0. 167	0. 167

注：V_{Bl}，V_{Br}分别为支座 B 左、右截面的剪力。

附表 1.2 三跨梁

序号	荷载简图	跨内最大弯矩		支座弯矩		支座剪力					
		M_1	M_2	M_B	M_C	V_A	V_{Bl}	V_{Br}	V_{Cl}	V_{Cr}	V_D
1	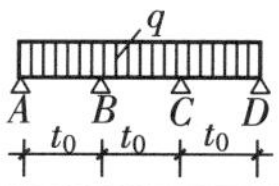	0. 080	0. 025	−0. 100	−0. 100	0. 400	−0. 600	0. 500	−0. 500	0. 600	−0. 400
2	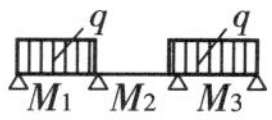	0. 101	−0. 050	−0. 050	−0. 050	0. 450	−0. 550	0. 000	0. 000	0. 550	−0. 450
3	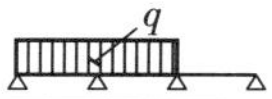	−0. 025	0. 075	−0. 050	−0. 050	−0. 050	−0. 050	0. 500	−0. 500	0. 050	0. 050
4	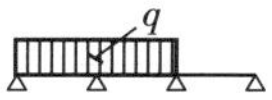	0. 073	0. 054	−0. 117	−0. 033	0. 383	−0. 617	0. 583	−0. 417	0. 033	0. 033
5	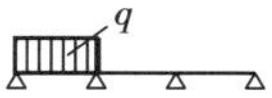	0. 094	—	−0. 067	0. 017	0. 433	−0. 567	0. 083	0. 083	−0. 017	−0. 017
6	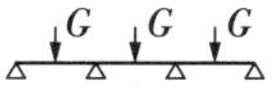	0. 175	0. 100	−0. 150	−0. 150	0. 350	−0. 650	0. 500	−0. 500	0. 650	−0. 350
7	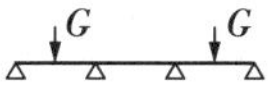	0. 213	−0. 075	−0. 075	−0. 075	0. 425	−0. 575	0. 000	0. 000	0. 575	−0. 425
8	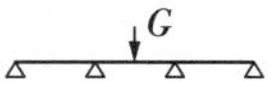	−0. 038	0. 175	−0. 075	−0. 075	−0. 075	−0. 075	0. 500	−0. 500	0. 075	0. 075
9	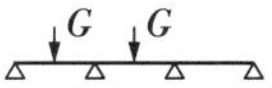	0. 162	0. 137	−0. 175	−0. 050	0. 325	−0. 675	0. 625	−0. 375	0. 050	0. 050
10	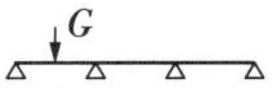	0. 200	—	−0. 100	0. 025	0. 400	−0. 600	0. 125	0. 125	−0. 025	−0. 025
11	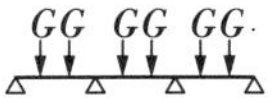	0. 244	0. 067	−0. 267	−0. 267	0. 733	−1. 267	1. 000	−1. 000	1. 267	−0. 733
12	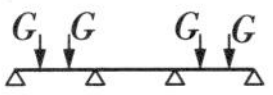	0. 289	−0. 133	−0. 133	−0. 133	0. 866	−1. 134	0. 000	0. 000	1. 134	−0. 866
13	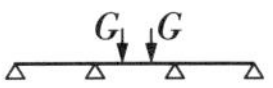	−0. 044	0. 200	−0. 133	−0. 133	−0. 133	−0. 133	−1. 000	−1. 000	0. 133	0. 133
14	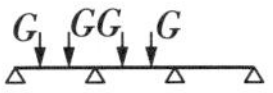	0. 229	0. 170	−0. 311	−0. 089	0. 689	−1. 311	1. 222	−0. 778	0. 089	0. 089
15	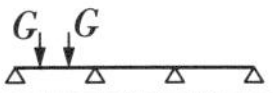	0. 274	—	−0. 178	0. 044	0. 822	−1. 178	0. 222	0. 222	−0. 044	−0. 044

注：V_{Bl}，V_{Br}分别为支座 B 左、右截面的剪力；V_{Cl}，V_{Cr}分别为支座 C 左、右截面的剪力。

附表 1.3　四跨梁

序号	荷载简图	跨内最大弯矩		支座弯矩					支座剪力							
		M_1	M_2	M_3	M_4	M_B	M_C	M_D	V_A	V_{Bl}	V_{Br}	V_{Cl}	V_{Cr}	V_{Dl}	V_{Dr}	V_E
1		0.077	0.036	0.036	0.077	−0.107	−0.071	−0.107	0.393	−0.607	0.536	−0.464	0.464	−0.536	0.607	−0.303
2		0.100	−0.045	0.081	−0.023	−0.054	−0.036	−0.054	0.446	−0.554	0.018	0.018	0.482	−0.518	0.054	0.054
3		0.072	0.061	—	0.098	−0.121	−0.018	−0.058	0.380	−0.620	0.603	−0.397	−0.040	−0.040	0.558	−0.442
4		—	0.056	0.056	—	−0.036	−0.107	−0.036	−0.036	−0.036	0.429	−0.571	0.571	−0.429	0.036	0.036
5		0.094	—	—	—	−0.067	0.018	−0.004	0.433	0.433	0.085	0.085	−0.022	−0.022	0.004	0.004
6		—	0.071	—	—	−0.049	−0.054	0.013	−0.049	−0.049	0.496	−0.504	0.067	0.067	−0.013	−0.013
7		0.169	0.116	0.116	0.169	−0.161	−0.107	−0.161	0.339	−0.661	0.554	−0.446	0.446	−0.554	0.661	−0.339
8		0.210	−0.067	0.183	−0.040	−0.080	−0.054	−0.080	0.420	−0.580	0.027	0.027	0.473	−0.527	0.080	0.080

9	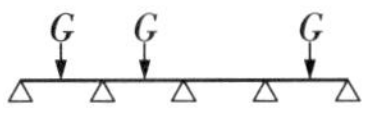 G G G	0.159	0.148	—	0.206	−0.181	−0.027	−0.087	0.319	−0.681	0.654	−0.346	−0.060	−0.060	0.587	−0.413
10	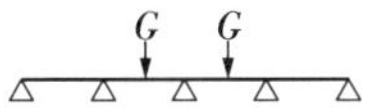 G G	—	0.142	0.142	—	−0.054	−0.161	−0.054	−0.054	−0.054	0.393	−0.607	0.607	−0.393	0.354	0.054
11	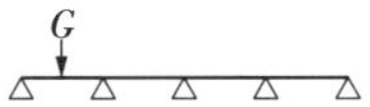 G	0.200	—	—	—	−0.100	0.027	−0.007	0.400	−0.600	0.127	0.127	−0.033	−0.033	0.007	0.007
12	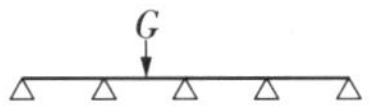 G	—	0.173	—	—	−0.074	−0.080	0.020	−0.074	−0.074	0.493	−0.507	0.100	0.100	−0.020	−0.020
13	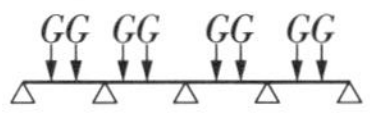 GG GG GG GG	0.238	0.111	0.111	0.238	−0.286	−0.191	−0.286	0.714	−1.286	1.095	−0.905	0.905	−1.095	1.286	−0.714
14	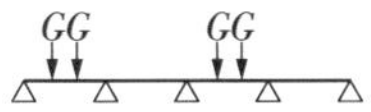 GG GG	0.286	−0.111	0.222	−0.048	−0.143	−0.095	−0.143	0.857	−1.143	0.048	0.048	0.952	−1.048	0.143	0.143
15	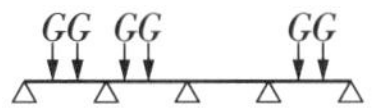 GG GG GG	0.226	0.194	—	0.282	−0.321	−0.048	−0.155	0.679	−1.321	1.274	−0.726	−0.107	−0.107	1.155	−0.845
16	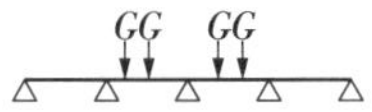 GG GG	—	0.175	0.175	—	−0.095	−0.286	−0.095	−0.095	−0.095	0.810	−1.190	1.190	−0.810	0.095	0.095
17	 GG	0.274	—	—	—	−0.178	0.048	−0.012	0.822	−1.178	0.226	0.226	−0.060	−0.060	0.012	0.012
18	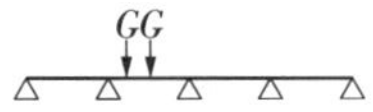 GG	—	0.198	—	—	−0.131	−0.143	0.036	−0.131	−0.131	0.988	−1.012	0.178	0.178	−0.036	−0.036

附表 1.4　五跨梁

序号	荷载简图	跨内最大弯矩			支座弯矩				支座剪力									
		M_1	M_2	M_3	M_B	M_C	M_D	M_E	V_A	V_{Bl}	V_{Br}	V_{Cl}	V_{Cr}	V_{Dl}	V_{Cr}	V_{El}	V_{Er}	V_F
1		0.078	0.033	0.046	−0.105	−0.079	−0.079	−0.105	0.394	−0.606	0.526	−0.474	0.500	−0.500	0.474	−0.526	0.606	−0.394
2		0.100	−0.046	0.085	−0.053	−0.040	−0.040	−0.053	0.447	−0.553	0.013	0.013	0.500	−0.500	−0.013	−0.013	0.553	−0.447
3		−0.026	0.079	−0 .040	−0.053	−0.040	−0.040	−0.053	−0.053	−0.053	0.513	−0.487	0.000	0.000	0.487	−0.513	0.053	0.053
4		0.073	0.059	—	−0.119	−0.022	−0.044	−0.051	0.380	0.620	0.598	−0.402	−0.023	−0.023	0.493	−0.507	0.052	0.052
5		—	0.055	0.064	−0.035	−o.111	−0.020	−0.057	−0.035	−0.035	−0.424	−0.576	0.591	−0.409	−0.037	−0.037	0.557	−0.443
6		0.094	—	—	−0.067	0.018	−0. 005	0.001	0.433	−0.567	0.085	0.085	−0.023	−0.023	0.006	0.006	−0.001	−0.001
7		—	0.074	—	−0.049	−0.054	0.014	−0.004	−0.019	−0.049	0.495	−0.505	0.068	0.068	−0.018	−0.018	0.004	0.004
8		—	—	0.072	0.013	−0.053	−0.053	0.013	0.013	0.013	−0.066	−0.066	0.500	−0.500	0.066	0.066	−0.013	−0.013
9		0.171	0.112	0.132	−0.158	−0.118	−0.118	−0.158	0.342	−0.658	0.540	−0.460	0.500	−0.500	0.460	−0.540	0.658	−0.342
10		0.211	−0.069	0.191	−0.079	−0.059	−0.059	−0.079	0.421	−0.579	0.020	0.020	0.500	−0.500	−0.020	−0.020	0.579	−0.421

11	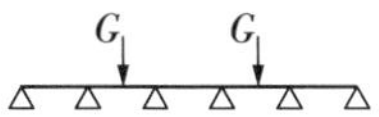	0.039	0.181	-0.059	-0.079	-0.059	-0.059	-0.079	-0.079	-0.079	0.520	-0.480	0.000	0.000	0.480	-0.520	0.079	0.079
12	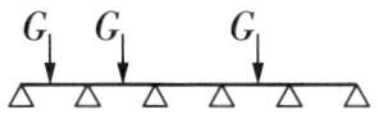	0.160	0.144	—	-0.179	-0.032	-0.066	-0.077	0.321	-0.679	0.647	-0.353	-0.034	-0.034	0.489	-0.511	0.077	0.077
13	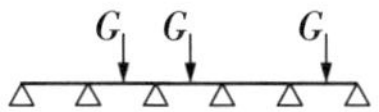	—	0.140	0.151	-0.052	-0.167	-0.031	-0.086	-0.052	-0.052	0.385	-0.615	0.637	-0.363	-0.056	-0.056	0.586	-0.414
14	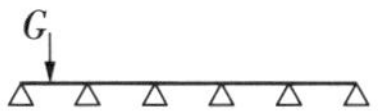	0.200	—	—	-0.100	0.027	-0.007	0.002	0.400	-0.600	0.127	0.127	-0.034	-0.034	0.009	0.009	-0.002	-0.002
15	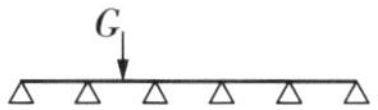	—	0.173	—	-0.073	-0.081	0.022	-0.005	-0.073	-0.073	-0.507	-0.507	0.102	0.102	-0.027	-0.027	0.005	0.005
16	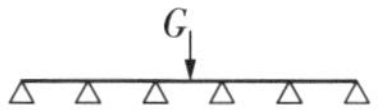	—	—	0.171	0.020	-0.079	-0.079	0.020	0.020	0. 020	-0.099	-0 .099	0.500	-0.500	0.099	0.099	-0.020	-0.020
17	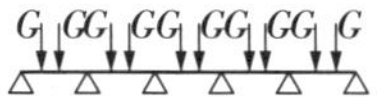	0.240	0.100	0.122	-0.281	-0.211	-0.211	-0.281	0.719	-1.281	1.070	-0.930	1.000	-1.000	0.930	-1.070	1.281	-0.719
18		0.287	-0.117	0.228	-0.140	-0.105	-0.105	-0.140	0.860	-1.140	0.035	0.035	1.000	-1.000	-0.035	-0.035	1.140	-0.860
19	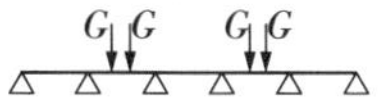	-0.047	0.216	-0.105	-0.140	-0. 105	-0.105	0.140	-0.140	-0.140	1.035	-0.965	0.000	0.000	0.965	-1.035	0.140	0.140
20	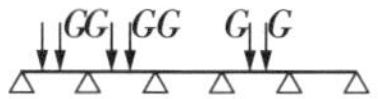	0.227	0.189	—	-0.319	-0.057	-0.118	-0.137	0.681	-1.319	1.262	-0.738	-0.061	-0.061	0.981	-1.019	0.137	0.137
21	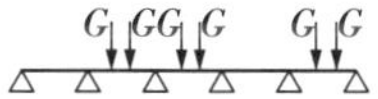	—	0.172	0.198	-0.093	-0.297	-0.054	-0.153	-0.093	-0.093	0.796	-1.204	1.243	-0.757	-0.099	-0.099	1.153	-0.847
22		0.274	—	—	-0.179	0.048	-0.013	0.003	0.821	-1.179	0.227	0.227	-0.061	-0.061	0.016	0.016	-0.003	-0.003
23	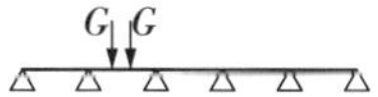	—	0.198	—	-0.131	-0.144	-0.038	-0.010	-0.131	-0.131	0.987	-1.013	0.182	0.182	-0.048	-0.048	0.010	0.010
24		—	—	0.193	0.035	-0.140	-0.140	0.035	0.035	0.035	-0.175	-0.175	1.000	-1.000	0.175	0.175	-0.035	-0.035

附录 2　双向板在均布荷载作用下的挠度和弯矩系数表

说明：

(1)板单位宽度的截面抗弯刚度按下列公式计算(按弹性理论计算方法)：

$$B_C = \frac{Eh^3}{12(1-\mu^2)}$$

式中　B_C——板宽 1 m 的截面抗弯刚度；

E——弹性模量；

h——板厚；

μ——泊松比。

(2)表中符号含义如下：

f, f_{max}——分别为板中心点的挠度和最大挠度；

M_x, M_{xmax}——分别为平行于 l_x 方向板中心点单位板宽内的弯矩和板跨内最大弯矩；

M_y, M_{ymax}——分别为平行于 l_y 方向板中心点单位板宽内的弯矩和板跨内最大弯矩；

M_x^0——固定边中点沿 l_x 方向单位板宽内的弯矩；

M_y^0——固定边中点沿 l_y 方向单位板宽内的弯矩。

(3)板支承边的符号为：固定边 ⊔⊔⊔⊔⊔　简支边 ———

(4)弯矩和挠度正负号的规定如下：

弯矩——使板的受荷面受压者为正；

挠度——变位方向与荷载作用方向相同者为正。

(5)附表 2.1～附表 2.4 中各表的弯矩系数按 $\mu=0$ 计算。对于钢筋混凝土，μ 一般可取为 1/5，此时，对于挠度、支座中点弯矩，仍可按表中系数计算；对于跨中弯矩可按下式计算：

$$M_x^{(\mu)} = M_x + \mu M_y$$

$$M_y^{(\mu)} = M_y + \mu M_x$$

附表 2.1　四边简支双向板

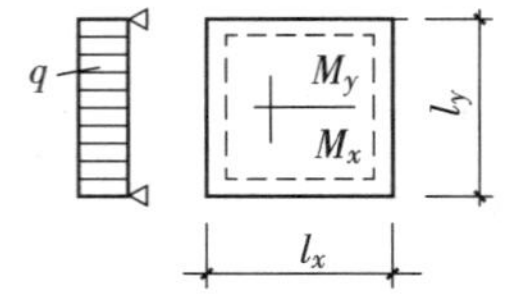

挠度 = 表中系数 × $\frac{ql_0^4}{B_C}$

弯矩 = 表中系数 × ql_0^2

式中，l_0 取 l_x 和 l_y 中的较小者。

l_x/l_y	f	M_x	M_y	l_x/l_y	f	M_x	M_y
0.50	0.010 13	0.096 5	0.017 4	0.80	0.006 03	0.056 1	0.033 4
0.55	0.009 40	0.089 2	0.021 0	0.85	0.005 47	0.050 6	0.034 9
0.60	0.008 67	0.082 0	0.024 1	0.90	0.004 96	0.045 6	0.035 3
0.65	0.007 96	0.075 0	0.027 1	0.95	0.004 49	0.041 0	0.036 4
0.70	0.007 27	0.068 3	0.029 6	1.00	0.004 06	0.036 8	0.036 8

续表

l_x/l_y	f	M_x	M_y	l_x/l_y	f	M_x	M_y
0.75	0.006 63	0.062 0	0.031 7				

附表 2.2　三边简支、一边固定双向板

挠度=表中系数× $\dfrac{ql_0^4}{B_C}$

弯矩=表中系数× ql_0^2

式中，l_0取 l_x和 l_y中的较小者。

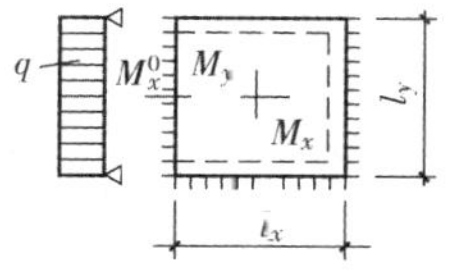

l_x/l_y	l_y/l_x	f	f_{max}	M_x	M_{xmax}	M_y	M_{ymax}	M_x^0
0.50		0.004 88	0.005 04	0.058 3	0.064 6	0.006 0	0.006 3	−0.121 2
0.55		0.004 71	0.004 92	0.056 3	0.061 8	0.008 1	0.008 7	−0.118 7
0.60		0.004 53	0.004 72	0.053 9	0.058 9	0.010 4	0.011 1	−0.115 8
0.65		0.004 32	0.004 48	0.051 3	0.055 9	0.012 6	0.013 3	−0.112 4
0.70		0.004 10	0.004 22	0.048 5	0.052 9	0.014 8	0.015 4	−0.108 7
0.75		0.003 88	0.003 99	0.045 27	0.049 8	0.016 8	0.017 4	−0.104 8
0.80		0.003 65	0.003 76	0.042 8	0.046 3	0.018 7	0.019 3	−0.100 7
0.85		0.003 43	0.003 52	0.040 0	0.043 1		0.021 1	−0.096 5
0.90		0.003 21	0.003 29	0.037 2	0.040 0		0.022 6	−0.092 2
0.95		0.002 99	0.003 06	0.034 5	0.036 9		0.023 3	−0.088 0
1.00	1.00	0.002 79	0.002 85	0.031 9	0.034 0		0.024 9	−0.083 9
	0.95	0.003 16	0.003 24	0.032 4	0.034 5		0.028 7	−0.088 2
	0.90	0.003 60	0.003 68	0.032 8	0.034 7		0.033 0	−0.092 6
	0.85	0.004 09	0.004 17	0.032 9	0.034 7		0.037 8	−0.097 0
	0.80	0.004 64	0.004 73	0.032 6	0.034 3		0.043 3	−0.101 4
	0.75	0.005 26	0.005 36	0.031 9	0.033 5		0.049 4	−0.105 6
	0.70	0.005 95	0.006 05	0.030 8	0.032 3		0.056 2	−0.109 6
	0.65	0.006 70	0.006 80	0.029 1	0.030 6		0.063 7	−0.113 3
	0.60	0.007 52	0.007 62	0.026 8	0.028 9		0.071 7	−0.116 6
	0.55	0.008 38	0.008 48	0.023 9	0.027 1		0.080 1	−0.119 3
	0.50	0.009 27	0.009 35	0.020 5	0.024 9		0.088 8	−0.121 5

附表 2.3 两对边简支、两对边固定双向板

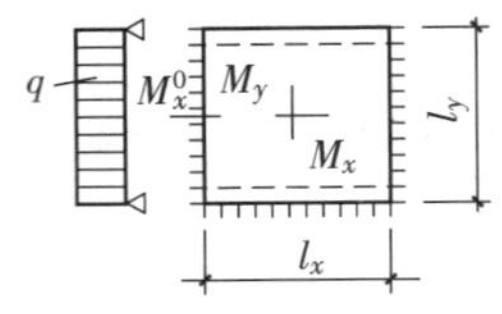

挠度 = 表中系数 × $\frac{ql_0^4}{B_C}$

弯矩 = 表中系数 × ql_0^2

式中，l_0取 l_x和 l_y中的较小者。

l_x/l_y	l_y/l_x	f	M_x	M_y	M_x^0	l_x/l_y	l_y/l_x	f	M_x	M_y	M_x^0
0.50		0.002 61	0.041 6	0.001 7	−0.084 3		0.95	0.002 23	0.029 6	0.018 9	−0.074 6
0.55		0.002 59	0.041 0	0.002 8	−0.084 0		0.90	0.002 60	0.030 6	0.022 4	−0.079 7
0.60		0.002 55	0.040 2	0.004 2	−0.083 4		0.85	0.003 03	0.031 4	0.026 6	−0.085 0
0.65		0.002 50	0.039 2	0.005 7	−0.082 6		0.80	0.003 54	0.031 9	0.031 6	−0.090 4
0.70		0.002 43	0.037 9	0.007 2	−0.081 4		0.75	0.004 13	0.032 1	0.037 4	−0.095 9
0.75		0.002 36	0.036 6	0.008 8	−0.079 9		0.70	0.004 82	0.031 8	0.044 1	−0.101 3
0.80		0.002 28	0.035 1	0.010 3	−0.078 2		0.65	0.005 60	0.030 8	0.051 8	−0.106 6
0.85		0.002 20	0.033 5	0.011 8	−0.076 3		0.60	0.006 47	0.029 2	0.030 4	−0.111 4
0.90		0.002 11	0.031 9	0.013 3	−0.074 3		0.55	0.007 43	0.026 7	0.069 8	−0.115 6
0.95		0.002 01	0.030 2	0.014 6	−0.072 1		0.50	0.008 44	0.023 4	0.079 8	−0.119 1
1.00	1.00	0.001 92	0.028 5	0.015 8	−0.069 8						

附表 2.4 两邻边简支、两邻边固定双向板

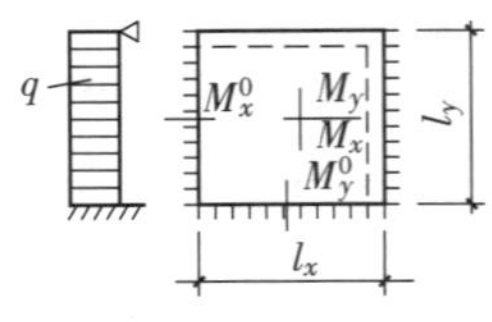

挠度 = 表中系数 × $\frac{ql_0^4}{B_C}$

弯矩 = 表中系数 × ql_0^2

式中，l_0取 l_x和 l_y中的较小者。

l_x/l_y	f	f_{max}	M_x	M_{xmax}	M_y	M_{ymax}	M_x^0	M_y^0
0. 50	0. 004 68	0. 004 71	0. 055 9	0. 056 2	0. 007 9	0. 013 5	−0. 117 9	−0. 078 6
0. 55	0. 004 45	0. 004 54	0. 052 9	0. 053 0	0. 010 4	0. 015 3	−0. 114 0	−0. 078 5
0. 60	0. 004 19	0. 004 29	0. 049 6	0. 049 8	0. 012 9	0. 016 9	−0. 109 5	−0. 078 2
0. 65	0. 003 91	0. 003 99	0. 046 1	0. 046 5	0. 015 1	0. 018 3	−0. 104 5	−0. 077 7
0. 70	0. 003 63	0. 003 68	0. 042 6	0. 043 2	0. 017 2	0. 019 5	−0. 099 2	−0. 077 0
0. 75	0. 003 35	0. 003 40	0. 039 0	0. 039 6	0. 018 9	0. 020 6	−0. 093 8	−0. 076 0
0. 80	0. 003 08	0. 003 13	0. 035 6	0. 036 1	0. 020 4	0. 021 8	−0. 088 3	−0. 074 8
0. 85	0. 002 81	0. 002 86	0. 032 2	0. 032 8	0. 021 5	0. 022 9	−0. 082 9	−0. 073 3
0. 90	0. 002 56	0. 002 61	0. 029 1	0. 029 7	0. 022 4	0. 023 8	−0. 077 6	−0. 071 6
0. 95	0. 002 32	0. 002 37	0. 026 1	0. 026 7	0. 023 0	0. 024 4	−0. 072 6	−0. 069 8
1. 00	0. 002 10	0. 002 15	0. 023 4	0. 024 0	0. 023 4	0. 024 9	−0. 067 7	−0. 067 7

参考文献

[1] GB 50010—2010　混凝土结构设计规范[S].北京:中国建筑工业出版社,2010.
[2] JGJ 3—2010　高层建筑混凝土结构技术规程[S].北京:中国建筑工业出版社,2010.
[3] GB 50153—2008　工程结构可靠性设计统一标准[S].北京:中国建筑工业出版社,2008.
[4] GB 50009—2012　建筑结构荷载规范[S].北京:中国建筑工业出版社,2012.
[5] GB 50011—2010　建筑抗震设计规范[S].北京:中国建筑工业出版社,2010.
[6] GB 50007—2011　建筑地基基础设计规范[S].北京:中国建筑工业出版社,2010.
[7] 沈蒲生,梁兴文,等.混凝土结构设计[M].3 版.北京:高等教育出版社,2005.
[8] 彭刚,蔡江勇,等.混凝土结构设计[M].北京:北京大学出版社,2006.
[9] 北京市建筑设计研究院.建筑结构专业技术措施[M].北京:中国建筑工业出版社,2007.
[10] 邱洪兴.建筑结构设计(第一册)[M].北京:高等教育出版社,2003.
[11] 沈蒲生,罗国强,熊丹安.混凝土结构[M].北京:中国建筑工业出版社,1997.
[12] 阎兴华,李玉顺,王振,等.混凝土结构设计[M].北京:科学出版社,2005.
[13] 梁兴文,邓明科.混凝土结构基本原理[M].重庆:重庆大学出版社,2011.
[14] 天津大学,同济大学,东南大学.混凝土结构[M].北京:中国建筑工业出版社,1994.
[15] 龚思礼.建筑抗震设计手册[M].2 版.北京:中国建筑工业出版社,2002.

附表 2.5　一边简支、三边固定双向板

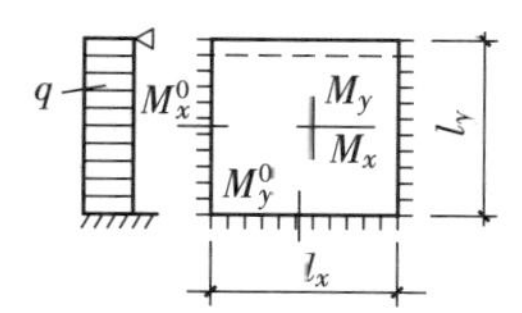

挠度 = 表中系数 × $\frac{ql_0^4}{B_C}$

弯矩 = 表中系数 × ql_0^2

式中，l_0 取 l_x 和 l_y 中的较小者。

l_x/l_y	l_y/l_x	f	f_{max}	M_x	M_{xmax}	M_y	M_{ymax}	M_x^0	M_y^C
0. 50		0. 002 57	0. 002 58	0. 040 8	0. 040 9	0. 002 8	0,008 9	−0. 083 6	−0. 056 9
0. 55		0. 002 52	0. 002 55	0. 039 8	0. 039 9	0. 004 2	0. 009 3	−0. 082 7	−0. 057 0
0. 60		0. 002 45	0. 002 49	0. 038 4	0. 038 6	0. 005 9	0. 010 5	−0. 081 4	−0. 057 1
0. 65		0. 002 37	0. 002 40	0. 036 8	0. 037 1	0. 007 6	0. 011 6	−0. 079 6	−0. 057 2
0.70		0. 002 27	0. 002 29	0. 035 0	0. 035 4	0. 009 3	0. 012 7	−0. 077 4	−0. 057 2
0. 75		0. 002 16	0. 002 19	0. 033 1	0. 033 5	0. 010 9	0. 013 7	−0. 075 0	−0. 057 2
0. 80		0. 002 05	0. 002 08	0. 031 0	0. 031 4	0. 012 4	0. 014 7	−0. 072 2	−0. 057 0
0. 85		0. 001 93	0. 001 96	0. 028 9	0. 029 3	0. 013 8	0. 015 5	−0. 069 3	−0. 056 7
0. 90		0. 001 81	0. 001 84	0. 028 8	0. 027 3	0. 015 9	0. 016 3	−0. 066 3	−0. 056 3
0. 95		0. 001 69	0. 001 72	0. 024 7	0. 025 2	0. 016 0	0. 017 2	−0. 063 1	−0. 055 8
1. 00	1. 00	0. 001 57	0. 001 60	0. 022 7	0. 023 1	0. 016 8	0. 018 0	−0. 060 0	−0. 055 0
	0. 95	0. 001 78	0. 001 82	0. 022 9	0. 023 4	0. 019 4	0. 020 7	−0. 062 9	−0. 059 9
	0. 90	0. 002 01	0. 002 06	0. 022 8	0. 023 4	0. 022 3	0. 023 8	−0. 065 6	−0. 065 3
	0. 85	0. 002 27	0. 002 22	0. 022 5	0. 023 1	0. 025 5	0. 027 3	−0. 063 3	−0,071 1
	0. 80	0. 002 56	0. 002 62	0. 021 9	0. 022 4	0. 029 0	0. 031 1	−0. 070 7	−0,077 2
	0. 75	0. 002 86	0. 002 94	0. 020 8	0. 021 4	0. 032 9	0. 035 4	−0. 072 9	−0. 083 7
	0. 70	0. 003 19	0. 003 27	0. 019 4	0. 020 0	0. 037 0	0. 040 0	−0. 074 8	−0. 090 3
	0. 65	0. 003 52	0. 003 85	0. 017 5	0. 018 2	0. 041 2	0. 044 6	−0. 075 2	−0. 097 0
	0. 60	0. 003 86	0. 004 03	0. 015 3	0. 016 0	0. 045 4	0. 049 3	−0. 077 3	−0 103 3
	0. 55	0. 004 19	0. 004 37	0. 012 7	0. 013 3	0. 049 6	0. 054 1	−0. 078 0	−0. 109 3
	0. 50	0. 004 49	0. 004 63	0. 009 9	0. 010 3	0. 053 4	0. 058 8	−0. 078 4	−0. 114 6

附表 2.6　四边固定双向板

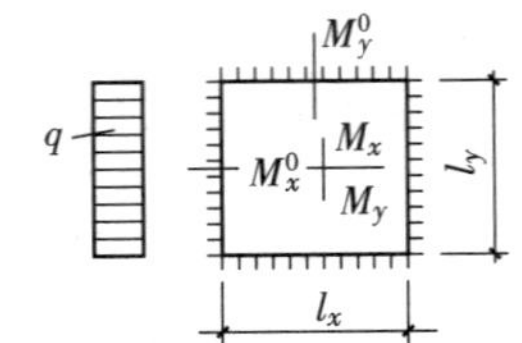

挠度 = 表中系数 × $\frac{ql_0^4}{B_C}$

弯矩 = 表中系数 × ql_0^2

式中，l_0 取 l_x 和 l_y 中的较小者。

l_x/l_y	f	M_x	M_y	M_x^0	M_y^0
0.50	0.002 53	0.040 0	0.003 8	−0.082 9	−0.057 0
0.55	0.002 46	0.038 5	0.005 6	−0.081 4	−0.057 1
0.60	0.002 36	0.036 7	0.007 6	−0.079 3	−0.057 1
0.65	0.002 24	0.034 5	0.009 5	−0.076 6	−0.057 1
0.70	0.002 11	0.032 1	0.011 3	−0.073 5	−0.056 9
0.75	0.001 97	0.029 6	0.013 0	−0.070 1	−0.056 5
0.80	0.001 82	0.027 1	0.014 4	−0.066 4	−0.055 9
0.85	0.001 68	0.024 6	0.015 6	−0.062 6	−0.055 1
0.90	0.001 53	0.022 1	0.016 5	−0.058 8	−0.054 1
0.95	0.001 40	0.019 8	0.017 2	−0.055 0	−0.052 8
1.00	0.001 27	0.017 6	0.017 6	−0.051 3	−0.051 3

参考文献

[1] GB 50010—2010 混凝土结构设计规范[S].北京:中国建筑工业出版社,2010.

[2] JGJ 3—2010 高层建筑混凝土结构技术规程[S].北京:中国建筑工业出版社,2010.

[3] GB 50153—2008 工程结构可靠性设计统一标准[S].北京:中国建筑工业出版社,2008.

[4] GB 50009—2012 建筑结构荷载规范[S].北京:中国建筑工业出版社,2012.

[5] GB 50011—2010 建筑抗震设计规范[S].北京:中国建筑工业出版社,2010.

[6] GB 50007—2011 建筑地基基础设计规范[S].北京:中国建筑工业出版社,2010.

[7] 沈蒲生,梁兴文,等.混凝土结构设计[M].3 版.北京:高等教育出版社,2005.

[8] 彭刚,蔡江勇,等.混凝土结构设计[M].北京:北京大学出版社,2006.

[9] 北京市建筑设计研究院.建筑结构专业技术措施[M].北京:中国建筑工业出版社,2007.

[10] 邱洪兴.建筑结构设计(第一册)[M].北京:高等教育出版社,2003.

[11] 沈蒲生,罗国强,熊丹安.混凝土结构[M].北京:中国建筑工业出版社,1997.

[12] 阎兴华,李玉顺,王振,等.混凝土结构设计[M].北京:科学出版社,2005.

[13] 梁兴文,邓明科.混凝土结构基本原理[M].重庆:重庆大学出版社,2011.

[14] 天津大学,同济大学,东南大学.混凝土结构[M].北京:中国建筑工业出版社,1994.

[15] 龚思礼.建筑抗震设计手册[M].2 版.北京:中国建筑工业出版社,2002.